河南省“十四五”普通高等教育规划教材

高等工科学校适用教材

# 材 料 力 学

主　编　赵卫兵　王　霞

副主编　刘　玲　李军民　姬素云

参　编　董　擎　尹万蕾　王志刚

机 械 工 业 出 版 社

本书内容整体上以工程构件基本变形形式划分章节，以合理设计工程构件作为贯穿全书的线索，包括绪论，拉伸、压缩与剪切，扭转，弯曲内力，抗弯强度，抗弯刚度，应力状态分析与强度理论，组合变形，压杆稳定问题，动载荷与交变应力。各章后均配有适量的习题和测试题。通过“力学家简介”“思政点睛”等，融入党的二十大精神，激发学生科技报国的爱国热情。

本书适用于机械类、近机械类各专业的应用型本科教学需要，也可供有关工程技术人员参考。

**图书在版编目（CIP）数据**

材料力学/赵卫兵，王霞主编. —北京：机械工业出版社，2023.2
河南省“十四五”普通高等教育规划教材　高等工科学校适用教材
ISBN 978-7-111-72668-5

Ⅰ.①材…　Ⅱ.①赵…②王…　Ⅲ.①材料力学-高等学校-教材　Ⅳ.①TB301

中国国家版本馆 CIP 数据核字（2023）第 031157 号

机械工业出版社（北京市百万庄大街 22 号　邮政编码 100037）
策划编辑：薛颖莹　　　　责任编辑：张金奎
责任校对：樊钟英　贾立萍　　责任印制：张　博
北京建宏印刷有限公司印刷
2023 年 7 月第 1 版第 1 次印刷
184mm×260mm · 18 印张 · 443 千字
标准书号：ISBN 978-7-111-72668-5
定价：56.00 元

电话服务　　　　　　网络服务
客服电话：010-88361066　机 工 官 网：www.cmpbook.com
010-88379833　机 工 官 博：weibo.com/cmp1952
010-68326294　金 书 网：www.golden-book.com
　机工教育服务网：www.cmpedu.com

# 前言

本书是在《河南省教育厅关于开展河南省普通高等教育“十四五”规划教材建设工作的通知》（教高〔2020〕283号）指导下，为适应应用型本科强调的“产学融合、校企合作”的要求编写而成的，以“强应用”为目的，以“必需、够用”为度。教育、科技、人才是全面建设社会主义现代化国家的基础性、战略性支撑。本书在编写过程中注意学习、吸收有关院校近期力学教学内容改革的成果，尽量反映编者长期从事教学所积累的经验和体会，注重与工程实践相结合。

本书主要特色如下：

1. 以实例引导为切入点，引入工程实践中出现的问题，通过知识点的学习解决工程实际问题，并在每章后以简洁的语言进行了总结。

2. 每章加入了思维导图，对知识点进行简练概括，梳理各知识点之间的脉络联系，突出各章节主要定理及重要公式。

3. 章后测试题选取一些具有启发性和应用性较强的习题，从多个角度帮助学生理解基本概念和基本理论。

4. 理论与实践相结合，培养学生解决实际问题的能力，通过“力学家简介”“思政点睛”等，融入党的二十大精神，激发学生科技报国的爱国热情。

5. 融入互联网技术，打造新形态教材，调动学生学习的积极性。

6. 利用微信扫码功能，扫码即可存入手机观看，不受时间空间限制，以生动、鲜活、形象的全媒体形式恰如其分地表达出课程内容，突破传统课堂教学的时空限制，激发学生自主学习的兴趣，打造高效课堂。

本书由安阳工学院赵卫兵、王霞担任主编，刘玲、李军民、姬素云担任副主编，参加编写的还有董擎、尹万蕾、王志刚。具体编写分工为：第1、2、3章的正文由李军民编写，第4、5、6章的正文由刘玲编写，第7、8、9章的正文由王霞编写，第10章的正文、附录由赵卫兵编写，第1、2、3章的习题、测试题、资源推荐由姬素云整理与编写，第4、5、6章的习题、测试题、资源推荐由董擎整理与编写，第7、8、9章的习题、测试题、资源推荐由尹万蕾整理与编写，第10章的习题、测试题、资源推荐由王志刚整理与编写。

由于编者水平所限，书中不妥之处在所难免，欢迎读者批评指正。

**编　者**

# 目录

# 第1章

# 绪　论

## 学习要点

**学习重点：**

1. 变形固体的基本假设，截面法和内力、应力的概念；
2. 杆件变形的基本形式。

**学习难点：**

内力、应力和应变概念的理解。

## 思维导图

- 绪论
  - 基本概念
    - 变形固体：固体在外力的作用下会发生变形
    - 内力：物体内部各部分之间因外力而引起的附加相互作用力，即“附加内力”
    - 应力：分布内力系的集度。可分解成垂直于截面的分量——正应力$\sigma$和相切于截面的分量——切应力$\tau$
    - 应变：度量一点变形程度的物理量。有线应变$\varepsilon$和切应变$\gamma$
  - 构件的承载能力
    - 强度：指构件在外力作用下抵抗破坏的能力
    - 刚度：指构件在外力作用下抵抗变形的能力
    - 稳定性：指构件应有足够的保持原有平衡状态的能力
  - 变形固体的基本假设
    - 连续性假设：组成固体的物质毫无空隙的充满了固体所占据的空间
    - 均匀性假设：固体内各处的力学性能完全相同
    - 各向同性假设：沿任何方向，固体的力学性能完全相同
    - 小变形假设：固体的变形较其尺寸小很多，研究其静力平衡等问题时，可略去这些微小变形，而按原始尺寸计算
  - 求解内力的方法——截面法
    - 截：欲求某一截面上的内力时，沿该截面假想地把构件分成两部分
    - 取：原则上取受力简单的部分作为研究对象，并弃去另一部分
    - 代：用作用于截面上的规定正向内力代替弃去部分对取出部分的作用
    - 平：建立取出部分的平衡方程
  - 杆件变形的基本形式
    - 轴向拉伸或压缩：杆件沿轴线方向的伸长或缩短
    - 剪切：杆件的两部分沿外力作用方向发生相对错动
    - 扭转：杆件的任意两个横截面发生绕轴线的相对转动
    - 弯曲：杆件的轴线由直线变为曲线

## 实例引导

本章介绍材料力学中对变形固体所做的基本假设，介绍杆件内力、应力和应变的概念，以及杆件四种基本变形的受力特点和变形特点。

## 1.1 材料力学发展简史

材料力学与社会的生产实践紧密相关，人们利用材料力学相关知识来解决生产实践问题的历史可追溯到非常久远的年代。从古代人类开始建筑房屋，就有意识地总结材料强度方面的知识，以寻求确定构件安全尺寸的法则，古埃及人依据一些经验性法则建造的金字塔一直留存至今。古希腊人发展了静力学，如阿基米德给出了杠杆平衡原理及物体重心的求法等，这些为材料力学的发展奠定了基础。

中世纪材料力学的发展，以文艺复兴时期最为迅速，著名的艺术家达·芬奇最早倡导用实验方法测定材料强度，并在其手稿里描述了具体实验过程。1638 年，伽利略发表的《关于力学和局部运动的两门新科学的对话和数学证明》，讨论了直杆轴向拉伸和梁的抗弯强度问题，首次尝试用科学的解析方法来确定构件的尺寸，通常被认为是材料力学学科的开端。

一般认为系统地研究材料力学是始于 17 世纪 70 年代，胡克于 1678 年提出了弹性物体变形与所受力之间成正比的规律，即胡克定律。之后，微积分的快速发展，为材料力学的研究奠定了重要的数学基础。在这个时期，一些重要的材料力学研究成果不断涌现，如欧拉和丹尼尔·伯努利所建立的梁的弯曲理论、欧拉提出的压杆稳定理论（即欧拉公式）等，直到今天仍然被广泛应用。

直到 18 世纪末 19 世纪初，材料力学作为一门学科，才真正形成了比较完整的体系。这一时期为材料力学的发展做出重要贡献的科学家有库仑、纳维等，库仑系统地研究了脆性材料（石料）的破坏问题，给出了判断材料强度的重要指标。纳维明确提出了应力、应变的概念，给出了各向同性和各向异性弹性体的广义胡克定律，研究了梁的超静定问题和曲梁的弯曲问题。之后，圣维南研究了柱体的扭转和一般梁的弯曲问题，提出了著名的圣维南原理，为材料力学应用于工程实际奠定了重要基础。

19 世纪中期，随着铁道工程的迅猛发展，机车车轴的疲劳破坏问题大量出现，引起了对材料疲劳及结构在动载荷下响应的研究。进入 20 世纪，一些复杂机械的发明和新型建筑物的建设，促进了冶金工业的发展，使得高强度的钢材和铝合金材料成为主要的工程材料。在高强度钢材的使用过程中，又出现了由于构件具有初始裂纹而发生意外断裂的事故，为解决这类问题，产生和发展了断裂力学这一分支。总之，材料力学所涉及的问题和研究的范畴随着生产的发展而日益延伸。

思政点睛

我国在材料力学发展的历史中也做出了重要贡献。东汉经学家郑玄通过定量测量得出“假令弓力胜三石，引之中三尺，弛其弦，以绳缓擐之，每加物一石，则张一尺”，清楚地表达了力与变形的关系，被认为是最早有关弹性定律的描述，比胡克定律的提出早了约 1500 年。在我国古代就已将一些砖石结构建成拱形，以充分发挥石料的抗压缩特性。例如，建于隋代（公元 605 年前）的河北赵州桥（见图 1-1），首创“敞肩拱”结构形式，节省了石料，同时增加排水面积 16.5%，距今已有 1410 余年，是世界上历史最悠久的石拱桥。此外，我国古代在竹木结构中也积累了不少建造经验，如始建于宋代以前，重建于清代的四川安澜索桥（见图 1-2），它以木为桩，以竹为缆，上铺木板，旁设翼栏，充分利用了竹材优良的抗拉性能。再如，在宋代李诫于 1103 年编修的《营造法式》中，系统地给出了房屋各部分的尺寸经验公式，如规定矩形木梁截面的高宽比为 3∶2，这完全符合材料力学的基本原理，且介于强度最高的$\sqrt{2}$∶1 与刚度最大的$\sqrt{3}$∶1 之间，是非常合理的。而建于辽代的山西应县佛宫寺释迦塔［又称应县木塔（见图 1-3）］，是世界上现存最高的木结构建筑，它广泛采用斗拱结构，近千年来遭受多次强地震袭击，该塔却安然无恙。明代时期，郑和七下西洋之所以能够成功，与当时我国具有先进的造船和航海技术分不开，郑和船队的主要船舶，采用的是适于远洋航行的优秀船型——福船，它底尖面阔，首尾高昂，首尖尾方，船舱为水密隔舱结构。据考证，郑和宝船（见图 1-4）的长度超过了 100m，排水量超过了万吨，是当时世界上最大的木制帆船。

思政点睛

图 1-1　赵州桥

图 1-2　安澜索桥

图 1-3　应县木塔

图 1-4　郑和宝船模型

20 世纪特别是近 50 年以来，科学技术有了突飞猛进的发展，工业技术高度发展，尤其是航空航天工业的崛起，计算机的更新换代，各种新型材料的不断问世并应用于工程实际，实验设备日趋完善，实验技术和方法不断提高，这些都使得材料力学所涉及的领域更加广阔，知识更加丰富。这表明这门学科仍处在不断发展和更新之中，新材料、新理论和新技术必将给这门古老的学科注入新的活力。航天员乘坐航天飞机穿梭于地面和太空之间，在国际空间站开展科学实验；我国载人航天工程（见图 1-5）、嫦娥探月工程（见图 1-6）和天宫空间站（见图 1-7）建设取得了巨大成功；2018 年 10 月 24 日正式通车的港珠澳大桥（见图 1-8），是目前世界上里程最长、沉管隧道最长、设计使用寿命最长、钢结构最大、施工难度最大和投资金额最多的跨海大桥，创造了多项世界纪录。这些工程案例无不体现了科技创新和材料力学进展的巨大成果。

思政点睛

图 1-5　神州十三号载人飞船

图 1-6　嫦娥四号

图 1-7　天宫空间站

图 1-8　港珠澳大桥

## 1.2　材料力学的任务与研究对象

视频讲解

### 1.2.1　材料力学的任务

在理论力学中，曾把固体视为刚体，实际上，任何固体在外力的作用下都会发生变形。因此，在材料力学中将各种固体视为可变形固体。工程中遇到的各种建筑物或机械都是由若干部件（零件）组成的，这些部件（零件）称为构件，如建筑物的梁和柱、机床的轴等。

要保证建筑物或机械安全地工作，显然其组成构件必须安全地工作，即要有足够的承受载荷的能力，这种承受载荷的能力简称为承载能力。如果构件设计得薄弱，或选用的材料不恰当，不能安全地工作，则会影响到整体的安全工作，甚至造成严重事故。同时，如果构件设计得过于保守，或选用的材料太好，虽然构件、整体都能安全工作，但构件的承载能力不能充分发挥，既浪费材料，又增加重量和成本，也是不可取的。显然，构件的设计是否合理主要包括两个方面，即安全性和经济性，既要有足够的承载能力，又要经济、适用。材料力学为解决上述矛盾提供理论依据和计算方法。而且，材料力学还在基本概念、基本理论和基本方法等方面，为结构力学、弹性力学、机械零件等后续课程提供了基础。

思政点睛

为了保证整个结构或机械正常地工作，构件应当满足以下要求：

1. 强度要求

在规定的载荷作用下，构件不能发生破坏（断裂或屈服）。例如，机床主轴不能发生断裂；隧道不能坍塌等。所谓强度，是指构件在外力作用下抵抗破坏的能力。

2. 刚度要求

在载荷作用下，构件除了必须满足强度要求外，还要求不能有过大的变形。例如，当齿轮轴的变形过大时，将使轴上的齿轮啮合不良，并引起轴承的不均匀磨损。所谓刚度，是指构件在外力作用下抵抗变形的能力。

3. 稳定性要求

衡量构件在外力作用下能保持原有形状的平衡，即稳定平衡。例如，千斤顶的螺杆、房屋的柱子这类构件如果是细长的，在压力作用下，杆轴线有发生弯曲的可能，为保证其正常工作，要求这类构件始终保持直线的平衡形式。所谓稳定性，是指构件应有足够的保持原有平衡状态的能力。

构件的强度、刚度和稳定性问题均与材料的力学性能（主要指材料在外力作用下表现出的抵抗变形和破坏等方面的性能）有关，这些力学性能均需通过材料力学实验来测定。此外，经过简化得出的理论是否可信，也要靠实验来验证。尚无理论结果的问题，还要借助实验方法来解决。所以，实验分析和理论研究都是完成材料力学任务所必需的手段。

### 1.2.2 材料力学的研究对象

根据其几何特征，构件可分为杆件、板、壳和块体等。

材料力学主要研究长度远大于横截面尺寸的构件，称为杆件，或简称为杆。杆件的主要几何特征有两个，即横截面和轴线。根据轴线的曲直，可分为直杆和曲杆；根据横截面形状及大小是否沿杆长变化，又可分为等截面杆和变截面杆。轴线为直线且沿轴线截面不发生变化的杆件，称为等截面直杆，简称为等直杆。等直杆是最为常见的一类杆，是材料力学研究的最主要对象。

## 1.3 材料力学的基本假设

视频讲解

固体因为外力作用而变形，故称为变形固体或可变形固体。变形固体有多方面的属性，研究的角度不同，侧重面也各异。为了研究方便，仅考虑与研究有关的主要属性，略去一些次要属性。因此，在材料力学中对变形固体做如下假设：

1. 连续性假设

假设可变形固体的材料毫无空隙地充满了它所占据的空间。按物质的微观结构观点，组成可变形固体的粒子之间并不连续，但这些空隙的大小与物体的尺寸相比极为微小，可以忽略不计，于是就认为固体在其整个体积内是连续的。这样，就可把某些力学量用坐标的连续函数来表示。

2. 均匀性假设

假设固体内各处的力学性能完全相同。对工程中使用最多的金属材料而言，其各个晶粒的力学性能并不完全相同，但在构件或其被研究部分的体积中，晶粒数量极多且又随机排列，因此，从宏观上看，可以将物体性能看作各组成部分性能的统计平均量，并认为物体的力学性能是均匀的。这样，物体的任一部分的力学性能就可代表整体的力学性能。

3. 各向同性假设

假设沿任何方向，可变形固体的力学性能完全相同。各向同性材料多为金属材料，对金属的单一晶粒，其力学行为肯定具有方向性，大量杂乱无章排列的晶粒，从统计学观点看，其力学性能在各个方向是相同的。具有这种属性的材料称为各向同性材料，如铸钢、铸铁、玻璃、塑料等，混凝土材料也常被看作各向同性材料。在工程实际中，有些材料在不同的方向具有不同的力学性能，称为各向异性材料，如木材、胶合板和某些纤维复合材料等。

4. 小变形假设

如果固体的变形较之其尺寸小得多，这种变形称为小变形。在工程中多数物体只发生弹性变形，相对于物体的原始尺寸来说，这些弹性变形是微小的，因此多属于小变形情况。在小变形情况下，研究物体的静力平衡等问题时，均可略去这种小变形，而按原始尺寸计算，从而使计算大为简化。但需注意的是，在分析物体的变形规律时，这种微小的变形不能忽略。

## 1.4 外力与内力

视频讲解

### 1.4.1 外力及其分类

材料力学的研究对象是构件，因此，对于所研究的对象来说，其他构件与物体作用于其上的力均为外力，包括载荷与约束力。

按照外力的作用方式，可分为表面力与体积力。作用在构件表面的外力，称为表面力，例如，作用在高压容器内壁的气体或液体压力，两物体间的接触压力。作用在构件各质点上的外力，称为体积力，例如构件的重力与惯性力。

按照表面力在构件表面的分布情况，又可分为分布力与集中力。连续分布在构件表面某一范围的力，称为分布力。如果分布力的作用面积远小于构件的表面面积，或沿杆件轴线的分布范围远小于杆件长度，则可将分布力简化为作用于一点处的力，称为集中力。

按照载荷随时间变化的情况，可分为静载荷与动载荷。随时间变化极缓慢或不变化的载荷，称为静载荷。其特征是在加载过程中，构件的加速度很小可以忽略不计。随时间显著变化或使构件各质点产生明显加速度的载荷，称为动载荷。例如，锻造时汽锤杆受到的冲击力。构件在静载荷与动载荷作用下的力学表现或行为不同，分析方法也不完全相同，但前者是后者的基础。

### 1.4.2 内力与截面法

1. 内力的概念

物体因受外力而变形，其内部各部分之间因相对位置改变而引起的相互作用就是内力。

我们知道，即使物体不受外力，物体的各质点之间，依然存在着相互作用的力。材料力学中的内力，是指外力作用下，上述相互作用力的变化量，所以是物体内部各部分之间因外力而引起的附加相互作用力，即“附加内力”。这样的内力随外力的增大而加大，到达某一限度时就会引起构件破坏，因而它与构件的强度是密切相关的。

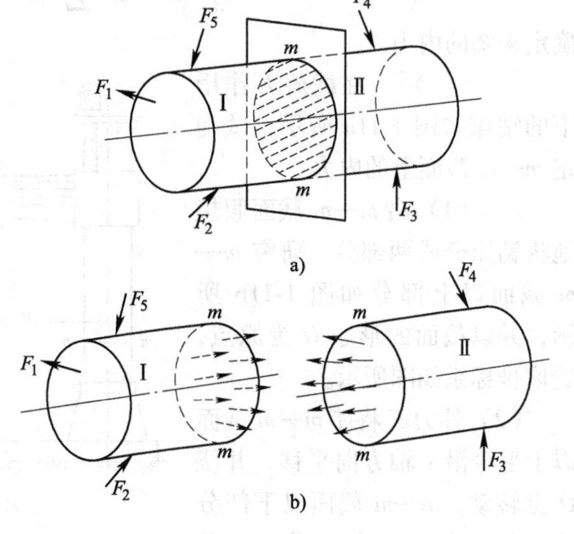

图 1-9 外力与内力

由刚体静力学可知，为了分析两物体之间的相互作用力，必须将该两物体分离。同样，要分析构件的内力，例如要分析图 1-9a 所示杆件横截面 $m—m$ 上的内力，也必须假想地沿该截面将杆件切开，于是得切开截面的内力如图 1-9b 所示。由连续性假设可知，内力是作用在切开截面上的连续分布力。

应用力系简化理论，将上述分布内力向横截面的任一点例如形心 $C$ 简化，得主矢 $F_R$ 与主矩 $M$，如图 1-10a 所示。为了分析内力，沿截面轴线方向建立坐标轴 $x$，在所切横截面内建立坐标轴 $y$ 与 $z$，并将主矢与主矩沿上述三轴分解如图 1-10b 所示，得内力分量 $F_N$、$F_{Sy}$ 和 $F_{Sz}$ 以及内力偶矩分量 $T$、$M_y$ 和 $M_z$。

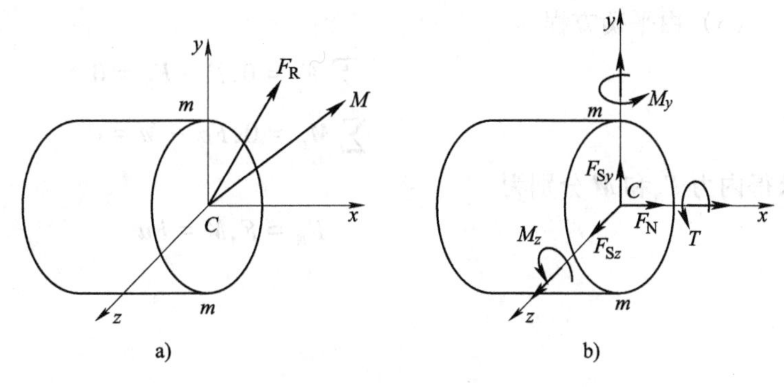

图 1-10 内力与内力分量

沿轴线的内力分量 $F_N$，称为轴力；作用线位于所切横截面的内力分量 $F_{Sy}$ 和 $F_{Sz}$，称为剪力；矢量沿轴线的内力偶矩分量 $T$，称为扭矩；矢量位于所切横截面的内力偶矩分量 $M_y$ 和 $M_z$，称为弯矩。

2. *求内力的方法*

上述用截面假想地把构件分成两部分，以显示并确定内力的方法称为截面法。可将其归纳为以下四个步骤：

（1）截　欲求某一截面上的内力时，就沿该截面假想地把构件分成两部分。

（2）取　原则上取受力简单的部分作为研究对象，并弃去另一部分。

（3）代　用作用于截面上的规定正向内力代替弃去部分对取出部分的作用。

（4）平　建立取出部分的平衡方程：

$$\sum F_x = 0, \sum F_y = 0, \sum F_z = 0$$

$$\sum M_x = 0, \sum M_y = 0, \sum M_z = 0$$

确定未知的内力。

【例题 1-1】 在载荷 $F$ 作用下的钻床如图 1-11a 所示，试确定 $m—m$ 截面上的内力。

解：(1) 沿 $m—m$ 截面假想地将钻床分成两部分。研究 $m—m$ 截面以上部分如图 1-11b 所示，并以截面的形心 $O$ 为原点，选取坐标系如图所示。

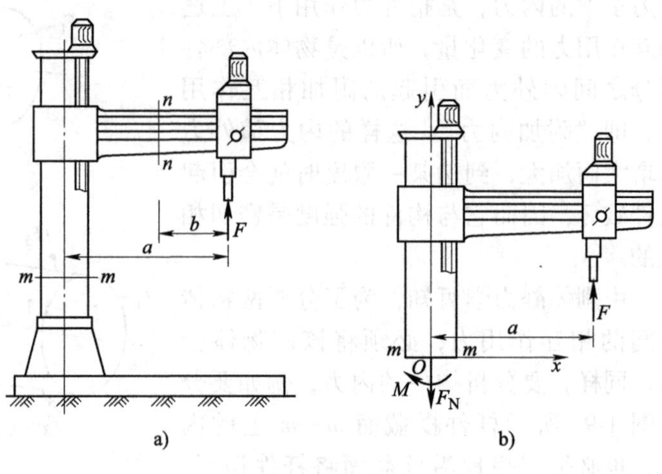


图 1-11 例题 1-1 图

(2) 外力 $F$ 将使 $m—m$ 截面以上部分沿 $y$ 轴方向平移，并绕 $O$ 点转动，$m—m$ 截面以下部分必然将以内力 $F_N$ 和 $M$ 作用于截面上，以保持上部的平衡。这里 $F_N$ 为通过 $O$ 点的力，$M$ 为力偶。

(3) 由平衡方程

$$\sum F_y = 0, F - F_N = 0$$

$$\sum M_O = 0, Fa - M = 0$$

求得内力 $F_N$ 和 $M$ 分别为

$$F_N = F, M = Fa$$

## 1.5 应力与应变

### 1.5.1 应力

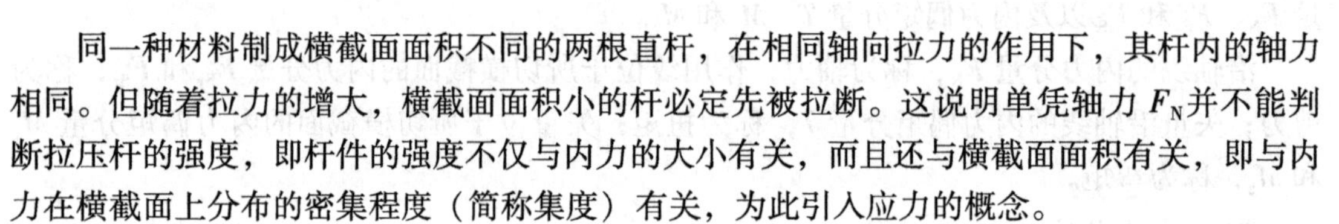

同一种材料制成横截面面积不同的两根直杆，在相同轴向拉力的作用下，其杆内的轴力相同。但随着拉力的增大，横截面面积小的杆必定先被拉断。这说明单凭轴力 $F_N$ 并不能判断拉压杆的强度，即杆件的强度不仅与内力的大小有关，而且还与横截面面积有关，即与内力在横截面上分布的密集程度（简称集度）有关，为此引入应力的概念。

要了解受力杆件在截面 $m—m$ 上的任意一点 $C$ 处的分布内力集度，可假想将杆件在 $m—m$ 处截开，在截面上围绕 $C$ 点取微面积 $\Delta A$，$\Delta A$ 上分布内力的合力为 $\Delta F$，如图 1-12a 所示，将 $\Delta F$ 除以面积 $\Delta A$，即

$$p_m = \frac{\Delta F}{\Delta A} \tag{1-1a}$$

式中，$p_m$ 称为在面积 $\Delta A$ 上的平均应力，它尚不能精确表示 $C$ 点处内力的分布状况。当面积无限趋近于零时比值 $\frac{\Delta p}{\Delta A}$ 的极限，才真实地反映任意一点 $C$ 处内力的分布状况，即

$$p = \lim_{\Delta A \to 0} \frac{\Delta p}{\Delta A} = \frac{\mathrm{d}p}{\mathrm{d}A} \tag{1-1b}$$

式中，$p$ 为 $C$ 点处内力的分布集度，称为该点处的总应力。其方向一般既不与截面垂直，也不与截面相切。通常，将它分解成与截面垂直的法向分量和与截面相切的切向分量，如图1-12b所示，法向分量称为正应力，用 $\sigma$ 表示；切向分量称为切应力，用 $\tau$ 表示。

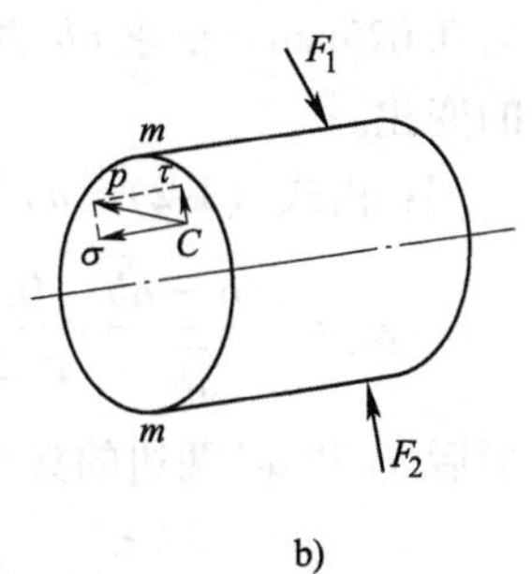


图 1-12 应力的定义

应力的单位为“帕斯卡”，用 Pa 表示。1Pa = 1N/m²，常用单位为兆帕，用 MPa 表示，1MPa = $10^6$Pa。

## 1.5.2 变形与应变

在外力作用下，构件发生变形，同时引起应力。为了研究构件的变形及其内部的应力分布，需要了解构件内部各点处的变形。为此，假想地将构件分割成许多细小的单元体。

构件受力后，各单元体的位置发生变化，同时，单元体棱边的长度发生改变，如图1-13a所示，相邻棱边的夹角一般也发生改变，如图1-13b所示。

设棱边 $ka$ 的原长为 $\Delta s$，变形后的长度为 $\Delta s + \Delta u$，即长度改变量为 $\Delta u$，则 $\Delta u$ 与 $\Delta s$ 的比值，称为棱边 $ka$ 的平均线应变，并用 $\varepsilon_{\mathrm{m}}$ 表示，即

$$\varepsilon_{\mathrm{m}} = \frac{\Delta u}{\Delta s} \tag{1-2}$$

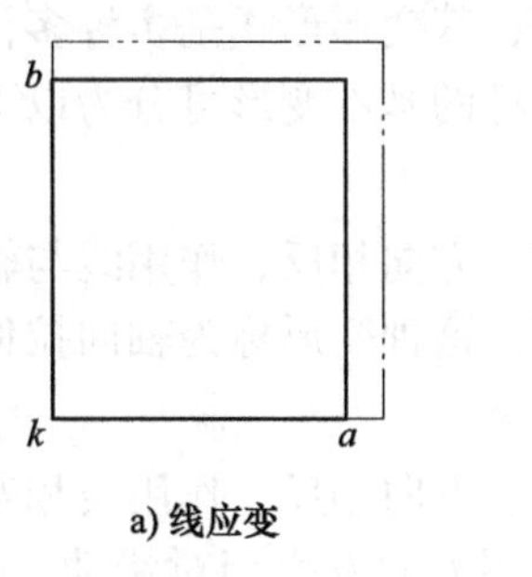


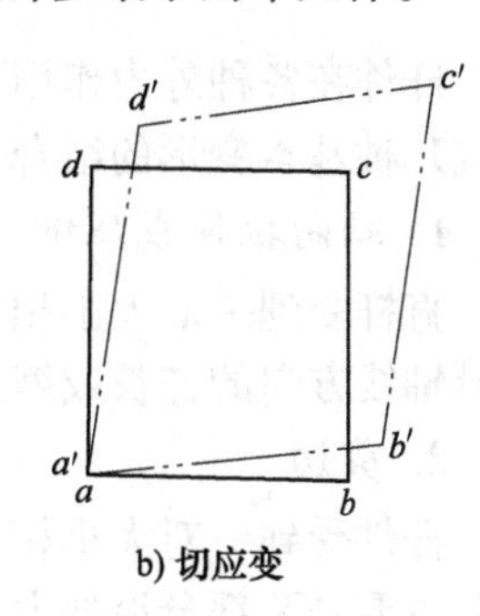


图 1-13 应变的定义

一般情况下，棱边 $ka$ 各点处的变形程度并不相同，平均线应变的大小将随 $ka$ 的长度而改变。为了精确地描写点 $k$ 沿棱边 $ka$ 方向的变形情况，应选取无限小的单元体即微元体，由此所得平均线应变的极限值，即

$$\varepsilon = \lim_{\Delta s \to 0} \frac{\Delta u}{\Delta s} \tag{1-3}$$

式中，$\varepsilon$ 称为点 $k$ 沿棱边 $ka$ 方向的线应变，简称应变。规定拉伸时，线应变 $\varepsilon$ 为正；压缩时，线应变 $\varepsilon$ 为负。采用类似方法，还可确定 $k$ 点处沿其他任意方向的线应变。

微元体相邻棱边所夹直角的改变量（见图1-13b），称为 $a$ 点在 $abcd$ 平面内的切应变或角应变，并用 $\gamma$ 表示，即

$$\gamma = \lim_{\substack{\overline{ab} \to 0 \\ \overline{ad} \to 0}} \left( \frac{\pi}{2} - \angle b'a'd' \right) \tag{1-4}$$

可见，当 $\angle b'a'd'$ 小于90°时，切应变 $\gamma$ 为正。切应变的单位为弧度，用 rad 表示。

线应变 $\varepsilon$ 与切应变 $\gamma$ 是度量一点处变形程度的两个基本量。

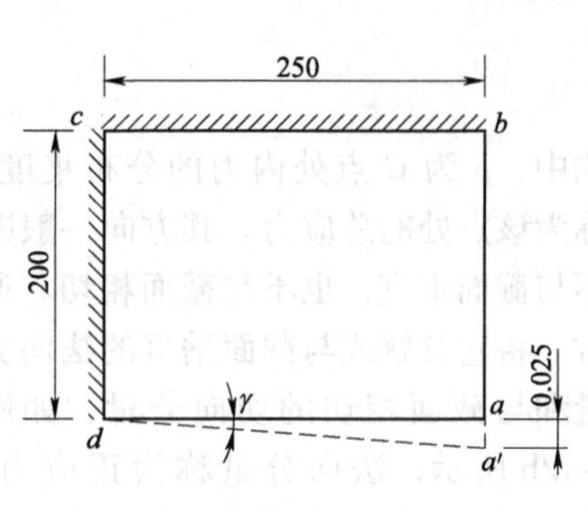

图 1-14 例题 1-2 图

【例题 1-2】 两边固定的薄板如图 1-14 所示。变形后 $ab$ 和 $ad$ 两边保持为直线。$a$ 点沿铅垂方向向下的位移为 0.025mm。试求 $ab$ 边的平均应变和 $ab$、$ad$ 两边夹角的变化。

解：由式（1-2），$ab$ 边的平均应变为

$$\varepsilon_{\mathrm{m}} = \frac{\overline{a'b} - \overline{ab}}{\overline{ab}} = \frac{0.025\text{mm}}{200\text{mm}} = 125 \times 10^{-6}$$

变形后 $ab$ 和 $ad$ 两边的夹角变化为

$$\frac{\pi}{2} - \angle ba'd = \gamma$$

由于 $\gamma$ 非常微小，显然有

$$\gamma \approx \tan\gamma = \frac{0.025\text{mm}}{250\text{mm}} = 100 \times 10^{-6}\text{rad}$$

## 1.6 杆件变形的基本形式

杆件在各种外力作用下，其变形形式是多种多样的。但归纳起来不外乎是某一种基本变形或几种基本变形的组合。杆的基本变形可分为以下四种：

1. 轴向拉伸或压缩

直杆受到一对大小相等、方向相反、作用线与轴线重合的外力作用时，杆件的变形主要是沿轴线方向的伸长或缩短，这种变形称为轴向拉伸或压缩，如图 1-15 所示。

2. 剪切

杆件受到一对大小相等、方向相反、作用线相互平行且相距很近的外力作用时，杆件的变形主要是两部分沿外力作用方向发生相对错动，这种变形称为剪切，如图 1-16 所示。机械中常用到的连接件，如螺栓、键、销钉等的变形，都属于这种情况。

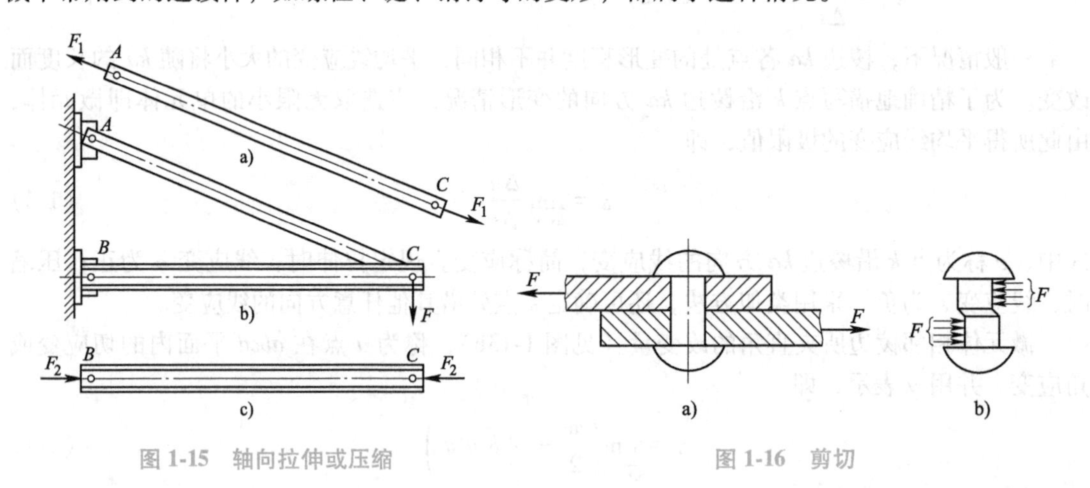

图 1-15 轴向拉伸或压缩

图 1-16 剪切

3. 扭转

杆件受到一对大小相等、方向相反、作用面垂直于轴线的力偶作用时，杆的变形主要是

任意两个横截面发生绕轴线的相对转动，这种变形称为扭转，如图 1-17 所示。

4. 弯曲

直杆受到垂直于轴线的横向力或包含轴线的纵向平面内的力偶作用时，杆件的变形主要是轴线由直变弯，这种变形称为弯曲，如图 1-18 所示。

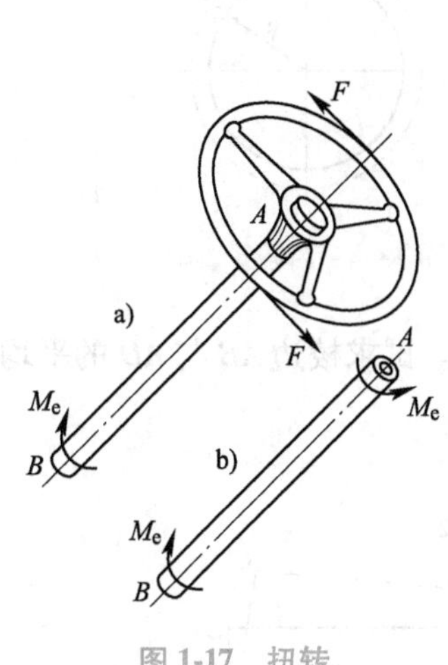

图 1-17 扭转

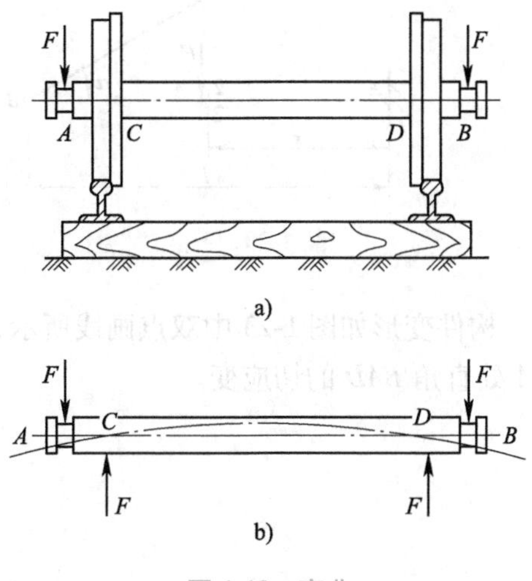


图 1-18 弯曲

在工程实际中，还经常发生杆件变形由两种或两种以上的基本变形组合，这种情况称为组合变形。常见的组合变形情况有扭转与弯曲的组合，如机械中的一些传动轴、曲轴等；拉压与弯曲的组合，如钻床立柱、房屋的偏心柱等。分析组合变形时，首先将其分解成各种基本变形求解，然后利用叠加原理进行分析。

## 本章小结

本章首先明确了材料力学的研究任务和研究对象，即研究杆件的强度、刚度和稳定性问题；其次介绍了材料力学的 4 个基本假设——均匀性假设、连续性假设、各向同性假设和小变形假设，以及内力、应力和应变的概念。最后，分析了受外力作用时，杆件发生的基本变形形式是拉伸（压缩）、剪切、扭转和弯曲。

## 习 题

**1-1** 试求图 1-19 所示结构 $m—m$ 和 $n—n$ 截面上的内力，并指出 $AB$ 和 $BC$ 两杆的变形属于哪一类基本变形。

**1-2** 在图 1-20 所示简易悬臂式吊车的横梁上，$F$ 力可以左右移动。试求截面 1—1 和 2—2 上的内力及其最大值。

**1-3** 如图 1-21 所示，圆形薄板的半径为 $R$，变形后 $R$ 的增量为 $\Delta R$。若 $R=80\text{mm}$，$\Delta R=3\times10^{-3}\text{mm}$，试求沿半径方向和外圆圆周方向的平均应变。

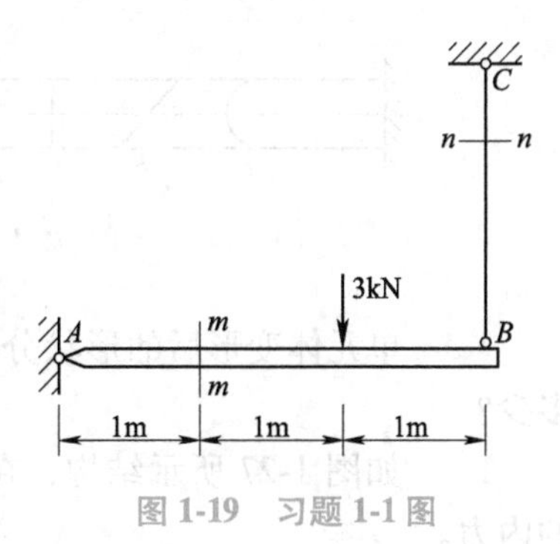


图 1-19 习题 1-1 图

**1-4** 图 1-22 所示三角形薄板因受外力作用而变形，角点 $B$ 铅垂向上的位移为 0.03mm，但 $AB$ 和 $BC$ 仍保持为直线。试求沿 $OB$ 的平均应变，并求 $AB$ 和 $BC$ 两边在 $B$ 点处夹角角度改变。

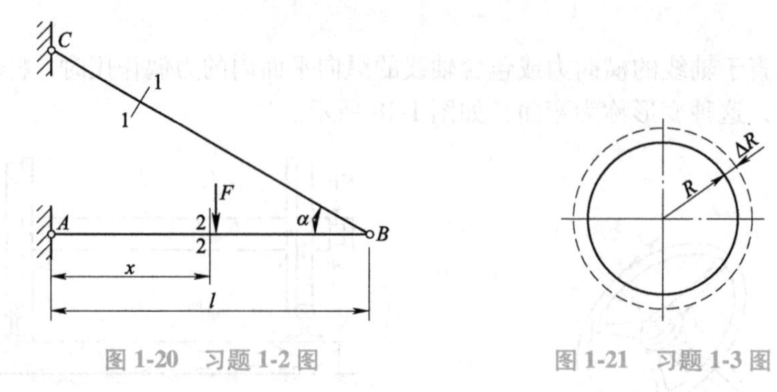


图 1-20　习题 1-2 图　　图 1-21　习题 1-3 图

**1-5**　构件变形如图 1-23 中双点画线所示，单位为 mm。试求棱边 $AB$ 与 $AD$ 的平均应变，以及点 $A$ 处直角 $BAD$ 的切应变。

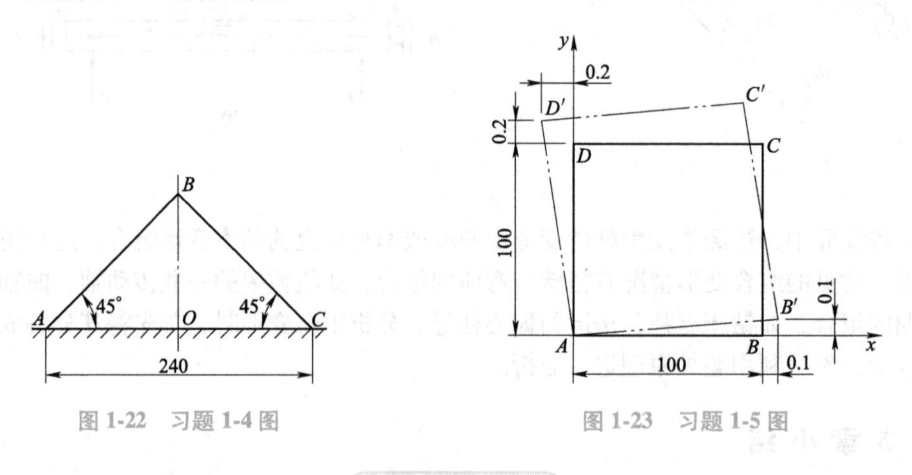


图 1-22　习题 1-4 图　　图 1-23　习题 1-5 图

## 测试题

**1-1**　等直杆如图 1-24 所示，在力 $F$ 作用下，$a$、$b$、$c$ 截面上的轴力是否相同？

**1-2**　变形和位移有什么区别和联系？构件中的某一点，若沿任何方向都不产生应变，则该点是否一定没有位移？如图 1-25 所示杆件，在 $B$ 截面作用力 $F$ 后，试分析各段变形及位移情况。

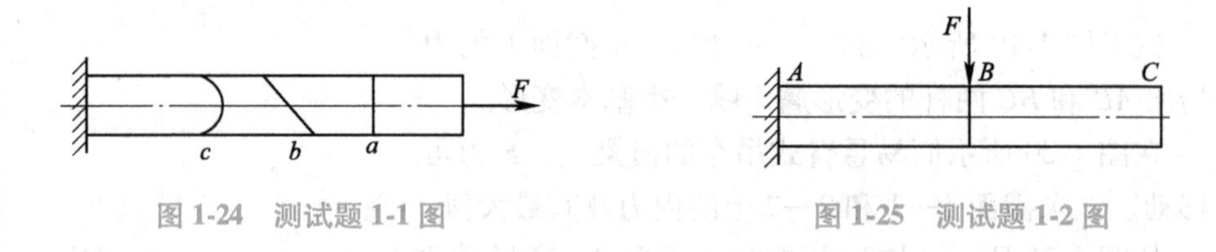


图 1-24　测试题 1-1 图　　图 1-25　测试题 1-2 图

**1-3**　单元体变形后的形状分别如图 1-26a、b、c 中虚线所示，则 $A$ 点的切应变分别为多少？

**1-4**　如图 1-27 所示结构，在刚节点 $B$ 作用力矩 $M$，试求 1—1、2—2、3—3 各截面上的内力。

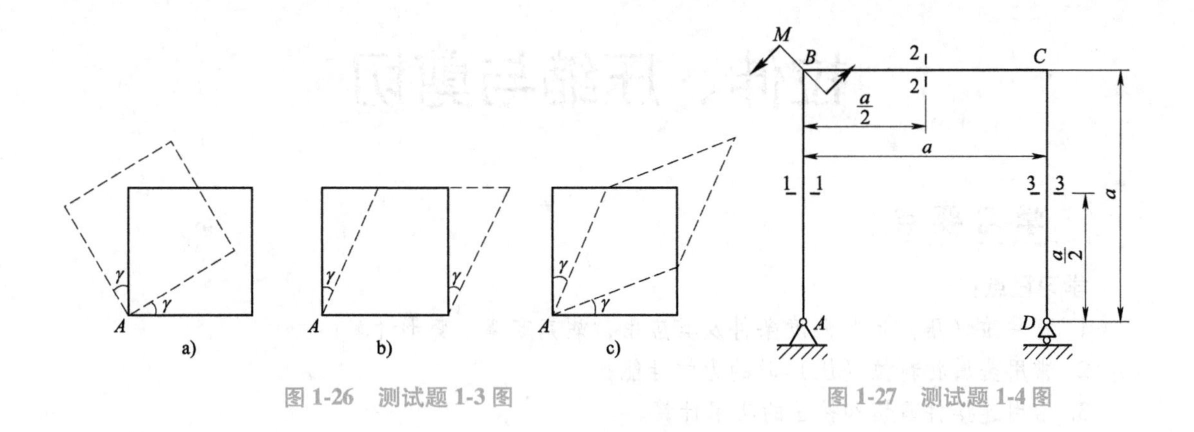


图 1-26　测试题 1-3 图

图 1-27　测试题 1-4 图

## 资 源 推 荐

[1] 刘鸿文．材料力学：Ⅰ［M］.6 版．北京：高等教育出版社，2017.

[2] 孙训方．材料力学：Ⅰ［M］.6 版．北京：高等教育出版社，2019.

[3] 苟文选．材料力学：Ⅰ［M］.3 版．北京：科学出版社，2017.

[4] 郭维林，刘东星．材料力学（Ⅰ）同步辅导及习题全解［M］.北京：中国水利水电出版社，2010.

[5] 陈乃立，陈倩．材料力学学习指导书［M］.北京：高等教育出版社，2004.

[6] 于绶章．材料力学发展史的几个问题［J］.力学与实践，1985，7（2）：39-41.

[7] 季顺迎，武金瑛，马红艳．力学史知识在材料力学教学中的结合与实践［J］.高等理科教育，2012（4）：137-142.

[8] 许秀兰．材料力学内力求解小技巧［J］.考试周刊，2015（15）：159-160.

[9] 王安强，赵彬，陈瑞卿．材料力学课程思政建设与应用［J］.教育教学论坛，2020（25）：93-94.

# 第2章 拉伸、压缩与剪切

## 学习要点

**学习重点：**

1. 杆件拉（压）时的强度条件及其应用，胡克定律，变形计算；
2. 常用金属材料拉（压）时的力学性能；
3. 常用连接件剪切和挤压的实用计算。

**学习难点：**

拉（压）超静定问题。

## 思维导图

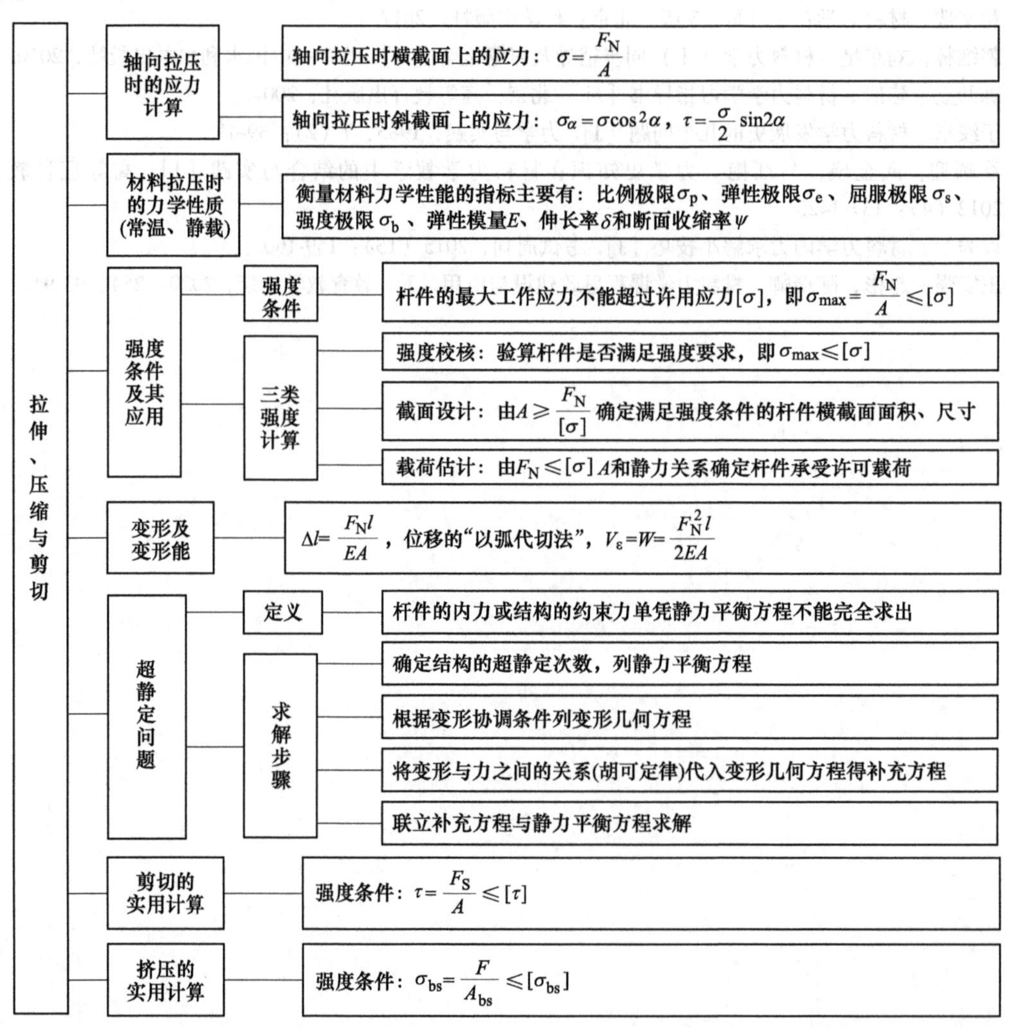

拉伸、压缩与剪切
轴向拉压时的应力计算
轴向拉压时横截面上的应力：$\sigma=\frac{F_N}{A}$
轴向拉压时斜截面上的应力：$\sigma_\alpha=\sigma\cos^2\alpha$，$\tau=\frac{\sigma}{2}\sin2\alpha$
材料拉压时的力学性质(常温、静载)
衡量材料力学性能的指标主要有：比例极限$\sigma_p$、弹性极限$\sigma_e$、屈服极限$\sigma_s$、强度极限$\sigma_b$、弹性模量$E$、伸长率$\delta$和断面收缩率$\psi$
强度条件及其应用
强度条件
杆件的最大工作应力不能超过许用应力[σ]，即$\sigma_{max}=\frac{F_N}{A}\leqslant[\sigma]$
三类强度计算
强度校核：验算杆件是否满足强度要求，即$\sigma_{max}\leqslant[\sigma]$
截面设计：由$A\geqslant\frac{F_N}{[\sigma]}$确定满足强度条件的杆件横截面面积、尺寸
载荷估计：由$F_N\leqslant[\sigma]A$和静力关系确定杆件承受许可载荷
变形及变形能
$\Delta l=\frac{F_N l}{EA}$，位移的“以弧代切法”，$V_\varepsilon=W=\frac{F_N^2 l}{2EA}$
超静定问题
定义
杆件的内力或结构的约束力单凭静力平衡方程不能完全求出
求解步骤
确定结构的超静定次数，列静力平衡方程
根据变形协调条件列变形几何方程
将变形与力之间的关系(胡可定律)代入变形几何方程得补充方程
联立补充方程与静力平衡方程求解
剪切的实用计算
强度条件：$\tau=\frac{F_S}{A}\leqslant[\tau]$
挤压的实用计算
强度条件：$\sigma_{bs}=\frac{F}{A_{bs}}\leqslant[\sigma_{bs}]$

## 实例引导

吊运一部分木材后，为什么钢丝绳会断裂呢？

某木材收购厂用起重机吊运一批木材装车外运，当吊到第 15 根长 6.5m、大头直径为 40cm、小头直径为 26cm 的桦木时，工人绑好钢丝绳吊索起吊至离地面 70cm，起重臂突然坠落，造成起重臂下扶钢丝绳的工人头部砸伤。通过调查发现，起重臂坠落是由于起重机钢丝绳断裂造成的，是事故发生的直接原因。检查发现断裂的钢丝绳已有多处过度锈蚀、磨损，并有多处严重断丝现象，在吊装部分木材后，在出现锈蚀、磨损和断丝部位，因钢丝绳所受的拉力超过其所能承受的最大拉力，承受不住吊物重量，发生断裂坠落，钢丝绳断裂属于拉伸破坏问题。

在工程实际中，承受轴向拉伸或压缩的杆件很多，例如液压传动中的活塞杆，在油压和工作阻力作用下受拉，如图 2-1a 所示，又如内燃机的连杆在燃气爆发冲程中受压，如图 2-1b 所示。此外，起重机起吊重物的钢索、桁架中的弦杆、拉床的拉刀等都承受轴向拉伸或者压缩。

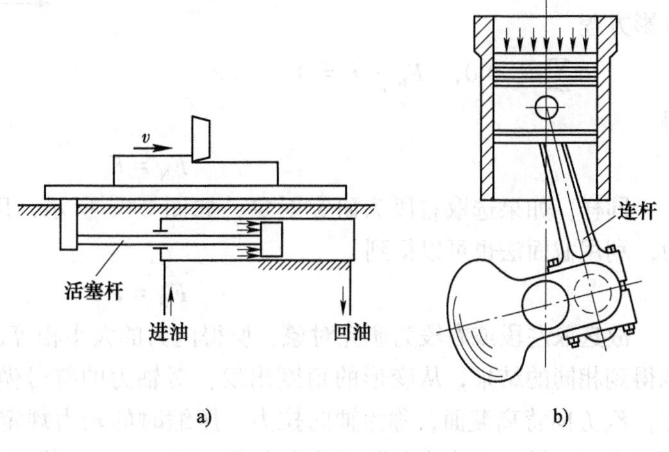

图 2-1　工程中受拉伸或压缩杆件

## 2.1　轴力与轴力图

视频讲解

### 2.1.1　拉压杆件的力学简图

实际工程中，受拉（压）杆件的外形虽各有差异，加载方式也各不相同，但若把杆件形状和受力情况进行简化，都可以画成图 2-2 所示的受力简图，其共同特点是：作用于杆件上外力的作用线或向轴线简化后合力的作用线与杆件的轴线重合。在这样的外力作用下，其变形特点是：杆产生沿轴线方向的伸长或缩短。我们将这种变形形式称为轴向拉伸或压缩。图 2-2 中实线表示杆件受力以前的形状，双点画线线表示变形以后的形状。

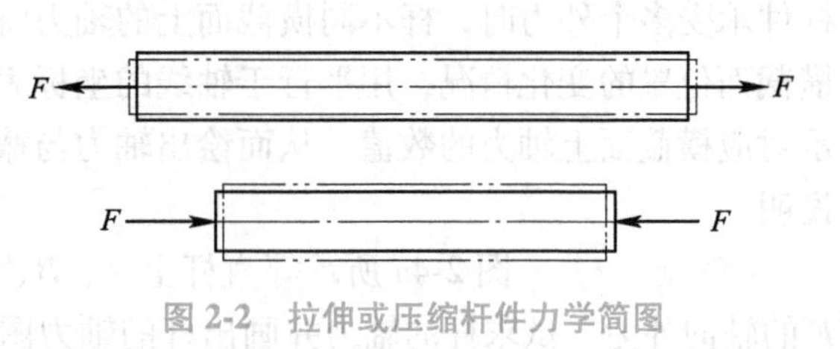

图 2-2　拉伸或压缩杆件力学简图

### 2.1.2　轴力

为了进行拉压杆件的强度计算，必须首先研究杆件横截面上的内力，然后分析横截面上的应力。

图2-3a所示为一轴向拉杆，为求任一横截面 $m—m$ 上的内力，可用截面法将杆在 $m—m$ 处假想地截分为两段，保留其左段进行研究，如图2-3b所示，右段杆对左段杆的作用在截开面上为分布内力，与外力平衡，其合力作用线也与杆件轴线重合，用 $F_N$ 代替，称为轴力。以轴线向右为 $x$ 轴正向，由左段的平衡条件，列出 $x$ 方向的投影方程

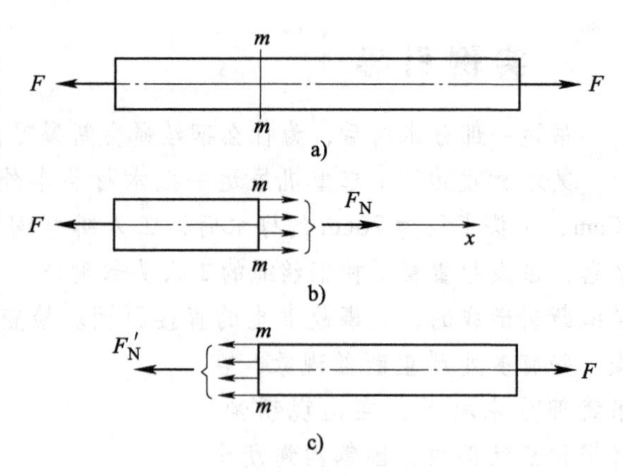

图2-3 轴向拉杆横截面上的内力

$$\sum F_x = 0, \quad F_N - F = 0$$

得

$$F_N = F$$

同样，如果选取右段为研究对象，如图2-3c所示，用 $F'_N$ 代替左段杆对右段杆的作用力，利用截面法也可以得到

$$F'_N = F$$

故选取左段或右段为研究对象，所得内力的大小相等，而方向相反。为使取左右两段时能得到相同的结果，从变形的角度出发，对轴力的符号做如下规定：拉伸时的轴力规定为正，$F_N$ 方向背离截面，称为轴向拉力；压缩时的轴力规定为负，$F_N$ 方向指向截面，称为轴向压力。这样，无论取左段还是取右段，所求 $m—m$ 截面轴力符号都相同。因此，在以后的讨论中，不必区分 $F_N$ 和 $F'_N$，一律表示为 $F_N$。

必须指出，在材料力学中，内力的符号是根据杆的变形而规定的，与静力学中的规定有所不同。在今后的各种计算中，应加以注意。

### 2.1.3 轴力图

从图2-3中不难看出，当仅在杆两端作用轴向外力时，杆各横截面上的轴力都相同。当杆件承受多个外力时，杆不同横截面上的轴力将不同。为了形象直观地表示横截面上轴力随横截面位置的变化情况，用平行于轴线的坐标表示横截面的位置，用垂直于杆轴线的坐标表示对应横截面上轴力的数值，从而绘出轴力与截面位置的关系图形，称为轴力图。下面举例说明。

【例题2-1】 图2-4a所示等直杆上 $A$、$B$、$C$、$D$ 四点分布作用着大小为 $5F$、$8F$、$4F$、$F$ 的轴向外力，试求杆的轴力并画出杆的轴力图。

解：$A$、$B$、$C$、$D$ 点的四个力将杆分成了四段，下面用截面法分别求这四段内任意截面上的轴力。在不清楚轴力是拉力还是压力的情况下，一般假设为拉力。首先截开截面1—1，保留右边部分，加上截面上的待定轴力 $F_{N1}$ 后，如图2-4b所示，由平衡方程

$$\sum F_x = 0, \quad -F_{N1} + 5F - 8F + 4F + F = 0$$

得

$$F_{N1} = 2F$$

同理，可得截面2—2上的轴力为

$F_{N2} = 4F + F - 8F = -3F$

结果为负值，说明 $F_{N2}$ 的真实指向与图中假定的指向相反，即为压力。

同样得到截面 3—3、截面 4—4 上的轴力分别为

$$F_{N3} = 4F + F = 5F$$

$$F_{N4} = F$$

求出各段的轴力后，即可作出杆的轴力图如图 2-4f 所示，最大轴力 $|F_N|_{max}$ 发生在 $BC$ 段内的任一横截面上，其值为 $5F$。

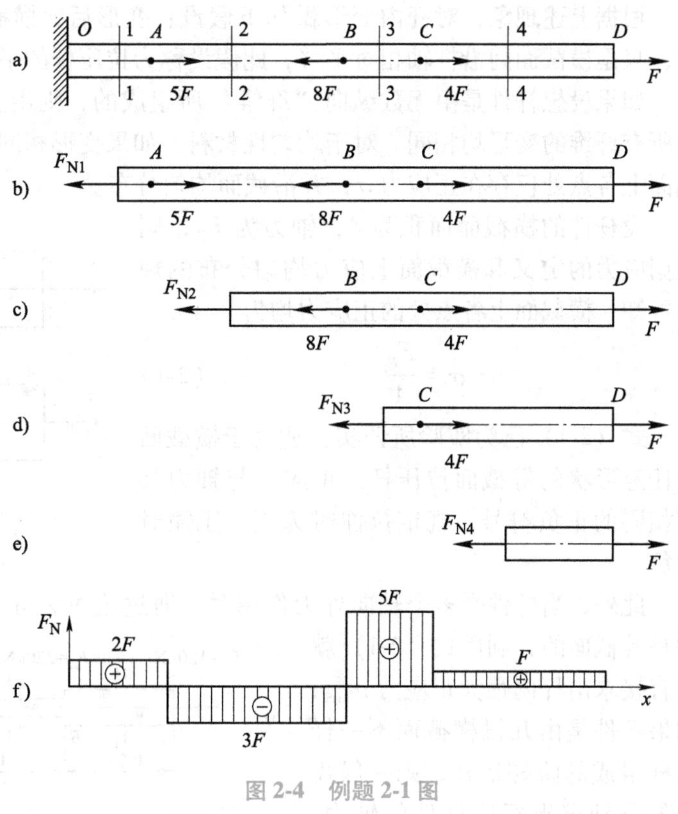


图 2-4　例题 2-1 图

【提示】

画轴力图时一般应与受力图对正，当杆件水平放置或倾斜放置时，正值应画在杆件轴线的上方或斜上方，而负值则画在下方或斜下方，一般要标明正负号。当杆件竖直放置时，正负值可分别画在不同侧并标出正负号。轴力图上可以适当地画一些垂直于轴线的纵标线，而在纵坐标箭头旁边一般应标明内力的名称。

视频讲解

## 2.2　拉压杆的应力与圣维南原理

利用截面法求出轴向拉压杆横截面上的轴力 $F_N$ 以后，还不能仅根据轴力的大小来判断杆件是否会因强度不够而破坏。例如，两根材料相同而粗细不同的杆件，在相同的拉力作用下，两杆的轴力自然是相同的，但当拉力逐渐增大时，细杆必然先被拉断。这说明拉杆的强度不仅与轴力大小有关，而且与横截面的面积有关，即取决于横截面上分布内力的集度——应力。因此，需要用横截面上的应力来比较和判断杆件的强度。

### 2.2.1　拉压杆横截面上的应力

由于内力是不能直接观察到的，但杆件在受力后引起内力的同时，总要发生变形，内力与变形之间存在一定的物理关系。因此，可以通过观察变形，来研究横截面上的应力的分布规律。

首先观察杆的变形。图 2-5 所示为一等截面直杆，试验前，在杆表面画出两条垂直于杆轴的横线 $ab$ 与 $cd$，然后，在杆两端加一对大小相等、方向相反的轴向载荷 $F$。从试验中观察到横线 $ab$ 与 $cd$ 仍为直线，且仍垂直于杆件轴线，只是间距增大，分别平移至图示 $a'b'$ 与 $c'd'$ 位置。

根据上述现象，对杆内变形做如下假设：变形后，横截面仍保持平面，且仍与杆轴垂直，只是横截面间沿杆轴相对平移，此假设称为拉压杆的平面假设。

如果设想杆件是由无数纵向“纤维”所组成的，则由上述假设可知，任意两横截面间的所有纤维的变形均相同。对于均匀性材料，如果变形相同，则受力也相同，由此可见，横截面上各点处仅存在正应力 $\sigma$，并沿截面均匀分布。

设杆件的横截面面积为 $A$，轴力为 $F_N$，则根据应力的定义和横截面上应力均匀分布的规律可知，横截面上各点处的正应力均为

$$\sigma = \frac{F_N}{A} \tag{2-1}$$

式（2-1）已为实验所证实，适用于横截面为任意形状的等截面拉压杆。正应力与轴力具有相同的正负符号，规定拉伸时为正，压缩时为负。

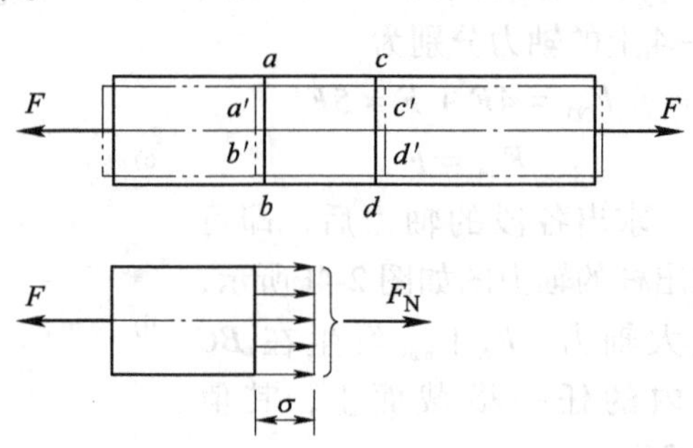


图 2-5　拉压杆横截面上的应力

此外，当杆件受多个轴向外力作用时，通过截面法可求得最大轴力 $|F_N|_{max}$，如果杆件是等截面的，利用式（2-1）就可直接求出杆内最大正应力 $\sigma_{max}$，如果杆件是由几段横截面不一样的杆组成的阶梯形杆，则一般需要先分别求出每段杆件的轴力，然后利用式（2-1）求出每段杆件横截面上的正应力，再进行比较确定最大工作应力 $\sigma_{max}$。

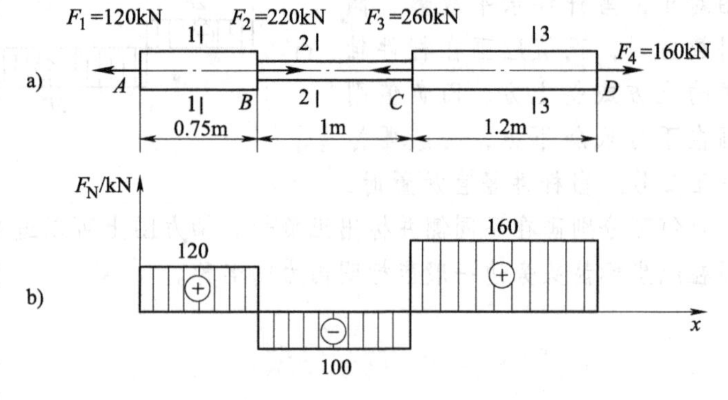


图 2-6　例题 2-2 图

【例题 2-2】　一钢制阶梯杆如图 2-6a 所示。各段杆的横截面面积分别为 $A_1 = 1600\text{mm}^2$，$A_2 = 625\text{mm}^2$，$A_3 = 900\text{mm}^2$，试画出轴力图，并求出此杆的最大工作应力。

解：（1）求各段轴力，由截面法求得

$$F_{N1} = F_1 = 120\text{kN}$$

$$F_{N2} = F_1 - F_2 = 120\text{kN} - 220\text{kN} = -100\text{kN}$$

$$F_{N3} = F_4 = 160\text{kN}$$

（2）作轴力图

由各横截面上的轴力值，作出轴力图如图 2-6b 所示。

（3）求最大应力

根据式（2-1）得

$AB$ 段：　$$\sigma_{AB} = \frac{F_{N1}}{A_1} = \frac{120 \times 10^3\text{N}}{1600 \times 10^{-6}\text{m}^2} = 75 \times 10^6\text{Pa} = 75\text{MPa}$$

$BC$ 段：　$$\sigma_{BC} = \frac{F_{N2}}{A_2} = -\frac{100 \times 10^3\text{N}}{625 \times 10^{-6}\text{m}^2} = -160 \times 10^6\text{Pa} = -160\text{MPa}$$

CD 段：　　$\sigma_{CD}=\dfrac{F_{N3}}{A_3}=\dfrac{160\times10^3\text{N}}{900\times10^{-6}\text{m}^2}=178\times10^6\text{Pa}\approx178\text{MPa}$

由计算可知，杆的最大应力为拉应力，在 CD 段内，其值为 178MPa。

### 2.2.2　拉压杆斜截面上的应力

前面讨论了轴向拉压杆横截面上的正应力，今后将以这一应力作为强度计算的依据。但对不同材料的轴向拉压实验表明，拉压杆的破坏并不一定是沿横截面的，有时是沿斜截面发生的。为了更全面地研究拉压杆的强度，还需进一步讨论斜截面上的应力。

考虑图 2-7a 所示拉杆，利用截面法，沿任一斜截面 m—m 将杆切开，该截面的方位以其外法线 On 与 x 轴的夹角 α 表示。由前述分析可知，杆内各纵向纤维的变形相同，因此，在相互平行的截面 m—m 与 m′—m′间，各纤维的变形也相同。因此，斜截面 m—m 上的应力 $p_\alpha$沿截面均匀分布，如图 2-7b 所示，且其方向与杆轴线平行。

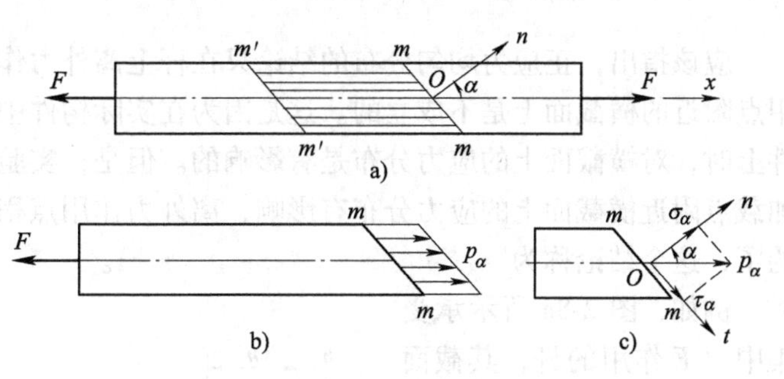


图 2-7　拉压杆斜截面上的应力

设杆件斜截面的面积为 $A_\alpha$，斜截面上的内力为 $F_\alpha$，显然有

$$F_\alpha=F_N=F \tag{a}$$

由式（2-1），可知

$$\sigma=\frac{F}{A} \tag{b}$$

$A_\alpha$与 A 的关系为

$$A_\alpha=\frac{A}{\cos\alpha} \tag{c}$$

由此得截面 m—m 上各点处的应力为

$$p_\alpha=\frac{F_\alpha}{A_\alpha}=\sigma\cos\alpha \tag{d}$$

将应力 $p_\alpha$沿截面法向与切向分解如图 2-7c 所示，得斜截面上的正应力与切应力分别为

$$\sigma_\alpha=p_\alpha\cos\alpha=\sigma\cos^2\alpha \tag{2-2}$$

$$\tau_\alpha=p_\alpha\sin\alpha=\frac{\sigma}{2}\sin2\alpha \tag{2-3}$$

可见，在拉压杆的任一斜截面上，不仅存在正应力，而且存在切应力，其大小均随截面方位变化。

当 α=0°时，有

$$\sigma_{\alpha\max}=\sigma,\tau_{0°}=0 \tag{2-4}$$

即拉压杆的最大正应力发生在横截面上，其值为 σ，且切应力为零。

当 α=45°时，有

$$\tau_{\alpha\max}=\frac{\sigma}{2},\sigma_{45^\circ}=\frac{\sigma}{2} \tag{2-5}$$

即拉压杆的最大切应力发生在与杆轴成45°的斜截面上，其值为$\frac{\sigma}{2}$。

当$\alpha=90°$时，有

$$\sigma_{90^\circ}=0,\tau_{90^\circ}=0 \tag{2-6}$$

即在平行于杆件轴线的纵向截面上无任何应力。

### 2.2.3 圣维南原理

应该指出，正应力均匀分布的结论只在杆上离外力作用点稍远的地方才成立，在载荷作用点附近的横截面上是不成立的。这是因为在实际构件中，载荷以不同的加载方式施加于构件上时，对横截面上的应力分布是有影响的。但是，实验研究表明，加载方式的不同，只对加载点附近横截面上的应力分布有影响，离外力作用点稍远的横截面上，应力分布便是均匀的了，这个结论称为圣维南（Saint-Venant）原理。

思政点睛

例如，图2-8a所示承受集中力$F$作用的杆，其截面宽度为$h$，在$x=h/4$与$x=h/2$的横截面1—1与2—2上，应力虽为非均匀分布，如图2-8b、c所示，但在$x=h$的横截面3—3上，应力则趋向均匀，如图2-8d所示。因此，只要外力合力的作用线沿杆轴线，在离外力作用面稍远处，横截面上的应力分布均可视为均匀的。

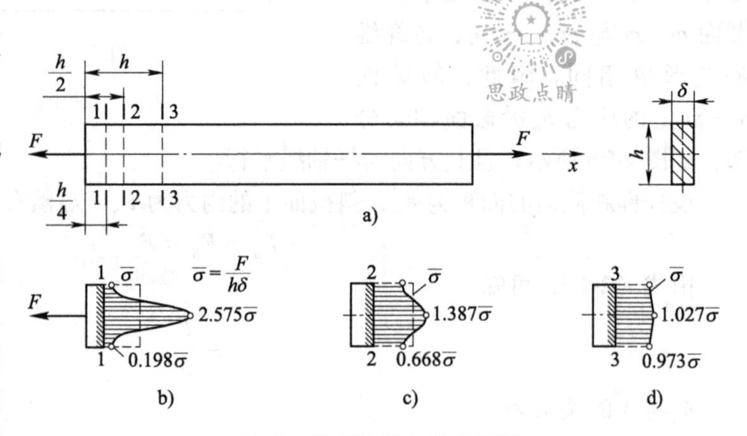


图2-8 拉压杆的圣维南原理

视频讲解

## 2.3 材料拉伸时的力学性能

分析构件的强度时，除计算构件在外力作用下的应力外，还应了解材料的力学性质。所谓材料的力学性质主要是指材料在外力作用下表现出的变形和破坏方面的特性。认识材料的力学性质主要是依靠试验的方法。

### 2.3.1 拉伸试验与应力-应变图

在室温下，以缓慢平稳加载的方式进行的拉伸试验，称为常温、静载拉伸试验。它是确定材料力学性质的基本试验。拉伸试样的形状如图2-9所示，中间较细，两端较粗。在中间等直部分取长为$l$的一段作为工作段，$l$称为标距。为了便于比较不同材料的试验结果，应将试样加工成标准尺寸。对圆截面试样，标距$l$与横截面直径$d$有两种比例：

$$l=10d \quad 或 \quad l=5d$$

将试样装上试验机后，缓慢加载，直至拉断，试验机的绘图系统可自动绘出试样在试验过程中工作段的变形和拉力之间的关系曲线图。常以横坐标代表试样工作段的伸长 $\Delta l$，纵坐标代表试验机上的载荷读数，即试样上所受的拉力 $F$，此曲线称为拉伸图或 $F$-$\Delta l$ 曲线，如图 2-10 所示。

试样的拉伸图不仅与试样的材料有关，而且与试样的几何尺寸有关。用同一种材料做成粗细不同的试样，由试验所得的拉伸图差别很大。所以，不宜用试样的拉伸图表征材料的拉伸性能。将拉力 $F$ 除以试样横截面原面积 $A$，得试样横截面上的应力 $\sigma$。将伸长 $\Delta l$ 除以试样的标距 $l$，得试样的应变 $\varepsilon$。以 $\varepsilon$ 和 $\sigma$ 分别为横坐标与纵坐标，这样得到的曲线则与试样的尺寸无关，此曲线称为应力-应变图或 $\sigma$-$\varepsilon$ 曲线。

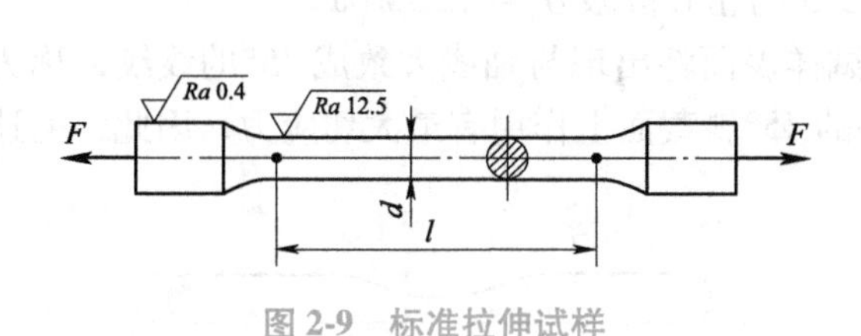


图 2-9　标准拉伸试样

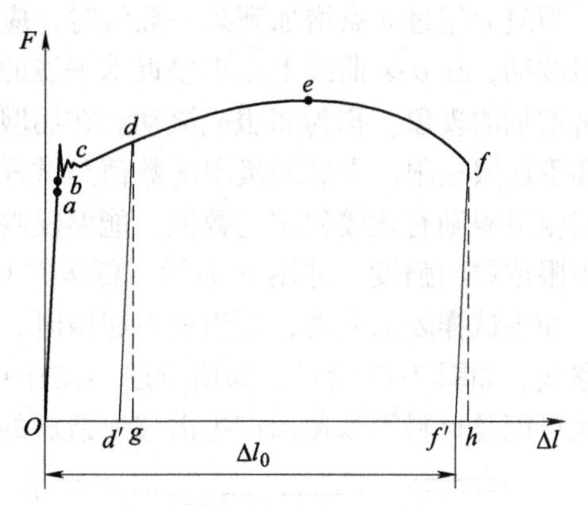


图 2-10　拉伸图

## 2.3.2　低碳钢的拉伸力学性能

低碳钢是工程上应用最广泛的材料，同时，低碳钢试样在拉伸试验中所表现出来的力学性能最为典型。因此，先研究这种材料在拉伸时的力学性能。图 2-11 所示为低碳钢 Q235 的应力-应变图，从图中可见，整个拉伸过程可分为四个阶段：

1. 弹性阶段

（1）线性弹性阶段　在试样拉伸的初始阶段，$\sigma$ 与 $\varepsilon$ 的关系表现为直线 $Oa$，表示在这一阶段内，$\sigma$ 与 $\varepsilon$ 成正比，即 $\sigma \propto \varepsilon$，或写成

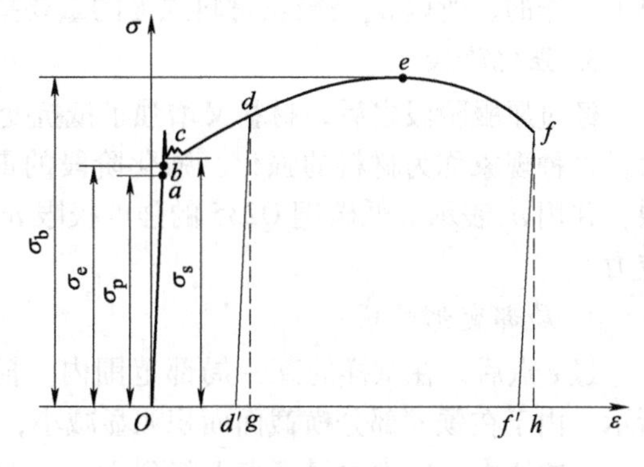


图 2-11　低碳钢的应力-应变曲线

$$\sigma = E\varepsilon \tag{2-7}$$

这就是拉伸或压缩的胡克定律。式中，$E$ 为弹性模量，为材料的刚度性能指标，其单位与应力相同，常用单位为 GPa。式（2-7）表明，$E=\dfrac{\sigma}{\varepsilon}$，而$\dfrac{\sigma}{\varepsilon}$正是直线 $Oa$ 的斜率。材料的弹性模量由实验测定，它表示在受拉（压）时，材料抵抗弹性变形的能力。直线 $Oa$ 的最高点 $a$

所对应的应力，称为比例极限，用 $\sigma_p$ 表示。即只有应力低于比例极限，胡克定律才能适用。Q235 钢的比例极限 $\sigma_p \approx 200\text{MPa}$。

(2) 非线性弹性阶段　超过比例极限后，从 $a$ 点到 $b$ 点，$\sigma$ 与 $\varepsilon$ 之间的关系不再是直线，但解除拉力后变形仍可完全消失，这种变形称为弹性变形。$b$ 点所对应的应力 $\sigma_e$ 是材料只出现弹性变形的极限值，称为弹性极限。在 $\sigma$-$\varepsilon$ 曲线上，对于低碳钢，$a$，$b$ 两点非常接近，所以工程上对弹性极限 $\sigma_e$ 和比例极限 $\sigma_p$ 并不严格区分。

在应力大于弹性极限后，如再卸除拉力，则试样变形的一部分随之消失，即上面提到的弹性变形。但还遗留下一部分不能消失的变形，这种变形称为塑性变形或残余变形。

2. 屈服阶段

当应力超过 $b$ 点增加到某一数值时，应变有非常明显的增加，而应力先是下降，然后微小地波动，在 $\sigma$-$\varepsilon$ 曲线上出现接近水平线的小锯齿形线段。这种应力基本保持不变，而应变显著增加的现象，称为屈服或流动。在屈服阶段内的最高应力和最低应力分别称为上屈服极限和下屈服极限。上屈服极限的数值与试样形状、加载速度等因素有关，一般是不稳定的。下屈服极限则有比较稳定的数值，能够反映材料的性能。通常就把下屈服极限称为材料的屈服极限或屈服强度，并用 $\sigma_s$ 表示，低碳钢 Q235 的屈服极限 $\sigma_s \approx 235\text{MPa}$。

如果试样表面光滑，则当材料屈服时，试样表面将出现与轴线大致成 45°的线纹，称为滑移线，如图 2-12 所示。如前所述，在杆件的 45°斜截面上作用有最大切应力，因此，上述线纹可能是材料沿该截面产生滑移所造成的。

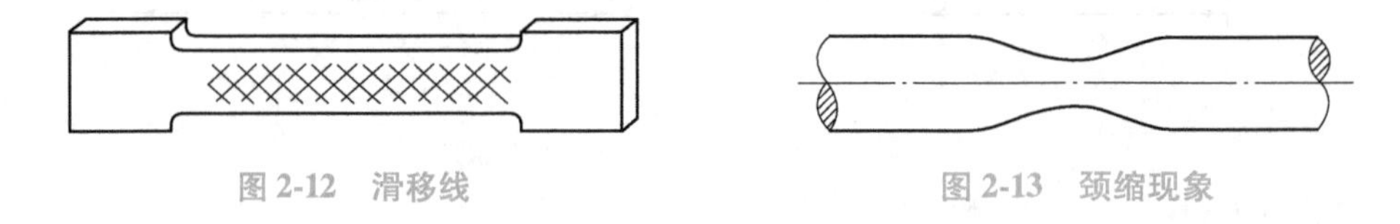

图 2-12　滑移线　　　　图 2-13　颈缩现象

当材料屈服时，将产生显著的塑性变形。通常，在工程中是不允许构件在塑性变形的情况下工作的，所以 $\sigma_s$ 是衡量材料强度的重要指标。

3. 强化阶段

经过屈服阶段之后，材料又增强了抵抗变形的能力。这时要使材料继续变形需要增大拉力，这种现象称为材料的强化。强化阶段的最高点 $e$ 所对应的正应力，称为材料的强度极限，并用 $\sigma_b$ 表示。低碳钢 Q235 的强度极限 $\sigma_b \approx 380\text{MPa}$。强度极限是材料所能承受的最大应力。

4. 局部变形阶段

过 $e$ 点后，在试样的某一局部范围内，横向尺寸急剧减小，形成颈缩现象。如图 2-13 所示。由于在颈缩部分横截面面积明显减小，使试样继续伸长所需要的拉力也相应减小，故在 σ-ε 曲线中，应力由最高点下降到 f 点，最后试样在颈缩段被拉断，这一阶段称为局部变形阶段。

综上所述，在整个拉伸过程中，材料经历了弹性、屈服、强化与颈缩四个阶段，并存在四个特征点，相应的应力依次为比例极限 $\sigma_p$、弹性极限 $\sigma_e$、屈服极限 $\sigma_s$ 和强度极限 $\sigma_b$。对低碳钢来说，屈服极限和强度极限是衡量材料强度的主要指标。

5. 卸载定律与冷作硬化

在图 2-11 中，如把试样拉伸到超过屈服极限的 $d$ 点，然后再逐渐卸除拉力，应力和应

变的关系将沿着与 $oa$ 几乎平行的斜直线 $dd'$ 回到 $d'$ 点。这说明：材料在卸载过程中应力与应变按直线规律变化，这就是卸载定律。载荷完全卸除后，试样中的弹性变形 $d'g$ 消失，剩下塑性变形 $Od'$。

卸载后，如果在短期内重新加载，则应力和应变的关系大致上沿卸载时的斜直线 $dd'$ 变化。过点 $d$ 后仍沿原曲线 $def$ 变化，并至点 $f$ 断裂。在再次加载过程中，直到 $d$ 点以前，试样变形是弹性的，过 $d$ 点后才开始出现塑性变形。比较图 2-11 中 $Oabcdef$ 和 $d'def$ 两条曲线，可见在第二次加载时，材料的比例极限（即弹性极限）得到提高，而塑性变形和伸长率有所降低。这种现象称为冷作硬化。冷作硬化现象经退火后又可消除。

工程中常利用冷作硬化来提高材料的弹性极限。例如，起重用的钢索和建筑用的钢筋，常借助冷拔工艺以提高其强度。但另一方面，零件初加工后，由于冷作硬化使材料变脆变硬，给下一步加工造成困难，且容易产生裂纹，这就需要在工序之间安排退火处理，以消除冷作硬化的不利影响。

6. 伸长率和断面收缩率

试样拉断后，材料的弹性变形消失，塑性变形则保留下来，试样长度由原长 $l$ 变为 $l_1$。试样拉断后的塑性变形量与原长之比以百分比表示，即

$$\delta = [(l_1 - l)/l] \times 100\% \tag{2-8}$$

式中，$\delta$ 称为伸长率。

伸长率是衡量材料塑性变形程度的重要指标之一，Q235 钢的断后伸长率 $\delta \approx 20\% \sim 30\%$。伸长率越大，材料的塑性性能越好，工程上常将 $\delta \geqslant 5\%$ 的材料称为塑性材料，如低碳钢、铝合金、青铜等均为常见的塑性材料。$\delta < 5\%$ 的材料称为脆性材料，如铸铁、高碳钢、混凝土等均为脆性材料。

衡量材料塑性变形程度的另一个重要指标是断面收缩率 $\psi$。设试样拉伸前的横截面面积为 $A$，拉断后断口横截面面积为 $A_1$，以百分比表示的比值，即

$$\psi = [(A - A_1)/A] \times 100\% \tag{2-9}$$

称为断面收缩率，断面收缩率越大，材料的塑性越好，Q235 钢的断面收缩率约为 50%。

### 2.3.3　其他材料拉伸时的力学性能

许多金属拉伸时，并不都具有像低碳钢的 $\sigma$-$\varepsilon$ 曲线中的四个阶段。图 2-14 给出了另外几种常见塑性材料在拉伸时的 $\sigma$-$\varepsilon$ 曲线，将这些曲线与图 2-11 相比较，可以看出，强铝、退火球墨铸铁均没有屈服阶段，其他三个阶段则很明显，而锰钢仅有弹性阶段和强化阶段，没有屈服阶段和局部变形阶段。这些材料的共同特点是伸长率均较大，它们和低碳钢一样都是塑性材料。对于这类没有明显屈服阶段的塑性材料，工程上通常以产生 0.2%塑性应变时所对应的应力值作为衡量材料强度的指标，此应力称为材料的条件屈服极限，用 $\sigma_{p0.2}$ 表示，如图 2-15 所示。

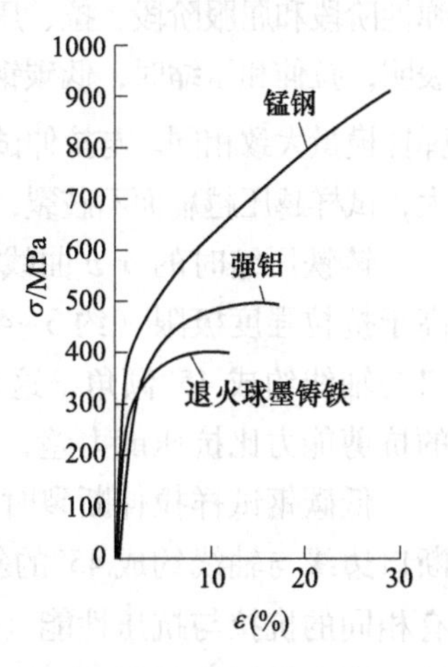


图 2-14　其他塑性材料在拉伸时的 $\sigma$-$\varepsilon$ 曲线

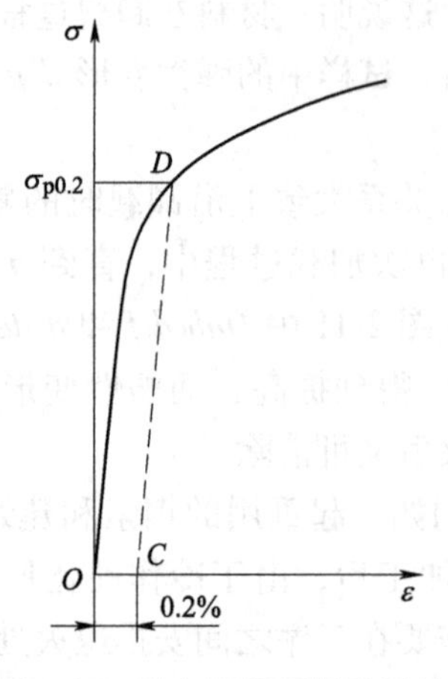


图 2-15 没有明显屈服阶段的塑性材料拉伸时的 $\sigma$-$\varepsilon$ 曲线

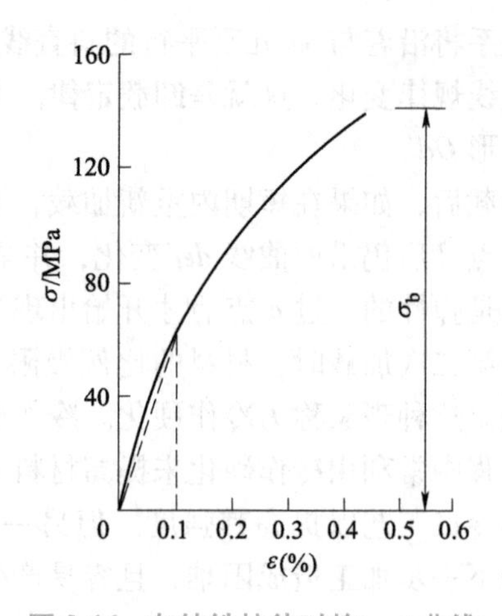


图 2-16 灰铸铁拉伸时的 $\sigma$-$\varepsilon$ 曲线

对于脆性材料，例如灰铸铁，从图 2-16 所示的 $\sigma$-$\varepsilon$ 曲线可以看出，从开始受拉到断裂，没有明显的直线部分（图中实线）。一般可将该曲线近似地视为直线（图中虚线），即认为胡克定律在此范围内仍然适用。图中也无屈服阶段和局部变形阶段，断裂是突然发生的，断口齐平，断后伸长率约为 0.4%~0.5%，故为典型的脆性材料。强度极限 $\sigma_b$ 是衡量铸铁强度的唯一指标。

## 2.4 材料压缩时的力学性能

视频讲解

在试验机上做压缩试验时，考虑到试样可能被压弯，金属材料选用短粗圆柱试样，其高度为直径的 1~3 倍，混凝土、石料等则制成立方形的试块，如图 2-17 所示。图 2-18 中实线表示低碳钢压缩时的 $\sigma$-$\varepsilon$ 曲线。将其与拉伸时的 $\sigma$-$\varepsilon$ 曲线（图中虚线）比较，可以看出，在弹性阶段和屈服阶段，拉、压的 $\sigma$-$\varepsilon$ 曲线基本重合。这表明，拉伸和压缩时，低碳钢的比例极限、屈服极限及弹性模量大致相同。与拉伸试验不同的是，当试样上压力不断增大，试样的横截面面积也不断增大，试样越压越扁而不破裂，故不能测出它的抗压强度极限。

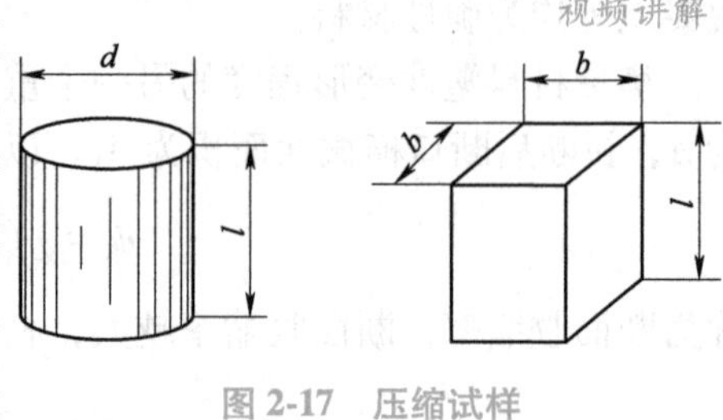


图 2-17 压缩试样

铸铁压缩时的 $\sigma$-$\varepsilon$ 曲线如图 2-19 所示。与其拉伸时的 $\sigma$-$\varepsilon$ 曲线相比，抗压强度极限远高于抗拉强度极限（约 3~4 倍），所以，脆性材料宜作受压构件。铸铁试样压缩时的破裂断口与轴线约成 45°倾角，这是因为受压试样在 45°方向的截面上存在最大切应力，铸铁材料的抗剪能力比抗压能力差，当达到剪切极限应力时首先在 45°截面上被剪断。

低碳钢试样拉伸断裂时，其颈缩部位断口内部的应力比较复杂，但仔细观察，不难发现断口边缘与轴线约成 45°的斜面，可知这是由最大切应力引起的。前面已经得到塑性材料具有相同的抗拉与抗压性能（$\sigma_p$、$\sigma_s$、$E$ 均相同）的结论。由铸铁试样压缩破坏可知，它的抗压能力优于抗剪能力，而铸铁试样拉伸破坏时，断口为横截面，说明它的抗剪能力优于抗拉能力。因此，对不同材料拉伸和压缩试验进行分析研究，可得出以下重要结论：

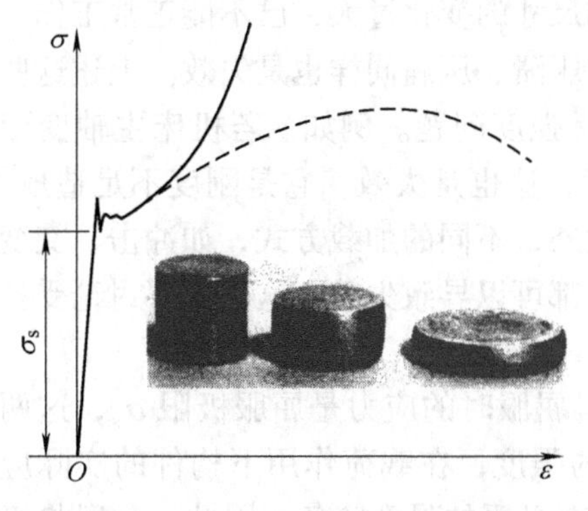


图 2-18　低碳钢压缩时的 $\sigma$-$\varepsilon$ 曲线

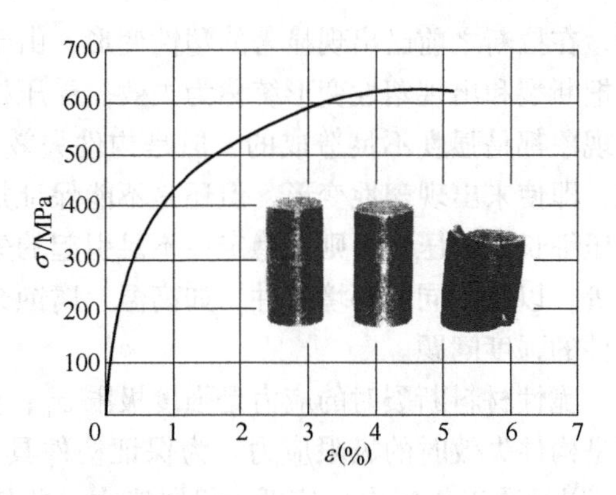


图 2-19　铸铁压缩时的 $\sigma$-$\varepsilon$ 曲线

塑性材料：抗拉能力=抗压能力>抗剪能力。

脆性材料：抗压能力>抗剪能力>抗拉能力。

通过拉伸和压缩试验，可以获得材料力学性能的下述三类指标：

（1）刚度指标　弹性模量 $E$；

（2）强度指标　屈服极限 $\sigma_s$（$\sigma_{p0.2}$）和强度极限 $\sigma_b$；

（3）塑性指标　伸长率 $\delta$ 和断面收缩率 $\psi$。

几种常用金属材料的主要力学性能见表 2-1，表中所列数据是在常温和静载荷（即缓慢加载）的条件下测得的，其他材料的力学性能可查阅机械设计手册等有关资料。

表 2-1　几种常用金属材料的主要力学性能

| 材料名称 | 牌号 | $\sigma_s$/MPa | $\sigma_b$/MPa | $\delta_5$(%) |
|---|---|---|---|---|
| 普通碳素钢 | Q235 | 216~235 | 373~461 | 25~27 |
| | Q255 | 255~275 | 490~608 | 19~21 |
| 优质碳素结构钢 | 40 | 333 | 569 | 19 |
| | 45 | 353 | 598 | 16 |
| 普通低合金结构钢 | Q345 | 274~343 | 471~510 | 19~21 |
| | Q390 | 333~412 | 490~549 | 17~19 |
| 合金结构钢 | 20Cr | 540 | 835 | 10 |
| | 40Cr | 785 | 980 | 9 |
| 铸钢 | ZG270-500 | 270 | 500 | 18 |
| 可锻铸铁 | KTZ450-06 | | 450 | 6（$\delta_3$） |
| 球墨铸铁 | QT450-10 | | 450 | 10（$\delta$） |
| 灰铸铁 | HT150 | | 120~175 | |

注：表中 $\delta_5$ 是指 $l=5d$ 的标准试样的伸长率。

## 2.5　轴向拉压杆的强度计算

视频讲解

### 2.5.1　失效及安全因数

由脆性材料制成的构件，在拉力作用下，变形很小时就会突然断裂。塑性材料制成的构件，在拉断之前已出现显著的塑性变形，由于形状和尺寸的变化过大，已不能正常工作。可以把断裂和出现塑性变形统称为失效。受压杆件的被压溃、压扁同样也是失效。上述这些失效现象都是强度不足造成的，但是构件失效并不都是强度问题。例如，若机床主轴变形过大，即使未出现塑性变形，但还是不能保证加工精度，这也是失效，它是刚度不足造成的。受压细长杆被压弯，则是稳定性不足引起的失效。此外，不同的加载方式，如冲击、交变载荷等，以及不同的环境条件，如高温、腐蚀介质等，都可以导致失效。这里主要讨论受拉压杆件的强度问题。

脆性材料断裂时的应力是强度极限 $\sigma_b$；塑性材料屈服时的应力是屈服极限 $\sigma_s$，这两者都是构件失效时的极限应力。为保证构件具有足够的强度，在载荷作用下构件的实际应力 $\sigma$（以后称工作应力）应低于极限应力，并使构件留有必要的强度储备。因此，一般将极限应力除以一个大于 1 的系数，即安全因数 $n$，作为强度设计时的最大许可值，称为许用应力，用 $[\sigma]$ 表示。

对于塑性材料，有

$$[\sigma]=\frac{\sigma_s}{n_s} \tag{2-10}$$

对于脆性材料，有

$$[\sigma]=\frac{\sigma_b}{n_b} \tag{2-11}$$

式中，$n_s$、$n_b$分别为对应屈服极限和强度极限的安全因数。各种材料在不同工作条件下的安全因数和许用应力值，可从有关规定或设计手册中查到。在静载荷作用下，一般杆件的安全因数为 $n_s=1.5\sim2.5$，$n_b=2.0\sim3.5$。

### 2.5.2 强度条件和强度计算

为保证轴向拉（压）杆件在外力作用下具有足够的强度，应使杆件的最大工作应力不超过材料的许用应力，由此，建立强度条件

$$\sigma_{max}=\frac{F_N}{A}\leqslant[\sigma] \tag{2-12}$$

上述强度条件，可以解决三种类型的强度计算问题：

1. 强度校核

若已知杆件尺寸、载荷和材料的许用应力 $[\sigma]$，则可应用式（2-12）验算杆件是否满足强度要求，即

$$\sigma_{max}\leqslant[\sigma]$$

2. 设计截面尺寸

若已知杆件的工作载荷及材料的许用应力 $[\sigma]$，则由式（2-12）可得

$$A\geqslant\frac{F_N}{[\sigma]}$$

由此确定满足强度条件的杆件所需的横截面面积，从而得到相应的截面尺寸。

3. 确定许可载荷

若已知杆件尺寸和材料的许用应力 $[\sigma]$，由式（2-12）可确定许可载荷，即

$$F_N \leqslant [\sigma]A$$

由上式可计算出已知杆件所能承受的最大轴力，从而确定杆件的最大许可载荷。

必须指出，对受压直杆进行强度计算时，式（2-12）仅适用较粗短的直杆。对细长的受压杆，应进行稳定性计算，关于稳定性问题，将在后面讨论。

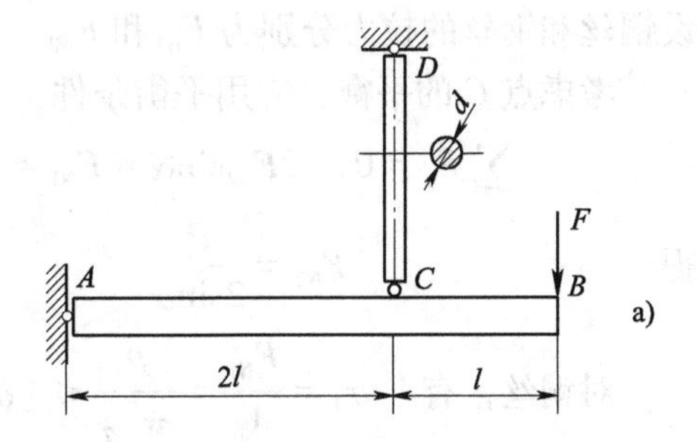


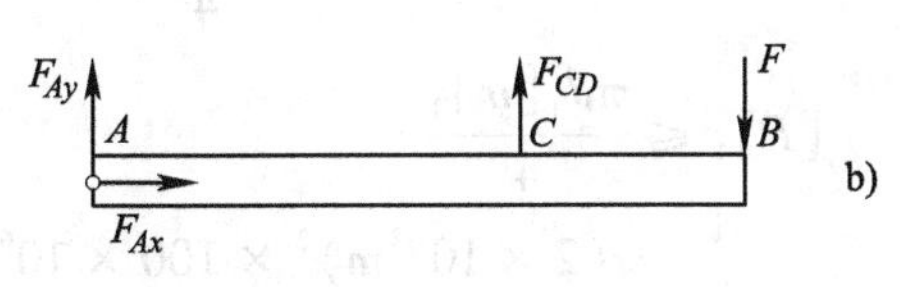


图 2-20 例题 2-3 图

【例题 2-3】 图 2-20a 所示为一刚性梁 $ACB$ 由圆杆 $CD$ 在 $C$ 点悬挂连接，$B$ 端作用有集中载荷 $F=25\text{kN}$。已知：$CD$ 杆的直径 $d=20\text{mm}$，许用应力 $[\sigma]=160\text{MPa}$。（1）校核 $CD$ 杆的强度；（2）试求结构的许可载荷 $[F]$；（3）若 $F=50\text{kN}$，试设计 $CD$ 杆的直径 $d$。

解：（1）校核 $CD$ 杆的强度

作 $AB$ 杆的受力图，如图 2-20b 所示，由平衡条件 $\sum M_A = 0$，得

$$F_{CD} \cdot 2l - F \cdot 3l = 0, F_{CD} = \frac{3}{2}F$$

求 $CD$ 杆的应力，杆上的轴力 $F_N = F_{CD}$，于是有

$$\sigma_{CD} = \frac{F_{CD}}{A} = \frac{6F}{\pi d^2} = \frac{6 \times 25 \times 10^3\text{N}}{\pi\ (20 \times 10^{-3}\text{m})^2} = 119.4 \times 10^6\text{Pa} = 119.4\text{MPa} < [\sigma]$$

所以 $CD$ 杆安全。

（2）求结构的许可载荷 $[F]$

由
$$\sigma_{CD} = \frac{F_{CD}}{A} = \frac{6F}{\pi d^2} \leqslant [\sigma]$$

得
$$F \leqslant \frac{\pi d^2[\sigma]}{6} = \frac{\pi(20 \times 10^{-3}\text{m})^2(160 \times 10^6\text{Pa})}{6} = 33.5 \times 10^3\text{N} = 33.5\text{kN}$$

由此得结构的许可载荷 $[F]=33.5\text{kN}$。

（3）若 $F=50\text{kN}$，设计圆柱直径 $d$

由
$$\sigma_{CD} = \frac{F_{CD}}{A} = \frac{6F}{\pi d^2} \leqslant [\sigma]$$

得
$$d \geqslant \sqrt{\frac{6F}{\pi[\sigma]}} = \sqrt{\frac{6 \times 50 \times 10^3\text{N}}{\pi(160 \times 10^6\text{Pa})}} = 24.4 \times 10^{-3}\text{m} = 24.4\text{mm}$$

取 $d=25\text{mm}$。

【例题 2-4】 重物重力为 $P$，由铜丝 $CD$ 悬挂在钢丝 $AB$ 的中点 $C$，如图 2-21a 所示。已知铜丝直径 $d_1=2\text{mm}$，许用应力 $[\sigma]_1=100\text{MPa}$，钢丝直径 $d_2=1\text{mm}$，许用应力 $[\sigma]_2=240\text{MPa}$，且 $\alpha=30°$，试求结构的许可载荷。若不更换铜丝和钢丝，要提高许可载荷，钢丝绳相应的夹角为多少？（结构仍然保持对称）

解：（1）求结构的许可载荷

以点 $C$ 为研究对象，作受力图如图 2-21b 所示，设铜丝和钢丝的拉力分别为 $F_{N1}$ 和 $F_{N2}$。

考虑点 $C$ 的平衡，应用平衡条件

$$\sum F_y = 0,\quad 2F_{N2}\sin\alpha = F_{N1} = P$$

得
$$F_{N2} = \frac{P}{2\sin\alpha}$$

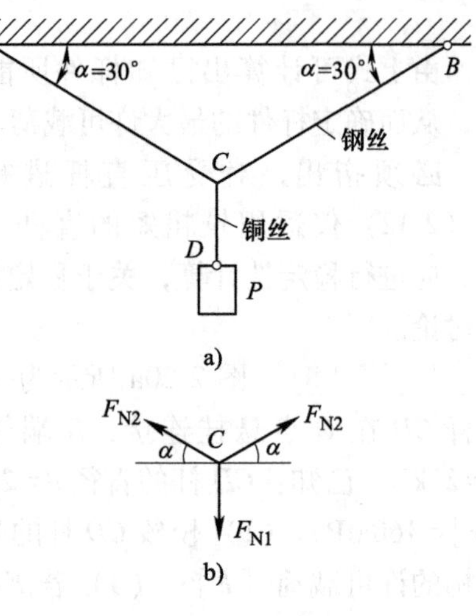

图 2-21　例题 2-4 图

对铜丝，有　$\sigma_1 = \dfrac{F_{N1}}{A_1} = \dfrac{P}{\dfrac{\pi}{4}d_1^2} \leqslant [\sigma]_1$

$$[P]_1 \leqslant \frac{\pi d_1^2[\sigma]_1}{4}$$

$$= \frac{\pi(2\times10^{-3}\text{m})^2\times100\times10^6\text{Pa}}{4} = 314\text{N}$$

对钢丝，有　$\sigma_2 = \dfrac{F_{N2}}{A_2} = \dfrac{P}{\dfrac{\pi}{4}d_2^2 2\sin\alpha} \leqslant [\sigma]_2$

$$[P]_2 \leqslant \frac{\pi d_2^2\sin\alpha[\sigma]_2}{2} = \frac{\pi(1\times10^{-3}\text{m})^2\times\sin30°\times240\times10^6\text{Pa}}{2} = 188\text{N}$$

为保证安全，结构的许可载荷应取较小值，即 $[P] = 188\text{N}$。

（2）求钢丝绳的夹角

若铜丝和钢丝都不更换，要提高结构的承载能力，由钢丝许可载荷 $[P]_2$ 的表达式可知，只有调整钢丝绳的角度。在 $0 \leqslant \alpha \leqslant \dfrac{\pi}{2}$ 时，钢丝的许可载荷随 $\alpha$ 角的增加而增加，当钢丝的许可载荷与铜丝的相等时（即 $[P]_1 = [P]_2 = 314\text{N}$），则该结构的承载能力最大，设此时对应的钢丝绳角度为 $\alpha^*$，当 $[P]_2 = \dfrac{\pi d_2^2[\sigma]_2\sin\alpha^*}{2} = 314\text{N}$ 时，则有

$$\alpha^* = \arcsin\frac{2\times314\text{N}}{\pi d_2^2[\sigma]_2} = \arcsin\frac{2\times314\text{N}}{\pi(1\times10^{-3}\text{m})^2\times240\times10^6\text{Pa}} = 56.4°$$

因此，当 $\alpha = \alpha^* = 56.4°$ 时，结构的许可载荷可提高为 $[P]_2 = [P]_1 = 314\text{N}$。

## 2.6　轴向拉伸或压缩时的变形

视频讲解

### 2.6.1　轴向拉压杆的变形与胡克定律

轴向拉伸或压缩时，杆件的变形主要表现为沿轴向的伸长或缩短，即纵向变形。由实验可知，当杆沿轴向伸长或缩短时，其横向尺寸也会相应缩小或增大，即产生垂直于轴线方向的横向变形。

1. 纵向变形

设一等截面直杆原长为 $l$，横截面面积为 $A$。在轴向拉力 $F$ 的作用下，长度由 $l$ 变为 $l_1$，

如图 2-22 所示。杆件沿轴线方向的伸长为 $\Delta l=l_1-l$，拉伸时 $\Delta l$ 为正，压缩时 $\Delta l$ 为负。

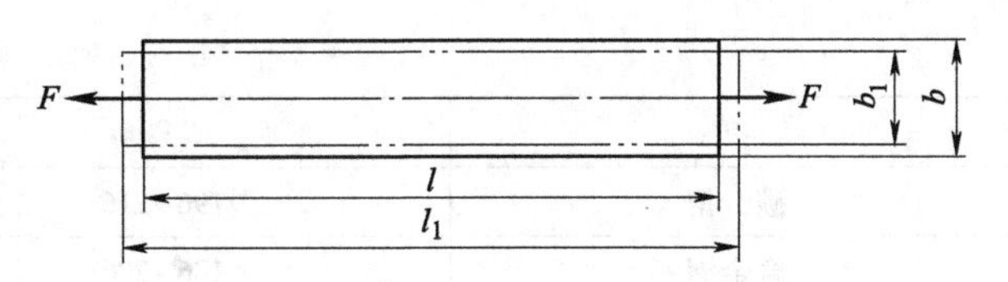


图 2-22　拉伸时纵向变形与横向变形

杆件的伸长量与杆的原长有关，为了消除杆件长度的影响，将 $\Delta l$ 除以 $l$，即以单位长度的伸长量来表征杆件变形的程度，称为线应变或相对变形，用 $\varepsilon$ 表示为

$$\varepsilon=\frac{\Delta l}{l} \tag{a}$$

$\varepsilon$ 的量纲为一。

2. 横向变形

在轴向力作用下，杆件沿轴向的伸长（或缩短）的同时，横向尺寸也将缩小（或增大）。设横向尺寸由 $b$ 变为 $b_1$，如图 2-22 所示，$\Delta b=b_1-b$，则横向线应变为

$$\varepsilon'=\frac{\Delta b}{b} \tag{b}$$

$\varepsilon'$的量纲为一。

3. 胡克定律

实验证明：当杆件横截面上的正应力不超过比例极限时，杆件的伸长量 $\Delta l$ 与轴力 $F_N$及杆原长 $l$ 成正比，与横截面面积 $A$ 成反比。即

$$\Delta l \propto \frac{F_N l}{A} \tag{c}$$

引入比例常数 $E$，则式（c）可写为

$$\Delta l=\frac{F_N l}{EA} \tag{2-13}$$

这是胡克定律的另一种形式。

由式（2-13）可看出，$EA$ 越大，杆件的变形 $\Delta l$ 就越小，故称 $EA$ 为杆件抗拉（压）刚度。工程上常用材料的弹性模量见表 2-2。

### 2.6.2　泊松比

实验表明，对于同一种材料，当应力不超过比例极限时，横向线应变与纵向线应变之比的绝对值为常数。比值 $\mu$ 称为泊松比，又称横向变形系数。即

$$\mu=\left|\frac{\varepsilon'}{\varepsilon}\right| \tag{2-14}$$

由于这两个应变的符号恒相反，故有

$$\varepsilon'=-\mu\varepsilon \tag{2-15}$$

泊松比 $\mu$ 是材料的另一个弹性常数，由实验测得。工程上常用材料的泊松比见表 2-2。

【例题 2-5】　图 2-23 所示的 M12 螺栓内径 $d_1=10.1\text{mm}$，拧紧后在计算长度 $l=80\text{mm}$ 内产生的总伸长为 $\Delta l=0.03\text{mm}$。钢的弹性模量 $E=210\text{GPa}$。试计算螺栓内的应力和螺栓的预紧力。

表 2-2　常用材料的 $E$ 和 $\mu$

| 材料 | $E$/GPa | $\mu$ |
|---|---|---|
| 碳　钢 | 196～216 | 0.24～0.28 |
| 合金钢 | 186～206 | 0.25～0.30 |
| 灰铸铁 | 78.5～157 | 0.23～0.27 |
| 铜及其合金 | 72.5～128 | 0.31～0.42 |
| 铝合金 | 70 | 0.33 |

解：拧紧后螺栓的应变为

$$\varepsilon = \frac{\Delta l}{l} = \frac{0.03}{80} = 0.000375$$

由胡克定律求出螺栓横截面上的拉应力为

$$\sigma = E\varepsilon = (210 \times 10^9 \times 0.000375)\text{Pa} = 78.8 \times 10^6 \text{Pa}$$

螺栓的预紧力为

$$F = A\sigma = \left[\frac{\pi}{4} \times (10.1 \times 10^{-3})^2 \times 78.8 \times 10^6\right]\text{N} = 6310\text{N} = 6.31\text{kN}$$

也可以先由胡克定律的另一表达式求出预紧力，然后再计算应力。

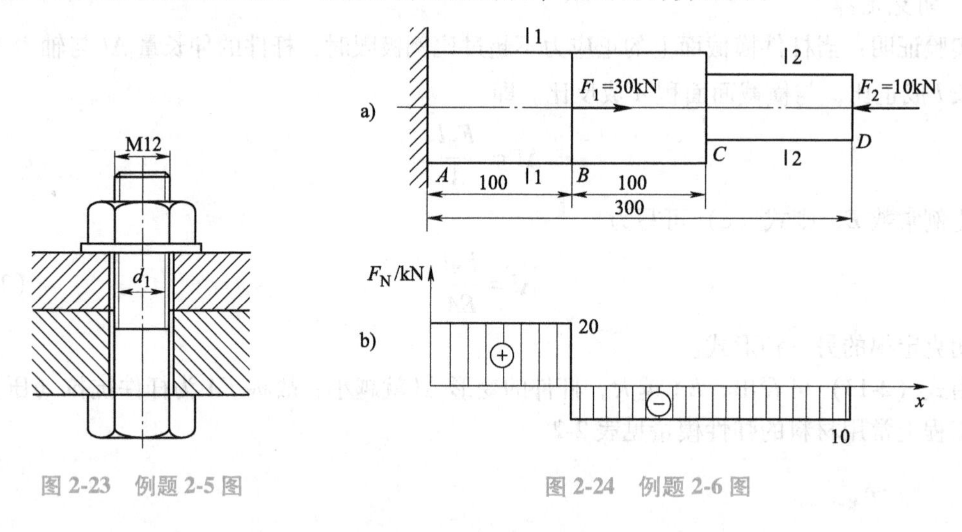


图 2-23　例题 2-5 图　　　　图 2-24　例题 2-6 图

【例题 2-6】　图 2-24a 所示为一阶梯形钢杆，已知杆的弹性模量 $E=200\text{GPa}$，$AC$ 段的横截面面积为 $A_{AB}=A_{BC}=500\text{mm}^2$，$CD$ 段的横截面面积为 $A_{CD}=200\text{mm}^2$，杆的各段长度及受力情况如图所示。试求：(1) 杆截面上的内力和应力；(2) 杆的总变形。

解：(1) 求各截面上的内力

对于 $BC$ 段与 $CD$ 段，有　　$F_{N2} = -F_2 = -10\text{kN}$

对于 $AB$ 段，有　　$F_{N1} = F_1 - F_2 = 30\text{kN} - 10\text{kN} = 20\text{kN}$

画轴力图，如图 2-24b 所示。

计算各段应力

对于 $AB$ 段，有 $\sigma_{AB} = \dfrac{F_{N1}}{A_{AB}} = \dfrac{20 \times 10^3\text{N}}{500 \times 10^{-6}\text{m}^2} = 40 \times 10^6\text{Pa} = 40\text{MPa}$

对于 $BC$ 段，有　$\sigma_{BC}=\dfrac{F_{N2}}{A_{BC}}=-\dfrac{10^4\text{N}}{500\times10^{-6}\text{m}^2}=-20\times10^6\text{Pa}=-20\text{MPa}$

对于 $CD$ 段，有　$\sigma_{CD}=\dfrac{F_{N2}}{A_{CD}}=-\dfrac{10^4\text{N}}{200\times10^{-6}\text{m}^2}=-50\times10^6\text{Pa}=-50\text{MPa}$

（2）杆的总变形

全杆总变形 $\Delta l_{AD}$ 等于各段杆变形的代数和，即

$$\Delta l_{AD}=\Delta l_{AB}+\Delta l_{BC}+\Delta l_{CD}=\frac{F_{N1}l_{AB}}{EA_{AB}}+\frac{F_{N2}l_{BC}}{EA_{BC}}+\frac{F_{N2}l_{CD}}{EA_{CD}}$$

将有关数据代入，并注意单位和符号，即得

$$\Delta l_{AD}=\frac{1}{200\times10^9\text{Pa}}\times\left[\frac{(20\times10^3\text{N})\times(100\times10^{-3}\text{m})}{500\times10^{-6}\text{m}^2}-\frac{(10^4\text{N})\times(100\times10^{-3}\text{m})}{500\times10^{-6}\text{m}^2}-\frac{(10^4\text{N})\times(100\times10^{-3}\text{m})}{200\times10^{-6}\text{m}^2}\right]$$

$$=-0.015\times10^{-3}\text{m}=-0.015\text{mm}$$

计算结果为负，说明整个杆件是缩短的。

## 2.7　轴向拉伸或压缩时的应变能

视频讲解

变形固体受外力作用处于弹性变形阶段时，可看作弹性体。弹性体在外力作用下产生变形时，外力功将转化为能量储存于变形体内。当外力逐渐减小时，变形将逐渐恢复，弹性体又将逐渐释放出储存的能量而做功。例如：钟表的发条（弹性体）被拧紧（发生变形）后，外力功转化为能量储存起来，外力撤除后，发条逐渐恢复的同时带动齿轮使指针转动，即储存的能量又逐渐转化为功释放出来。这种因弹性体变形而在体内储存的能量称为应变能。

一般地，弹性体受静载荷作用时，可以认为在弹性变形的过程中，积蓄在体内的应变能 $V_\varepsilon$ 在数值上等于外力所做的功 $W$，即

$$V_\varepsilon=W \tag{2-16}$$

此即弹性体的功能原理。应变能 $V_\varepsilon$ 的单位为焦耳，用 J 表示。

现在讨论轴向拉伸或压缩时应变能的计算，为此以图 2-25a 所示的直杆为例来说明。以静载方式给直杆加拉力 $F$，即拉力 $F$ 由零开始缓慢增加。由于是弹性变形，所以在加载过程中拉力 $F$ 与伸长量 $\Delta l$ 为线性关系，如图 2-25b 所示。于是，可求得拉力 $F$ 所做的功为

$$W=\frac{1}{2}F\Delta l \tag{2-17}$$

再由功能原理式（2-16）可得

$$V_\varepsilon=\frac{1}{2}F\Delta l$$

由于 $F_N=F$ 以及 $\Delta l=\dfrac{F_Nl}{EA}$，上式即为

$$V_\varepsilon=W=\frac{1}{2}F\Delta l=\frac{F_N^2l}{2EA} \tag{2-18}$$

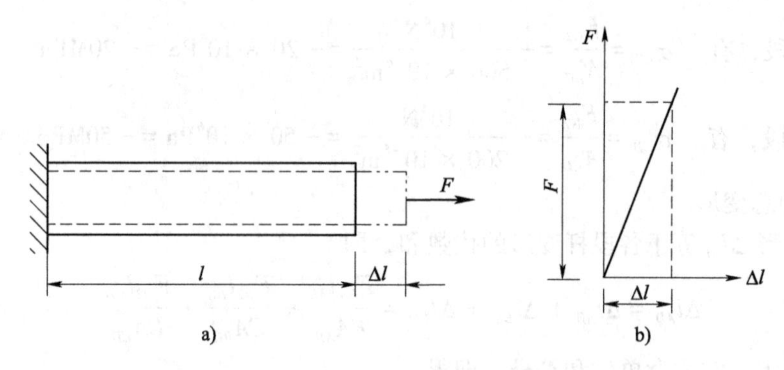


图 2-25 加载过程中拉力 $F$ 与伸长量 $\Delta l$ 的关系

由于在拉杆的各截面上的轴力都相同，同时每一截面上各点的应力也相同，故杆内各点处单位体积内的应变能也相同。这种储存于单位体积内的应变能，称为应变能密度，用 $v_\varepsilon$ 表示。于是

$$v_\varepsilon = \frac{V_\varepsilon}{V} = \frac{\frac{1}{2}F\Delta l}{Al} = \frac{1}{2}\sigma\varepsilon$$

或

$$v_\varepsilon = \frac{1}{2}\sigma\varepsilon = \frac{\sigma^2}{2E} = \frac{E\varepsilon^2}{2} \tag{2-19}$$

应变能密度的单位为 $J/m^3$。式（2-19）同样适用于压杆以及所有的单轴应力状态。

应当注意，以上这些公式只有在线弹性范围内才能成立。

利用应变能的概念可以解决与结构或构件弹性变形有关的问题，这种方法称为能量法。本节将利用能量法解决一些较为简单的拉压杆的问题，以使读者对能量法有一些初步的认识。

【例题 2-7】 图 2-26a 所示三脚架，斜杆 $AB$ 由两根 80mm×80mm×7mm 的等边角钢组成，横杆 $AC$ 由两根 10 号槽钢组成，材料均为 Q235 钢，弹性模量 $E=200\text{GPa}$，已知载荷 $F=15\text{kN}$，$\alpha=30°$。试用能量法求 $A$ 点的位移。

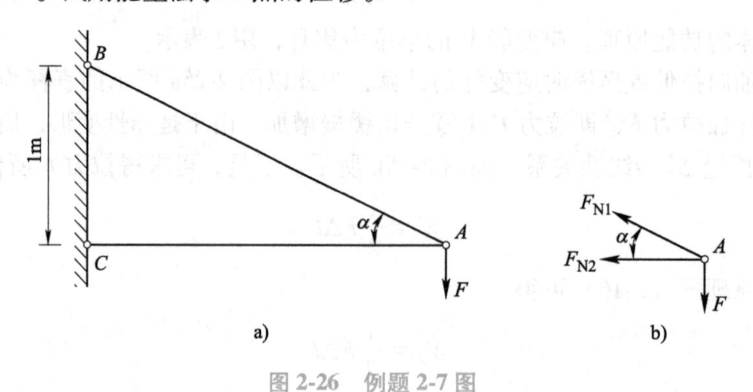


图 2-26 例题 2-7 图

解：（1）受力计算

对节点 $A$ 进行受力分析，如图 2-26b 所示，并由平衡方程可得

$$F_{N1} = 2F, F_{N2} = -\sqrt{3}F$$

（2）能量法求节点位移

将两杆组成的杆系看作一个整体结构，该结构的应变能应等于两杆应变能的总和，即

$$V_{\varepsilon}=\frac{F_{N1}^{2}l_{AB}}{2EA_{AB}}+\frac{F_{N2}^{2}l_{AC}}{2EA_{AC}}$$

因节点 $A$ 的竖向位移 $\Delta$ 与载荷 $F$ 的方向相同，且当载荷 $F$ 从零开始逐渐增大时，$F$ 与 $\Delta$ 是成正比的线性关系，故载荷 $F$ 所做的功为

$$W=\frac{1}{2}F\Delta$$

由功能原理，$W=V_{\varepsilon}$，即 $F$ 对整个结构所做的功在数值上应等于杆系结构的应变能。于是

$$\frac{1}{2}F\Delta=\frac{F_{N1}^{2}l_{AB}}{2EA_{AB}}+\frac{F_{N2}^{2}l_{AC}}{2EA_{AC}}$$

所以，

$$\begin{aligned}\Delta&=\frac{4Fl_{AB}}{EA_{AB}}+\frac{3Fl_{AC}}{EA_{AC}}\\&=\frac{4\times15\times10^{3}\text{N}\times2\text{m}}{200\times10^{9}\text{Pa}\times2\times10.86\times10^{-4}\text{m}^{2}}+\frac{3\times15\times10^{3}\text{N}\times1.732\text{m}}{200\times10^{9}\text{Pa}\times2\times12.748\times10^{-4}\text{m}^{2}}\\&=0.428\times10^{-3}\text{m}=0.428\text{mm}\end{aligned}$$

结果为正，说明 $\Delta$ 的方向与载荷 $F$ 的方向相同，即竖直向下。

## 2.8　拉伸、压缩超静定问题

视频讲解

### 2.8.1　超静定问题及其解法

在前面所讨论的问题中，杆件或杆系的约束力以及内力只要通过静力平衡方程就可以求得，这类问题称为静定问题。但在工程实际中，我们还会遇到另外一种情况，其杆件的内力或结构的约束力的数目超过静力平衡方程的数目，以致单凭静力平衡方程不能求出全部未知力，这类问题称为超静定问题。未知力数目与独立平衡方程数目之差，称为超静定次数。图2-27a所示的杆件，上端 $A$ 固定，下端 $B$ 也固定，上下两端各有一个约束力，但我们只能列出一个静力平衡方程，不能解出这两个约束力，这是一个一次超静定问题。如图2-27b所示的杆系结构，三杆铰接于 $A$，铅垂外力 $F$ 作用于 $A$ 铰。由于平面汇交力系仅有两个独立的平衡方程，显然，仅由静力平衡方程不可能求出三根杆的内力，故也是一次超静定问题。再如图2-27c所示的水平刚性杆 $AB$，$A$ 端铰支，还有两拉杆约束，此也是一次超静定问题。

在求解超静定问题时，除了利用静力平衡方程以外，还必须考虑杆件的实际变形情况，列出变形的补充方程，并使补充方程的数目等于超静定次数。结构在正常工作时，其各部分的变形之间必然存在着一定的几何关系，称为变形协调条件。解超静定问题的关键在于根据变形协调条件写出几何方程，然后将联系杆件的变形与内力之间的物理关系（如胡克定律）代入变形几何方程，即得所需的补充方程。下面通过具体例子来加以说明。

【例题2-8】　两端固定的等直杆 $AB$，在 $C$ 处承受轴向力 $F$，如图2-28a所示，杆的拉压

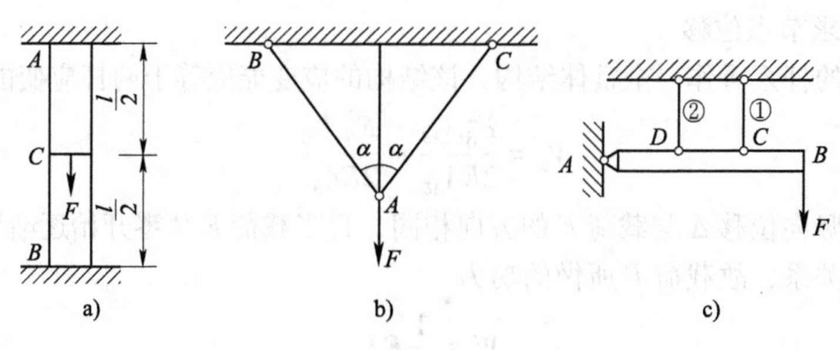


图 2-27 超静定结构

刚度为 $EA$，试求两端的支反力。

解：根据前面的分析可知,该结构为一次超静定问题，必须找一个补充方程。为此，从下列 3 个方面来分析。

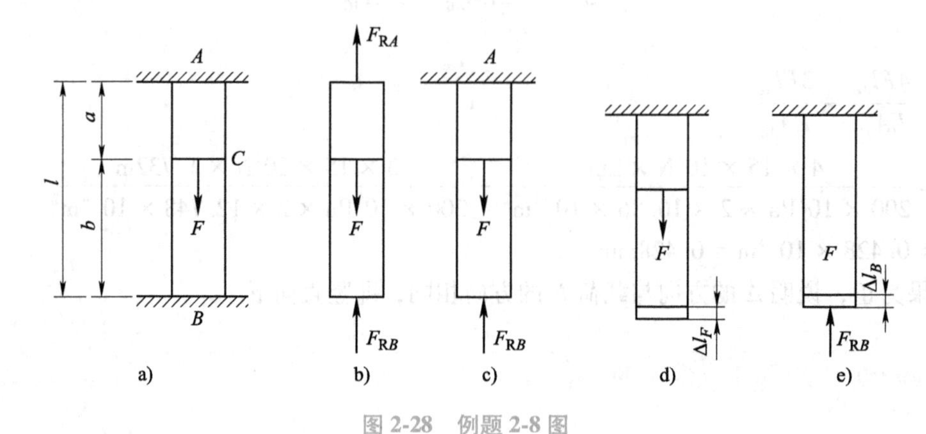


图 2-28 例题 2-8 图

（1）静力方面

杆的受力如图 2-28b 所示。可写出一个平衡方程为

$$\sum F_y = 0, F_{RA} + F_{RB} - F = 0 \tag{a}$$

（2）几何方面

由于是一次超静定问题，所以有一个多余约束，设取下固定端 $B$ 为多余约束，暂时将它解除，以未知力 $F_{RB}$来代替此约束对杆 $AB$ 的作用，则得一静定杆，如图 2-28c 所示，受已知力 $F$ 和未知力 $F_{RB}$作用，并引起变形。设杆由力 $F$ 引起的变形为 $\Delta l_F$，如图 2-28d 所示，由 $F_{RB}$引起的变形为 $\Delta l_B$，如图 2-28e 所示。但由于 $B$ 端原是固定的，不能上下移动，由此应有下列几何关系：

$$\Delta l_F + \Delta l_B = 0 \tag{b}$$

（3）物理方面

由胡克定律，有

$$\Delta l_F = \frac{Fa}{EA}, \Delta l_B = -\frac{F_{RB} l}{EA} \tag{c}$$

将式（c）代入式（b）即得补充方程

$$\frac{Fa}{EA}-\frac{F_{RB}l}{EA}=0 \tag{d}$$

最后，联立式（a）和式（d）解方程得

$$F_{RA}=\frac{Fb}{l}, F_{RB}=\frac{Fa}{l}$$

求出约束力后，即可用截面法分别求得 $AC$ 段和 $BC$ 段的轴力。

### 2.8.2　温度应力

实际工程结构或机械装置，往往处于温度变化的环境状态下，如工作环境的温度变化（热工设备、冶金机械、热力管道等）和自然环境的温度变化（季节更替）。温度变化将引起物体的热胀冷缩，当温度变化时，静定结构由于可以自由变形，因而温度变化所引起的变形本身不会在杆中引起内力。但在超静定结构中，由于存在较多的约束，阻碍和牵制了杆件的自由胀缩，从而会在杆件中引起内力。这种内力称为温度内力，与之相应的应力称为温度应力。计算温度应力的关键环节也同样在于根据结构的变形协调条件建立几何方程。与一般超静定问题不同的是，杆件的变形应包含两部分：温度变化本身引起的变形（即热胀冷缩）和杆件中内力引起的变形。

【例题 2-9】　图 2-29a 所示杆件的两端分别与刚性支承连接。已知材料的弹性模量为 $E$，线膨胀系数为 $\alpha$，杆各段的长度及截面尺寸如图所示。试求当温度升高 $\Delta t$ 时杆内的温度应力。

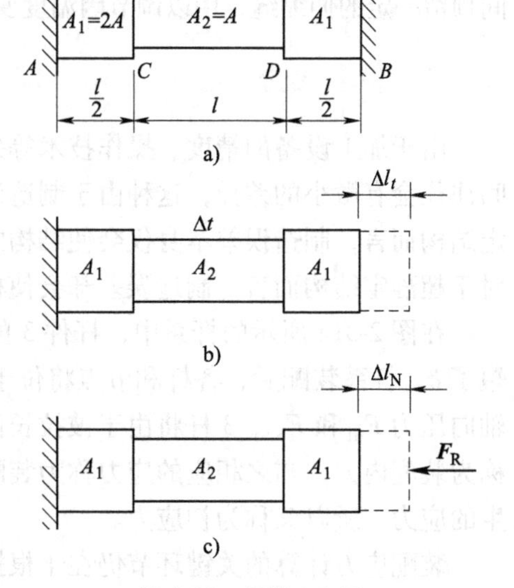

图 2-29　例题 2-9 图

解：（1）静力平衡方程

由于刚性约束的存在，限制了杆件因温度变化而产生的自由伸缩，所以必然产生与刚性约束相应的约束力。两端约束力分别设为 $F_{R1}$ 和 $F_{R2}$。由水平方向的平衡方程可知

$$F_{R1}=F_{R2}=F_R$$

（2）几何方程

由于杆的两端支承是刚性的，两端面不可能有相对位移，所以与此约束相应的变形协调条件是杆的总长度不变，即

$$\Delta l=0$$

杆的变形应包含两部分：温度变化引起的变形（即热胀冷缩）$\Delta l_t$，如图 2-29b 所示；杆中内力引起的变形 $\Delta l_N$，如图 2-29c 所示。变形几何方程可写为

$$\Delta l_t-\Delta l_N=0 \tag{a}$$

（3）物理关系

温度变化引起的变形可由线膨胀定律求得，即

$$\Delta l_t=\alpha\Delta t\cdot 2l \tag{b}$$

杆中内力产生的变形可由胡克定律求得，即

$$\Delta l_{\mathrm{N}} = \frac{F_{\mathrm{N1}}l}{EA_1} + \frac{F_{\mathrm{N2}}l}{EA_2} = \frac{3F_{\mathrm{R}}l}{2EA} \tag{c}$$

将式（c）、式（b）代入式（a），可得

$$F_{\mathrm{R}} = \frac{4}{3}\alpha\Delta tEA$$

所以，当温度升高 $\Delta t$ 时杆内的温度应力为

$$\sigma_1 = \frac{F_{\mathrm{N1}}}{A_1} = \frac{F_{\mathrm{R}}}{2A} = \frac{2}{3}\alpha\Delta tE$$

$$\sigma_2 = \frac{F_{\mathrm{N2}}}{A_2} = \frac{F_{\mathrm{R}}}{A} = \frac{4}{3}\alpha\Delta tE$$

讨论：若此杆件的材料为钢材，$E = 210\mathrm{GPa}$，$\alpha = 1.2\times10^{-5}℃^{-1}$，并设横截面面积为 $A=25\mathrm{cm}^2$，则当温度升高 $\Delta t=20℃$ 时，求出约束力为 $F_{\mathrm{R}}=168\mathrm{kN}$。可见，当温度变化较大时，所产生的温度内力还是非常大的。

在实际工程中，为了避免过高的温度应力，在高温管道中每隔一定距离设置一个 U 形弯管膨胀节，如图 2-30 所示。而对于结构尺寸过大的建筑物、混凝土路面和钢轨接头处等，需在各段之间预留一定的伸缩缝，用以调节因温度变化而产生的伸缩。

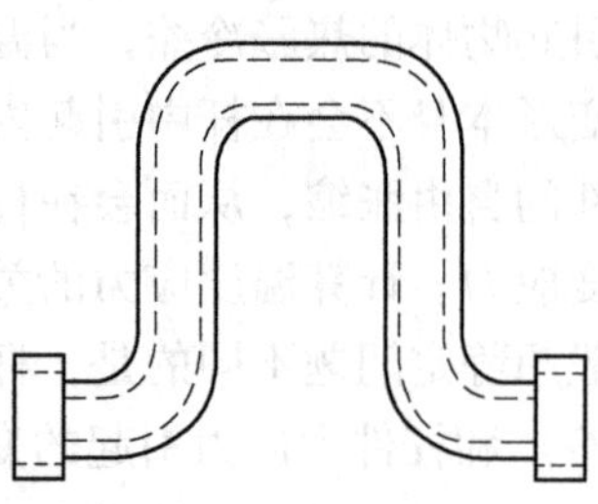

图 2-30　弯管膨胀节

### 2.8.3　装配应力

由于加工设备的精度、操作技术等条件所限，构件制成后，其实际尺寸与原设计尺寸之间往往会有微小的差异，这种由于制造误差引起的尺寸上的微小差异是难以避免的。对于静定结构而言，制造误差本身仅会使结构的几何形状有微小改变，而不会在杆件引起内力。但对于超静定结构而言，制造误差却会使杆件产生内力。

在图 2-31a 所示的杆系中，杆件 3 的设计长度为 $l$，但由于加工误差，使其比应有尺寸短了 $\delta$，杆系装配后，各杆和节点将位于图中虚线位置。显然，1、2 杆将由于被压缩而产生轴向压力 $F_{\mathrm{N1}}$ 和 $F_{\mathrm{N2}}$，3 杆将由于被拉长而产生轴向拉力 $F_{\mathrm{N3}}$。这种因制造误差而引起的内力称为装配内力，与之相应的应力称为装配应力。装配应力是杆件在没有外加载荷作用下而产生的应力，所以又称为初应力。

装配应力计算的关键环节仍在于根据问题的变形协调条件写出几何方程。在图 2-31 中，与其约束相适应的变形协调条件是：装配好以后三杆的下端必须汇交于同一点 $A_1$。

【例题 2-10】　在图 2-31a 所示的杆系结构中，中间 3 杆的设计长度为 $l$，由于制造误差，使得加工后的实际长度比原设计长度短了 $\delta$。试求当 3 杆与其余两杆连接装配后，1、2、3 三杆的内力。已知三杆的抗拉刚度均为 $EA$。

解：（1）静力平衡方程

取连接后的节点 $A$ 为研究对象，受力图如图 2-31b 所示。由平衡条件得

$$\sum F_x = 0, F_{\mathrm{N1}}\sin\alpha - F_{\mathrm{N2}}\sin\alpha = 0$$

$$\sum F_y = 0, F_{\mathrm{N3}} - 2F_{\mathrm{N1}}\cos\alpha = 0$$

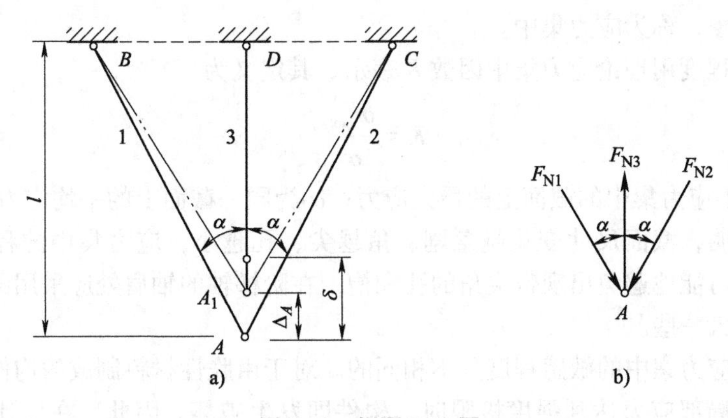


图 2-31　例题 2-10 图

所以，
$$F_{N1}=F_{N2}=\frac{F_{N3}}{2\cos\alpha} \tag{a}$$

（2）几何方程

由于本题目在几何、材料及约束方面都是对称的，故装配后的连接点 $A_1$ 应沿中间杆 3 的轴线。由此可得杆 3 的伸长量 $\Delta l_3$ 与 1、2 杆原连接点 $A$ 的位移 $\Delta_A$ 之间的几何关系如图 2-31a 所示，即

$$\Delta l_3+\Delta_A=\delta \tag{b}$$

（3）物理关系

由胡克定律可得

$$\Delta l_1=\frac{F_{N1}l_1}{EA},\Delta l_3=\frac{F_{N3}l_3}{EA}$$

由图 2-31a 可求得 $A$ 节点位移 $\Delta_A$ 与杆 1 变形 $\Delta l_1$ 之间的关系为

$$\Delta_A\cos\alpha=\Delta l_1 \tag{c}$$

于是可得

$$F_{N3}+\frac{F_{N1}}{\cos^2\alpha}=\frac{\delta EA}{l} \tag{d}$$

联立式（a）、式（d）求解，可得

$$F_{N1}=F_{N2}=\frac{EA\delta\cos^2\alpha}{l(1+2\cos^3\alpha)},F_{N3}=\frac{2EA\delta\cos^3\alpha}{l(1+2\cos^3\alpha)}$$

## 2.9　应力集中

视频讲解

对于等截面直杆在轴向拉伸或压缩时，除两端受力的局部区域外，横截面上的应力是均匀分布的。但在工程实际中，由于构造与使用等方面的需要，许多构件常常带有切口、切槽、油孔、螺纹和轴肩等，以致在这些部位上截面的尺寸发生突然变化。实验结果和理论分析表明，在零件尺寸突然变化的横截面上，应力并不是均匀分布的。例如，开有圆孔或切口的薄板受拉时，在圆孔或切口附近的局部区域内，应力急剧增加，而离圆孔或切口稍远处，应力就迅速下降并趋于均匀，如图 2-32 所示。这种由于杆件外形突然变化而引起的局部应

力急剧增大的现象，称为应力集中。

应力集中的程度用理论应力集中因数 $K$ 表示，其定义为

$$K=\frac{\sigma_{\max}}{\sigma} \tag{2-20}$$

式中，$\sigma_{\max}$为发生应力集中的截面上的最大应力；$\sigma$ 为同一截面上的平均应力。

实验结果表明，截面尺寸变化越急剧、角越尖、孔越小，应力集中的程度越严重。因此，零件上应尽可能地避免出现带尖角的孔和槽，在阶梯轴的轴肩处应采用圆弧过渡，且应尽量使圆弧半径大一些。

不同材料对应力集中的敏感程度是不相同的。对于由脆性材料制成的构件，当由应力集中所形成的最大局部应力达到强度极限时，构件即发生破坏。因此，在设计脆性材料构件时，应考虑应力集中的影响。对于由塑性材料制成的构件，应力集中对其在静荷载作用下的强度则几乎无影响。因为当最大应力 $\sigma_{\max}$ 达到屈服极限 $\sigma_s$ 后，如果继续增大荷载，则所增加的荷载将由同一截面的未屈服部分承担，以致屈服区域不断扩大，如图 2-33 所示，应力分布逐渐趋于均匀化。所以，在研究塑性材料构件的静强度问题时，通常可以不考虑应力集中的影响。但在动荷载作用下，则不论是塑性材料，还是脆性材料制成的杆件，应力集中对零件的强度都有严重影响，往往还是零件破坏的根源。

思政点睛

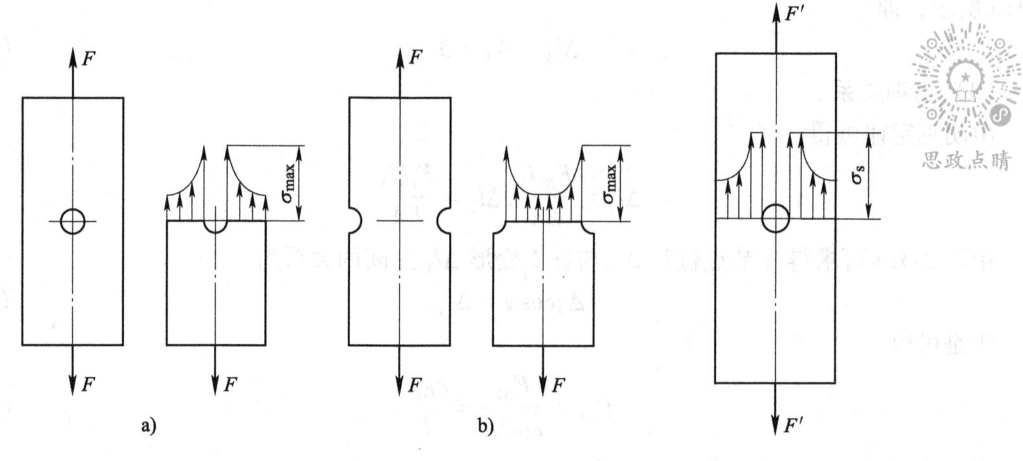


图 2-32　应力集中现象

图 2-33　材料对应力集中的敏感性

## 2.10　剪切与挤压的实用计算

视频讲解

### 2.10.1　工程中的连接件

在工程实际中，常用连接件将构件相互连接。例如，铆钉连接（见图 2-34a）、销轴连接（见图 2-35a）、键连接（见图 2-36a）等。对这些连接件进行受力分析，分别如图 2-34b、c，图 2-35b、c，图 2-36b、c 所示。它们受力的特点是：连接件受两组大小相等、方向相反、作用线相距很近的平行力（力系）作用。其变形特点是：二力间的横截面沿外力方向产生相对错动。这种变形形式就称为剪切变形。图中截面 $m$—$m$（或 $n$—$n$）上与截面相切

的内力称为剪力。

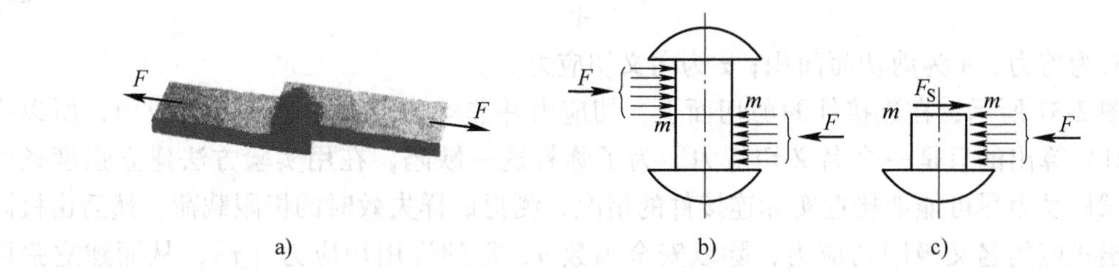


图 2-34　铆钉连接

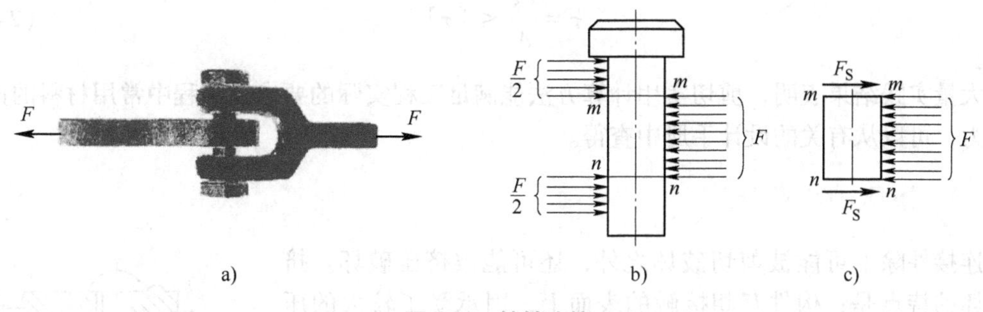


图 2-35　销轴连接

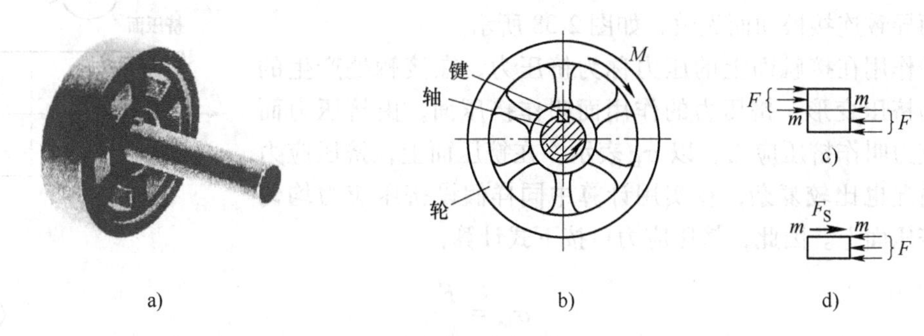


图 2-36　键连接

## 2.10.2　剪切的实用计算

像轴向拉伸或压缩中杆件横截面上的轴力 $F_N$ 与正应力 $\sigma$ 的关系一样，剪力 $F_S$ 同样可看作切应力 $\tau$ 合成的结果。由于剪切变形仅仅发生在很小的范围内，而且外力又只作用在变形部分附近，因而剪切面上切应力的分布情况实际上十分复杂。为了简化计算，工程中通常假设剪切面上各点处的切应力相等，用剪力 $F_S$ 除以剪切面面积 $A$ 所得到的切应力平均值 $\tau$ 作为计算切应力（也称名义切应力），即

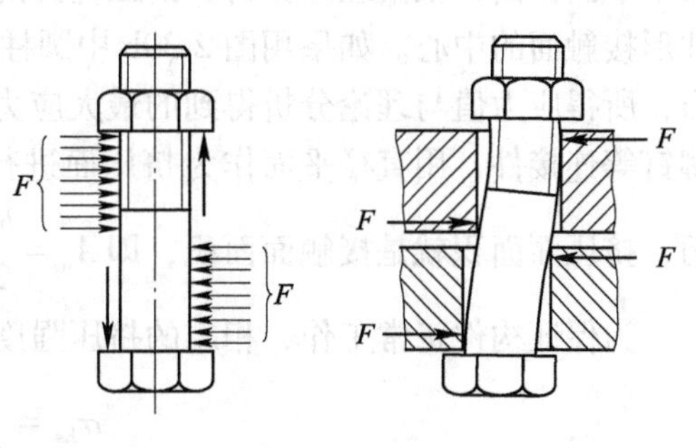


图 2-37　螺栓连接

$$\tau = \frac{F_S}{A} \tag{2-21}$$

式中，$F_S$为剪力；$A$为剪切面面积；$\tau$为名义切应力。

如图2-37所示，在连接件的剪切面上，切应力并非均匀分布，且还有正应力，所以由式（2-21）算出的只是一个名义切应力。为了弥补这一缺陷，在用实验方法建立强度条件时，使试样受力尽可能地接近实际连接件的情况，测得试样失效时的极限载荷。然后由极限载荷求出相应的名义极限切应力，除以安全因数$n$，得到许用切应力［$\tau$］，从而建立强度条件

$$\tau = \frac{F_S}{A} \leqslant [\tau] \tag{2-22}$$

大量实践结果表明，剪切实用计算方法能满足工程实际的要求。工程中常用材料的许用切应力，可以从有关的设计手册中查得。

### 2.10.3 挤压的实用计算

连接件除了可能被剪切破坏之外，还可能被挤压破坏。挤压破坏的特点是：构件互相接触的表面上，因承受了较大的压力作用，使相互接触处的局部区域发生显著的塑性变形或被压碎，从而导致连接松动而失效，如图2-38所示。

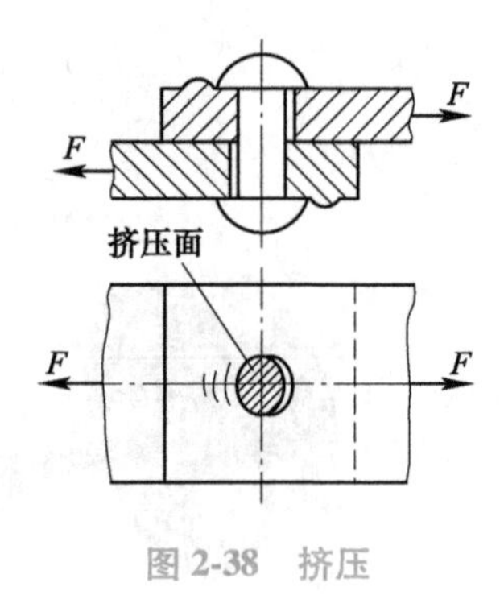

图2-38 挤压

这种作用在接触面上的压力称为挤压力，在接触处产生的变形称为挤压变形，挤压力的作用面叫作挤压面，由挤压力而引起的应力叫作挤压应力，以$\sigma_{bs}$表示。在挤压面上，挤压应力的分布情况也比较复杂，在实用计算中同样假设挤压应力均匀分布在挤压面上。因此，挤压应力可按下式计算：

$$\sigma_{bs} = \frac{F}{A_{bs}} \tag{2-23}$$

式中，$A_{bs}$为挤压面面积；$F$为挤压力。

挤压面面积$A_{bs}$的计算，要根据接触面的情况而定。对于销钉、铆钉等连接件，挤压面为半个圆柱面，根据理论分析，挤压应力的分布情况如图2-39a所示，最大应力发生在半圆柱形接触面的中心。如果用图2-39b中圆柱的直径平面面积$dt$（画剖面线的面积）去除挤压力，所得应力值与理论分析得到的最大应力值相近。因此，在挤压实用计算中，对于销钉、铆钉等连接件，用直径平面作为挤压面进行计算。而对图2-40所示的平键，其接触面为平面，挤压面面积就是接触面面积，即$A_{bs} = \frac{hl}{2}$。

为保证构件正常工作，相应的挤压强度条件应为

$$\sigma_{bs} = \frac{F}{A_{bs}} \leqslant [\sigma_{bs}] \tag{2-24}$$

工程实践证明，挤压实用计算方法能满足工程实际的要求。工程中常用材料的许用挤压应力，可以从设计手册中查到。

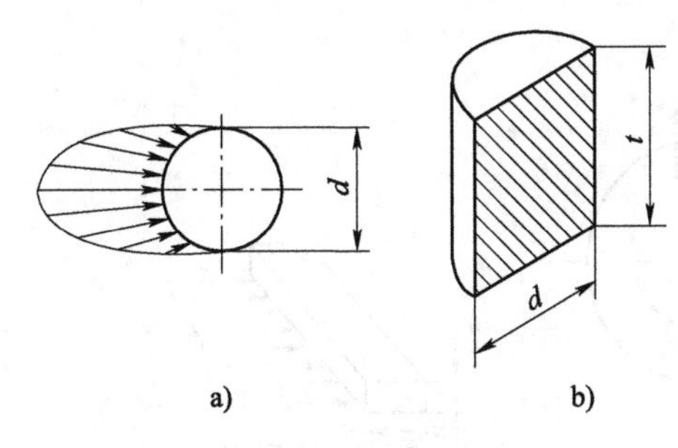


图 2-39　挤压面为半圆柱面

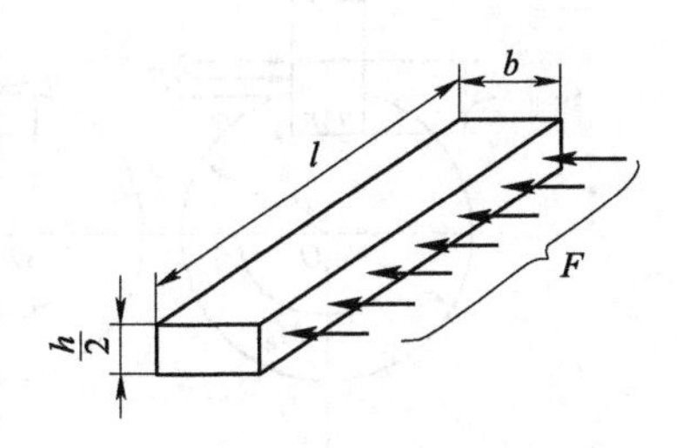


图 2-40　挤压面为平面

【例题 2-11】　电机车挂钩的销钉连接如图 2-41a 所示。已知挂钩厚度 $t=8\text{mm}$，销钉材料的 $[\tau]=60\text{MPa}$，$[\sigma_{bs}]=200\text{MPa}$，电机车的牵引力 $F=15\text{kN}$，试选择销钉的直径。

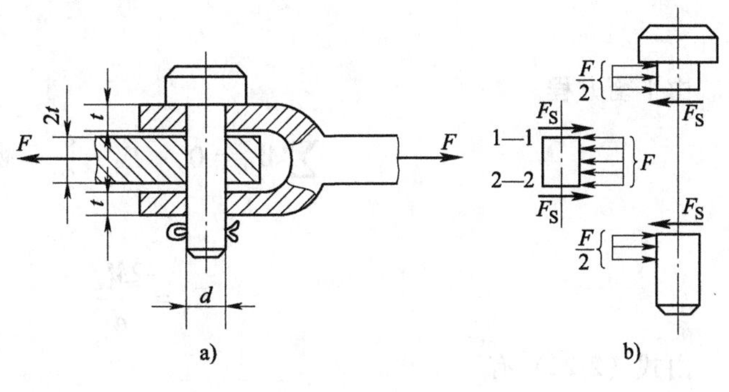


图 2-41　例题 2-11 图

解：销钉受力情况如图2-41b所示，因销钉有两个面承受剪切，故每个剪切面上的剪力 $F_S=F/2$，剪切面面积为 $A=\pi d^2/4$。

（1）根据剪力强度条件，设计销钉直径，由式（2-22）可得

$$A=\frac{\pi d^2}{4}\geqslant\frac{\frac{F}{2}}{[\tau]}$$

有

$$d\geqslant\sqrt{\frac{2F}{\pi[\tau]}}=\sqrt{\frac{2\times15\times10^3\text{N}}{\pi\times60\times10^6\text{Pa}}}=12.6\times10^{-3}\text{m}=12.6\text{mm}$$

（2）根据挤压强度条件，设计销钉直径，由图 2-41b 可知，销钉上、下部挤压面上的挤压力为 $F/2$，挤压面面积 $A_{bs}=dt$，由式（2-24）得

$$A_{bs}=dt\geqslant\frac{\frac{F}{2}}{[\sigma_{bs}]}$$

有

$$d\geqslant\frac{F}{2t[\sigma]}=\frac{15\times10^3\text{N}}{2\times8\times10^{-3}\text{m}\times200\times10^6\text{Pa}}\approx5\times10^{-3}\text{m}=5\text{mm}$$

故选 $d=12.6\text{mm}$，可同时满足挤压和剪切强度的要求。考虑到起动和制动时冲击的影响以及轴径系列标准，可取 $d=15\text{mm}$。

【例题 2-12】　图 2-42a 表示齿轮用平键和轴连接。已知轴的直径为 $d=70\text{mm}$，键的尺寸为 $b\times h\times l=20\text{mm}\times12\text{mm}\times100\text{mm}$，传递的扭转力偶矩 $M_e=2\text{kN}\cdot\text{m}$，键的许用应力 $[\tau]=60\text{MPa}$，许用挤压应力 $[\sigma_{bs}]=100\text{MPa}$，试校核该键的强度。

解：（1）校核剪切强度

将平键沿 $n$—$n$ 截面分成两部分，取下面部分和轴作为研究对象，其受力如图 2-42b 所

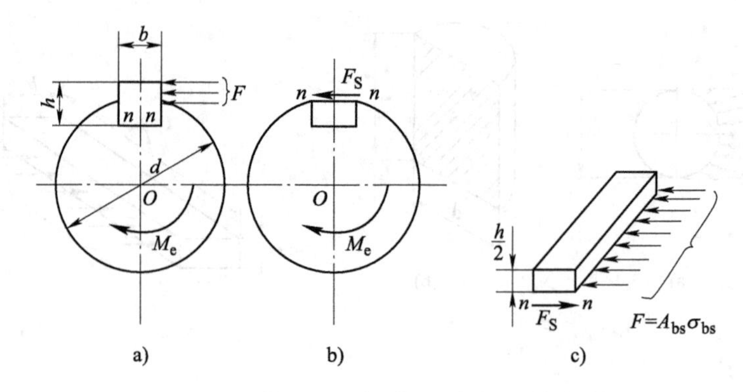


图 2-42　例题 2-12 图

示。由平衡方程

$$\sum M_O = 0,\quad F_S \cdot \frac{d}{2} = M_e$$

得

$$F_S = \frac{2M_e}{d}$$

由式（2-22）有

$$\tau = \frac{F_S}{A} = \frac{2M_e}{bld} = \frac{2 \times 2000\text{N} \cdot \text{m}}{20 \times 100 \times 70 \times 10^{-9}\text{m}^3} = 28.6 \times 10^6\text{Pa} = 28.6\text{MPa} < [\tau]$$

满足剪切强度条件。

（2）校核挤压强度

取 $n$—$n$ 截面以上部分为研究对象，其受力如图 2-42c 所示。由平衡方程

$$\sum F_x = 0,\quad F_S = F$$

由式（2-24）有

$$\sigma_{bs} = \frac{F}{A_{bs}} = \frac{F_S}{hl/2} = \frac{2M_e}{dlh/2} = \frac{4M_e}{dlh} = \frac{4 \times 2000\text{N} \cdot \text{m}}{70 \times 100 \times 12 \times 10^{-9}\text{m}^3}$$

$$= 95.2 \times 10^6\text{Pa} = 95.2\text{MPa} < [\sigma_{bs}]$$

满足挤压强度条件。

## 本章小结

本章主要讨论了直杆的轴向拉伸和压缩问题，其中强度计算是主线，拉压变形及胡克定律是材料力学的基本概念和基本定律，材料的力学性能是强度和变形计算必不可少的重要依据。应清晰理解拉压胡克定律及其使用条件，理解绝对变形和线应变的意义，掌握拉压杆件的变形计算；理解工作应力、极限应力、许用应力和安全因数的意义，掌握拉压杆件危险截面的判别和应用强度条件进行强度计算的方法和步骤；明确低碳钢的应力-应变图及其主要特征，了解塑性材料和脆性材料力学性能的主要差异。

## 习　题

**2-1**　试求图 2-43 所示各杆横截面 1—1 和 2—2 上的轴力，并作轴力图。

**2-2**　在图 2-44 所示结构中，若钢拉杆 $BC$ 的横截面直径为 10mm，$F=7.5\text{kN}$，试求钢拉杆横截面上的应力。设由 $BC$ 连接的 1 和 2 两部分均为刚体。

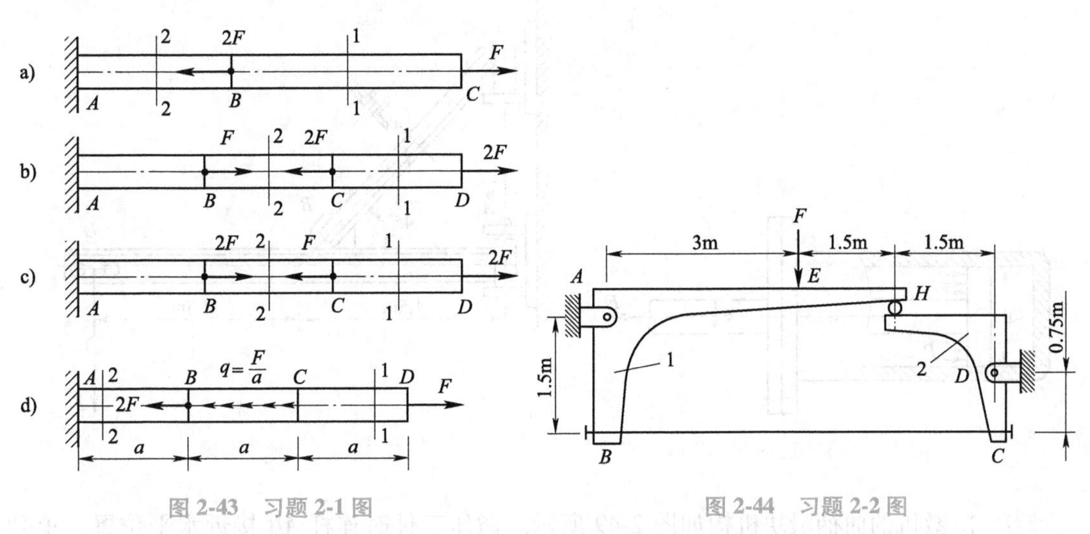


图 2-43　习题 2-1 图　　　　图 2-44　习题 2-2 图

**2-3**　一桅杆起重机如图 2-45 所示，起重杆 $AB$ 为一钢管，其外径 $D=20\text{mm}$，内径 $d=18\text{mm}$；钢丝绳 $CB$ 的横截面面积为 $10\text{mm}^2$。已知起重量 $W=2\text{kN}$，试计算起重杆和钢丝绳横截面上的应力。

**2-4**　如图 2-46 所示，用一矩形截面试样进行拉伸试验，在试样表面的纵向和横向贴上电阻丝片来测定试样的应变。已知 $b=30\text{mm}$，$h=4\text{mm}$，每增加 3000N 的拉力时，测得试样的纵向应变增量 $\Delta\varepsilon_1=120\times10^{-6}$，横向应变增量 $\Delta\varepsilon_2=-38\times10^{-6}$。求试样材料的弹性模量 $E$ 和泊松比 $\mu$。

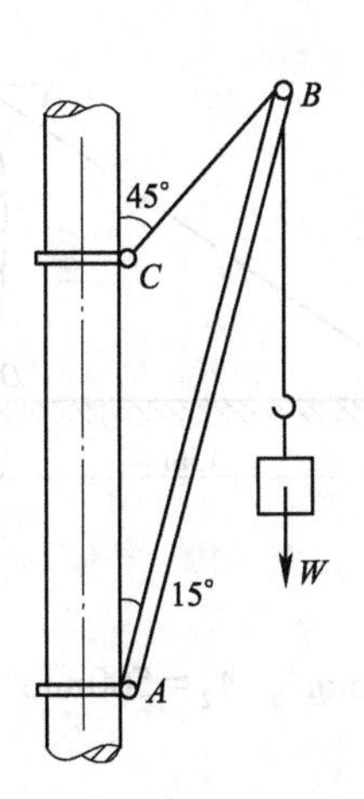


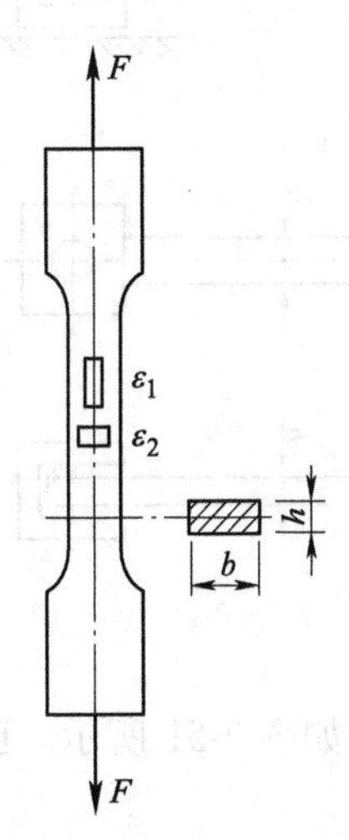

图 2-45　习题 2-3 图　　　　图 2-46　习题 2-4 图

2-5 某铣床工作台进给油缸如图2-47所示，缸内工作油压$p=2\text{MPa}$，油缸内径$D=75\text{mm}$，活塞杆直径$d=18\text{mm}$。已知活塞杆材料的许用应力$[\sigma]=50\text{MPa}$，试校核活塞杆的强度。

2-6 悬臂起重机的尺寸和载荷情况如图2-48所示。斜杆$BC$由两等边角钢组成，载荷$F=25\text{kN}$。设材料的许用应力$[\sigma]=140\text{MPa}$，试选择角钢的型号。

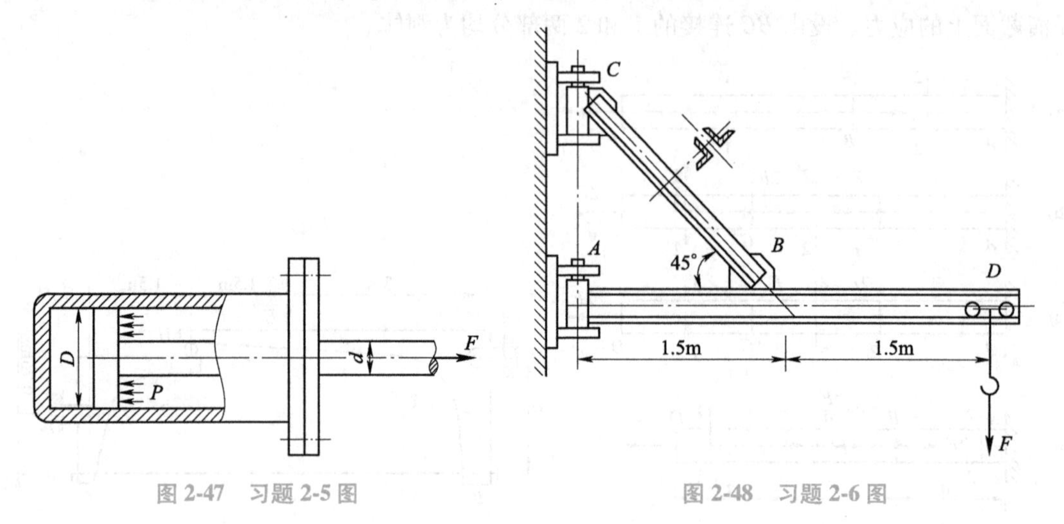


图2-47 习题2-5图

图2-48 习题2-6图

2-7 冷镦机的曲柄滑块机构如图2-49所示。镦压工件时连杆$AB$接近水平位置，承受的镦压力$F=1200\text{kN}$。连杆是矩形截面，高度$h$与宽度$b$之比为$\dfrac{h}{b}=1.4$。材料为45钢，许用应力为$[\sigma]=58\text{MPa}$，试确定截面尺寸$h$和$b$。

2-8 起重机如图2-50所示，钢丝绳$AB$的横截面面积为$500\text{mm}^2$，许用应力$[\sigma]=40\text{MPa}$。试根据钢丝绳的强度求起重机的许可起重量$W$。

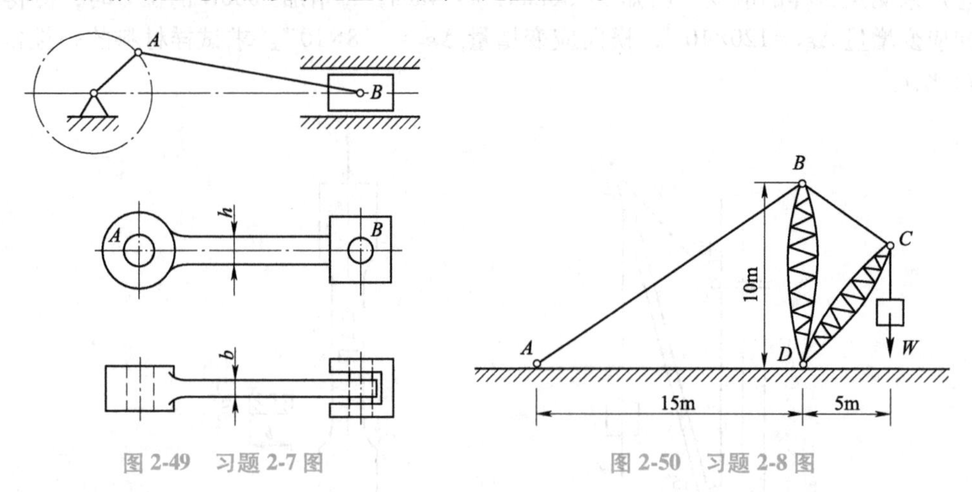


图2-49 习题2-7图

图2-50 习题2-8图

2-9 变截面直杆如图2-51所示。已知：$A_1=800\text{mm}^2$，$A_2=500\text{mm}^2$，$E=200\text{GPa}$。试求杆的总伸长$\Delta l$。

2-10 铸铁柱尺寸如图2-52所示，轴向压力$F=30\text{kN}$，若不计自重，试求柱的变形。$E=120\text{GPa}$。

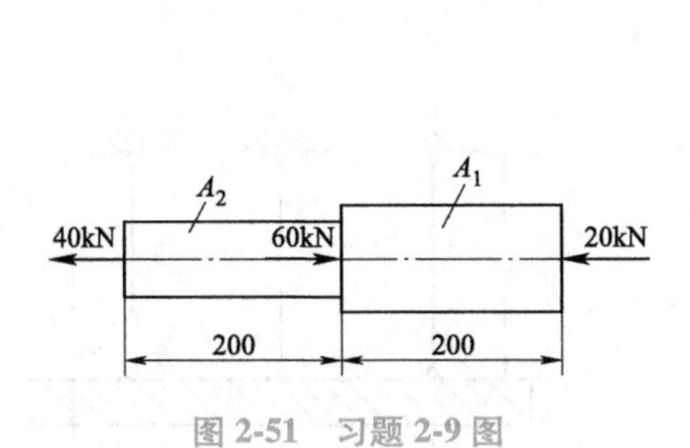

图 2-51　习题 2-9 图

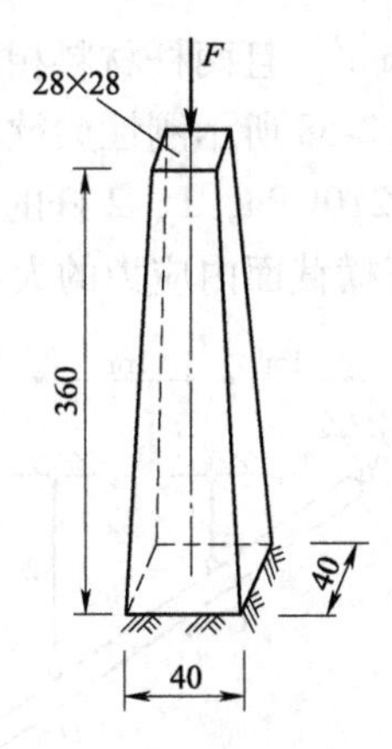

图 2-52　习题 2-10 图

2-11　图 2-53 所示为一简易托架，杆 $BC$ 为圆截面钢杆，直径 $d=20\text{mm}$，杆 $BD$ 为 8 槽钢。若两杆的弹性模量 $E=200\text{GPa}$，$F=60\text{kN}$，试求点 $B$ 处的竖直和水平位移。

2-12　在图 2-54 所示结构中，刚性横梁 $AB$ 由斜杆 $CD$ 吊在水平位置上，斜杆 $CD$ 的抗拉刚度为 $EA$，点 $B$ 处受载荷 $F$ 作用，尺寸如图所示。试求点 $B$ 的竖直位移 $\Delta_{By}$。

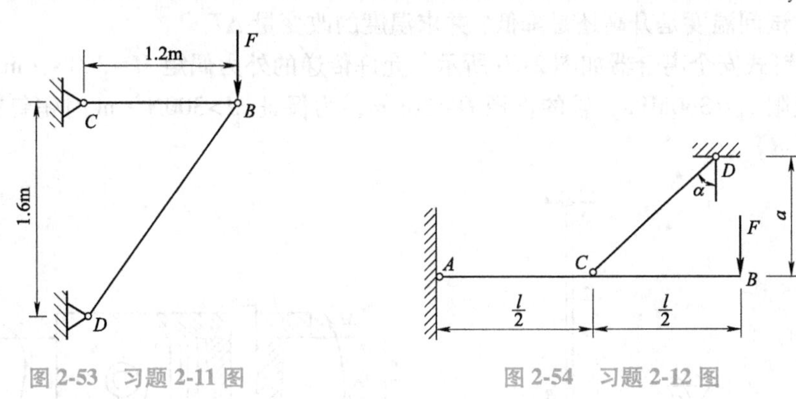

图 2-53　习题 2-11 图　　图 2-54　习题 2-12 图

2-13　在图 2-55 所示结构中，$AB$ 为刚性杆，求①、②杆的轴力。

2-14　在图 2-56 所示结构中，设横梁 $AB$ 为刚性，1、2 两杆的横截面面积相等，材料相同，试求 1、2 两杆的内力。

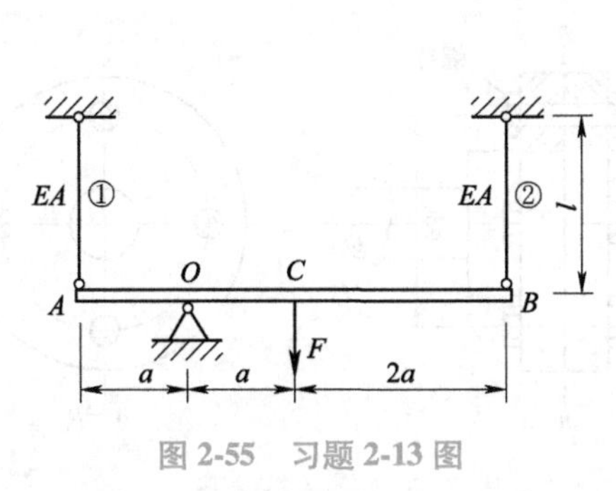

图 2-55　习题 2-13 图

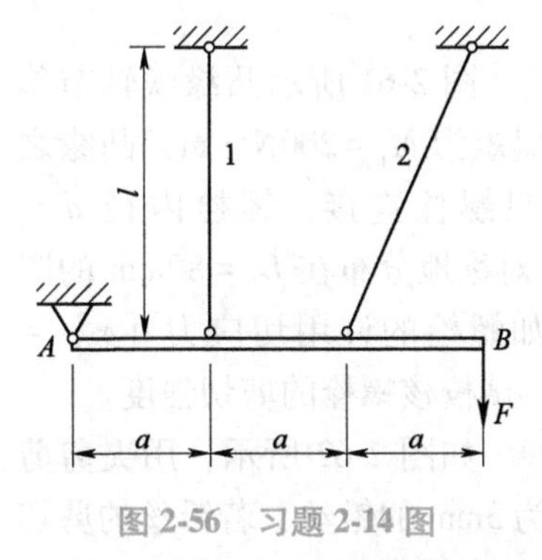

图 2-56　习题 2-14 图

2-15　如图 2-57 所示，刚性杆 $AB$ 悬挂于两杆 1、2 上，杆 1 和杆 2 的横截面面积分别为

$60mm^2$、$120mm^2$，且两杆材料相同。若 $F=6kN$，试求两杆的轴力及支座 $A$ 的约束力。

2-16　图 2-58 所示刚性梁欲由杆件 1、2、3 悬吊在一起，已知三根吊杆的横截面面积均为 $2cm^2$，$E=210GPa$，1、2 杆的长度为 $l$，3 杆的长度比 1、2 两杆的短 $\delta=5\times10^{-4}l$。试求结构安装后各杆横截面内应力的大小。

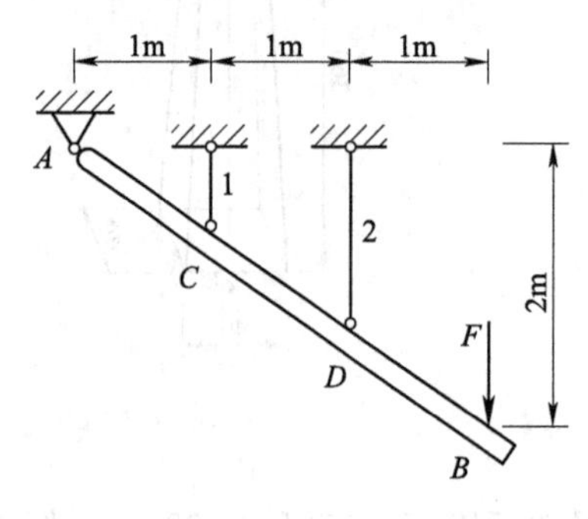


图 2-57　习题 2-15 图

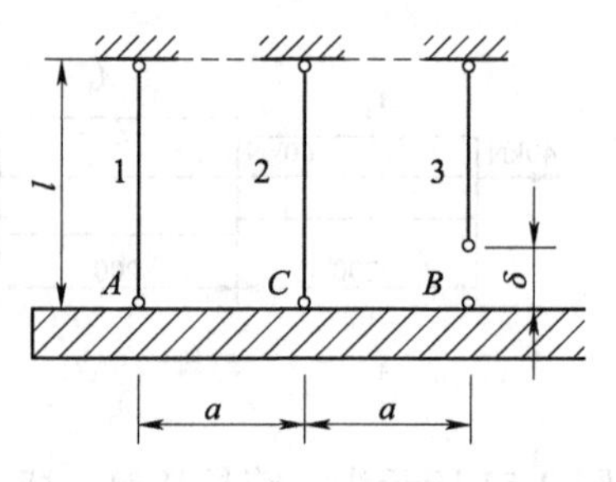


图 2-58　习题 2-16 图

2-17　如图 2-59 所示，杆 1 为钢杆，$E_1=210GPa$，$\alpha_1=12.5\times10^{-6}℃^{-1}$，$A_1=30cm^2$。杆 2 为铜杆，$E_2=105GPa$，$\alpha_2=19\times10^{-6}℃^{-1}$，$A_2=30cm^2$，载荷 $F=50kN$。若 $AB$ 为刚性杆，且始终保持水平，试问温度是升高还是降低？并求温度的改变量 $\Delta T$。

2-18　销钉式安全离合器如图 2-60 所示，允许传递的外力偶矩 $M=300N\cdot m$，销钉材料的剪切强度极限 $\tau_b=360MPa$，轴的直径 $D=30mm$，为保证 $M>300N\cdot m$ 时销钉被剪断，试求销钉的直径 $d$。

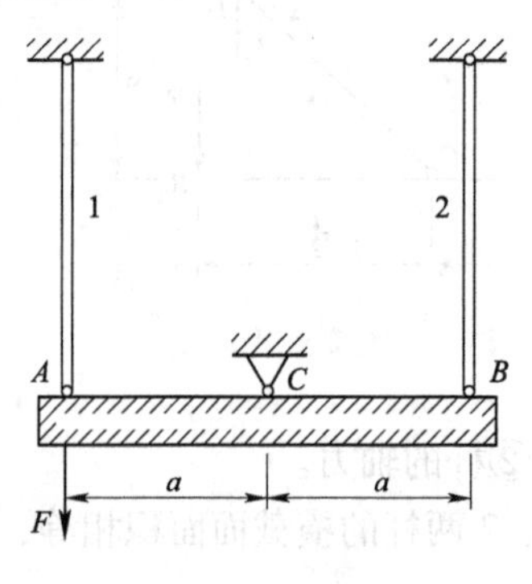


图 2-59　习题 2-17 图

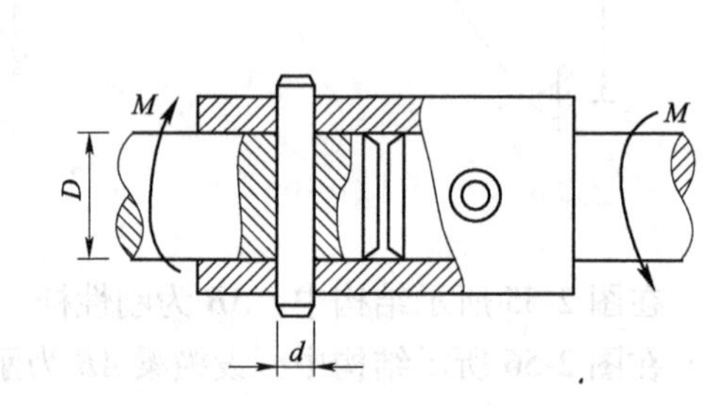


图 2-60　习题 2-18 图

2-19　图 2-61 所示凸缘联轴节传递的力偶矩为 $M_e=200N\cdot m$，凸缘之间用四只螺栓连接，螺栓内径 $d\approx10mm$，对称地分布在 $D_0=80mm$ 的圆周上。如螺栓的许用切应力 $[\tau]=60MPa$，试校核螺栓的剪切强度。

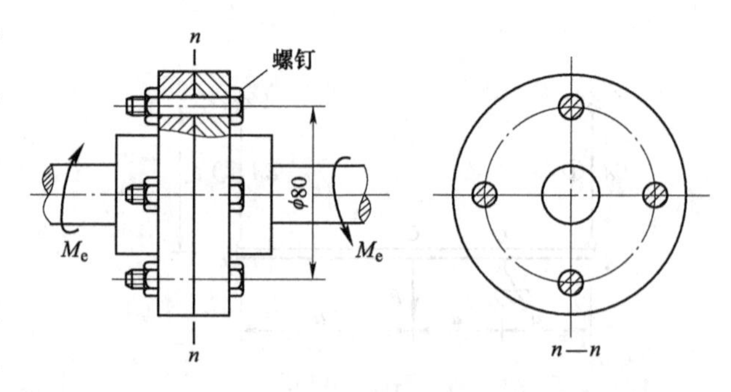


图 2-61　习题 2-19 图

2-20　如图 2-62 所示，用夹剪剪断直径为 3mm 的铅丝，若铅丝的剪切极限应力约为 100MPa，试问需要多

大的力 $F$？若销钉 $B$ 的直径为 8mm，试求销钉横截面上的切应力。

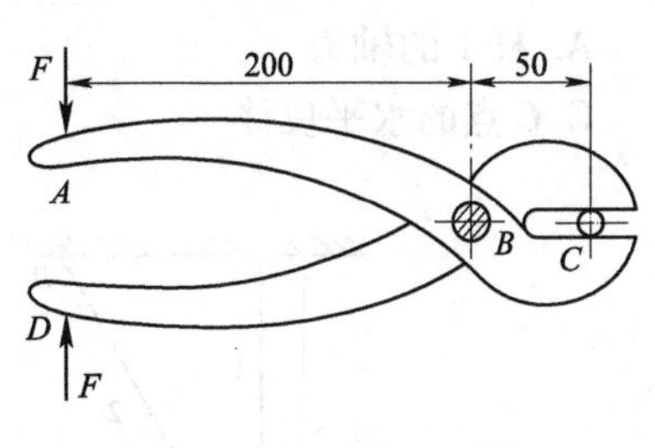

图 2-62 习题 2-20 图

2-21 在厚度 $\delta=5\text{mm}$ 的钢板上，冲出一个形状如图 2-63 所示的孔，钢板剪断时的剪切强度极限 $\tau_b=300\text{MPa}$，试求冲床所需的冲力 $F$。

2-22 图 2-64 所示圆截面杆件，承受轴向拉力 $F$ 作用。设拉杆的直径为 $d$，端部墩头的直径为 $D$，高度为 $h$，试从强度方面考虑，建立三者间的合理比值。已知许用应力 $[\sigma]=120\text{MPa}$，许用切应力 $[\tau]=90\text{MPa}$，许用挤压应力 $[\sigma_{bs}]=240\text{MPa}$。

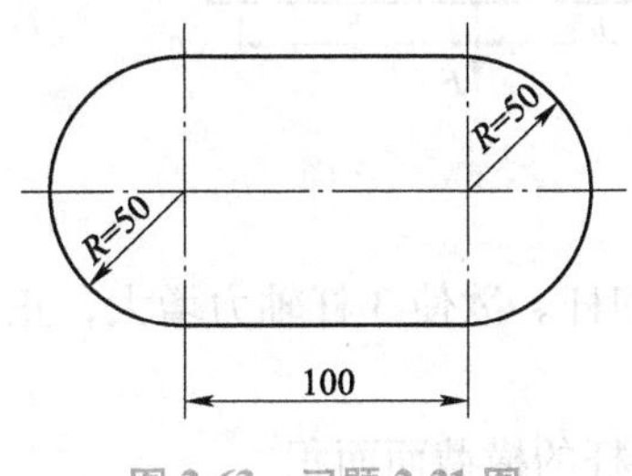

图 2-63 习题 2-21 图

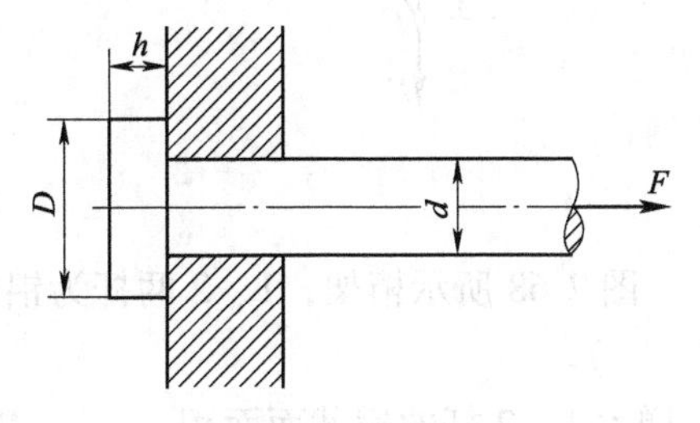

图 2-64 习题 2-22 图

2-23 如图 2-65 所示，柴油机的活塞销材料为 20Cr，许用切应力 $[\tau]=70\text{MPa}$，许用挤压应力 $[\sigma_{bs}]=100\text{MPa}$。活塞销外径 $d_1=48\text{mm}$，内径 $d_2=26\text{mm}$，长度 $l=130\text{mm}$，$a=50\text{mm}$，活塞直径 $D=135\text{mm}$，气体爆发压强 $p=7.5\text{MPa}$。试对活塞销进行强度校核。

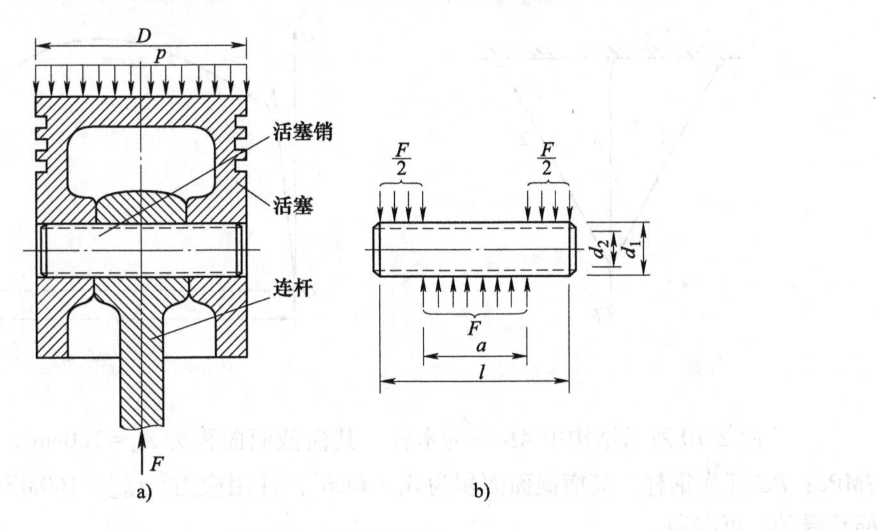

图 2-65 习题 2-23 图

## 测试题

2-1 图 2-66 所示结构中，$F$、$l$ 及两杆抗拉（压）刚度 $EA$ 均已知。试求各杆的轴力及 $B$ 点的竖直位移。

2-2 图 2-67 所示结构中，刚性杆 $AB$ 由 3 根材料、横截面面积均相同的杆吊挂。在结构中，(　　) 为零。

A. 杆 1 的轴力　　B. 杆 2 的轴力

C. $C$ 点的水平位移　　D. $C$ 点的竖直位移

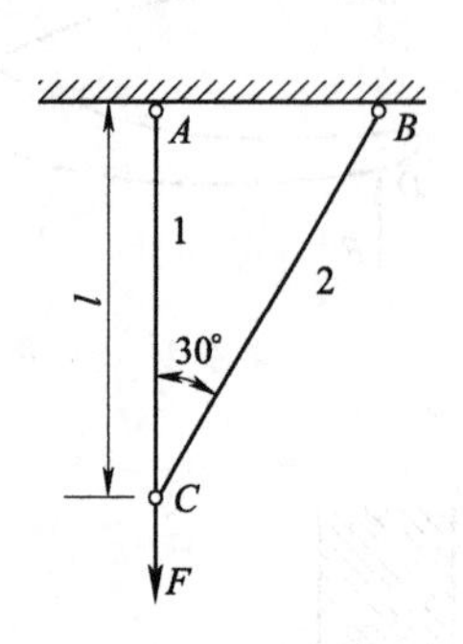


图 2-66　测试题 2-1 图

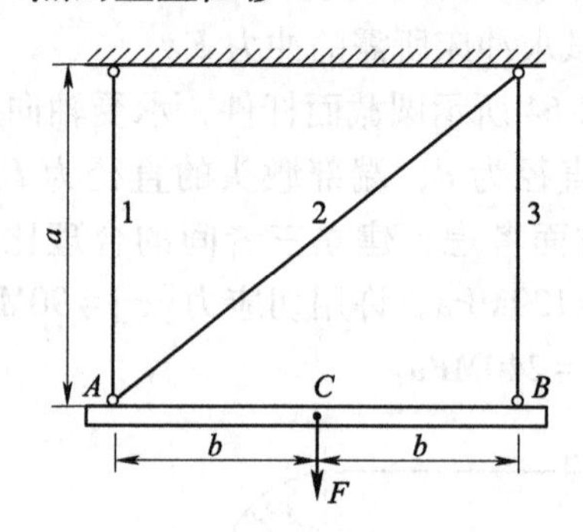


图 2-67　测试题 2-2 图

2-3　图 2-68 所示桁架，1、2 两杆为铝杆，3 杆为钢杆。欲使 3 杆轴力增大，正确的做法是 (　　)。

A. 增大 1、2 杆的横截面面积　　B. 减小 1、2 杆的横截面面积

C. 将 1、2 杆改为钢杆　　D. 将 3 杆改为铝杆

2-4　图 2-69 所示为低碳钢拉伸时的 $\sigma$-$\varepsilon$ 曲线。若断裂点的横坐标为 $\varepsilon$，则 $\varepsilon$ (　　)。

A. 大于伸长率　　B. 小于伸长率

C. 等于伸长率　　D. 不能确定

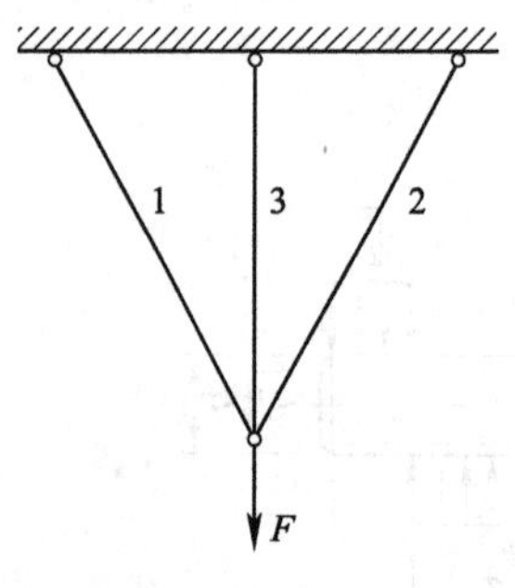


图 2-68　测试题 2-3 图

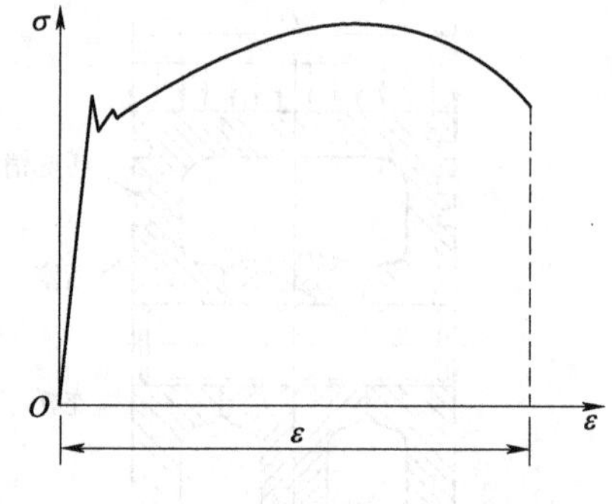


图 2-69　测试题 2-4 图

2-5　图 2-70 所示结构中 $AB$ 杆为木杆，其横截面面积为 $A_w = 100\text{cm}^2$，许用应力 $[\sigma_w] = 7\text{MPa}$；$BC$ 杆为钢杆，其横截面面积为 $A_{st} = 6\text{cm}^2$，许用应力 $[\sigma_{st}] = 160\text{MPa}$。试求该结构所能承受的许可载荷。

2-6　图 2-71 所示结构中，$AB$ 梁为刚性，杆 1 和杆 2 的材料相同，$[\sigma] = 160\text{MPa}$，$F = 40\text{kN}$，$E = 200\text{GPa}$。试求：(1) 两杆所需截面面积；(2) 如要求 $AB$ 梁只做向下平移，不做转动，则此两杆的截面面积又应是多少？

2-7　图 2-72 所示壁架结构，所有连接点可视为铰接，钢杆 $AB$ 的横截面面积为 $5\text{mm}^2$，$BC$ 杆为刚性杆。把重 4.5kN 的无摩擦圆筒放入图示位置，试求 $AB$ 杆的伸长量，弹性模量 $E = 200\text{GPa}$。

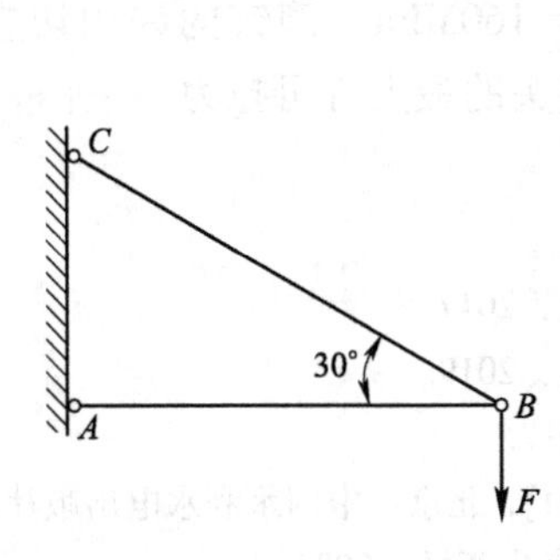


图 2-70 测试题 2-5 图

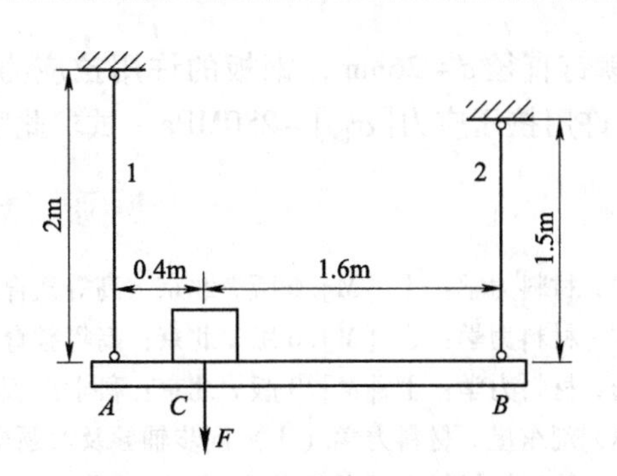


图 2-71 测试题 2-6 图

2-8 钢杆如图 2-73 所示，其横截面面积为 $A=25\text{cm}^2$。在加载前，杆下端与下固定端之间的间隙为 $\delta=0.3\text{mm}$。若 $F=200\text{kN}$，$E=200\text{GPa}$，试求上、下固定端的约束力。

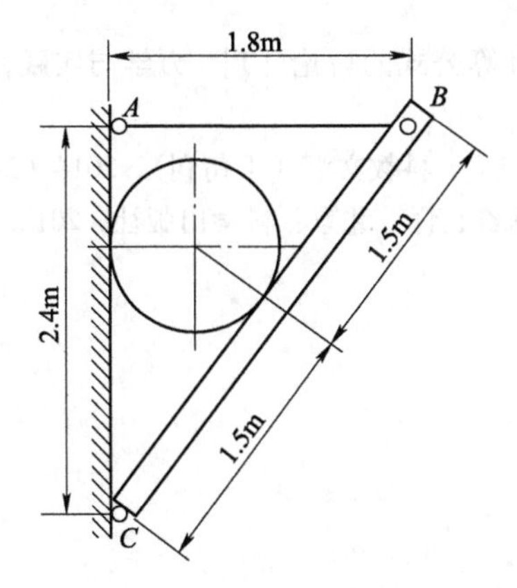


图 2-72 测试题 2-7 图

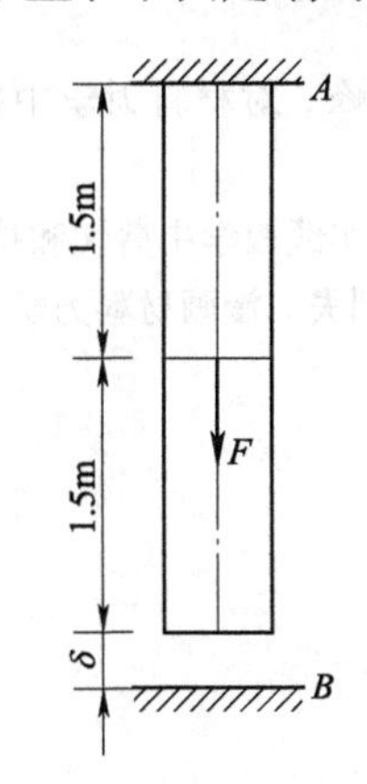


图 2-73 测试题 2-8 图

2-9 花键轴的截面尺寸如图 2-74 所示，轴与轮毂的配合长度为 $l=60\text{mm}$。靠花键侧面传递的力偶矩 $M_e=1.8\text{kN}\cdot\text{m}$。若花键材料的许用挤压应力 $[\sigma_{bs}]=140\text{MPa}$，许用切应力 $[\tau]=120\text{MPa}$，试校核花键的强度。

2-10 两块钢板用 4 个铆钉连接在一起，如图 2-75 所示，板厚 $\delta=20\text{mm}$，宽度 $b=$

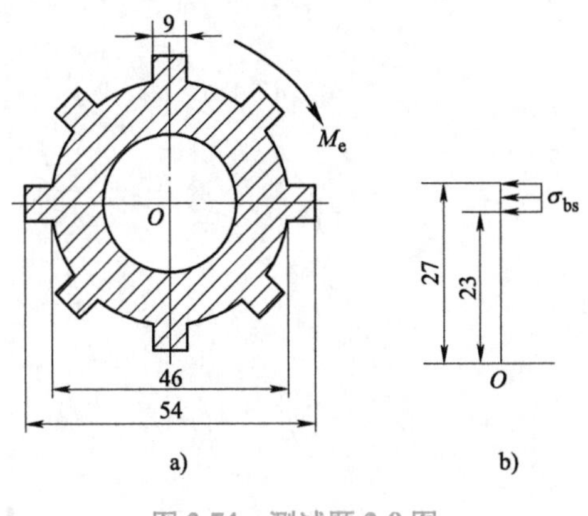


图 2-74 测试题 2-9 图

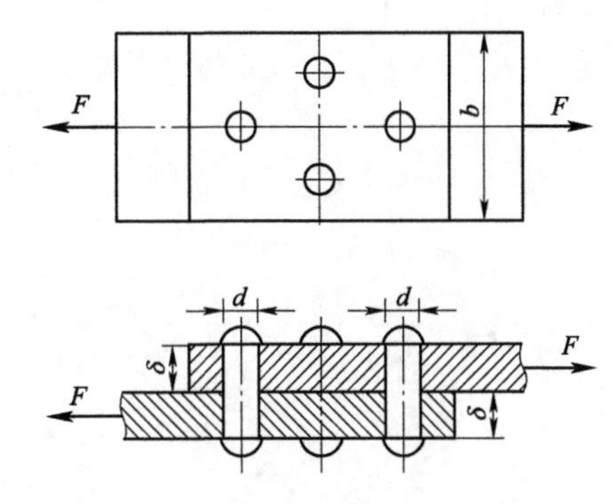


图 2-75 测试题 2-10 图

120mm，铆钉直径 $d=26\text{mm}$，钢板的许用拉应力 $[\sigma]=160\text{MPa}$，铆钉的许用切应力 $[\tau]=100\text{MPa}$，许用挤压应力 $[\sigma_{bs}]=280\text{MPa}$，试求此铆钉接头的最大许可拉力。

## 资源推荐


[1] 刘鸿文. 材料力学：Ⅰ [M]. 6版. 北京：高等教育出版社，2017.

[2] 孙训方. 材料力学：Ⅰ [M]. 6版. 北京：高等教育出版社，2019.

[3] 苟文选. 材料力学：Ⅰ [M]. 3版. 北京：科学出版社，2017.

[4] 郭维林，刘东星. 材料力学（Ⅰ）同步辅导及习题全解 [M]. 北京：中国水利水电出版社，2010.

[5] 陈乃立，陈倩. 材料力学学习指导书 [M]. 北京：高等教育出版社，2004.

[6] 张德凤. 圣维南原理和轴向拉（压）正应力公式的研究 [J]. 河北机电学院学报，1993，10（2）：292-296.

[7] 田东方.《材料力学》轴向拉压中求杆系结构节点位移的解析几何解法 [J]. 教育教学论坛，2014（37）：80-81.

[8] 张晖辉，陈鐾，刘峰. 对材料力学中挤压实用计算公式的讨论 [J]. 力学与实践，2012，34（4）：83-86.

[9] 陈洪兵. 浅谈工程实践教学中剪切和挤压的计算 [J]. 科教文汇（下旬刊），2014（276）：61-62.

[10] 末益博志，长嶋利夫. 漫画材料力学 [M]. 滕永红，译. 北京：科学出版社，2012.

# 第3章

# 扭　转

## 学习要点

**学习重点：**

1. 圆轴扭转时的内力、应力和变形计算；
2. 圆轴扭转的强度、刚度条件及其实际应用。

**学习难点：**

圆轴扭转切应力公式的推导。

## 思维导图

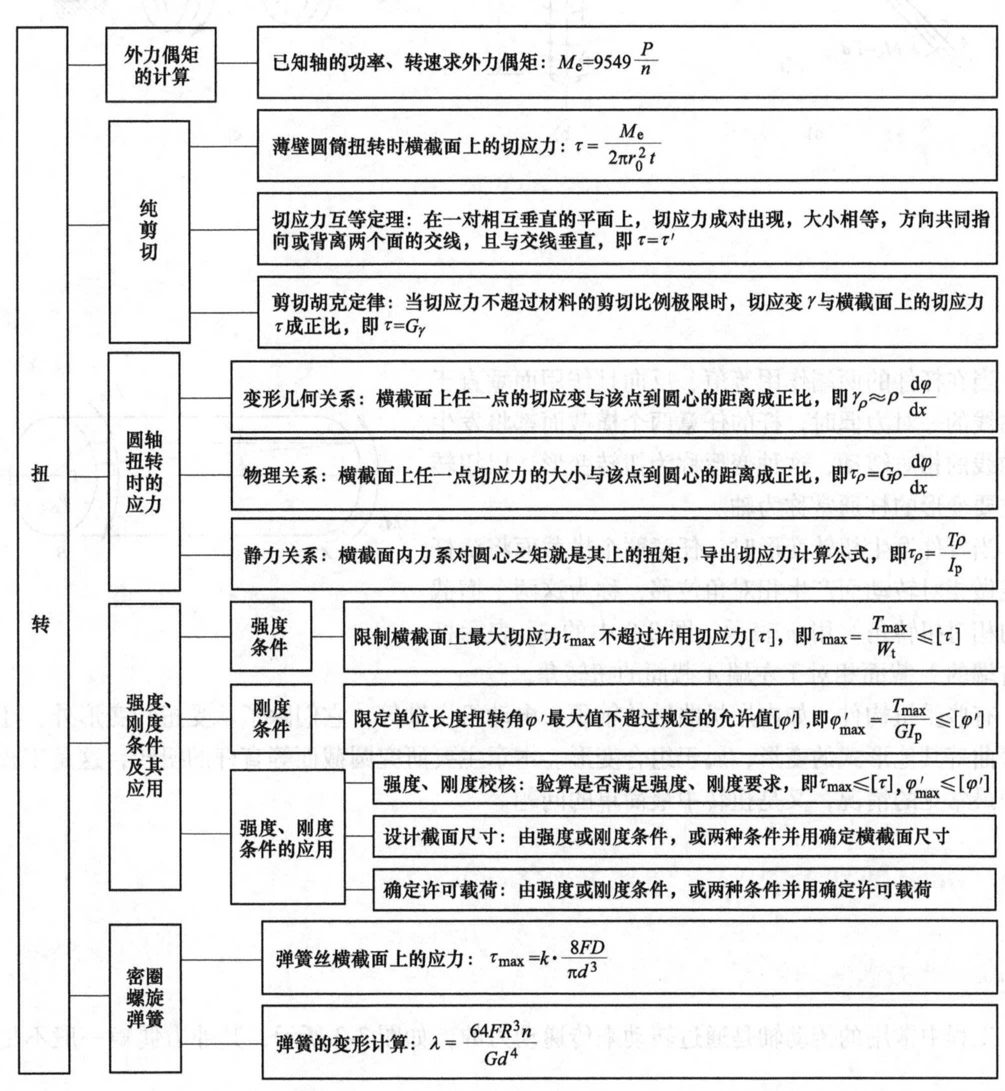

## 实例引导

扭转是工程实际中常遇到的现象，是构件的基本变形形式之一。例如汽车转向轴，驾驶员的两手在方向盘平面内各施加一个大小相等、方向相反，作用线平行的力 $F$，如图 3-1a 所示，它们形成一个力偶，作用在转向轴的 $B$ 端，而在转向轴的 $A$ 端则受到来自转向器的反向力偶的作用，这样转向轴便受到扭转作用。又如石油钻机中的钻杆，如图 3-1b 所示、机器中的传动轴如图 3-1c 所示、水轮发电机的主轴、生活中的螺钉旋具等构件都伴有扭转问题。

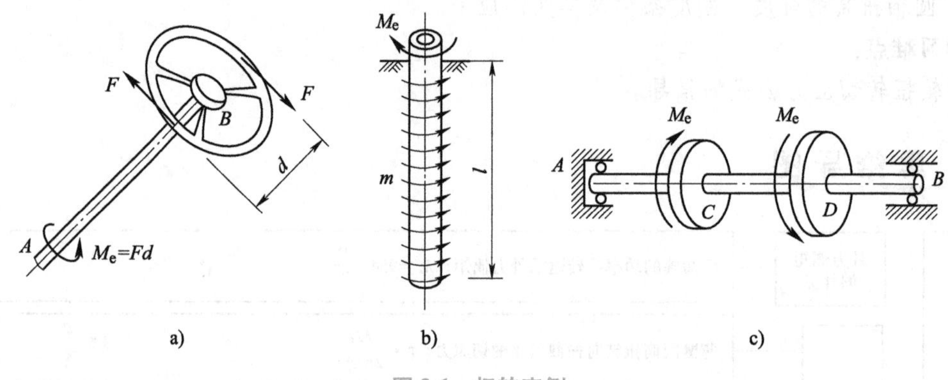


图 3-1　扭转实例

## 3.1　概述

视频讲解

当在杆件的两端作用等值、反向且作用面垂直于杆轴线的一对力偶时，杆的任意两个横截面都将发生绕轴线的相对转动，这种变形称为扭转变形。以扭转为主要变形的杆通常称为轴。

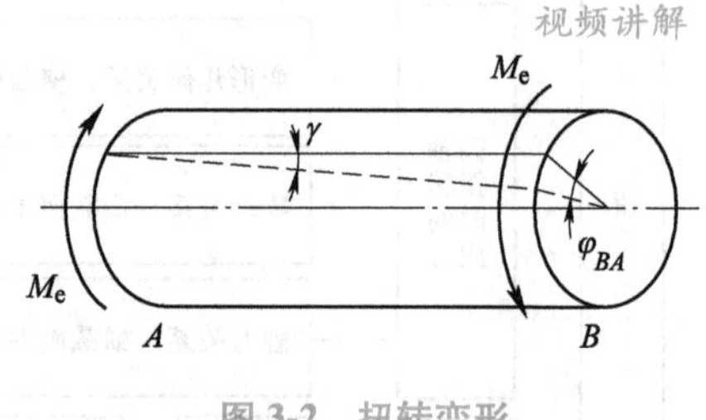


图 3-2　扭转变形

当杆件发生扭转变形时，任意两个横截面将绕杆轴线做相对转动而产生相对角位移，称为这两个横截面的相对扭转角，用 $\varphi$ 表示。图 3-2 中的 $\varphi_{BA}$ 表示杆件右端的 $B$ 截面相对于左端 $A$ 截面的扭转角。

有些受扭构件，如内燃机曲轴的轴颈、电动机主轴等，它们除了承受扭转变形外，还伴有弯曲等其他形式的变形，属于组合变形。本章主要研究圆截面等直杆的扭转，这是工程实际中最常见的情况，又是扭转中最简单的问题。

## 3.2　外力偶矩的计算、扭矩及扭矩图

视频讲解

### 3.2.1　外力偶矩的计算

工程中常用的传动轴是通过转动来传递动力的，如图 3-3 所示，其外力偶矩一般不是直

接给出的。通常是已知轴所传递的功率 $P$ 和轴的转速 $n$。根据理论力学中动力学的知识可知，力偶在单位时间内所做的功（即功率），等于该轴上作用的外力偶矩 $M_e$ 与轴转动角速度的乘积，即

$$P = M_e \omega$$

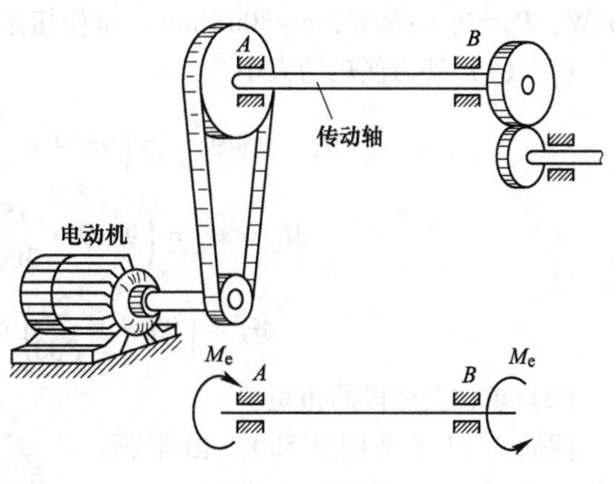


图 3-3　传动轴

工程实际中，功率的常用单位为 kW，力偶矩 $M_e$ 与转速 $n$ 的常用单位分别为 N·m 和r/min(转/分)。于是上式可改写为

$$P \times 10^3 = M_e \times \frac{2\pi n}{60}$$

由此得出计算外力偶矩 $M_e$ 的公式为

$$M_e = 9549 \frac{P}{n} \tag{3-1}$$

通常，作用在功率输入端的外力偶是带动轴转动的主动力偶，方向和轴的转向一致；作用在功率输出端的外力偶可看作轴的阻力偶，它的转向和轴的转向相反。同时，由式（3-1）可以看出，轴上产生的力偶矩与传递的功率成正比，与轴的转速成反比。因此，在传递同样的功率时，低速轴所受的力偶矩比高速轴大。在一个传动系统中，低速轴的直径通常要比高速轴的直径设计得粗一些。

### 3.2.2　扭矩及扭矩图

如已知受扭圆轴上的外力偶矩，利用截面法同样可以求其任意横截面的内力。图 3-4a 所示为一受扭的圆轴，作用的外力偶矩为 $M_e$，求距 $A$ 端距离为 $x$ 的任意截面 $m$—$m$ 上的内力。假设在截面 $m$—$m$ 处将圆轴截开，取左部分为研究对象如图 3-4b 所示，由于左端受一外力偶 $M_e$ 作用，截面 $m$—$m$ 上的内力系必将形成一力偶与之平衡。由平衡条件 $\sum M_x = 0$，得内力偶矩 T 和外力偶矩 $M_e$ 的关系

$$T = M_e$$

内力偶矩 $T$ 称为横截面上的扭矩。

若截取轴的右段为研究对象，如图 3-4c 所示，同样可求得截面 $m$—$m$ 上的扭矩 $T = M_e$，但其转向与用左段求出的扭矩相反。为了使截取不同研究对象所求得的同一截面上的扭矩不仅数值相等，而且正负号也相同，对扭矩 $T$ 的正负号做如下规定：采用右手螺旋法则，用四指表示扭矩的转向，当大拇指的指向与截面的外法线方向相同时，扭矩为正，反之为负。按照这一规则，图 3-4b、c 中从同一截面截出的扭矩均为正值。

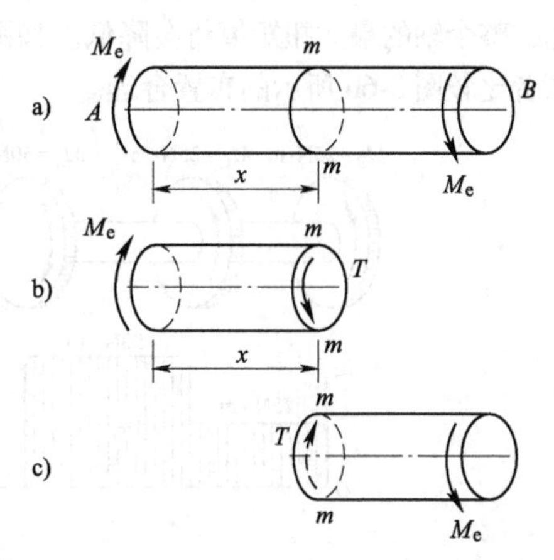


图 3-4　用截面法求扭矩

当轴上有两个以上的外力偶矩作用时，轴各段横截面上的扭矩将是不相等的。为了清楚地表示各横截面上扭矩沿轴线变化的情况，常用与轴线平行的横坐

标表示横截面的位置，用纵坐标表示相应横截面上的扭矩，把各段的扭矩绘制在图上。通常将正值扭矩画在轴线上方，负值扭矩画在轴线下方，得到的图形称为扭矩图。

【例题 3-1】 如图 3-5a 所示，主动轮 $A$ 输入功率 $P_A = 50\text{kW}$，从动轮输出功率 $P_D = 20\text{kW}$，$P_B = P_C = 15\text{kW}$，$n = 300\text{r/min}$，试作扭矩图。

解：(1) 外力偶矩的大小

$$M_A = 9549\frac{P_A}{n} = \left(9549 \times \frac{50}{300}\right)\text{N} \cdot \text{m} = 1592\text{N} \cdot \text{m}$$

$$M_B = M_C = \left(9549 \times \frac{15}{300}\right)\text{N} \cdot \text{m} = 477\text{N} \cdot \text{m}$$

$$M_D = \left(9549 \times \frac{20}{300}\right)\text{N} \cdot \text{m} = 637\text{N} \cdot \text{m}$$

(2) 求轴上各段的扭矩：

截面 1—1（见图 3-5b）：由平衡条件

$$\sum M_x = 0, T_1 + M_B = 0$$

$$T_1 = -M_B = -477\text{N} \cdot \text{m}$$

同理，截面 2—2（见图 3-5c）：

$$T_2 - M_A + M_B = 0$$

$$T_2 = 1115\text{N} \cdot \text{m}$$

截面 3—3（见图 3-5d）：

$$T_3 - M_D = 0$$

$$T_3 = M_D = 637\text{N} \cdot \text{m}$$

(3) 作轴的扭矩图，如图 3-5e 所示。

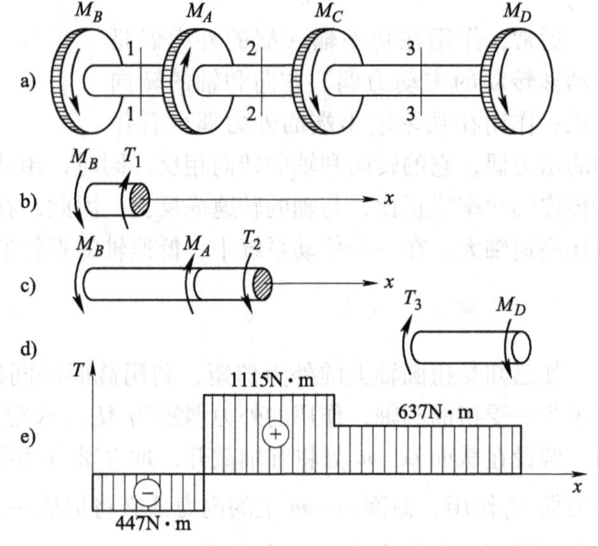


图 3-5 例题 3-1 图

应当注意，在传动轴上布置主动轮与从动轮的位置时，主动轮一般应放在两个从动轮的中间，这样会使整个轴的扭矩图分布比较均匀。与主动轮放在从动轮的一边相比，整个轴的最大扭矩值将会降低。如图 3-6a 中，$T_{\max} = 50\text{N} \cdot \text{m}$；图 3-6b 中，$T_{\max} = 25\text{N} \cdot \text{m}$，二者比较图 3-6b 所示的布置合理。

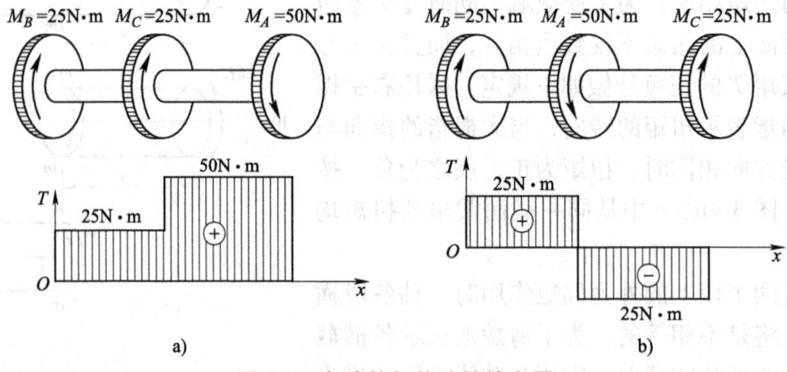


图 3-6 主动轮与从动轮的布置

## 3.3 纯剪切

在讨论轴在扭转时的应力和变形之前，为了研究切应力和切应变的规律以及二者间的关系，先考察薄壁圆筒的扭转。

### 3.3.1 薄壁圆筒扭转时的切应力

设有一薄壁圆筒如图3-7a所示，壁厚$t$远小于其平均半径$r_0$（通常$t \leqslant \frac{1}{10}r_0$），两端将受一对大小相等、转向相反且作用面与轴线垂直的外力偶作用。施加外力偶前，在圆筒表面画上两条相距很近的纵向线和两条圆周线，从而形成图3-7a所示的小矩形方格。

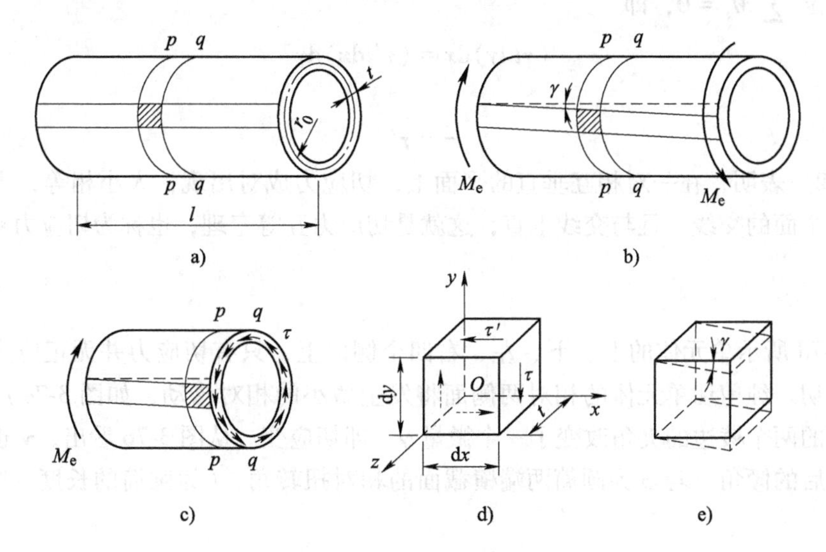


图3-7 薄壁圆筒的扭转

加上外力偶后，可看到以下变形情况：①圆筒表面圆周线的形状、大小和间距均未改变，只是绕轴线产生了相对转动。②纵向线都倾斜了同一微小角度$\gamma$。③小矩形方格歪斜成同样大小的平行四边形。以上变形说明圆筒纵向与横向均无变形，线应变$\varepsilon$为零，由胡克定律$\sigma=E\varepsilon$，可得横截面和纵截面上（包含轴线的截面）正应力$\sigma$均为零。圆筒表面上方格的直角发生了改变，如图3-7b所示，这种直角的改变量$\gamma$即为切应变。该切应变和横截面上沿圆周切线方向的切应力是对应的。由于相邻两圆周线间每个格子的直角改变量相等，并根据材料均匀、连续性假设，可以推知沿圆周各点处切应力的方向与圆周相切，且其数值相等，如图3-7c所示。至于切应力沿壁厚方向的变化规律，由于壁厚$t$远小于其平均半径$r_0$，故可近似地认为沿壁厚方向各点处切应力的数值无变化。

根据图3-7c，列平衡方程$\sum M_x=0$，可得

$$M_e = 2\pi r_0 t \cdot \tau \cdot r_0$$

所以，横截面上切应力的大小为

$$\tau = \frac{M_e}{2\pi r_0^2 t} \tag{a}$$

### 3.3.2 切应力互等定理

图 3-7d 所示是从薄壁圆筒上取出的对应于图 3-7a 中小矩形块的正六面体（通常称为单元体），它的厚度为壁厚 $t$，宽度和高度分别为 $dx$、$dy$。当薄壁圆筒受扭时，此单元体分别对应于 $p—p$、$q—q$ 圆周面的左、右侧面上有切应力 $\tau$，因此在这两个侧面上有剪力 $\tau t dy$，而且这两个侧面上剪力大小相等而方向相反，会形成一个力偶，其力偶矩为（$\tau t dy$）$dx$。为保持平衡，上、下两个面上也必须有一对切应力 $\tau'$ 形成的力偶（前后两个面是自由表面，既无正应力又无切应力；上下两个面上如果有正应力，是不可能形成力偶的）。对整个单元体，必须满足 $\sum M_z = 0$，即

$$(\tau t dy) dx = (\tau' t dx) dy$$

可得

$$\tau = \tau' \tag{3-2}$$

式（3-2）表明，在一对相互垂直的平面上，切应力成对出现，大小相等，方向共同指向或背离两个面的交线，且与交线垂直，这就是切应力互等定理，也称为切应力双生定理。

### 3.3.3 剪切胡克定律

在图 3-7d 所示单元体的上、下、左、右四个侧面上，只有切应力并无正应力，这种情况称为纯剪切。纯剪切单元体的相对两侧面将发生微小的相对错动，如图 3-7e 所示，使原来互相垂直的两个棱边的夹角改变了一个微量 $\gamma$，即切应变。从图 3-7b 看出，$\gamma$ 也就是表面纵向线变形后的倾角。若 $\varphi$ 为圆筒两端横截面的相对扭转角，$l$ 为圆筒的长度，则切应变 $\gamma$ 应为

$$\gamma = \frac{r\varphi}{l} \tag{b}$$

利用薄壁圆筒的扭转，可以实现纯剪切试验。试验结果表明，切应力低于材料的剪切比例极限时，扭转角 $\varphi$ 与扭转力偶矩 $M_e$ 成正比，如图 3-8a 所示。再由式（a）和式（b）看出，切应力 $\tau$ 与 $M_e$ 成正比，而切应变 $\gamma$ 又与 $\varphi$ 成正比。所以由上述试验结果可推断：当切应力不超过材料的剪切比例极限时，切应变 $\gamma$ 与横截面上的切应力 $\tau$ 成正比，如图 3-8b 所示，可以写成

$$\tau = G\gamma \tag{3-3}$$

式（3-3）称为材料的**剪切胡克定律**，式中的比例常数 $G$ 称为材料的切变模量，其量纲与弹性模量 $E$ 的相同。钢材的 $G$ 值约为 80GPa。

至此，我们已经引入了三个弹性常量，即切变模量 $G$、弹性模量 $E$ 和泊松比 $\mu$。对各向同性材料，这三个弹性常数 $G$、$E$ 和 $\mu$ 之间存在以下关系：

$$G = \frac{E}{2(1+\mu)} \tag{3-4}$$

可见，在这三个弹性常数中，只要知道任意两个，即可求出第三个量。

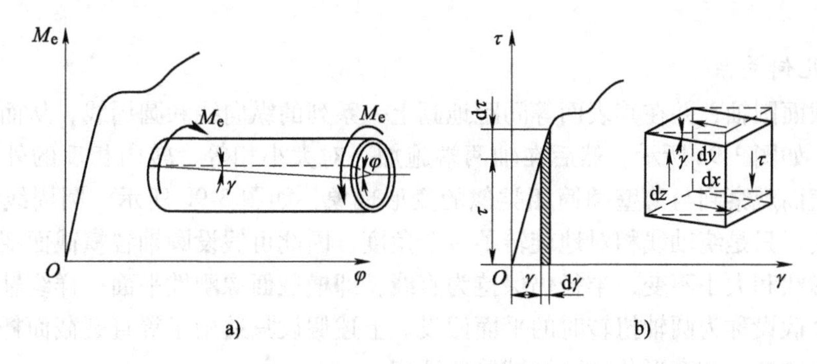


图 3-8 $\tau$-$\gamma$ 曲线

### 3.3.4 剪切应变能

设想从弹性固体制成的构件中取出受纯剪切的单元体如图 3-8b 所示，并设单元体的左侧面固定，右侧面上的剪切内力为 $\tau\mathrm{d}y\mathrm{d}z$，由于剪切变形，右侧面向下错动的距离为 $\gamma\mathrm{d}x$。若切应力有一增量 $\mathrm{d}\tau$，切应变的相应增量为 $\mathrm{d}\gamma$，右侧面向下位移增量则应为 $\mathrm{d}\gamma\mathrm{d}x$。剪力 $\tau\mathrm{d}y\mathrm{d}z$ 在位移 $\mathrm{d}\gamma\mathrm{d}x$ 上完成的功为 $\tau\mathrm{d}y\mathrm{d}z\cdot\mathrm{d}\gamma\mathrm{d}x$。在应力从零开始逐渐增加的过程中，右侧面上剪力 $\tau\mathrm{d}y\mathrm{d}z$ 总共完成的功应为

$$\mathrm{d}W=\int_0^{\gamma_1}\tau\mathrm{d}y\mathrm{d}z\cdot\mathrm{d}\gamma\mathrm{d}x$$

$\mathrm{d}W$ 应等于单元体内储存的应变能 $\mathrm{d}V_\varepsilon$，故

$$\mathrm{d}V_\varepsilon=\mathrm{d}W=\int_0^{\gamma_1}\tau\mathrm{d}y\mathrm{d}z\cdot\mathrm{d}\gamma\mathrm{d}x=\left(\int_0^{\gamma_1}\tau\mathrm{d}\gamma\right)\mathrm{d}V$$

式中，$\mathrm{d}V=\mathrm{d}x\mathrm{d}y\mathrm{d}z$ 是单元体的体积。以 $\mathrm{d}V$ 除 $\mathrm{d}V_\varepsilon$，得单位体积内的剪切应变能（称为应变能密度，记作 $v_\varepsilon$）为

$$v_\varepsilon=\frac{\mathrm{d}V_\varepsilon}{\mathrm{d}V}=\int_0^{\gamma_1}\tau\mathrm{d}\gamma \tag{3-5}$$

这表明，$v_\varepsilon$ 等于 $\tau$-$\gamma$ 曲线下的面积。在切应力小于剪切比例极限的情况下，$\tau$ 与 $\gamma$ 的关系为斜直线，

$$v_\varepsilon=\frac{1}{2}\tau\gamma$$

由剪切胡克定律，$\tau=G\gamma$，上式可以写成

$$v_\varepsilon=\frac{1}{2}\tau\gamma=\frac{\tau^2}{2G} \tag{3-6}$$

## 3.4 圆轴扭转时的应力及强度计算

视频讲解 思政点睛

### 3.4.1 扭转切应力的计算公式

圆轴扭转时，在已知横截面上的扭矩后，还应进一步研究横截面上的应力分布规律，以便求出最大应力。解决这一问题，要从变形几何关系、物理关系和静力学关系三个方面进行

考虑。

1. 变形几何关系

取一等截面圆轴，并在其表面等间距地画上一系列的纵向线和圆周线，从而形成一系列的矩形格子，如图 3-9a 所示。然后在轴两端施加一对大小相等、转向相反的外力偶，圆轴扭转后可在表面观察到与薄壁圆筒相类似的变形现象，如图 3-9b 所示。圆周线的大小和形状及间距不变，只是绕轴线相对地旋转了一个角度。因此可假设圆轴各横截面变形后仍保持为平面，其形状和大小不变，半径仍保持为直线，即横截面像刚性平面一样绕轴线旋转了一个角度，这个假设称为圆轴扭转时的平面假设。上述假设只适用于等直圆截面杆。以平面假设为基础导出的应力和变形公式已被试验所证实。

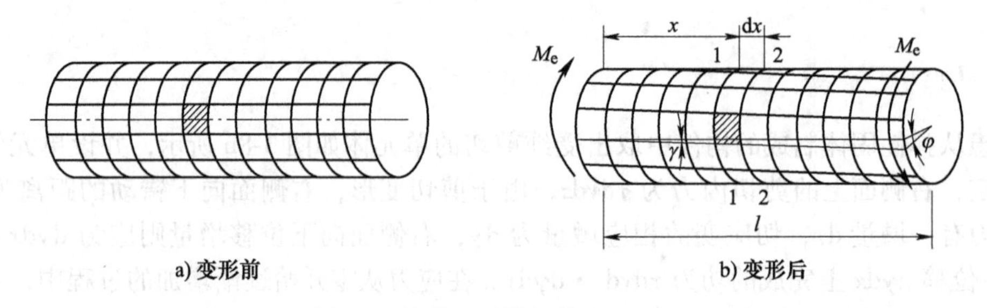


图 3-9　等截面圆轴扭转实验现象

用相邻的两个横截面 1 和 2 以及相距很近的两个通过轴线的纵截面，从图 3-10a 中取出一微段 d$x$ 来研究，放大后如图 3-10b 所示。根据平面假设，变形后截面 2 将相对于截面 1 刚性转过角 d$\varphi$（同样假设截面 1 不动），半径 $O_2C$ 转到了 $O_2C'$的位置，半径 $O_2D$ 转到了 $O_2D'$的位置，转过的角度都是 d$\varphi$。半径 $R$ 处（即横截面边缘上）的切应变为

$$\gamma = \frac{R\mathrm{d}\varphi}{\mathrm{d}x} \tag{a}$$

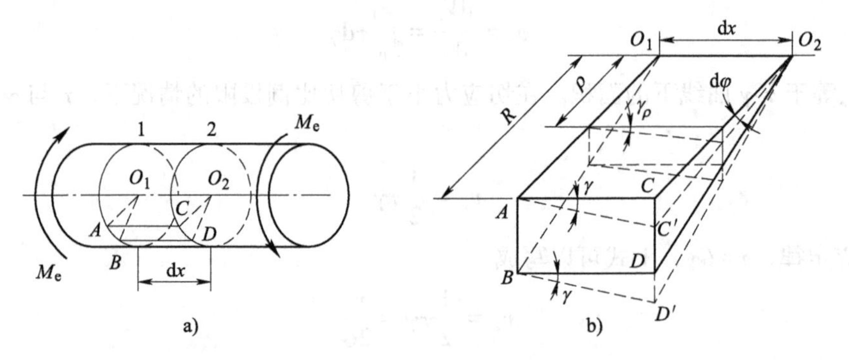


图 3-10　用两横截面截取的微段

根据以上圆轴表面观察得到的变形现象，可以假设内部情况也是如此，因此可将圆轴看作由无数层薄壁圆筒紧密镶套而成。在图 3-10b 所示的微段中，所有薄壁圆筒皆转过了一个相同的角度 d$\varphi$。若从微段中取出半径为 $\rho$、厚度为 d$\rho$ 的薄壁圆筒，其切应变 $\gamma_\rho$ 为

$$\gamma_\rho \approx \tan\gamma_\rho = \frac{\rho\mathrm{d}\varphi}{\mathrm{d}x} \tag{b}$$

式中，$\frac{d\varphi}{dx}$为扭转角沿着轴线方向的变化率，对某一指定截面，$\frac{d\varphi}{dx}$为一常数。由式（b）可见，横截面上任一点的切应变 $\gamma_\rho$ 与该点到圆心的距离 $\rho$ 成正比。

2. 物理关系

在线弹性范围内，根据剪切胡克定律可知，横截面上任意一点处的切应力应与该点处的切应变成正比，即

$$\tau_\rho = G\gamma_\rho = G\rho\frac{d\varphi}{dx} \tag{3-7}$$

此式说明，横截面上任意一点处切应力 $\tau_\rho$ 的大小与该点到圆心的距离 $\rho$ 成正比，这就是圆轴扭转时横截面上切应力的变化规律。由于切应变发生在垂直于半径的平面内，故切应力同样与半径垂直，箭头方向顺着扭矩的转向。圆截面直径上各点切应力的大小和方向的变化规律如图 3-11 所示。

3. 静力学关系

上述切应力 $\tau_\rho$ 的表达式中，$\frac{d\varphi}{dx}$尚未确定，还不能计算出切应力的具体值。因此，还需要从静力学方面来进一步分析。

思政点睛

在横截面内，距圆心为 $\rho$ 处取一微元面积 $dA$，该微面积上的内力为 $\tau_\rho dA$，如图 3-12 所示。横截面上的扭矩可看作由无数微面积上的内力对圆心之矩构成的，即

$$T = \int_A \tau_\rho dA \cdot \rho \tag{c}$$

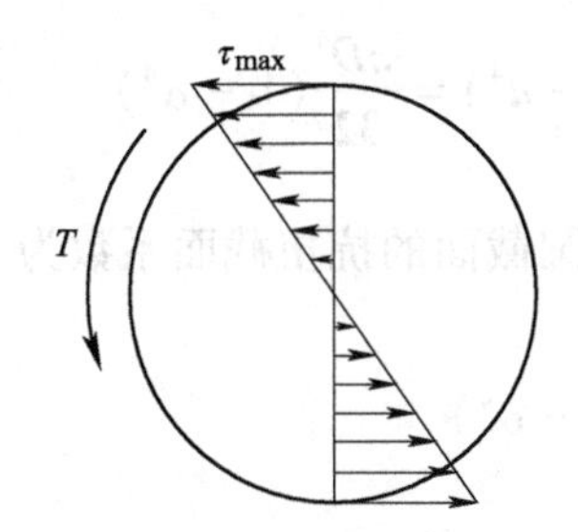

图 3-11 切应力的变化规律

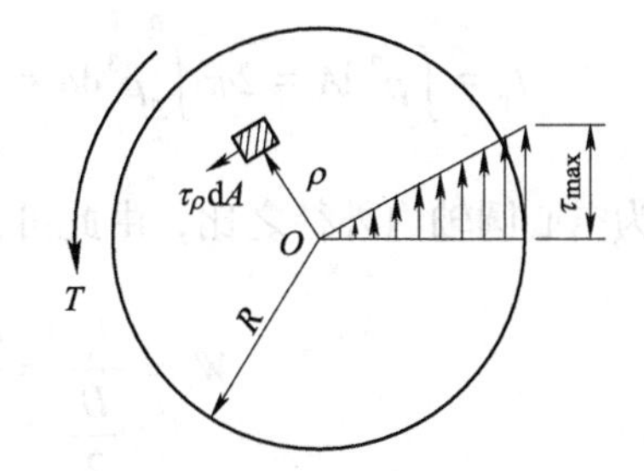

图 3-12 微面积 dA 上的内力

将式（3-7）代入式（c），并注意到对于给定的横截面，$\frac{d\varphi}{dx}$为一常数，于是

$$T = \int_A G\rho^2\frac{d\varphi}{dx}dA = G\frac{d\varphi}{dx}\int_A \rho^2 dA \tag{d}$$

在式（d）中，用 $I_p$ 表示 $\int_A \rho^2 dA$，称为截面对圆心的极惯性矩。量纲为长度的四次方，常用单位为 $cm^4$ 或 $mm^4$。则有

$$\frac{d\varphi}{dx} = \frac{T}{GI_p} \tag{e}$$

将式（e）代入式（3-7），即可得到圆轴扭转时横截面上任一点处切应力的计算公式

$$\tau_\rho = \frac{T\rho}{I_p} \tag{3-8}$$

由式（3-8）可见，最大切应力发生在横截面的外圆周上，即 $\rho=R$（半径）处，方向与圆的周边相切。有

$$\tau_{\max}=\frac{TR}{I_p}=\frac{T}{\frac{I_p}{R}}=\frac{T}{W_t} \tag{3-9}$$

式中，$W_t$称为抗扭截面系数，量纲为长度的三次方，常用单位为 $cm^3$ 或 $mm^3$。

### 3.4.2 极惯性矩和抗扭截面系数

对于图 3-13a 所示实心圆轴，可在圆截面上距圆心 $\rho$ 处取厚度为 $d\rho$ 的环形面积作为微面积 $dA$，于是 $dA=2\pi\rho d\rho$，从而可得实心圆截面的极惯性矩为

$$I_p=\int_A \rho^2 dA=2\pi\int_0^{\frac{D}{2}}\rho^3 d\rho=\frac{\pi D^4}{32} \tag{3-10}$$

这样，抗扭截面系数即为

$$W_t=\frac{I_p}{\frac{D}{2}}=\frac{\frac{\pi D^4}{32}}{\frac{D}{2}}=\frac{\pi D^3}{16} \tag{3-11}$$

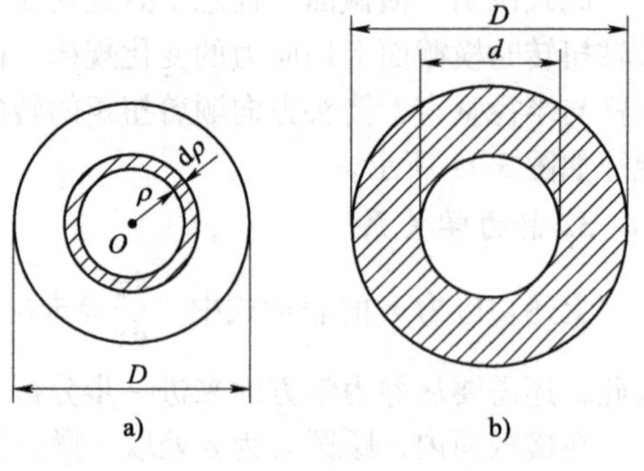

图 3-13 实心圆截面和空心圆截面

对于图 3-13b 所示空心圆轴，则有

$$I_p=\int_A \rho^2 dA=2\pi\int_{\frac{d}{2}}^{\frac{D}{2}}\rho^3 d\rho=\frac{\pi}{32}(D^4-d^4)=\frac{\pi D^4}{32}(1-\alpha^4) \tag{3-12}$$

式中，$\alpha=\dfrac{d}{D}$为空心圆轴内外径之比，由此可得空心圆截面的抗扭截面系数为

$$W_t=\frac{I_p}{\frac{D}{2}}=\frac{\pi D^3}{16}(1-\alpha^4) \tag{3-13}$$

### 3.4.3 圆轴扭转时的强度计算

为确保圆轴扭转时不破坏，工程上要求其最大切应力不超过材料的许用切应力［$\tau$］，对等截面轴，得强度条件为

$$\tau_{\max}=\frac{T_{\max}}{W_t}\leqslant[\tau] \tag{3-14}$$

式中，许用切应力［$\tau$］为材料的极限切应力除以大于 1 的安全因数所得的结果。对于变截面轴，例如阶梯轴、圆锥形轴等，$W_t$不是常量，$\tau_{\max}$不一定发生在扭矩为 $T_{\max}$ 的截面上，这时要综合考虑 $T$ 和 $W_t$，寻求 $\tau$ 的极值。

根据强度条件同样可以对轴进行三类问题的计算：校核强度、设计截面尺寸和确定许可载荷。

【例题 3-2】 汽车传动轴如图 3-14a 所示，外径 $D=90mm$，壁厚 $t=2.5mm$，材料为 45

钢。使用时的最大扭矩为 $T=1.5\text{kN}\cdot\text{m}$。如材料的$[\tau]=60\text{MPa}$，试校核轴的扭转强度。

解：(1) 计算抗扭截面系数

$$\alpha=\frac{d}{D}=\frac{90-2\times2.5}{90}=0.944$$

$$W_t=\frac{\pi D^3}{16}(1-\alpha^4)=\left[\frac{\pi\times90^3}{16}(1-0.944^4)\right]\text{mm}^3=29453\text{mm}^3$$

(2) 轴的扭转强度校核

$$\tau_{max}=\frac{T}{W_t}=\frac{1500\text{N}\cdot\text{m}}{29453\times10^{-9}\text{m}^3}=50.9\times10^6\text{N/m}^2=50.9\text{MPa}<[\tau]$$

所以传动轴满足强度条件。

【例题 3-3】 如把上例中的传动轴改为实心轴，如图 3-14b 所示，要求它与原来的空心轴强度相同。试确定其直径 $d$，并比较实心轴和空心轴的重量。

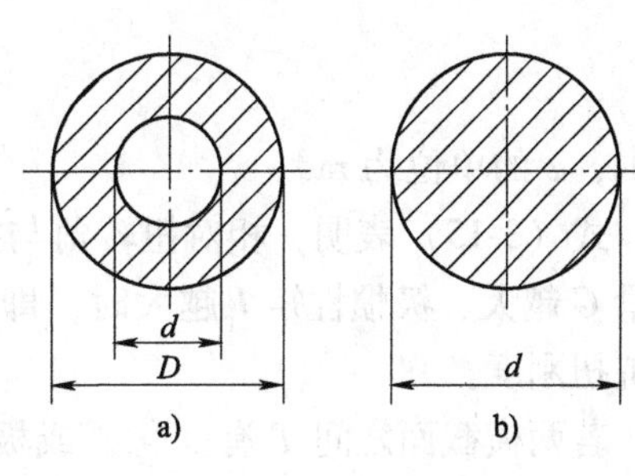


图 3-14 例题 3-3 图

解：因为要求与空心轴的强度相同，故实心轴的最大切应力也为 50.9MPa。即

$$\tau_{max}=\frac{T}{W_t}=\frac{1500\text{N}\cdot\text{m}}{\frac{\pi}{16}d^3}=50.9\times10^6\text{N/m}^2$$

$$d=\sqrt[3]{\frac{1500\times16}{\pi\times50.9\times10^6}}\text{m}=0.0532\text{m}$$

实心轴横截面面积为

$$A_1=\frac{\pi d^2}{4}=\frac{\pi\times0.0532^2}{4}\text{m}^2=22.22\times10^{-4}\text{m}^2$$

空心轴横截面面积为

$$A_2=\frac{\pi}{4}(D^2-d^2)=\frac{\pi}{4}(90^2-85^2)\times10^{-6}\text{m}^2=6.87\times10^{-4}\text{m}^2$$

在两轴长度相等，材料相同的情况下，两轴重量之比等于横截面面积之比。且

$$\frac{A_2}{A_1}=\frac{6.87}{22.22}=0.31$$

可见在载荷相同的条件下，空心轴的重量只为实心轴的 31%，其减轻重量节约材料是非常明显的。这因为横截面上的切应力沿半径按线性规律分布，圆心附近的应力很小，如图 3-11 所示，材料没有充分发挥作用。若把轴心附近的材料向边缘移置，使其成为空心轴，就会增大 $I_p$ 和 $W_t$，提高轴的强度。

## 3.5 圆轴扭转时的变形与刚度计算

视频讲解

### 3.5.1 圆轴扭转时的变形

圆轴扭转时的变形，可用相对扭转角来度量。由前面切应力的公式推导中可求出相距为

$dx$ 的两横截面间的相对扭转角为

$$d\varphi = \frac{T}{GI_p}dx \tag{a}$$

则相距 $l$ 的两横截面间的相对扭转角为

$$\varphi = \int_l d\varphi = \int_0^l \frac{T}{GI_p}dx \tag{b}$$

若两横截面之间的扭矩 $T$ 不变，轴为等直杆（$I_p$不变），且材料不变（$G$ 不变），则在长为 $l$ 的轴段内，$\frac{T}{GI_p}$为常量，式（b）可变为

$$\varphi = \frac{Tl}{GI_p} \tag{3-15}$$

式中，$\varphi$ 的单位为 rad。

式（3-15）表明，相对扭转角与扭矩 $T$、轴长 $l$ 成正比，与 $GI_p$成反比。当材料的切变模量 $G$ 越大、极惯性矩 $I_p$越大时，即圆轴的 $GI_p$越大，扭转变形就越小。所以 $GI_p$称为圆轴的抗扭刚度。

若两横截面之间 $T$ 有变化，或极惯性矩 $I_p$有变化，亦或材料不同（切变模量 $G$ 有变化），则应通过积分或分段计算出各段的相对扭转角，然后按代数值相加，即

$$\varphi = \sum_{i=1}^{n} \frac{T_i l_i}{G_i I_{pi}} \tag{c}$$

在其他条件相同的前提下，轴的长度越长，两端的相对扭转角将越大。因此，在工程中，对于受扭圆轴的刚度通常采用相对扭转角沿杆长度的变化率$\frac{d\varphi}{dx}$来度量，用 $\varphi'$ 表示，称为单位长度扭转角。即

$$\varphi' = \frac{d\varphi}{dx} = \frac{T}{GI_p} \tag{3-16}$$

### 3.5.2 圆轴扭转时的刚度计算

杆件扭转时，有时即使满足了强度条件也不一定就能保证正常工作。例如机器中的轴，如果变形过大就会影响机器的加工精度或在轴的转动中产生较大的振动。因此，必须对扭转变形加以限制。通常限制单位长度扭转角的最大值 $\varphi'_{max}$ 不超过某一允许值［$\varphi'$］，即应满足刚度条件

$$\varphi'_{max} = \frac{T_{max}}{GI_p} \leqslant [\varphi'] \tag{3-17}$$

式中，［$\varphi'$］称为许可单位长度扭转角，其单位为 rad/m。在工程实际中，［$\varphi'$］常用的单位是（°）/m。此时为了使 $\varphi'$的单位与［$\varphi'$］一致，故刚度条件又可写为

$$\varphi'_{max} = \frac{T_{max}}{GI_p} \times \frac{180°}{\pi} \leqslant [\varphi'] \tag{3-18}$$

其中，［$\varphi'$］的数值，可根据载荷的性质及轴的工作条件等因素来确定，在有关手册中可查到。

最后，讨论一下空心轴的问题。根据例题 3-3 的分析，把轴心附近的材料移向边缘，得到空心轴，它可在保持重量不变的条件下，得到较大的 $I_p$ 值，也即得到较大的刚度。因此，若保持 $I_p$ 不变，则空心轴比实心轴可少用材料，重量也就较轻。所以，飞机、轮船、汽车的某些轴常采用空心轴，以减轻重量。车床主轴采用空心轴既提高了强度和刚度，又便于加工长工件。当然，如果将直径较小的长轴加工成空心轴，则因工艺复杂，反而增加成本，并不合算。例如，车床的光杆一般就采用实心轴。此外，空心轴体积较大，在机器中要占用较大空间，而且如轴壁太薄，还会因扭转而不能保持稳定性。

【例题 3-4】 阶梯形圆轴直径分别为 $d_1 = 40\text{mm}$，$d_2 = 70\text{mm}$，轴上装有三个带轮，如图 3-15a 所示。已知由轮 3 输入的功率为 $P_3 = 30\text{kW}$，轮 1 输出的功率为 $P_1 = 13\text{kW}$，轴做匀速转动，转速 $n = 200\text{r/min}$，材料的许用切应力$[\tau] = 60\text{MPa}$，$G = 80\text{GPa}$，许用单位长度扭转角$[\varphi'] = 2(°)/\text{m}$。试校核轴的强度和刚度。

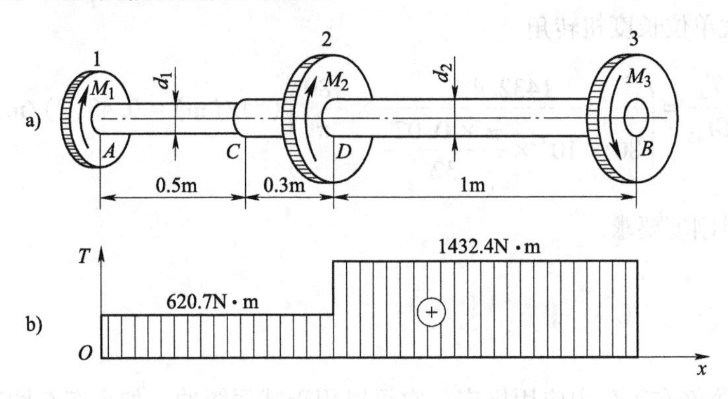


图 3-15 例题 3-4 图

解：（1）计算外力偶矩的大小

$$M_1 = 9549 \times \frac{P_1}{n} = \left(9549 \times \frac{13}{200}\right)\text{N}\cdot\text{m} = 620.7\text{N}\cdot\text{m}$$

$$M_2 = 9549 \times \frac{P_2}{n} = \left(9549 \times \frac{17}{200}\right)\text{N}\cdot\text{m} = 811.7\text{N}\cdot\text{m}$$

$$M_3 = 9549 \times \frac{P_3}{n} = \left(9549 \times \frac{30}{200}\right)\text{N}\cdot\text{m} = 1432.4\text{N}\cdot\text{m}$$

轴上各段的扭矩大小为

$$AC、CD\text{段}: T_1 = 620.7\text{N}\cdot\text{m}, DB\text{段}: T_2 = 1432.4\text{N}\cdot\text{m}$$

作阶梯轴的扭矩图，如图 3-15b 所示。

（2）强度校核

$AC$ 段的最大切应力

$$\tau_{AC\max} = \frac{T_1}{W_{t1}} = \frac{620.7}{\frac{\pi}{16} \times 0.04^3}\text{Pa} = 49.4\text{MPa} < [\tau] = 60\text{MPa}$$

所以，$AC$ 段满足强度要求。$CD$ 段的扭矩与 $AC$ 段的相同，但其直径比 $AC$ 段的大，所以 $CD$ 段也满足强度要求。

*DB* 段的最大切应力

$$\tau_{DB\max}=\frac{T_2}{W_{t2}}=\frac{1432.4}{\frac{\pi}{16}\times 0.07^3}\text{Pa}=21.3\text{MPa}<[\tau]=60\text{MPa}$$

所以，*DB* 段满足强度要求。

（3）刚度校核

*AC* 段的最大单位长度扭转角

$$\varphi'_{AC\max}=\frac{T_1}{GI_{p1}}\left(\frac{620.7}{80\times10^9\times\frac{\pi\times0.04^4}{32}}\times\frac{180}{\pi}\right)(°)/\text{m}=1.77(°)/\text{m}<[\varphi']$$

所以，*AC* 段满足刚度要求。

*DB* 段的最大单位长度扭转角

$$\varphi'_{DB\max}=\frac{T_2}{GI_{p2}}=\left(\frac{1432.4}{80\times10^9\times\frac{\pi\times0.07^4}{32}}\times\frac{180}{\pi}\right)(°)/(\text{m})=0.43(°)/\text{m}<[\varphi']$$

所以，*DB* 段满足刚度要求。

## 3.6 圆柱形密圈螺旋弹簧的应力和变形

视频讲解

圆柱形螺旋弹簧在工程中应用极广。它可以用于减振缓冲，如火车车厢底部轮轴上的支承弹簧；又可用于控制机械运动，如凸轮机构中的压紧弹簧、内燃机中的气阀弹簧等；也可用以测量力的大小，如弹簧秤中的弹簧。

螺旋弹簧簧丝的轴线是一条空间螺旋线，如图 3-16a 所示，其应力和变形的精确分析比较复杂。但当螺旋角 $\alpha$ 很小时，例如 $\alpha<5°$，便可省略 $\alpha$ 的影响，近似地认为，簧丝的横截面与弹簧轴线（即与力 $F$）在同一平面内。一般将这种弹簧称为密圈螺旋弹簧。此外，当簧丝的直径 $d$ 远小于弹簧圈的平均直径 $D$ 时，还可以略去簧丝曲率的影响，近似地按等直轴的公式计算。

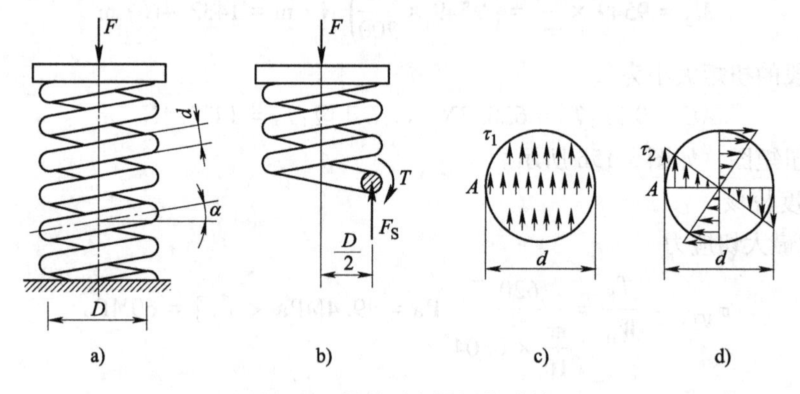


图 3-16 圆柱形密圈螺旋弹簧

### 3.6.1 弹簧丝横截面上的应力

设沿弹簧轴线作用压力 $F$，以簧丝的任意横截面假想地将弹簧分成两部分，并取出上面部分作为研究对象如图 3-16 所示。前面曾指出，在密圈情况下，可以认为压力 $F$ 与簧丝横截面在同一平面内。为保持取出部分的平衡，要求横截面上有一个与截面相切的内力系。这个内力系简化为一个通过截面形心的力 $F_S$和一个矩为 $T$ 的力偶。根据平衡方程，有

$$F_S = F, \quad T = \frac{FD}{2} \tag{a}$$

式中，$F_S$为簧丝横截面上的剪力；$T$ 为横截面上的扭矩。

与剪力 $F_S$对应的切应力 $\tau_1$，按实用计算方法，可认为均匀分布于簧丝横截面上，如图 3-16c 所示，即

$$\tau_1 = \frac{F_S}{A} = \frac{4F}{\pi d^2} \tag{b}$$

与扭矩 $T$ 对应的切应力 $\tau_2$，认为与等直圆轴扭转时横截面上切应力的分布状况相同，如图 3-16d 所示，其最大值为

$$\tau_{2\max} = \frac{T}{W_t} = \frac{8FD}{\pi d^3} \tag{c}$$

簧丝横截面上任意点的总应力，应是剪切和扭转两种切应力的矢量和。在靠近轴线的内侧点 $A$ 处，总应力达到最大值，且

$$\tau_{\max} = \tau_1 + \tau_{2\max} = \frac{4F}{\pi d^2} + \frac{8FD}{\pi d^3} = \frac{8FD}{\pi d^3}\left(\frac{d}{2D} + 1\right) \tag{d}$$

式中括号内的第一项代表剪力的影响，当$\dfrac{D}{d}\geqslant 10$ 时，$\dfrac{d}{2D}$与 1 相比不超过 5%，对工程计算可以省略不计，即只需考虑扭转变形的影响。这样，式（d）化为

$$\tau_{\max} = \frac{8FD}{\pi d^3} \tag{3-19}$$

显然式（3-19）是一个近似计算公式，一方面它忽略了剪力引起的切应力；另一方面把直杆的切应力计算公式应用于弹簧这种曲杆，也会造成误差，且 $D/d$ 值越小误差越大。为了将式（3-19）应用于 $D/d$ 较小的情况，工程上对该式进行了修正：

$$\tau_{\max} = k \cdot \frac{8FD}{\pi d^3} \tag{3-20}$$

其中，

$$k = \frac{4c - 1}{4c - 4} + \frac{0.615}{c} \tag{e}$$

式中，$c=D/d$，称为弹簧指数。$k$ 为对近似式的一个修正因数，称为曲度因数。表 3-1 中的

表 3-1 螺旋弹簧的曲度因数 $k$

| $c$ | 4 | 4.5 | 5 | 5.5 | 6 | 6.5 | 7 | 7.5 | 8 | 8.5 | 9 | 9.5 | 10 | 12 | 14 |
|---|---|---|---|---|---|---|---|---|---|---|---|---|---|---|---|
| $k$ | 1.40 | 1.35 | 1.31 | 1.28 | 1.25 | 1.23 | 1.21 | 1.20 | 1.18 | 1.17 | 1.16 | 1.15 | 1.14 | 1.12 | 1.10 |

$k$ 值就是根据式（e）计算出来的，从表中数值看出，$c$ 越小则 $k$ 越大。当 $c=4$ 时，$k=1.40$，这表明，此时如仍按近似式（3-19）计算应力，其误差将高达40%。

如果弹簧丝的最大工作应力小于材料的许用切应力 $[\tau]$，弹簧就不会破坏，即强度条件为

$$\tau_{\max} = k \cdot \frac{8FD}{\pi d^3} \leqslant [\tau] \tag{f}$$

### 3.6.2 弹簧的变形

弹簧在轴向压力（或拉力）作用下，轴线方向的总缩短（或伸长）量 $\lambda$，就是弹簧的变形如图3-17a所示。在弹性范围内，试验表明，压力 $F$ 与变形 $\lambda$ 成正比，即 $F$ 与 $\lambda$ 的关系是一条斜直线，如图3-17b所示。当外力从零开始缓慢平稳地增加到最终值时，它做的功等于斜直线下的阴影面积，即

$$W = \frac{1}{2}F\lambda \tag{g}$$

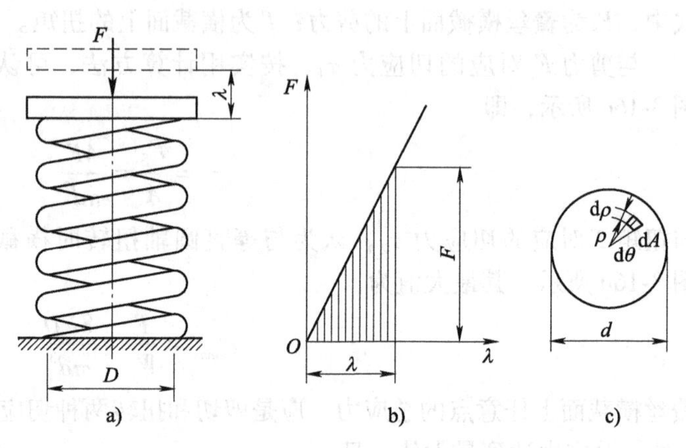


图3-17 螺旋弹簧受轴向压力与变形的关系

现在计算储存于弹簧内的应变能，在图3-17c所示簧丝横截面上，距圆心为 $\rho$ 的任意点的扭转切应力为

$$\tau_\rho = \frac{T\rho}{I_p} = \frac{\frac{1}{2}FD\rho}{\frac{\pi d^4}{32}} = \frac{16FD\rho}{\pi d^4}$$

根据式（3-6），单位体积的应变能是

$$v_\varepsilon = \frac{\tau_\rho^2}{2G} = \frac{128F^2D^2\rho^2}{G\pi^2 d^8} \tag{h}$$

弹簧的应变能为

$$V_\varepsilon = \int_V v_\varepsilon \mathrm{d}V \tag{i}$$

式中，$V$ 为弹簧的体积。若以 $\mathrm{d}A$ 表示簧丝横截面的微分面积，$\mathrm{d}s$ 表示沿簧丝轴线的微分长度，则 $\mathrm{d}V=\mathrm{d}A\cdot\mathrm{d}s=\rho\mathrm{d}\theta\mathrm{d}\rho\mathrm{d}s$。积分式（i）时，首先遍及簧丝的横截面，$\theta$ 由0到 $2\pi$，$\rho$ 由0到 $d/2$；其次遍及弹簧的长度，$s$ 由0到 $l$。若弹簧的有效圈数（即扣除两端与簧座接触部分后的圈数）为 $n$，则 $l=n\pi D$。将式（h）代入式（i），按上述方式完成积分，得

$$V_\varepsilon = \int_V v_\varepsilon \mathrm{d}V = \frac{128F^2D^2\rho^2}{G\pi^2 d^8}\int_0^{2\pi}\int_0^{d/2}\rho^3\mathrm{d}\theta\mathrm{d}\rho\int_0^{n\pi D}\mathrm{d}s = \frac{4F^2D^3n}{Gd^4} \tag{j}$$

外力完成的功应等于储存在弹簧内的应变能，即 $W=V_\varepsilon$，于是

$$\frac{1}{2}F\lambda = \frac{4F^2D^3n}{Gd^4}$$

由此得到

$$\lambda = \frac{8FD^3n}{Gd^4} = \frac{64FR^3n}{Gd^4} \tag{3-21}$$

式中，$R=D/2$ 是弹簧圈的平均半径。

引用记号

$$C = \frac{Gd^4}{8D^3n} = \frac{Gd^4}{64R^3n} \tag{3-22}$$

则式（3-22）可以写成

$$\lambda = \frac{F}{C} \tag{3-23}$$

$C$ 越大则 $\lambda$ 越小，所以 $C$ 代表弹簧抵抗变形的能力，称为弹簧刚度。

从式（3-21）看出，$\lambda$ 与 $d^4$ 成反比，如希望弹簧有较好的减振和缓冲作用，即要求它有较大变形和比较柔软时，应使簧丝直径 $d$ 尽可能小一些。于是相应的 $\tau_{max}$ 的数值也就增高，这就要求弹簧材料有较高的［$\tau$］。此外，根据式（3-21），增加圈数 $n$ 和加大平均直径 $D$，都可以取得增加 $\lambda$ 的效果。

【例题 3-5】 某柴油机的气阀弹簧，簧圈平均半径 $R=59.5\text{mm}$，簧丝直径 $d=14\text{mm}$，有效圈数 $n=5$。材料的$[\tau]=350\text{MPa}$，$G=80\text{GPa}$。弹簧工作时总压缩变形（包括预压变形）为 $l=55\text{mm}$。试校核弹簧的强度。

解：求出弹簧所受的压力 $F$ 为

$$F = \frac{\lambda Gd^4}{64R^3n} = \frac{(55\times10^{-3})(80\times10^9)(14\times10^{-3})^4}{64(59.5\times10^{-3})^3\times5}\text{N} = 2508\text{N}$$

由 $R$ 及 $d$ 求出

$$c = \frac{D}{d} = \frac{2R}{d} = \frac{2\times(59.5\times10^{-3})}{14\times10^{-3}} = 8.5$$

查表 3-1 得弹簧的曲度系数 $k=1.17$，于是有

$$\tau_{max} = k\frac{8FD}{\pi d^3} = \left[1.17\times\frac{8\times2508\times59.5\times10^{-3}\times2}{\pi(14\times10^{-3})^3}\right]\text{Pa} = 324.2\times10^6\text{Pa}$$

$$= 324.2\text{MPa} < [\tau]$$

弹簧满足强度要求。

视频讲解

## 3.7 非圆截面杆件扭转的概述

以前各节详细讨论了等直圆杆的扭转。但有些受扭杆件的横截面并非圆形，例如农业机械中有时采用方轴作为传动轴，又如曲轴的曲柄承受扭转，而其横截面是矩形的。

取一横截面为矩形的杆，在其侧面上画上纵向线和横向周界线如图 3-18a 所示，扭转变形后发现横向周界线已变为空间曲线，如图 3-18b 所示。这表明变形后杆的横截面已不再保持为平面，而是变为曲面，这种现象称为翘曲。所以，平面假设对非圆截面杆件的扭转已不

再适用。

非圆截面杆件的扭转可分为自由扭转和约束扭转。等直杆两端受扭转力偶作用且翘曲不受任何限制时，属于自由扭转。这种情况下杆件各横截面的翘曲程度相同，纵向线段的长度无变化，故横截面上没有正应力而只有切应力。图 3-19a 所示为工字钢的自由扭转。若由于约束条件或受力条件的限制，造成杆件各横截面的翘曲程度不同，这势必引起相邻两截面间纵向线段的长度改变。于是横截面上除切应力外还有正应力。这种情况称为约束扭转。图 3-19b 所示为工字钢约束扭转。像工字钢、槽钢等薄壁杆件约束扭转时横截面上的正应力往往是相当大的。但一些实体杆件，如果截面为矩形或椭圆形，因约束扭转而引起的正应力很小，与自由扭转并无太大差别。

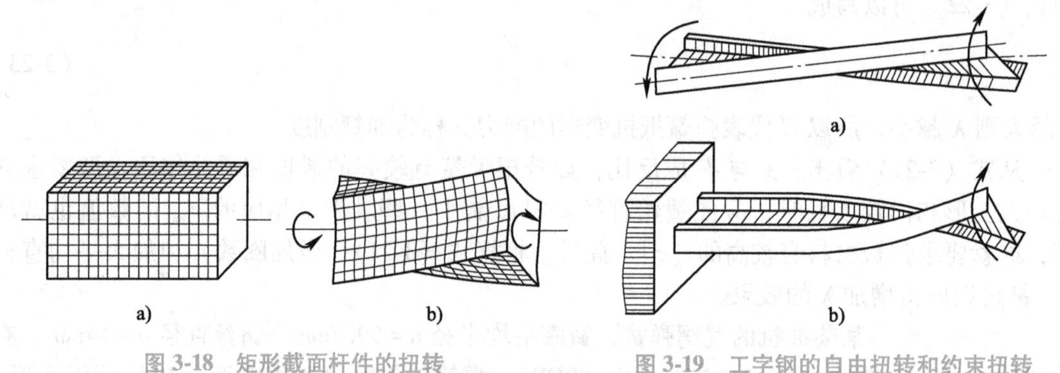


图 3-18 矩形截面杆件的扭转　　图 3-19 工字钢的自由扭转和约束扭转

可以证明，杆件扭转时，横截面上边缘各点的切应力都与截面边界相切。因为，边缘各点的切应力如不与边界相切，总可分解为边界切线方向的分量 $\tau_t$ 和法线方向的分量 $\tau_n$，如图 3-20 所示。根据切应力互等定理，$\tau_n$ 应与杆件自由表面上的切应力 $\tau_n'$ 相等。但在自由表面上不可能有切应力 $\tau_n'$，即切应力 $\tau_n'=\tau_n=0$。这样，在边缘各点上，就只可能存在沿边界切线方向的切应力 $\tau_t$。在横截面的凸角处如图 3-21 所示，如果有切应力，当然可以把它分解成分别沿 $ab$ 边和 $ac$ 边法线的分量 $\tau_1$ 和 $\tau_2$，但根据上面的证明，$\tau_1$ 和 $\tau_2$ 皆应等于零，故截面凸角处的切应力等于零。

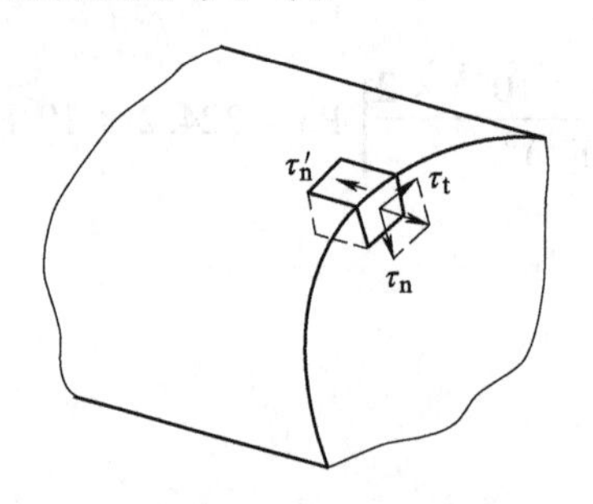


图 3-20 横截面边缘点的切应力分布

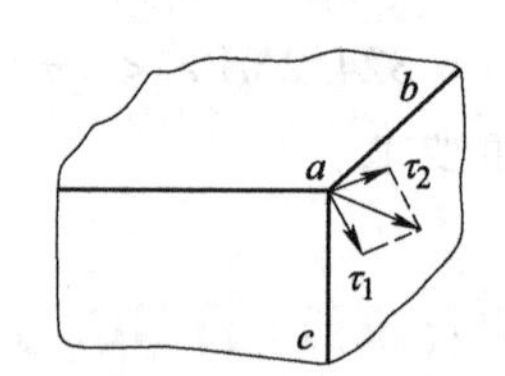


图 3-21 横截面凸角处的切应力

非圆截面杆件的扭转，一般在弹性力学中讨论。这里我们不加推导地直接引用弹性力学的一些结论，并只限于矩形截面等直杆自由扭转的情况。这时，横截面上切应力分布略如图 3-22 所示。边缘各点的切应力与边界相切、并顺着某个流向。四个角点上切应力等于零。最大切应力发生在矩形长边的中点上，且按下式计算：

$$\tau_{\max} = \frac{T}{\alpha h b^2} \tag{3-24}$$

式中，$\alpha$ 和以下两式中先后出现的 $\nu$、$\beta$ 都是与截面边长比值 $h/b$ 有关的因数，其数值均已列入表 3-2 中。短边中点的切应力 $\tau_1$ 是短边上的最大切应力，并按以下公式计算：

$$\tau_1 = \nu \tau_{\max} \tag{3-25}$$

式中，$\tau_{\max}$是长边中点的最大切应力。杆件两端相对扭转角 $\varphi$ 的计算公式是

$$\varphi = \frac{Tl}{G\beta h b^3} = \frac{Tl}{GI_t} \tag{3-26}$$

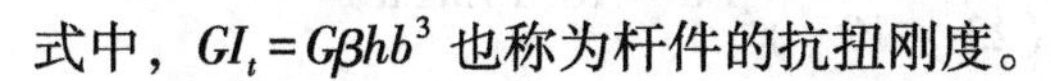
式中，$GI_t = G\beta h b^3$ 也称为杆件的抗扭刚度。

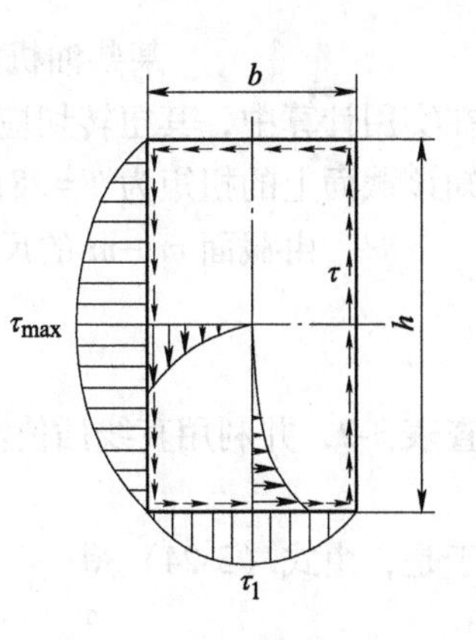


图 3-22　矩形截面切应力分布

表 3-2　矩形截面杆扭转时的因数 $\alpha$、$\beta$ 和 $\nu$

| $h/b$ | 1.0 | 1.2 | 1.5 | 2.0 | 2.5 | 3.0 | 4.0 | 6.0 | 8.0 | 10.0 | ∞ |
|---|---|---|---|---|---|---|---|---|---|---|---|
| $\alpha$ | 0.208 | 0.219 | 0.231 | 0.246 | 0.256 | 0.267 | 0.282 | 0.299 | 0.307 | 0.313 | 0.333 |
| $\beta$ | 0.141 | 0.166 | 0.196 | 0.229 | 0.249 | 0.263 | 0.281 | 0.299 | 0.307 | 0.313 | 0.333 |
| $\nu$ | 1.000 | 0.930 | 0.858 | 0.796 | 0.767 | 0.753 | 0.745 | 0.743 | 0.743 | 0.743 | 0.743 |

当$\dfrac{h}{b}$>10 时，截面成为狭长矩形。这时 $\alpha=\beta \approx \dfrac{1}{3}$。如以 $\delta$ 表示狭长矩形的短边的长度，则式（3-24）和式（3-26）化为

$$\left.\begin{aligned} \tau_{\max} &= \frac{T}{\frac{1}{3} h \delta^2} \\ \varphi &= \frac{Tl}{G \cdot \frac{1}{3} h \delta^3} \end{aligned}\right\} \tag{3-27}$$

在狭长矩形截面上，扭转切应力的变化规律略如图 3-23 所示。虽然最大切应力在长边的中点，但沿长边各点的切应力实际上变化不大，接近相等，在靠近短边处才迅速减小为零。

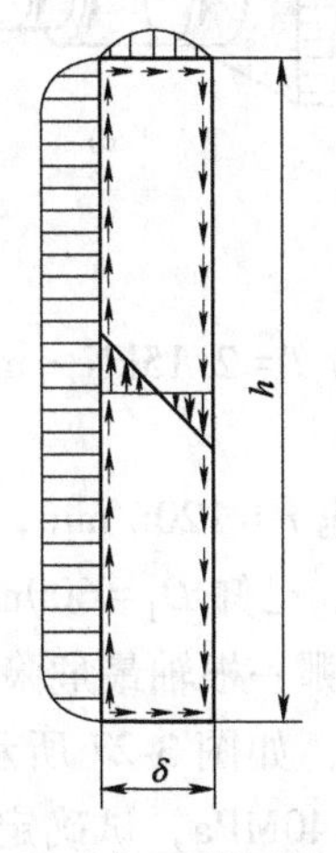


图 3-23　狭长矩形截面切应力分布

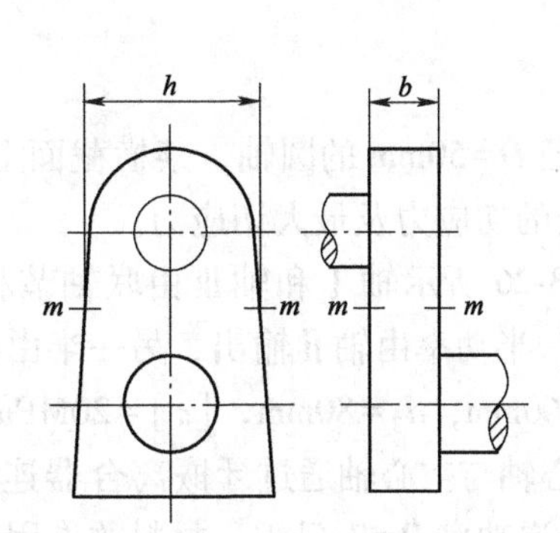


图 3-24　曲柄横截面

【例题 3-6】 某柴油机曲轴的曲柄中，横截面 $m—m$ 可以认为是矩形，如图 3-24 所示。在实用计算中，其扭转切应力近似地按矩形截面杆受扭计算。若 $b=23\text{mm}$，$h=102\text{mm}$，已知该截面上的扭矩为 $T=281\text{N}\cdot\text{m}$，试求该截面上的最大切应力。

解：由截面 $m—m$ 的尺寸求得

$$\frac{h}{b}=4.64$$

查表 3-2，并利用直线插值法，求出

$$\alpha=0.287$$

于是，由式（3-24）得

$$\tau_{\max}=\frac{T}{\alpha hb^2}=\frac{281}{0.287\times102\times10^{-3}\times(23\times10^{-3})^2}\text{Pa}=18.15\text{MPa}$$

## 本章小结

本章首先介绍了等直圆杆扭转时横截面上的内力——扭矩，以及扭矩图的绘制，其次，在分析薄壁圆筒扭转的切应力基础上，介绍了切应力互等定理和剪切胡克定律，从变形几何关系、物理关系和静力学关系三个方面推导出了圆轴扭转时切应力的计算公式和强度条件，最后，介绍了圆轴扭转时的变形——相对扭转角及其刚度计算。扭矩图是判断圆轴扭转时危险截面的重要依据，应熟练掌握；明确圆轴扭转时横截面上切应力的分布规律和扭转角、单位长度扭转角的概念；牢固掌握受扭圆轴横截面上的切应力及变形的计算公式；熟练掌握圆轴扭转时的强度、刚度条件及其应用。

## 习题

3-1 作图 3-25 所示各杆的扭矩图。图 3-25c 中，各外加扭转力偶之矩从左至右依次为 $15\text{kN}\cdot\text{m}$、$20\text{kN}\cdot\text{m}$、$10\text{kN}\cdot\text{m}$、$35\text{kN}\cdot\text{m}$。

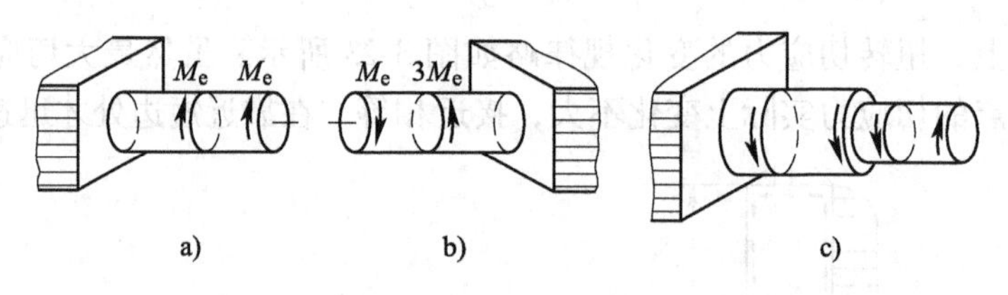


图 3-25 习题 3-1 图

3-2 直径 $D=50\text{mm}$ 的圆轴，某横截面上的扭矩为 $T=2.15\text{kN}\cdot\text{m}$。试求该横截面上距轴心 20mm 处的切应力及最大切应力。

3-3 图 3-26 所示轴Ⅰ和轴Ⅲ由联轴节相连，转速 $n=120\text{r/min}$，由轮 $B$ 输入功率 $P=40\text{kW}$，其中一半功率由轴Ⅱ输出，另一半由轴Ⅲ输出。已知 $D_1=600\text{mm}$，$D_2=240\text{mm}$，$d_1=100\text{mm}$，$d_2=60\text{mm}$，$d_3=80\text{mm}$，$[\tau]=20\text{MPa}$，试判断哪一根轴最危险。

3-4 实心轴与空心轴通过牙嵌离合器连接在一起，如图 3-27 所示。已知轴的转速 $n=100\text{r/min}$，传递功率 $P=7.5\text{kW}$，材料的许用应力 $[\tau]=40\text{MPa}$，试确定实心轴直径 $D_0$ 和内外径比值 $d/D=0.5$ 的空心轴外径 $D$。

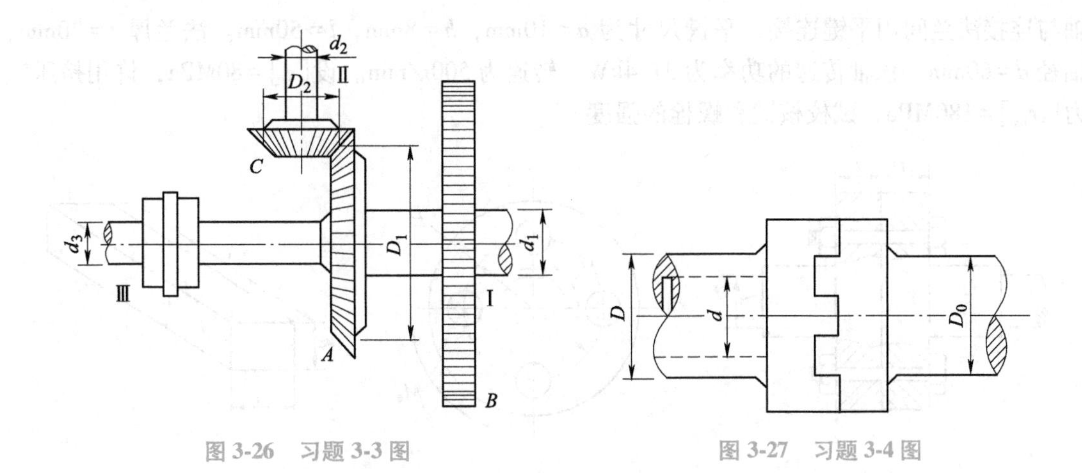


图 3-26　习题 3-3 图　　　　图 3-27　习题 3-4 图

3-5　图 3-28 所示阶梯形圆杆，$AE$ 段为空心，外径 $D=140\mathrm{mm}$，内径 $d=100\mathrm{mm}$；$BC$ 段为实心，直径 $d=100\mathrm{mm}$。外力偶矩 $M_A=18\mathrm{kN\cdot m}$，$M_B=32\mathrm{kN\cdot m}$，$M_C=14\mathrm{kN\cdot m}$。已知：$[\tau]=80\mathrm{MPa}$，许可单位长度扭转角 $[\varphi']=1.2\ (°)/\mathrm{m}$，$G=80\mathrm{GPa}$。试校核该轴的强度和刚度。

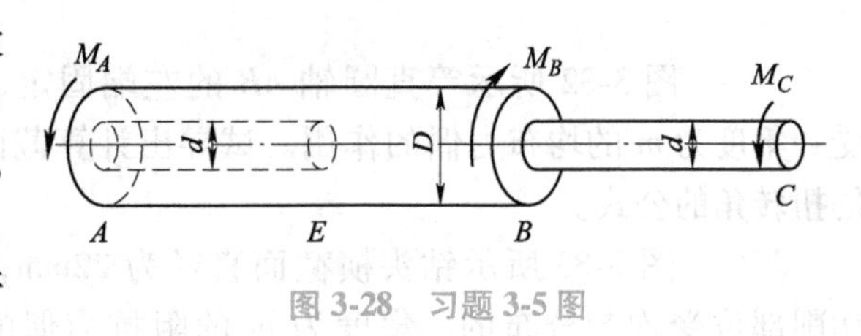


图 3-28　习题 3-5 图

3-6　一钢轴的转速 $n=240\mathrm{r/min}$，传递功率 $P=44.1\mathrm{kW}$。已知 $[\tau]=40\mathrm{MPa}$，许可单位长度扭转角 $[\varphi']=1\ (°)/\mathrm{m}$，$G=80\mathrm{GPa}$，试按强度和刚度条件确定轴的直径。

3-7　图 3-29 所示手摇绞车驱动轴 $AB$ 的直径 $d=30\mathrm{mm}$，由两人摇动。每人加在手柄上的力 $F=250\mathrm{N}$，若轴的许用切应力 $[\tau]=40\mathrm{MPa}$，试校核轴 $AB$ 的强度。

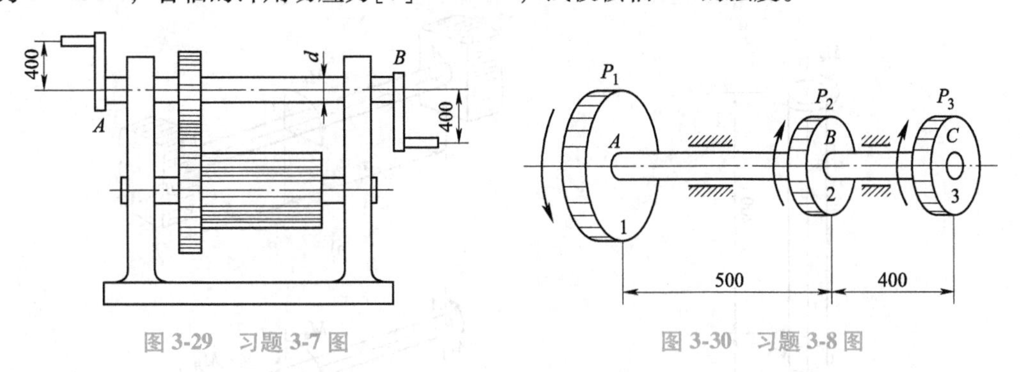


图 3-29　习题 3-7 图　　　　图 3-30　习题 3-8 图

3-8　图 3-30 所示传动轴的转速为 $n=500\mathrm{r/min}$，主动轮 1 输入功率 $P_1=368\mathrm{kW}$，从动轮 2 和 3 分别输出功率 $P_2=147\mathrm{kW}$，$P_3=221\mathrm{kW}$。已知 $[\tau]=70\mathrm{MPa}$，$[\varphi']=1\,(°)/\mathrm{m}$，$G=80\mathrm{GPa}$。

（1）试确定轴 $AB$ 段的直径 $d_1$ 和 $BC$ 段的直径 $d_2$。

（2）若 $AB$ 和 $BC$ 两段选用同一直径，试确定直径 $d$。

（3）主动轮和从动轮的位置如果可任意改变，应如何安排才比较合理？

3-9　联轴节如图 3-31 所示。4 个直径 $d=10\mathrm{mm}$ 的螺栓布置在直径 $D=120\mathrm{mm}$ 的圆周上。

轴与连接法兰间用平键连接，平键尺寸为 $a=10\text{mm}$，$h=8\text{mm}$，$l=50\text{mm}$。法兰厚 $t=20\text{mm}$，轴径 $d=60\text{mm}$，该轴传递的功率为 31.4kW，转速为 500r/min。设$[\tau]=80\text{MPa}$，许用挤压应力$[\sigma_{bs}]=180\text{MPa}$，试校核键和螺栓的强度。

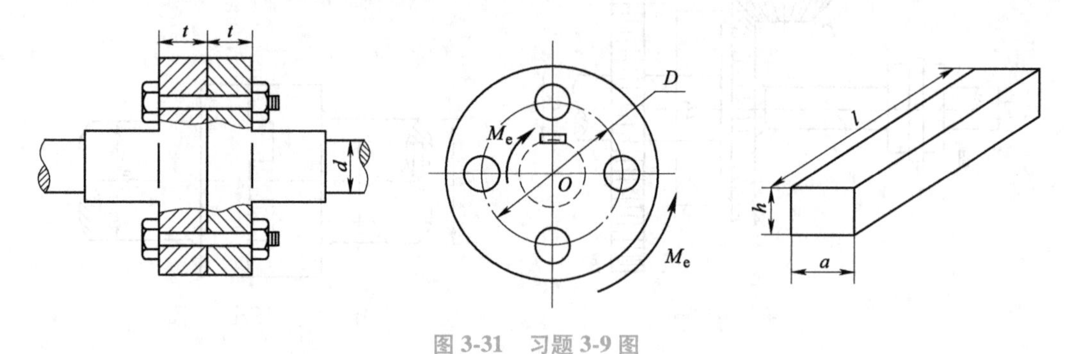


图 3-31　习题 3-9 图

3-10　图 3-32 所示等直圆轴 $AB$ 的左端固定，承受一集度为 $m$ 的均布力偶的作用。试导出计算截面 $B$ 的扭转角的公式。

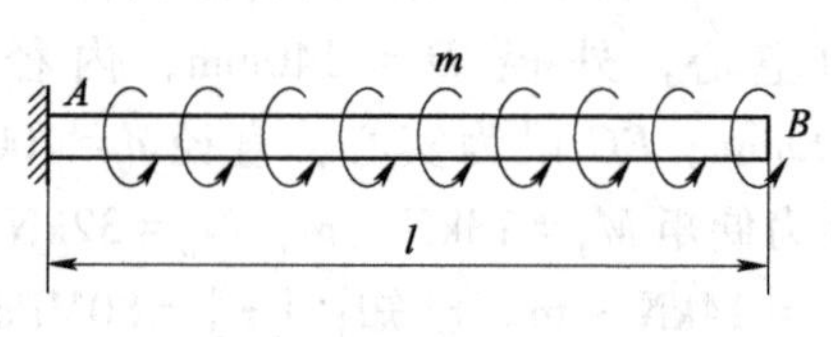


图 3-32　习题 3-10 图

3-11　图 3-33 所示钻头横截面直径为 22mm，在切削部位受均匀分布的、集度为 $m$ 的阻抗力偶的作用，许用切应力为$[\tau]=70\text{MPa}$。

（1）试求许可扭转力偶矩 $M_e$。

（2）若 $G=80\text{GPa}$，求上端对下端的相对扭转角。

3-12　图 3-34a 所示两端固定的圆轴 $AB$，在截面 $C$ 上受矩为 $M_e$的扭转力偶的作用。试求两固定端的约束力偶之矩 $M_A$和 $M_B$。

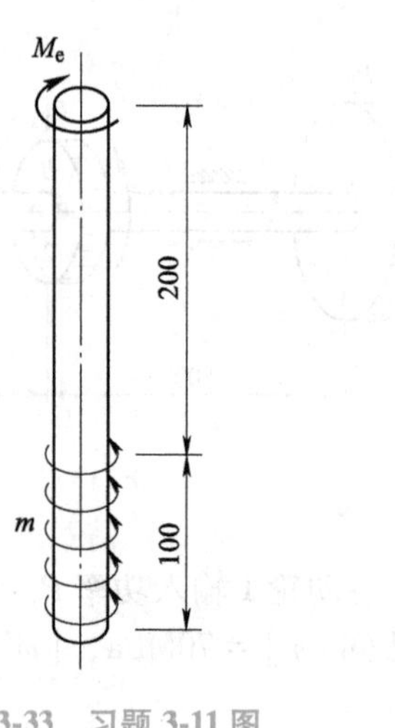

图 3-33　习题 3-11 图

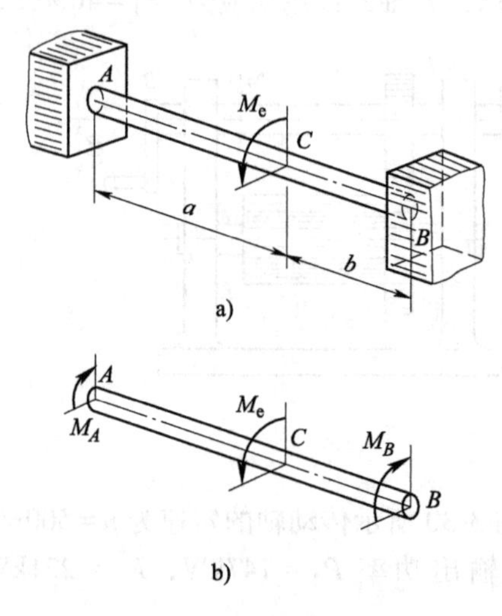


图 3-34　习题 3-12 图

提示：轴的受力图如图 3-34b 所示。若以 $\varphi_{AC}$表示截面 $C$ 对 $A$ 端的转角，$\varphi_{CB}$表示 $B$ 端对截面 $C$ 的转角，则 $B$ 对 $A$ 端的转角 $\varphi_{AB}$应是 $\varphi_{AC}$和 $\varphi_{CB}$的代数和。但因 $B$、$A$ 两端皆为固定端，故 $\varphi_{AB}$应等于零。于是得变形协调方程

$$\varphi_{AC}-\varphi_{CB}=0$$

3-13　圆柱形密圈螺旋弹簧，簧丝直径 $d=18\text{mm}$，弹簧圈平均直径 $D=125\text{mm}$，材料的 $G=80\text{GPa}$。如弹簧所受拉力 $F=530\text{N}$，试求：

（1）簧丝的最大切应力；

（2）要有几圈弹簧，才能使它的伸长量等于6mm?

3-14　油泵分油阀门的弹簧丝直径为2.25mm，簧圈外径18mm，有效圈数 $n=8$，轴向压力 $F=94\text{N}$，弹簧材料的 $G=80\text{GPa}$。试求弹簧丝的最大切应力及弹簧的变形 $\lambda$ 值。

## 测试题

3-1　如图3-35所示，两受扭直杆的横截面分别为正五（或 $n$）边形及带键槽的图形，试问各截面 $A$ 点有无切应力，为什么?

3-2　如图3-36所示，截面为圆环形的闭口和开口薄壁杆，两杆具有相同的平均半径 $r$ 和壁厚 $\delta$，试画出截面上切应力的分布图。

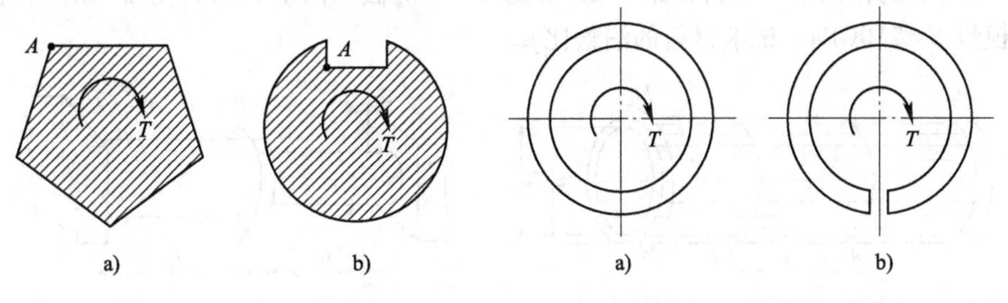


图3-35　测试题3-1图　　　图3-36　测试题3-2图

3-3　图3-37所示阶梯轴，$AB$、$BC$ 两段材料相同，直径不等。设 $AB$ 段、$BC$ 段横截面上的最大切应力分别为 $\tau_{AB}$、$\tau_{BC}$，单位长度扭转角分别为 $\varphi'_{AB}$、$\varphi'_{BC}$，则该轴的强度条件 $\tau_{max}\leqslant[\tau]$ 和刚度条件 $\varphi'_{max}\leqslant[\varphi']$ 中的 $\tau_{max}$ 和 $\varphi'_{max}$ 分别为（　　）。

A. $\tau_{max}=\tau_{AB}$，$\varphi'_{max}=\varphi'_{AB}$　　B. $\tau_{max}=\tau_{AB}$，$\varphi'_{max}=\varphi'_{BC}$

C. $\tau_{max}=\tau_{BC}$，$\varphi'_{max}=\varphi'_{AB}$　　D. $\tau_{max}=\tau_{BC}$，$\varphi'_{max}=\varphi'_{BC}$

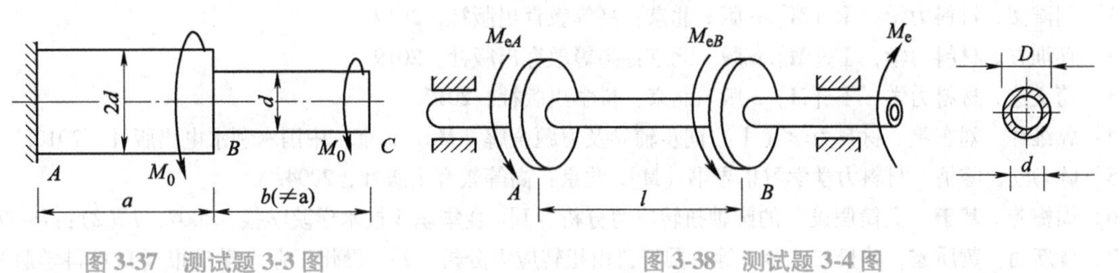


图3-37　测试题3-3图　　　图3-38　测试题3-4图

3-4　如图3-38所示空心圆轴，已知 $M_e=6\text{kN}\cdot\text{m}$，$M_{eA}=4\text{kN}\cdot\text{m}$，许用切应力 $[\tau]=90\text{MPa}$，切变模量 $G=80\text{GPa}$，$d=0.6D$。试：（1）用强度条件设计轴的直径；（2）若 $A$、$B$ 两轮间的相对转角为 $\varphi_{AB}=0.6°$，求 $A$、$B$ 两轮间的距离 $l$。

3-5　图3-39所示受扭转的阶梯圆轴，已知外力偶矩 $M_{e1}=2.4\text{kN}\cdot\text{m}$，$M_{e2}=1.2\text{kN}\cdot\text{m}$，材料的许用切应力 $[\tau]=100\text{MPa}$，切变模量 $G=80\text{GPa}$，允许单位长度扭转角 $[\varphi']=1.5(°)/$

m。试校核该圆轴的强度和刚度。

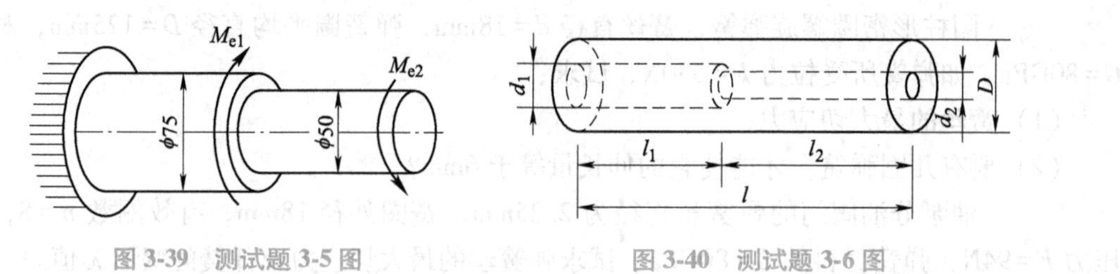


图 3-39 测试题 3-5 图　　图 3-40 测试题 3-6 图

3-6 图 3-40 所示传动轴长 $l=510$mm，直径 $D=50$mm，现将轴的一段钻空为内径 $d_1=38$mm 的内孔，另一段钻空为 $d_2=25$mm 的内孔，许用切应力 $[\tau]=80$MPa。试求：(1) 轴所能承受的外力偶矩 $M_e$ 的许可值；(2) 如要求两段轴长度内的扭转角相等，$l_1$ 和 $l_2$ 应满足什么关系？

3-7 如图 3-41 所示，一外径 $D=50$mm，内径 $d=30$mm 的空心钢轴，在扭转力偶矩 $M_e=1.6$kN·m 的作用下，测得相距为 20cm 的 $A$、$B$ 两截面间的相对转角 $\varphi=0.4°$，已知钢的弹性模量 $E=210$GPa。试求材料的泊松比 $\mu$。

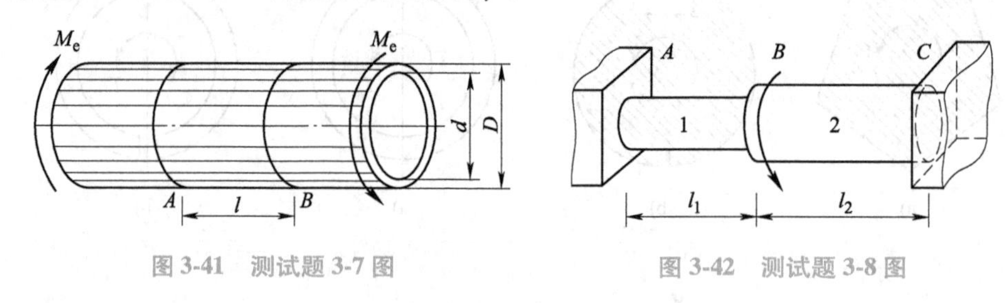


图 3-41 测试题 3-7 图　　图 3-42 测试题 3-8 图

3-8 如图 3-42 所示组合圆形实心轴，在 $A$、$C$ 两端固定，$B$ 端面处作用外力偶矩 $M_e=900$N·m，已知 $l_1=1.2$m，$l_2=1.8$m，直径 $d_1=25$mm，$d_2=37.5$mm，且切变模量 $G_1=80$GPa，$G_2=40$GPa。试求两种材料轴中的最大切应力。

## 资源推荐


[1] 刘鸿文．材料力学：Ⅰ［M］.6 版．北京：高等教育出版社，2017.

[2] 孙训方．材料力学：Ⅰ［M］.6 版．北京：高等教育出版社，2019.

[3] 荀文选．材料力学：Ⅰ［M］.3 版．北京：科学出版社，2017.

[4] 郭维林，刘东星．材料力学（Ⅰ）同步辅导及习题全解［M］. 北京：中国水利水电出版社，2010.

[5] 陈乃立，陈倩．材料力学学习指导书［M］. 北京：高等教育出版社，2004.

[6] 周梅芳．基于“圆筒假设”的圆轴扭转应力分析［J］. 金华职业技术学院学报，2007，7（2）：76-77.

[7] 曹新明，黄质宏，蔡长安，等．等直圆杆自由扭转应力分析［J］. 贵州工业大学学报（自然科学版），2008，37（1）：82-84.

[8] 李香莲，蒲琪，庞大平．低碳钢圆轴扭转破坏分析［J］. 山东工程学院学报，1995，9（4）：35-38.

[9] 史厚强．圆轴扭转强度的计算及其误差［J］. 理化检验（物理分册），1998，34（10）：17-19.

[10] 末益博志，长嶋利夫．漫画材料力学［M］. 滕永红，译．北京：科学出版社，2012.

# 第4章

# 弯曲内力

## 学习要点

**学习重点：**

1. 平面弯曲的概念；
2. 剪力和弯矩，剪力和弯矩的正负符号规则；
3. 剪力图和弯矩图；
4. 剪力、弯矩和载荷集度的微分、积分关系。

**学习难点：**

1. 剪力和弯矩的正负符号规则；
2. 利用剪力方程和弯矩方程绘制剪力图和弯矩图；
3. 应用微分关系画剪力图和弯矩图。

## 思维导图

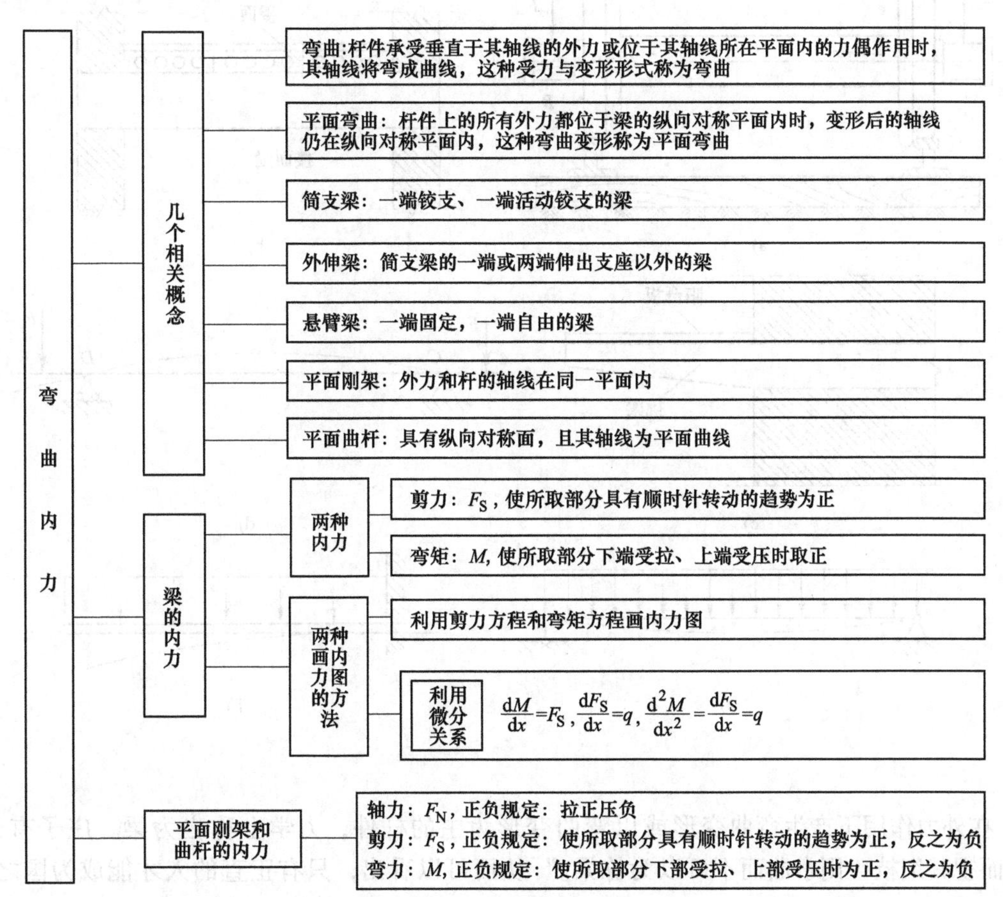

## 实例引导

火车轮轴、建筑物的阳台等在工作时受力都将会产生什么形式的变形，为什么产生这样的变形呢？根据事物发展规律可知，产生某种变形是外因（工作时受力情况）和内因共同引起的结果，并且内因是变形的根本原因。为了分析这类物体变形的根本原因，本章将从分析以上物体的外因入手，引入弯曲的基本概念，详细分析内因，即重点介绍构件弯曲时的内力计算方法及内力图的绘制方法。

视频讲解

## 4.1 弯曲的概念

弯曲是工程实际中最常见的一种基本变形，不论在建筑工程中还是在机械工程中，受弯构件是很多的。前述的火车轮轴（图 4-1a）、房屋建筑物的墙面梁（图 4-1b）、建筑物的阳台（图 4-1c）等在受到横向力的作用时，都将发生弯曲变形，杆件的轴线由直线变成了曲线，受力及变形情况如图 4-1d、e、f 所示。当杆件承受垂直于其轴线的外力或位于其轴线所在平面内的力偶作用时，其轴线将弯成曲线，力学上把这种受力与变形形式称为弯曲，通常把与杆件轴线垂直的外力称为横向力。

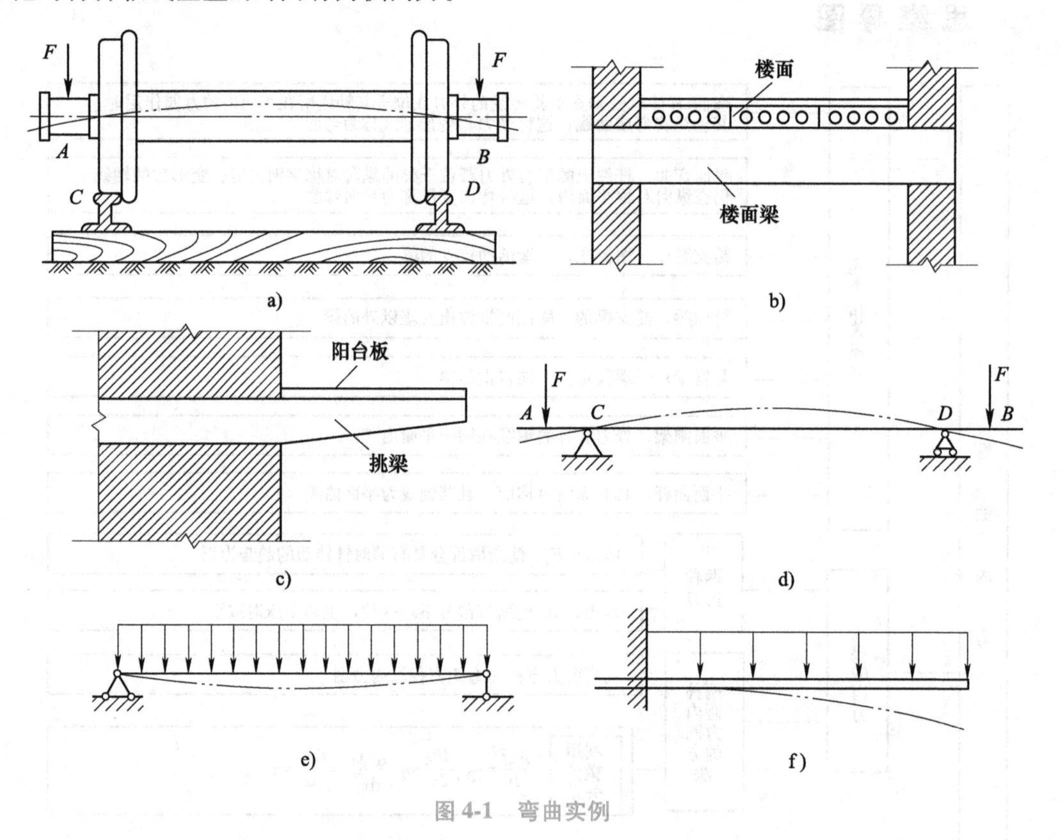


图 4-1 弯曲实例

在外力作用下产生弯曲变形或以弯曲变形为主的杆件，力学上称之为梁。庄子有云：“仰而视其细枝，则拳曲而不可以为栋梁。”从而可以看出，只有正直的人才能成为国之栋梁，我国历来不乏栋梁之材，被誉为中国“睁眼看世界第一人”的林则徐，放弃美国优越的生活条件坚决回国的钱学森，有“杂交水稻之父”之称的袁隆平等都是我们中国的脊梁，我们要以他们为榜样，成为国家有用的人。工程结构的设计中，可以看作梁的对象也很多。如图 4-2 中上海中心大厦、我国自主研制的民用 AC313 直升机旋翼的桨叶、吊装中的风电叶片和张家界大峡谷玻璃桥，分析其变形时都可以看作梁。工程上使用的直梁的横截面一般是轴对称图形，如矩形、圆形、工字形、槽形等，如图 4-3 所示，因而梁的横截面至少有一个包含轴线的纵向对称面，如图 4-4 所示，当作用于梁上的所有外力（包括支座反力）都位于梁的纵向对称平面内时，梁的轴线在纵向对称平面内被弯成一条光滑的平面曲线，这种弯曲变形称为对称弯曲，对称弯曲是最常见和最基本的弯曲变形。

a) 上海中心大厦

b) AC313直升机旋翼的桨叶

c) 吊装中的风电叶片

d) 张家界大峡谷玻璃桥

图 4-2　工程实际中可看作梁的对象

思政点睛

本章主要研究直梁在对称弯曲时横截面上的内力。

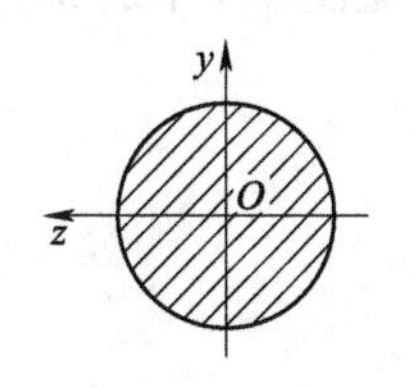


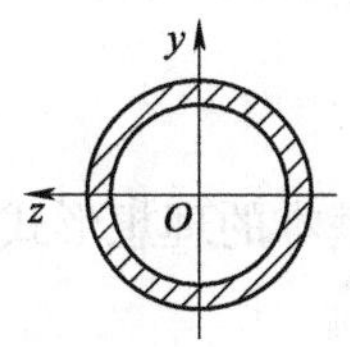


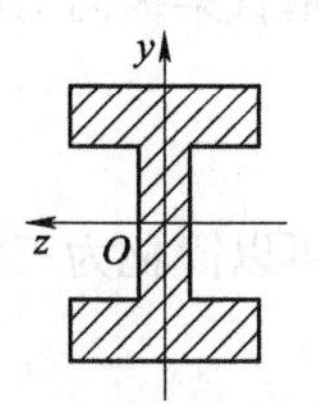


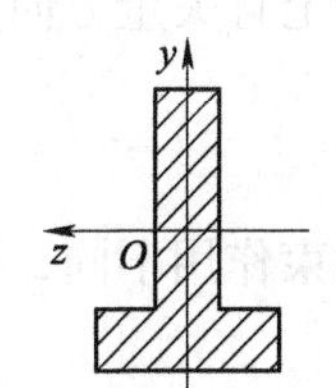


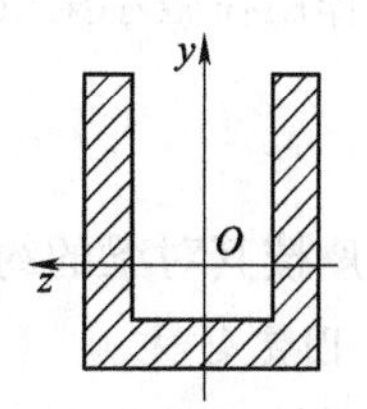


图 4-3　直梁的横截面

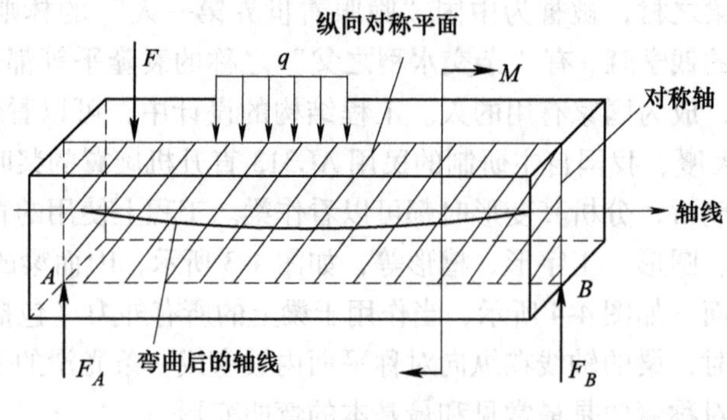


图 4-4　平面弯曲

## 4.2　受弯杆件的简化

工程构件工作时受力往往是复杂的，这给变形分析带来了难度，所以需要做一些合理的简化。中国道家哲学有句名言：大道至简，意思是大道理（基本原理、方法和规律）是极其简单的，简单到一两句话就能说明白。但为什么可以简单到如此程度呢，这其实也是在经过多次的论证分析后得出的结论，所以大道至简是漫长修学以后的结果，若没有经历多次论证推理的过程，谈大道至简只能是虚妄之谈了。

### 4.2.1　载荷的简化

对于平面弯曲，载荷都要简化到纵向对称平面内，常见的载荷形式包括下列三种。

1. 分布载荷

它是指作用在梁整个跨度上或某个区段内、沿梁轴线方向连续分布的横向外力。分布载荷的大小用分布载荷集度表示。载荷集度是指在微小梁元上单位长度承受的横向外力，常用单位 kN/m。载荷集度为常数的分布载荷为均布载荷。图 4-1b、c 中楼面与楼面梁之间、阳台板与挑梁之间的作用力就是作用在一定长度上的分布载荷，分别如图 4-1e、f 所示，不能简化成一个集中力。

2. 集中力

指作用在梁上一点的单个横向外力（见图 4-4 中的 $F$、$F_A$ 和 $F_B$）。如果某分布载荷的作用范围远小于梁的长度，也可以用一个集中载荷代替。

3. 集中力偶

指作用在微小梁段上且矢量方向垂直梁纵向对称平面的外力偶（见图 4-4 中的 $M$）。

### 4.2.2　支座的简化

支座按其对梁的约束作用不同，可以简化为三种基本的理想形式。

1. 固定铰支座

约束情况是梁在支承点不能沿任何方向移动，但可以绕支承点转动，所以可用一对水平和竖直方向的约束力表示。

2. 活动铰支座

约束情况是梁在支承点不能沿垂直于支承面的方向移动，但可以沿着支承面其他方向移动，也可以绕支承点转动。与此相应，只有一个垂直于支座平面的约束力。

3. 平面固定端约束

约束情况是梁端不能向任何方向移动，也不能转动，故约束力有三个：水平约束力、竖直约束力和力偶。阳台挑梁与墙面的约束可简化为固定端支座。

图 4-5a 所示是传动轴的工作示意图，轴的两端为短滑动轴承。在传动力作用下将引起轴的弯曲变形，这将使两端横截面发生角度很小的偏转。由于支承处的间隙等原因，短滑动轴承并不能约束轴端部横截面绕 $z$ 轴或 $y$ 轴的微小偏转，这样就可把短滑动轴承简化成铰支座。又因轴肩与轴承的接触限制了轴线方向的位移，故可将两轴承中的一个简化成固定铰支座，另一个简化成可动铰支座（图 4-5b）。在图 4-5b 中，由于本章只研究弯曲变形，扭转力偶并未画出。

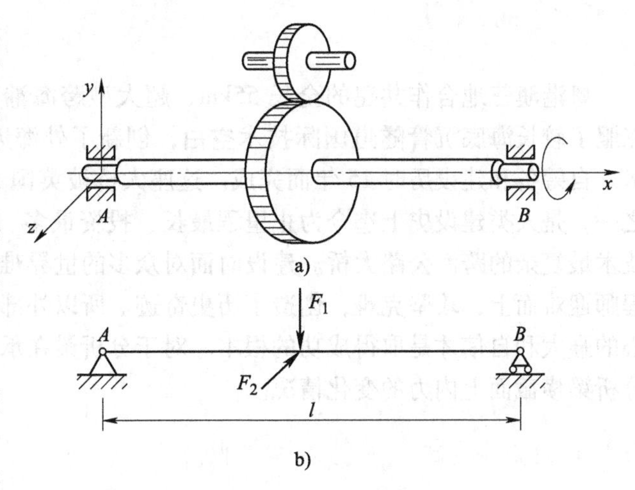


图 4-5 传动轴示意图

图 4-1a 中的火车轮轴，是通过车轮安置于钢轨上，钢轨不能限制车轮平面的轻微偏转，但车轮凸缘与钢轨的接触却可约束轴线方向的位移。所以，也可以把两条钢轨中的一条看作固定铰支座，另一条视为可动铰支座，得到计算简图如图 4-1d 所示。

### 4.2.3 静定梁的基本形式

梁在两个支座之间的部分称为跨，其长度称为跨度。根据梁的结构特征，可以分为单跨梁和多跨梁。若支座反力用平面力系的 3 个平衡方程可求，称为静定梁。有时工程上为了减少梁的变形，往往在一个梁上设置多个支座，如图 4-6 所示，这时仅用平衡方程不能完全确定支座反力，即为超静定梁。本章仅限于对静定梁研究。

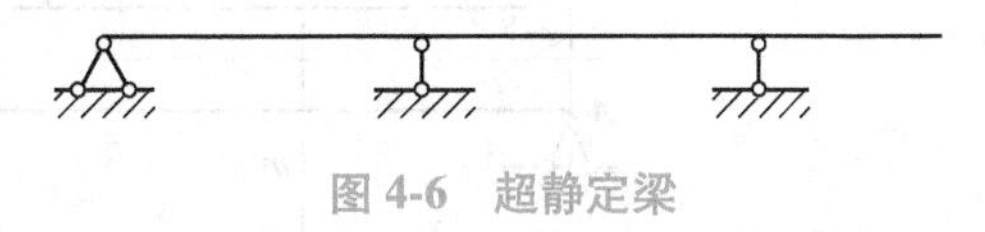

图 4-6 超静定梁

单跨静定梁的内力分析是所有受弯结构内力分析的基础。单跨静定梁有以下三种形式。

1. 简支梁

一端用固定铰支座支承，另一端用活动铰支座支承的梁称为简支梁，如图 4-7a 所示。

2. 外伸梁

若其支座形式和简支梁相同，但梁的一端或两端伸出支座之外，则为外伸梁，如图 4-7b 所示。

3. 悬臂梁

若梁的一端固定，另一端自由，则为悬臂梁，如图 4-7c 所示。

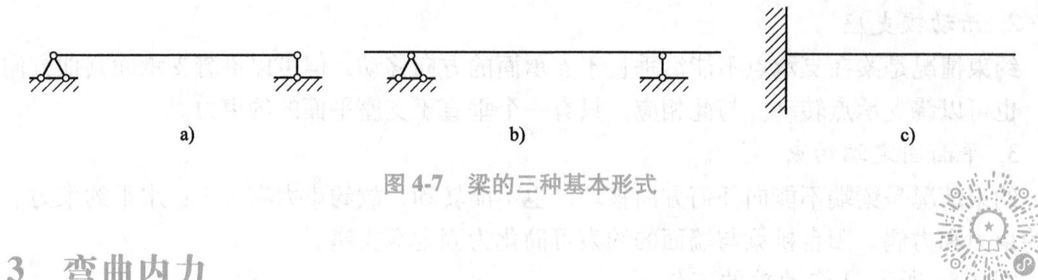


图 4-7　梁的三种基本形式

视频讲解

## 4.3　弯曲内力

粤港澳三地合作共建的全长 55km、超大型跨海港珠澳大桥，兼顾了生态环境的保护，克服了较长海底沉管隧道国际技术空白，创新了外海人工造岛技术，取得了上百项专利技术，自筹备和建设历时 15 年而完成。这座大桥被英国《卫报》称为“现代世界七大奇迹”之一，是人类建设史上迄今为止里程最长、投资最多、设计使用寿命最长、施工难度最大、技术最复杂的跨海公路大桥。建设时面对众多的世界难题，没有国外技术可以借鉴，我国工程师迎难而上，攻坚克难，创造了历史奇迹。所以外部力量和困难固然重要和可怕，但是内心的强大和自信才是取得成功的根本。对于分析梁在承受多种外力引起的变形时，重点是要分析梁横截面上内力的变化情况。

### 4.3.1　梁横截面上的剪力和弯矩

对于图 4-8a 所示的梁，欲求截面 $m—m$ 上的内力，应用截面法，考察任意部分的平衡，将作用在这一部分（图 4-8b、c）的外力向截开的截面处简化得到一个力和一个力偶，要使这一部分保持平衡，在横截面上将出现与之大小相等、方向相反的力和力偶，这个力和力偶分别称为这个截面上的剪力和弯矩，用 $F_S$ 和 $M$ 表示。

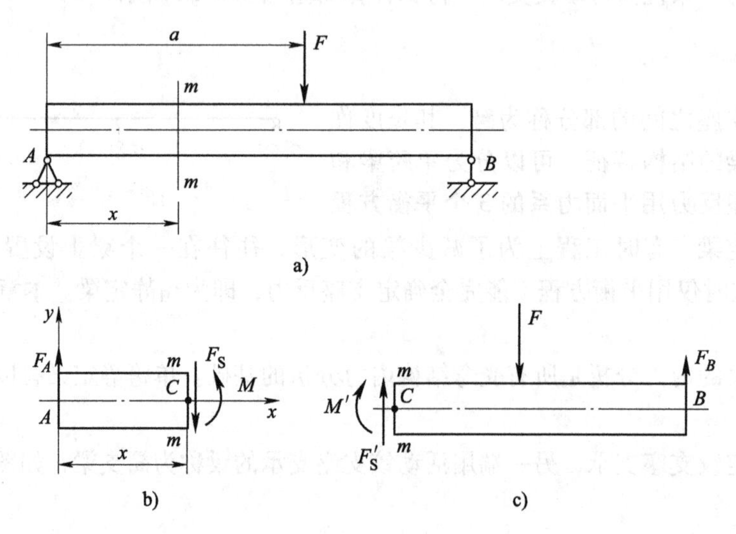


图 4-8　简支梁求内力

### 4.3.2　剪力和弯矩的正负号规则

对图 4-8 应用截面法求内力时，应该保证不论选择截面的左右哪一部分，其剪力和弯矩的值应该是相同的，所以要对它们的正负号进行明确的规定。规定弯矩、剪力正负号的基本原则应保证梁的一个截面的两侧面的弯矩和剪力必须具有相同的正负号。

规定剪力 $F_S$ 有使所取部分顺时针转动的趋势为正，反之为负，如图 4-9a 所示。

规定弯矩 $M$ 使所取部分下部受拉、上部受压时取正号，反之取负，如图 4-9b 所示。

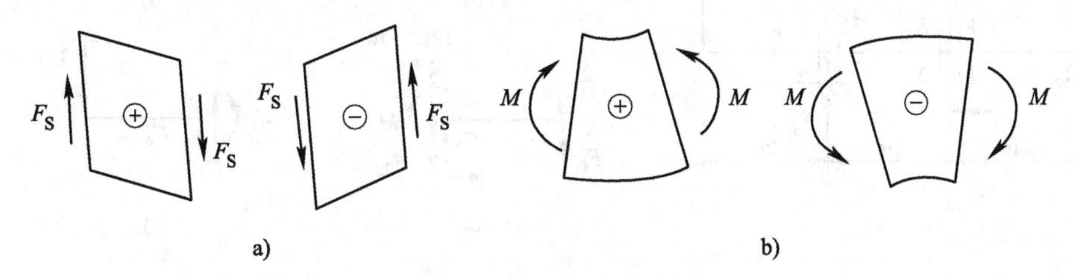


图 4-9 剪力和弯矩正负号规则

### 4.3.3 截面法确定指定截面上的剪力和弯矩

求梁的指定截面的内力的方法有两种：一是假定截面的剪力和弯矩，然后根据外力与内力的平衡条件，求得其大小和方向；二是截面法。截面法是工程力学计算内力的通用方法，一般的步骤为：

1）在指定截面处将梁假想截开，在所截开的截面上假设剪力和弯矩的正方向。

2）考虑截开后其中的一部分的平衡，由平衡条件确定剪力和弯矩的大小和实际方向。

3）选取另外一部分进行平衡的验证，校核结果的正确性。

结合图 4-8，应用截面法，得到图 4-8b、c。取左段为研究对象，受力分析如图 4-8b 所示。

左段梁上有已知支座反力 $F_A$，根据内力的正负号的规定假设剪力和弯矩的方向，根据平衡方程：

$$\sum F_y = 0, F_A - F_S = 0,$$

$$\sum M_O = 0, M - F_A x = 0, M = F_A x$$

计算结果为正，说明假设的方向是正确的，剪力和弯矩均为正方向。

取右段验证，受力情况如图 4-8c 所示，根据前面计算的结果，右段截面上的剪力和弯矩应该为正，大小相等。故 $F'_S = F_A$，$M' = F_A x$。

对于上面的值右段是否平衡呢？

竖直方向合力为 $F_R = F'_S - F + F_B = F_A - F + F_B$

对截面中心的合力矩：$M_O = -M' - F(a-x) + F_B(b+a-x)$

$$= -F_A x - Fa + Fx + F_B(a+b) - F_B x$$

由整体的平衡方程 $\sum F_y = 0,\ F_A - F + F_B = 0$

$$\sum M_A = 0,\ F_B(a+b) - Fa = 0$$

可知，$F_R = 0$，$M_O = 0$，所以左段的计算结果对右段同样平衡，结果正确。

【例题 4-1】 已知外伸梁如图 4-10 所示。试求图中各指定截面上的剪力与弯矩。

解：（1）求支座反力。由整体平衡方程求得支座约束力为

$$F_A = 4\text{kN}, F_B = 6\text{kN}$$

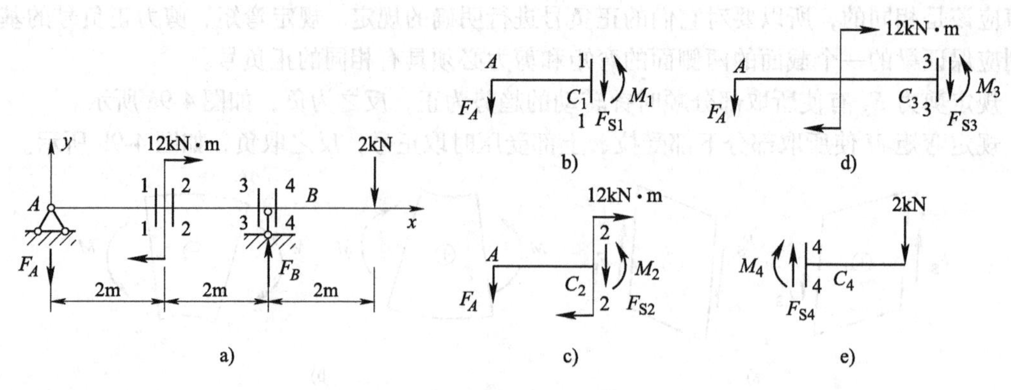


图 4-10 例题 4-1 图

（2）求指定截面上的剪力与弯矩。以假想的截面 1—1 将梁切为两段，取左段为研究对象，受力分析如图 4-10b 所示，列平衡方程求得该截面上的约束力为

$$F_{S1}=-F_A=-4\text{kN},M_1=-F_A\times 2\text{m}=-8\text{kN}\cdot\text{m}$$

用同样的方法，取截面 2—2 以左的梁段为研究对象，得

$$F_{S2}=-4\text{kN},M_2=4\text{kN}\cdot\text{m}$$

同理，取截面 3—3 以右的梁段为研究对象，得

$$F_{S3}=-4\text{kN},M_3=-4\text{kN}\cdot\text{m}$$

同理，取截面 4—4 以右的梁段为研究对象，得

$$F_{S4}=2\text{kN},M_4=-4\text{kN}\cdot\text{m}$$

比较截面 3—3 和截面 4—4 的剪力值，可以看出，在集中力 $F$ 作用处的两侧截面上的剪力发生突变，突变值等于该截面处的集中力 $F_B$ 的值；同样，比较截面 1—1 和截面 2—2 可以看出，在集中力偶作用处的两侧截面上的弯矩值发生突变，突变值等于该截面处的集中力偶的力偶矩的值。

### 4.3.4 剪力方程和弯矩方程 剪力图和弯矩图

由剪力以及弯矩的计算过程可知，一般情况下梁各横截面上的剪力和弯矩随着横截面位置的不同而变化。为了进行强度计算和变形计算，必须知道沿梁轴线剪力和弯矩的变化规律。梁横截面的位置用沿梁轴线的坐标 $x$ 来表示，则梁的各个横截面上的剪力和弯矩可以表示为 $x$ 的函数，即

$$F_S=F_S(x),M=M(x)$$

以上两式分别称为梁的剪力方程和弯矩方程。

求解剪力方程与弯矩方程的方法与求指定截面上剪力、弯矩的方法基本相同。差别在于，建立剪力、弯矩方程时所求的是梁的任意截面上的剪力和弯矩。

根据剪力方程和弯矩方程，可以画出表示梁的各横截面上剪力和弯矩变化情况的图线，称为剪力图和弯矩图。其中剪力图的画法与轴力图、扭矩图相同，即正的内力画在基线的上方，负的内力画在基线的下方。画剪力图和弯矩图时，都应标出各主要截面的内力值，并注明正负号。

由剪力图和弯矩图可以看出梁的各横截面上剪力和弯矩的变化情况，确定梁上的最大剪

力和最大弯矩值以及它们所在的截面，为强度和刚度计算打下基础。画剪力图和弯矩图的基本步骤如下：

1）求支座反力。以梁整体为研究对象，根据梁上的载荷和支座情况，由静力平衡方程求出支座反力。

2）将梁分段。以集中力和集中力偶作用处、分布载荷的起止处、梁的支承处以及梁的端面为界点，将梁进行分段。

3）列出各段的剪力方程和弯矩方程。各段列写剪力方程和弯矩方程时，所取的坐标原点与坐标轴 $x$ 的正向一般是一致的。

4）画剪力图和弯矩图。先根据剪力方程（或弯矩方程）判断剪力图（或弯矩图）的形状，确定其控制截面，再根据剪力方程（或弯矩方程）计算相应控制截面的剪力值（或弯矩值），然后描点并画出全梁的剪力图（或弯矩图）。

从剪力图和弯矩图上可以确定梁的最大剪力值和最大弯矩值，其相应的横截面称为危险截面。

【例题 4-2】 如图 4-11 所示，简支梁 $AB$ 受集中力 $F$ 作用，试列出梁的剪力方程和弯矩方程，并绘制剪力图和弯矩图。

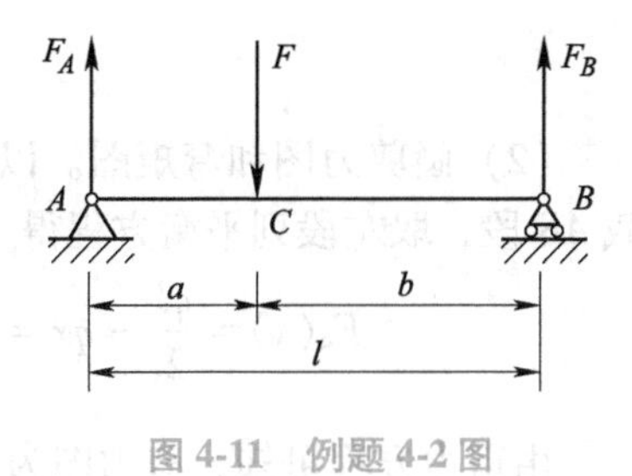


图 4-11 例题 4-2 图

解：（1）求 $A$、$B$ 处的支座反力。建立静力平衡方程

$$\sum M_A(\boldsymbol{F}) = 0,\ -Fa + F_B l = 0$$

$$\sum F_y = 0, F_A - F + F_B = 0$$

$$F_A = \frac{Fb}{l}, F_B = \frac{Fa}{l}$$

（2）列剪力方程和弯矩方程。由于 $C$ 点受集中力 $F$ 的作用，引起 $AC$、$BC$ 两段剪力方程和弯矩方程各不相同，必须分段列方程。对 $AC$ 段，以 $A$ 点为坐标原点，取距原点为 $x$ 的任意截面为研究对象，可得剪力方程和弯矩方程分别为

$$F_S(x) = F_A = \frac{Fb}{l} \quad (0 < x < a)$$

$$M(x) = F_A x = \frac{Fb}{l}x \quad (0 \leqslant x \leqslant a)$$

同理，对 $BC$ 段可得剪力方程和弯矩方程分别为

$$F_S(x) = F_A - F = \frac{Fb}{l} - F = -\frac{Fa}{l} \quad (a < x < l)$$

$$M(x) = F_A x - F(x-a) = \frac{Fb}{l}x - F(x-a) = \frac{Fa}{l}(l-x) \quad (a \leqslant x \leqslant l)$$

（3）绘制剪力图和弯矩图。根据梁各段上的剪力方程和弯矩方程，绘出剪力图，如图 4-12a 所示，绘出弯矩图，如图 4-12b 所示。

从剪力图和弯矩图中可以看出，在集中力 $F$ 作用的 $C$ 处，剪力图上会发生突变，突变值即等于集中力 $F$ 的大小；弯矩图上有转折点。

【例题 4-3】 如图 4-13 所示的简支梁，在全梁上受集度为 $q$ 的均布载荷作用，试作此梁的剪力图和弯矩图。

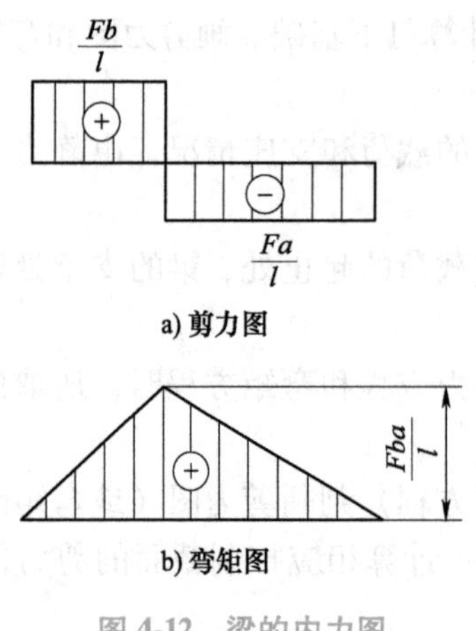


图 4-12　梁的内力图

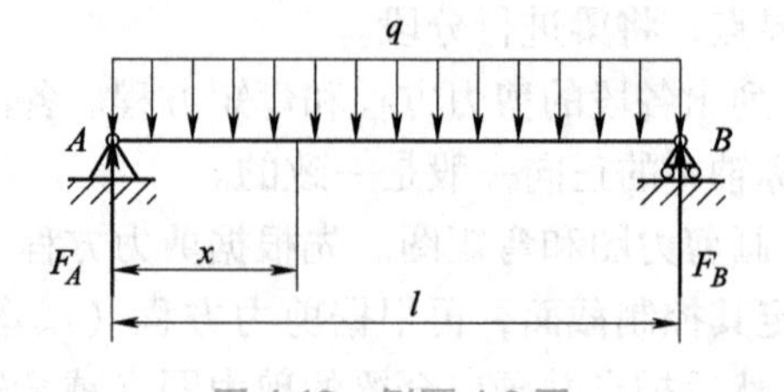


图 4-13　例题 4-3 图

解：(1) 求约束力。

$$F_A = \frac{ql}{2}, F_B = \frac{ql}{2}$$

(2) 画剪力图和弯矩图。以 $A$ 点为坐标原点，建立坐标系。用距 $A$ 端为 $x$ 的任一截面截 $AB$ 段，取左段列平衡方程得

$$F_S(x) = \frac{ql}{2} - qx = q\left(\frac{l}{2} - x\right), M(x) = \frac{ql}{2}x - qx\frac{x}{2} = \frac{q}{2}(lx - x^2)$$

由剪力方程可知，剪力图为一直线，在 $x=\frac{l}{2}$处，$F_S=0$。由弯矩方程可知，弯矩图为一抛物线，最高点在 $x=\frac{l}{2}$处，则 $M_{max}=\frac{ql^2}{8}$。

由剪力方程和弯矩方程可画出剪力图和弯矩图，如图 4-14 所示。

工程上，弯矩图中画抛物线仅需注意极值和开口方向，画出简图。可求出抛物线上的若干特殊点后，用平滑曲线连成弯矩图，并在图上标明极值的大小。

【例题 4-4】　图 4-15 所示简支梁 $AB$，已知在梁 $C$ 处作用有集中力偶 $M$。确定此梁的剪力方程和弯矩方程，试画出剪力图和弯矩图。

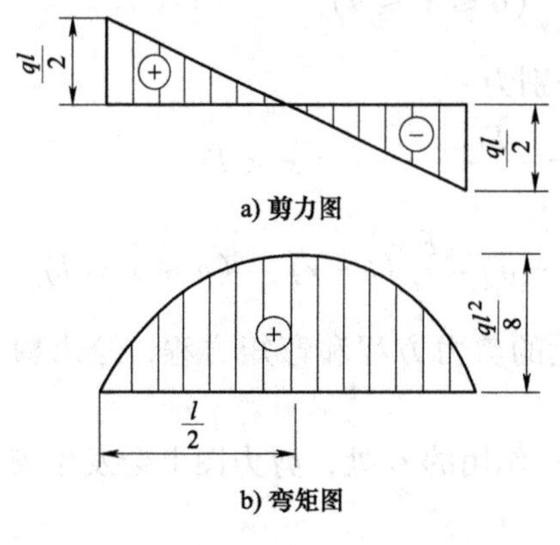


图 4-14　梁的内力图

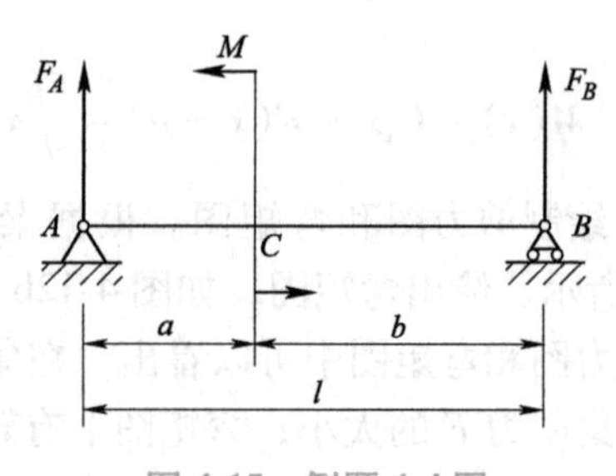


图 4-15　例题 4-4 图

解：(1) 求梁支座约束力。列平衡方程解之，即得

$$F_A = -F_B = \frac{M}{l}$$

(2) 列剪力方程与弯矩方程。由于集中力偶作用于 $C$ 处弯矩有突变，因此梁的 $AC$ 和 $CB$ 两段内弯矩不能用同一个方程来表示，应分段考虑。在 $AC$ 段内选取距梁左端点 $A$ 为 $x_1$ 的任意横截面，该横截面以左的梁上只有向下的外力 $F_A$，由此求得横截面上的剪力与弯矩分别为

$$F_S(x_1) = F_A = \frac{M}{l} \qquad (0 < x_1 \leqslant a)$$

$$M(x_1) = F_A x_1 = \frac{M}{l}x_1 \qquad (0 \leqslant x_1 < a)$$

同理，在 $CB$ 段内选取距梁左端点 $A$ 为 $x_2$ 的任意横截面，求得该横截面上的剪力与弯矩分别为

$$F_S(x_2) = F_A = \frac{M}{l} \qquad (a \leqslant x_2 < l)$$

$$M(x_2) = F_A x_2 - M = \frac{M}{l}x_2 - M \qquad (a < x_2 \leqslant l)$$

(3) 画剪力图和弯矩图。在 $AC$ 段梁的剪力为常量，故剪力图为平行于轴 $x$ 的水平线；弯矩方程为轴 $x$ 的一次函数，弯矩图为斜直线。同理可知，在 $CB$ 段梁的剪力图为平行于轴 $x$ 的水平线，弯矩图为斜直线，如图 4-16 所示。

由剪力图与弯矩图可见，当 $a>b$ 时，在梁 $C$ 处的左侧横截面上有最大弯矩 $M_{max}=\frac{Ma}{l}$；当 $a=b=\frac{l}{2}$，在梁的中点处横截面上有最大弯矩为 $M_{max}=\frac{M}{2}$。

【例题 4-5】 一左端外伸梁如图 4-17a 所示，均布载荷集度 $q=3\text{kN/m}$，集中力偶 $M_e=3\text{kN}\cdot\text{m}$。作梁的剪力图和弯矩图。

解：首先画出梁的受力图(见图 4-17a)，由梁的平衡求得支座反力为

$$F_{RA} = 14.5\text{kN}, F_{RB} = 3.5\text{kN}$$

根据梁载荷的作用情况，将其分为 $CA$、$AD$ 和 $DB$ 三段来考虑，并分别列出剪力方程和弯矩方程。

$CA$ 段：

$$F_S(x) = -qx = -3x \qquad (0 \leqslant x < 2\text{m})$$

$$M(x) = -\frac{1}{2}qx^2 = -\frac{3}{2}x^2 \qquad (0 \leqslant x \leqslant 2\text{m})$$

$AD$ 段：

$$F_S(x) = F_{RA} - qx = 14.5 - 3x \qquad (2\text{m} < x \leqslant 6\text{m})$$

$$M(x) = F_{RA}(x-2) - \frac{1}{2}qx^2 = 14.5(x-2) - \frac{3}{2}x^2 \qquad (2\text{m} \leqslant x < 6\text{m})$$

$M(x)$ 是二次函数，根据极值条件 $\frac{dM(x)}{dx}=0$，得

$$14.5-3x=0$$

解出 $x=4.83\text{m}$，也就是在这一截面上弯矩为极值。代入弯矩方程中得到 $AD$ 段的最大弯矩为 $M=6.04\text{kN}\cdot\text{m}$。

$DB$ 段：

$$F_S(x)=-F_{RB}=-3.5\text{kN}\qquad(6\text{m}\leqslant x<8\text{m})$$
$$M(x)=F_{RB}(8-x)=3.5(8-x)\qquad(6\text{m}<x\leqslant 8\text{m})$$

依照剪力方程和弯矩方程，分段作剪力图和弯矩图（见图 4-17b、c）。从图中可以看出，沿梁的全段，最大剪力为 8.5kN，最大弯矩为 7kN·m。还可看出，在集中力作用截面 $A$ 的两侧，剪力有一突然变化，变化的数值就等于集中力的大小。在集中力偶作用截面 $D$ 的两侧，弯矩有一突然变化，变化的数值就等于集中力偶矩的大小。

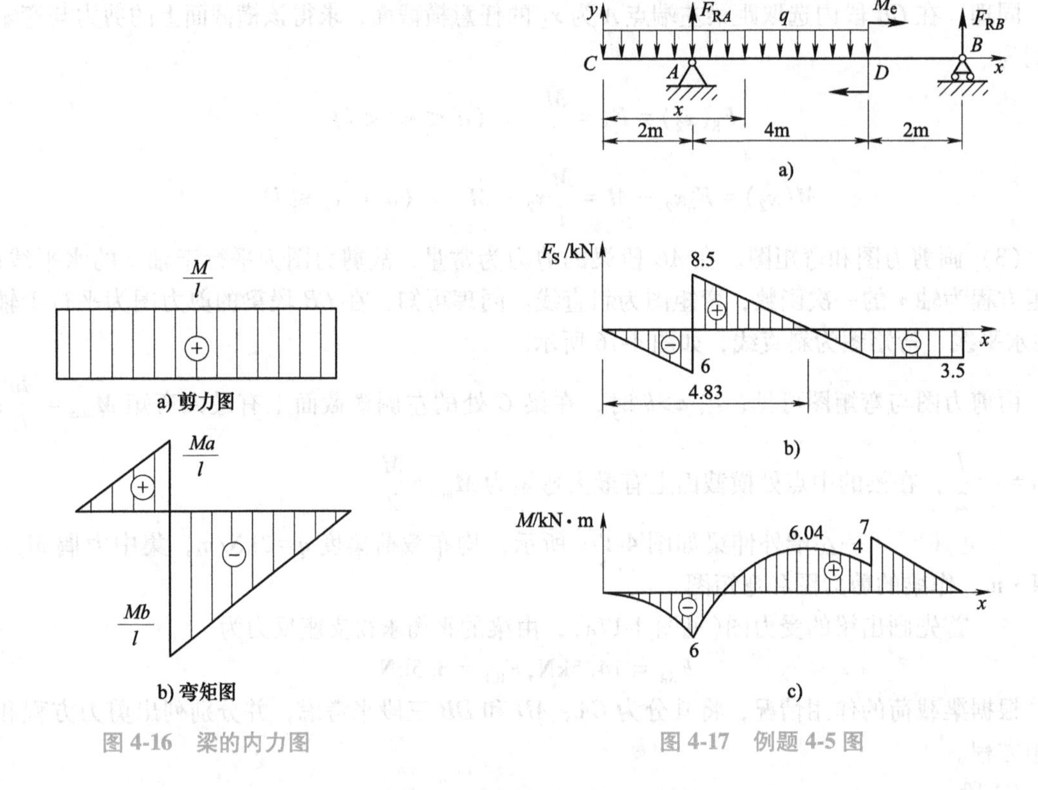


图 4-16　梁的内力图

图 4-17　例题 4-5 图

由以上例题，可以总结出剪力图和弯矩图的形状规律如下：

1）在梁上无外力作用的区段：剪力图为水平线，弯矩图为斜直线。

2）在梁上有均布载荷作用的区段：剪力图为斜直线，当均布载荷向下时，其直线由左上向右下倾斜；弯矩图为抛物线，均布载荷向下时，其抛物线为开口向下并有极大值。

3）在集中力作用处剪力有突变，突变值等于集中力值，突变的方向与集中力方向一致；弯矩图在此处出现转折，即转折处两侧斜直线斜率不同。

4）在集中力偶作用处弯矩图有突变，突变值等于集中力偶作用处力偶矩的值。若力偶为顺时针方向，则弯矩图向上有突变；若力偶为逆时针方向，则弯矩图向下突变。

5）对于绝对值为最大的弯矩，发生在剪力 $F_S=0$ 的横截面处，或在集中力、集中力偶作用处。

熟练掌握以上规律，就可以正确、快速地画出梁的剪力图与弯矩图。《中庸》有云：博学之，审问之，慎思之，明辨之，笃行之。只有多学勤思才能掌握知识的本质和要义，坚定地去做才能有所收获。所以，我们在学习的过程中还要多总结归纳，提取知识的精髓，更好地去运用到工程实际中。

【提示】　绘制横截面上的内力时应先假设正方向然后进行绘制，计算结果说明内力的真实方向。绘制内力图时，坐标原点往往为梁的左端点或者为下端点。

视频讲解

## 4.4　剪力、弯矩与载荷集度的关系

梁横截面上的内力和所受外力有无关系呢？我们知道内力是由变形引起的，而变形是由于所受外力的作用，所以内力与所受外力应该存在一定的关系。这就好比事物发展的内因和外因，二者存在着辩证统一的关系。

### 4.4.1　微分关系

载荷集度 $q(x)$、剪力 $F_S(x)$ 和弯矩 $M(x)$ 之间存在着一定的关系。这个关系是否具有理论意义？设图 4-18a 所示的梁，承受集度为 $q=q(x)$ 的分布载荷作用，规定载荷集度方向向上者为正。从分布载荷的梁中任意选取一微段分析，画出受力图，如图 4-18b 所示。

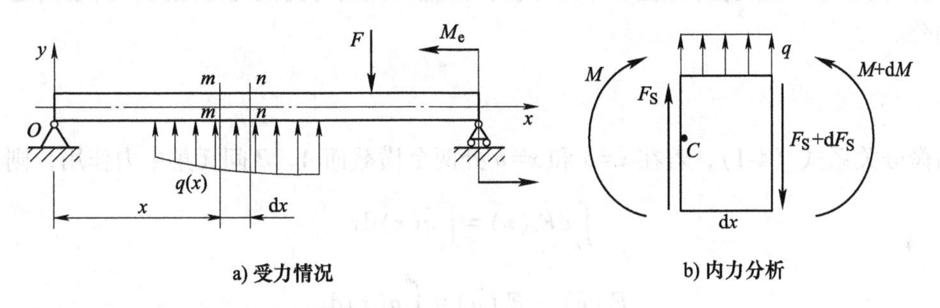


图 4-18　梁的受力及内力分析

根据微段的平衡条件可列出平衡方程

$$\sum F_y = 0, F_S + q\mathrm{d}x - (F_S + \mathrm{d}F_S) = 0$$

$$\sum M_C = 0, M + \mathrm{d}M + q\mathrm{d}x\frac{\mathrm{d}x}{2} - (F_S + \mathrm{d}F_S)\mathrm{d}x - M = 0$$

忽略力矩平衡方程中的二阶微量，可得

$$\frac{\mathrm{d}F_S}{\mathrm{d}x} = q \tag{4-1}$$

$$\frac{\mathrm{d}M}{\mathrm{d}x} = F_S \tag{4-2}$$

$$\frac{\mathrm{d}^2M}{\mathrm{d}x^2} = \frac{\mathrm{d}F_S}{\mathrm{d}x} = q \tag{4-3}$$

在掌握剪力、弯矩与载荷集度之间的关系后，将有助于正确、快速地画出或校核剪力图

与弯矩图。表 4-1 给出的就是上述微分关系所表达的剪力图、弯矩图与梁上载荷三者之间的对应规律。

表 4-1　剪力图、弯矩图与载荷对应规律

| 载荷类型 | $q(x)=0$ | | | $q(x)=$ 常数 | | 集中力 | | 集中力偶 | |
|---|---|---|---|---|---|---|---|---|---|
| | | | | $q<0$ | $q>0$ | $F$ $C$ | $C$ $F$ | $M_e$ $C$ | $M_e$ $C$ |
| 剪力图 | 水平线 | | | 斜直线 | | 有突变 | | 无影响 | |
| | | | | 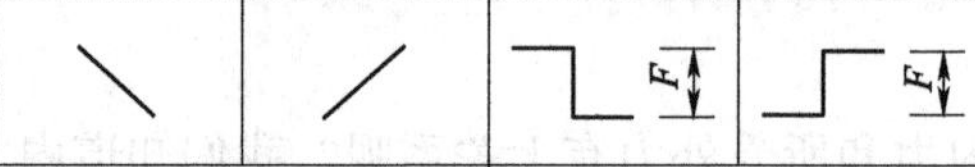 | | $F$ | $F$ | | |
| 弯矩图 | $F_S>0$ | $F_S=0$ | $F_S<0$ | 二次抛物线，$F_S=0$ 有极值 | | 在 $C$ 处有转折 | | 有突变 | |
| | 斜直线 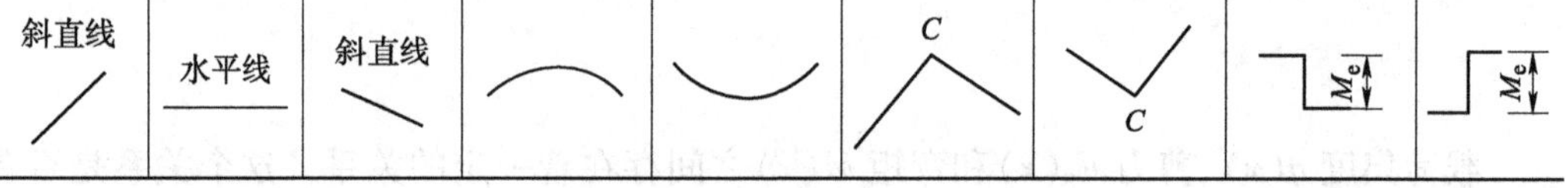 | 水平线 | 斜直线 | | | $C$ | $C$ | $M_e$ | $M_e$ |

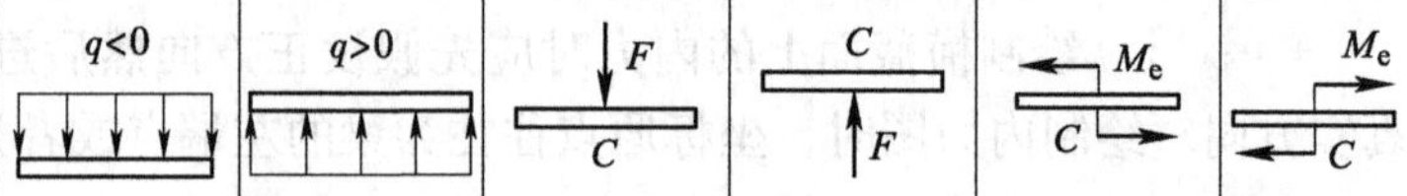

表 4-1 所给出的规律，也不难由前面所举出例题的结果得到验证。而重要的是，利用这些规律，可以不必列出剪力方程和弯矩方程，而直接画出剪力图与弯矩图，其绘制过程还会大为简化。

### 4.4.2　积分关系

由微分关系式（4-1），若在 $x=a$ 和 $x=b$ 处两个横截面 $A$、$B$ 间无集中力作用，则

$$\int_a^b \mathrm{d}F_S(x) = \int_a^b q(x)\,\mathrm{d}x$$

$$F_S(b) - F_S(a) = \int_a^b q(x)\,\mathrm{d}x$$

$$F_{SB} = F_{SA} + \int_a^b q(x)\,\mathrm{d}x \tag{4-4}$$

式中，$F_{SA}$、$F_{SB}$ 分别为在 $x=a$ 和 $x=b$ 处两个横截面 $A$、$B$ 上的剪力。等号右边积分的几何意义是：上述 $A$、$B$ 两横截面间分布载荷图的面积。例如例题 4-5 中，在确定截面 $D$ 上剪力时，由式（4-4）就可以用截面 $A$ 上的剪力值再加上两截面 $A$、$D$ 间分布载荷图的面积得到

$$F_{SD} = F_{SA} + \int_2^6 (-3)\,\mathrm{d}x = (8.5 - 3\times 4)\mathrm{kN} = -3.5\mathrm{kN}$$

同样，由微分关系式（4-2），若在 $x=a$ 和 $x=b$ 处两个横截面 $A$、$B$ 间无集中力偶，则

$$M_B = M_A + \int_a^b F_S(x)\,\mathrm{d}x \tag{4-5}$$

式中，$M_A$、$M_B$ 分别为 $x=a$ 和 $x=b$ 处两个横截面 $A$、$B$ 上的弯矩。等号右边积分的几何意义是：上述 $A$、$B$ 两个横截面间剪力图的面积。在例题 4-5 中，截面 $D$ 左侧的弯矩可以用截面 $A$ 上的弯矩值再加上两截面 $A$、$D$ 间剪力图的面积得到

$$
\begin{aligned}
M_{D左} &= M_A + \int_2^6 F_S(x)\,\mathrm{d}x \\
&= \left[-6+\frac{1}{2}\times 8.5(4.83-2)-\frac{1}{2}\times 3.5(6-4.83)\right]\mathrm{kN\cdot m} = 4\mathrm{kN\cdot m}
\end{aligned}
$$

根据剪力、弯矩与分布载荷集度间的微分关系和积分关系，以及有关剪力图和弯矩图的规律，可以检验所作剪力图或弯矩图的正确性，或直接作梁的剪力图和弯矩图。在利用这些规律画梁的内力图时，就不必再列出梁的内力方程。

【例题 4-6】　利用微分关系画出图 4-19a 中外伸梁的剪力图和弯矩图，已知 $q=2\mathrm{kN/m}$，$F=2\mathrm{kN}$，$M_e=10\mathrm{kN\cdot m}$。

解：(1) 画受力图，由平衡方程求得支座反力为

$$F_{RA}=3\mathrm{kN}, F_{RB}=7\mathrm{kN}$$

(2) 作剪力图

1) 根据梁上载荷及支承情况，将梁分成 $AC$、$CB$、$BD$ 三段。

$AC$ 段：$q<0$，$F_S$ 图为斜直线，斜率为负，向右下方倾斜；

$CB$、$BD$ 段：$q=0$，$F_S$ 图为水平直线；

$A$ 处：有 $F_{RA}$ 向上，$F_S$ 图向上突变 $F_{RA}$；

$B$ 处：有 $F_{RB}$ 向上，$F_S$ 图向上突变 $F_{RB}$；

$C$ 处：有 $M_e$，$F_S$ 图无突变；

$D$ 处：有 $F$ 向下，$F_S$ 图向下突变 $F$。

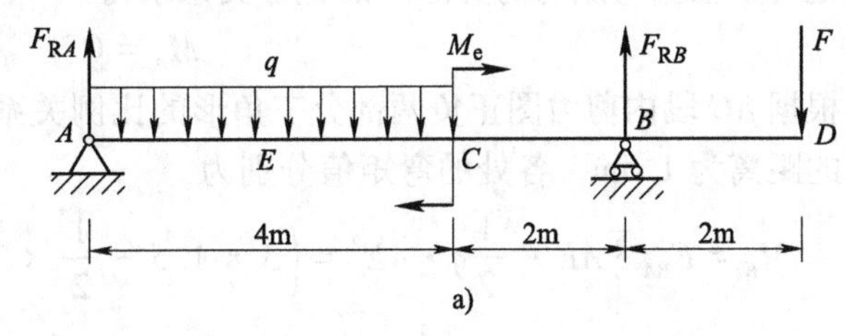


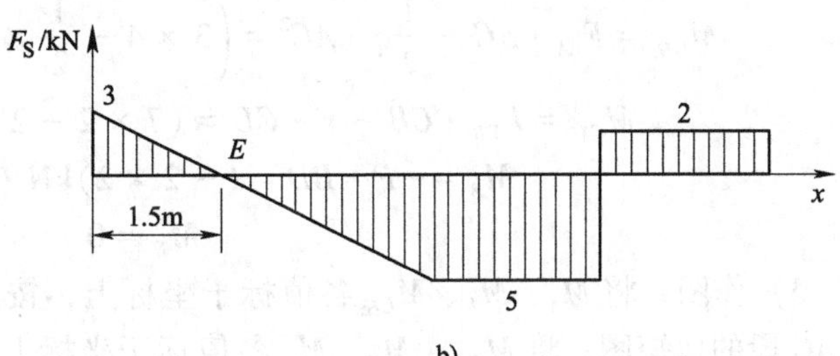


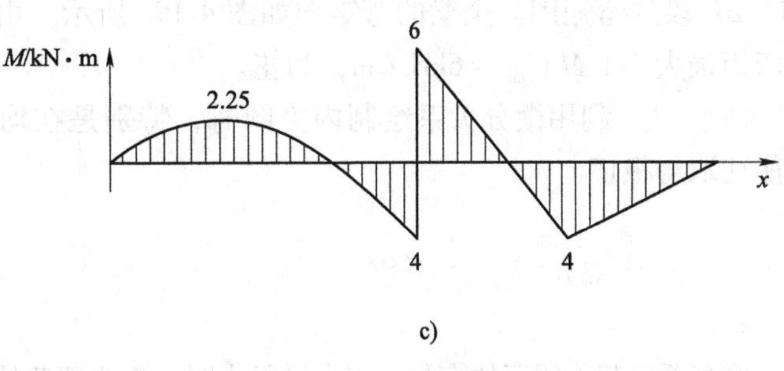


图 4-19　例题 4-6 图

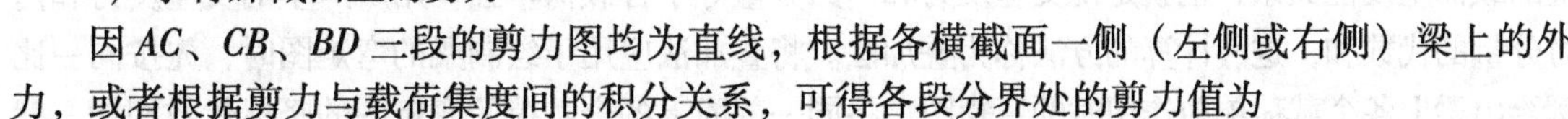

2) 求特殊截面上的剪力

因 $AC$、$CB$、$BD$ 三段的剪力图均为直线，根据各横截面一侧（左侧或右侧）梁上的外力，或者根据剪力与载荷集度间的积分关系，可得各段分界处的剪力值为

$AC$ 段：$F_{SA}=F_{RA}=3\mathrm{kN}$，$F_{SC}=F_{RA}-4q=-5\mathrm{kN}$

$CB$ 段：$F_{SB左}=F_{SC}=-5\mathrm{kN}$

$BD$ 段：$F_{SB右}=F_{SD}=2\mathrm{kN}$

3) 作图　将以上各值标于坐标上，分别作倾斜直线或水平线，得梁的剪力图，如图 4-19b 所示。由图可见，在 $CB$ 段的各截面上，$|F_S|_{max}=5\mathrm{kN}$。

(3) 作弯矩图

1) 同样将梁分为 $AC$、$CB$、$BD$ 三段。

$AC$ 段：$q<0$，$F_S$ 由正渐变为负，$M$ 图为凸形曲线，斜率由正渐减小至负。在 $F_S=0$ 处，$M$ 为极值。

$CB$ 段：$q=0$，$F_S<0$，$M$ 图为斜直线，斜率为负，向右下方倾斜；

$BD$ 段：$q=0$，$F_S>0$，$M$ 图为斜直线，斜率为正，向右上方倾斜；

$C$ 处：有 $M_e$，$M$ 图突变 $M_e$；

$B$ 处：有 $F_{RB}$ 向上，$F_S$ 图向上突变 $F_{RB}$，$M$ 图有一折角。

2）求特殊截面上的弯矩

为画出各段梁的弯矩图，需求以下各横截面上的弯矩，根据截面一侧外力对截面形心之矩，也可以根据弯矩与剪力之间的积分关系求得

$$M_A = 0$$

根据 $AC$ 段内剪力图正负两部分三角形的比例关系知，该段梁弯矩图的极值位置 $E$ 至 $A$ 截面的距离为 1.5m，各处的弯矩值分别为

$$M_E = F_{RA} \cdot AE - \frac{1}{2}q \cdot AE^2 = \left(3 \times 1.5 - \frac{1}{2} \times 2 \times 1.5^2\right) \mathrm{kN \cdot m} = 2.25\mathrm{kN \cdot m}$$

$$M_{C左} = F_{RA} \cdot AC - \frac{1}{2}q \cdot AC^2 = \left(3 \times 4 - \frac{1}{2} \times 2 \times 4^2\right) \mathrm{kN \cdot m} = -4\mathrm{kN \cdot m}$$

$$M_{C右} = F_{RB} \cdot CB - F \cdot CD = (7 \times 2 - 2 \times 4)\mathrm{kN \cdot m} = 6\mathrm{kN \cdot m}$$

$$M_B = -F \cdot BD = (-2 \times 2)\mathrm{kN \cdot m} = -4\mathrm{kN \cdot m}$$

$$M_D = 0$$

3）作图　将 $M_A$、$M_E$、$M_{C左}$ 各值标于坐标上，按凸形二次曲线连接，即得 $AC$ 段的弯矩图；将 $M_{C右}$、$M_B$、$M_D$ 各值标于坐标上，分别以直线连接，得 $CB$、$BD$ 段的弯矩图。全梁的弯矩图如图 4-19c 所示。由图可见，在截面 $C$ 右侧弯矩最大，$|M|_{max}=6\mathrm{kN \cdot m}$，为正。

思政点睛

【提示】　利用微分关系绘制内力图时，特别是在均布载荷作用下的梁，剪力为零时弯矩往往取得极值。

## 4.5　叠加法绘制弯矩图

在多项载荷作用下的直梁，当变形很小时，各个载荷的作用是独立的，支座反力和内力与梁上的载荷呈线性关系，也就是说支座反力和内力分量等于各载荷单独作用所产生的支座反力和内力分量的代数和，这种计算的方法称为叠加法。将叠加法应用于绘制梁的弯矩图时，先按同一比例绘出梁上各个载荷单独作用时的弯矩图，将同一截面上各个载荷的弯矩图的竖标代数相加，就得到在这些载荷共同作用下梁的弯矩图，这就是叠加法绘制弯矩图。弯矩图叠加时注意事项：①叠加时以基线为标准，不是以其中某直线或斜线为基准；②叠加时要注意正负弯矩的抵消，应先计算每个控制截面的弯矩值，然后勾绘。③刚节点会在节点处产生负弯矩，铰节点不会在节点处产生负弯矩。在绘制弯矩图时，只要杆件端部是铰节点，则该节点处的弯矩必为零。

例如，图 4-20a 所示的悬臂梁，受到均布载荷及集中力的作用，用叠加法绘制弯矩图时，将载荷分为集中力和均布载荷两组，将两组载荷分别单独作用于该梁上，如图 4-20b、c 所示。集中力作用的弯矩图如图 4-20d 所示，均布载荷作用的弯矩图如图 4-20e 所示，应用叠加法，将二者单独作用的弯矩图的竖标代数相加如图 4-20f 所示，则图 4-20f 即为共同作用的弯矩图。

叠加绘制弯矩图的方法，蕴含着一定的哲学道理。万事万物看似复杂，其实我们如果仔

细分析可以把复杂问题简单化，问题就会迎刃而解。这与我们的学习、生活上遇到的困难是一样的，只要我们坚持不懈，就能将问题逐个解决，取得成功。

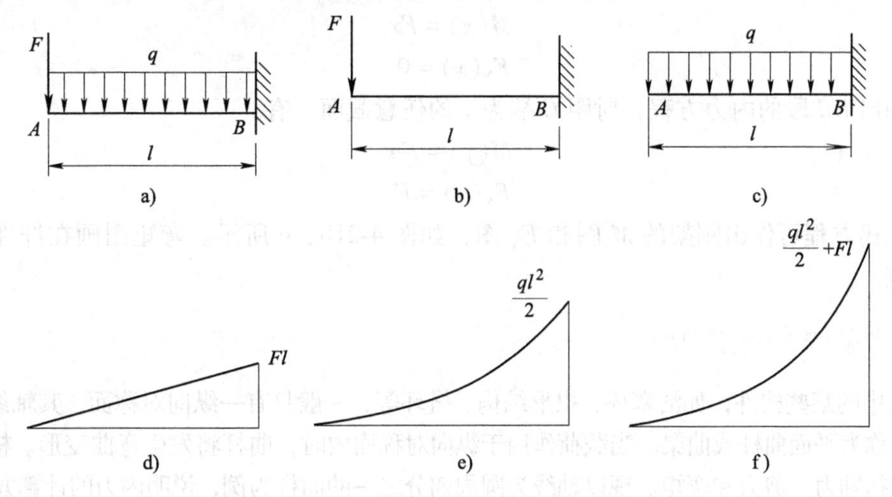


图 4-20　叠加法绘制弯矩图实例

## 4.6　平面刚架和曲杆的内力

### 4.6.1　平面刚架的内力

在工程中常遇到由许多杆件组成的框架形式的结构。如液压机机身、钻床床架、轧钢机机架等，这些机器的机身或机架的结构可以简化成几段直线组成的折线。这种杆系结构在其连接处夹角保持不变，即杆与杆在连接处不能相对转动，这种连接称为刚节点。如图 4-21a 中的节点 $B$ 即为刚节点。各部分由刚节点连接成的框架称为刚架。刚架任意截面上的内力，一般有剪力、弯矩和轴力。未知约束力和内力可由静力学方程确定的刚架称为静定刚架。

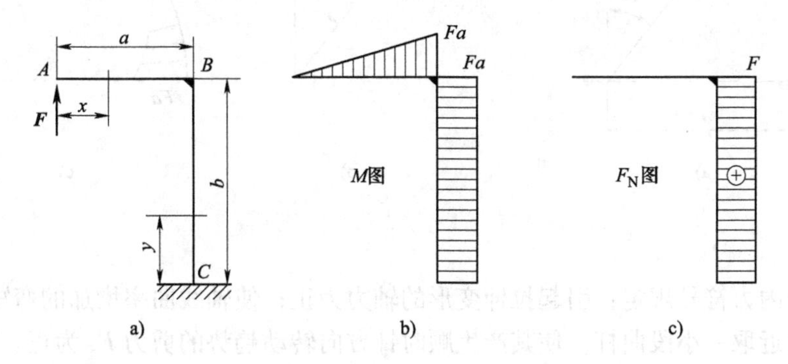


图 4-21　刚架的受力及内力图

刚架内力图的绘制方法与前述步骤相同，在绘制刚架弯矩图时，约定把弯矩图画在杆件弯曲变形受压纤维的一侧，注明弯矩数值，不再表明正负号。剪力、轴力符号规定与前述相同，剪力、轴力图可画在刚架轴线任一侧，但需注明正负号。下面举例说明静定刚架弯矩图和轴力图的画法。

【例题 4-7】 试作图 4-21a 所示钢架的弯矩图和轴力图。

解：列出弯矩方程和轴力方程，对 $AB$ 段距左端为 $x$ 的任意截面有

$$M(x) = Fx$$

$$F_N(x) = 0$$

再列出 $BC$ 段的内力方程，对距 $C$ 端为 $y$ 的任意截面，有

$$M(y) = Fa$$

$$F_N(y) = F$$

由上述方程可作出刚架的 $M$ 图和 $F_N$ 图，如图 4-21b、c 所示。弯矩图画在杆件受压纤维的一侧。

### 4.6.2 平面曲杆的内力

工程中的某些构件，如活塞环、拱形结构、链环等，一般只有一纵向对称面，其轴线是一平面曲线，称为平面曲杆或曲梁。当载荷作用于纵向对称面内时，曲杆将发生弯曲变形。横截面上的内力包括轴力、剪力和弯矩。现以轴线为圆周四分之一的曲杆为例，说明内力的计算方法。

图 4-22a 所示的曲杆，受力如图所示，圆心角为 $\varphi$ 的横截面 $m—m$ 将曲杆分成两部分。截面 $m—m$ 以右部分如图 4-22b 所示，把作用于这一部分上的力，分别投影于轴线在 $m—m$ 截面处的切线和法线方向，并对 $m—m$ 截面的形心取矩，根据平衡方程，容易求得

$$F_N = F\sin\varphi + 2F\cos\varphi = F(\sin\varphi + 2\cos\varphi)$$

$$F_S = F\cos\varphi - 2F\sin\varphi = F(\cos\varphi - 2\sin\varphi)$$

$$M = 2Fa(1 - \cos\varphi) - Fa\sin\varphi = Fa(2 - 2\cos\varphi - \sin\varphi)$$

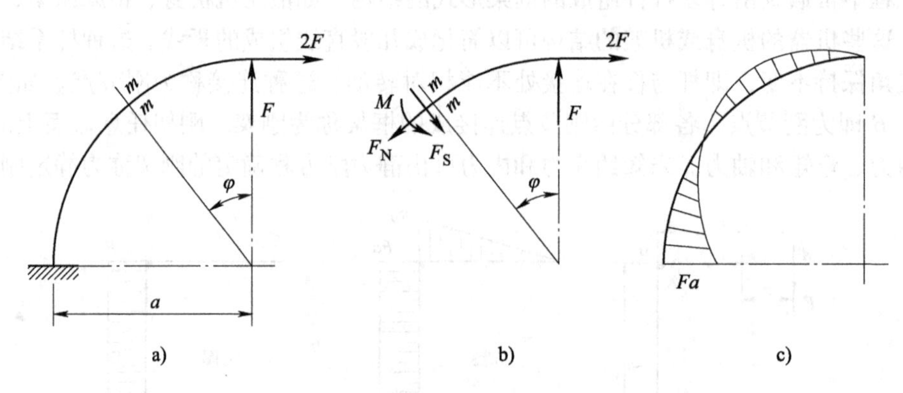


图 4-22 曲杆受力及内力分析图

对于曲杆内力符号规定：引起拉伸变形的轴力为正；使轴线曲率增加的弯矩为正；在所考虑的截面附近取一小段曲杆，使其产生顺时针方向转动趋势的剪力 $F_S$ 为正。作弯矩图时，将弯矩数值画在轴线的法线方向，并画在杆件受压的一侧。根据这一规则得到图 4-22a 的弯矩图如图 4-22c 所示。剪力图和轴力图读者可自行绘制。

## 本章小结

本章介绍了平面弯曲的概念，重点介绍了求解弯曲变形杆件横截面上的内力，绘制内力

图的两种方法及步骤，简略介绍了平面刚架和曲杆的内力的求法和叠加法绘制内力图的方法，简要介绍了叠加法绘制弯矩图和刚架的内力图。

## 习　题

**4-1**　求图4-23所示各梁中截面1—1、2—2、3—3上的剪力和弯矩，这些截面无限接近于截面$C$或$D$。设$F$、$q$、$a$均为已知。

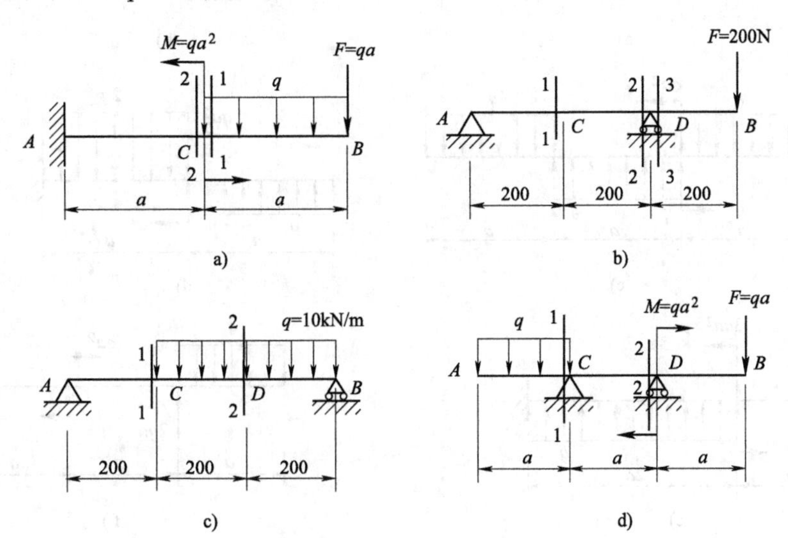


图4-23　习题4-1图

**4-2**　作图4-24中所示各梁的弯矩图和剪力图。

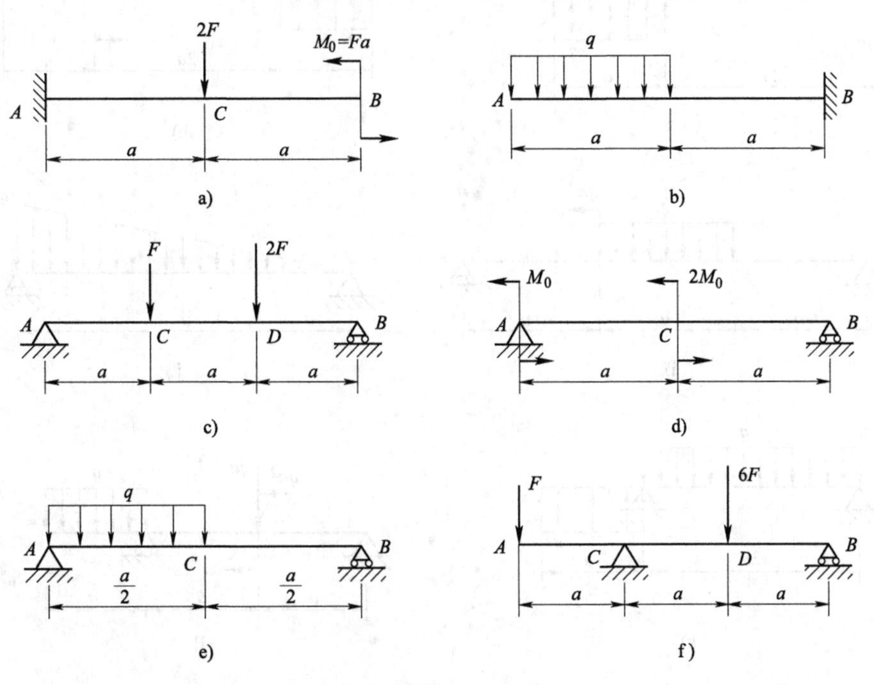


图4-24　习题4-2图

**4-3** 利用剪力、弯矩、载荷集度的微分关系绘制图 4-25 所示各梁的剪力图和弯矩图。

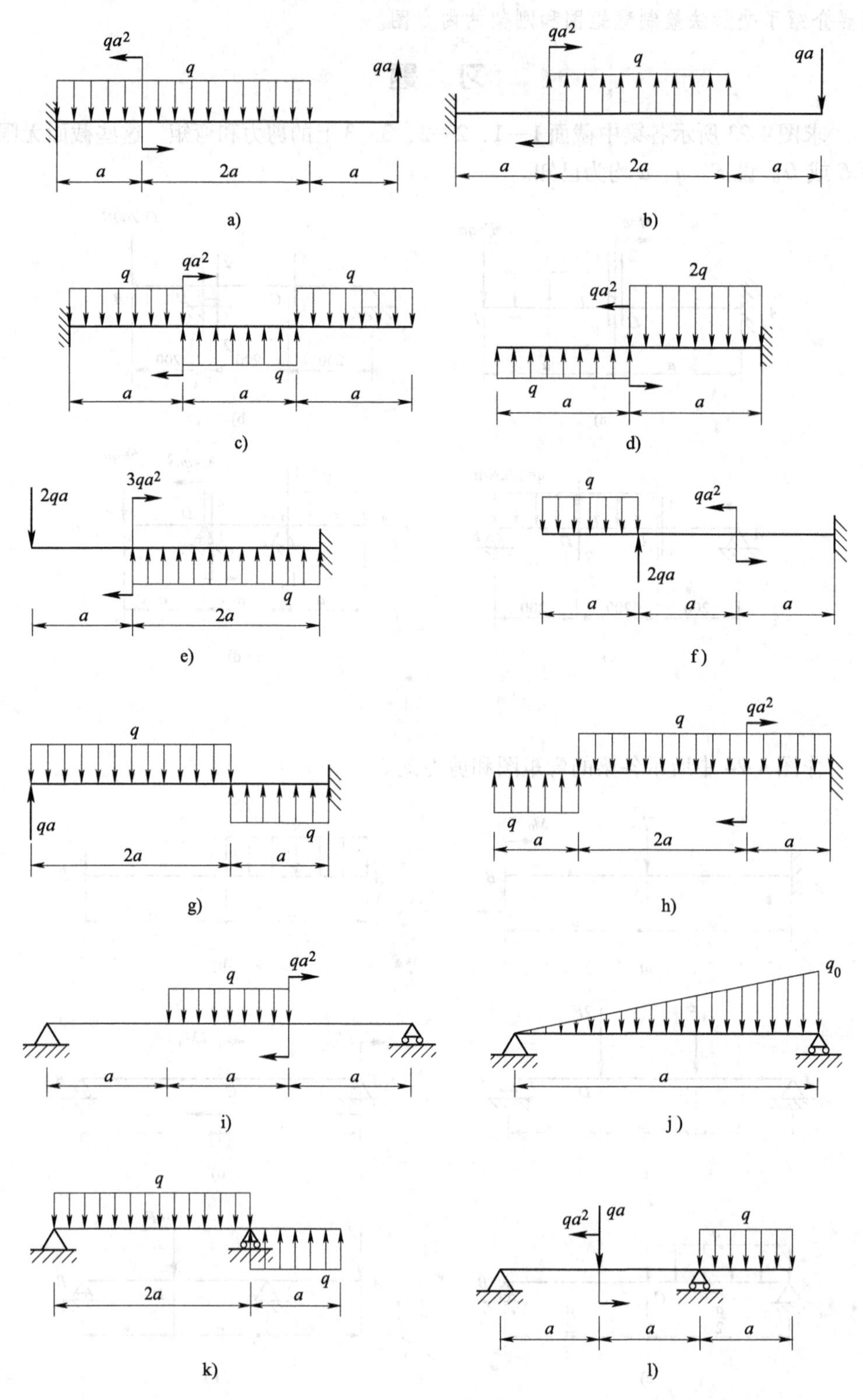


图 4-25　习题 4-3 图

**4-4** 图 4-26 所示结构，作梁 $ABC$ 的剪力图和弯矩图。

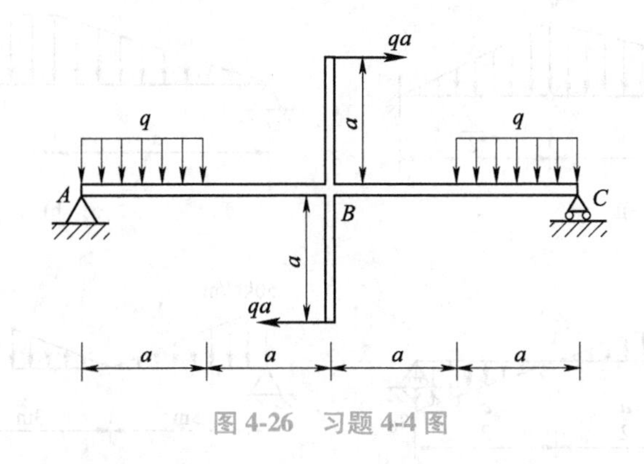


图 4-26 习题 4-4 图

**4-5** 已知梁的剪力图，试作图 4-27 所示梁的载荷图和弯矩图。

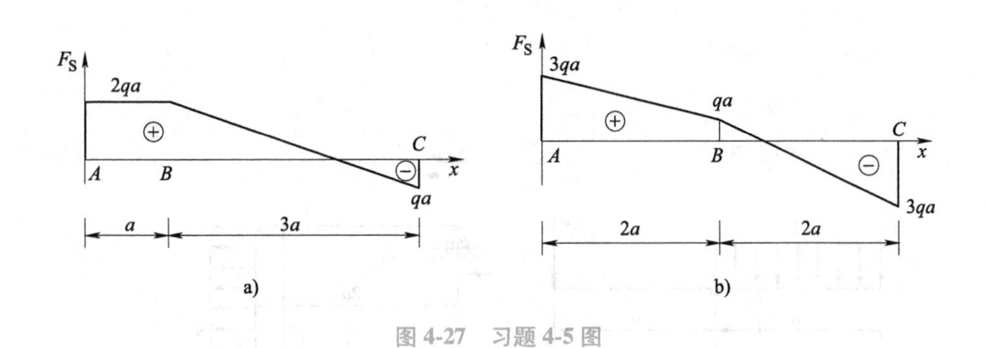


图 4-27 习题 4-5 图

**4-6** 已知弯矩图，试作图 4-28 所示梁的载荷图和剪力图。

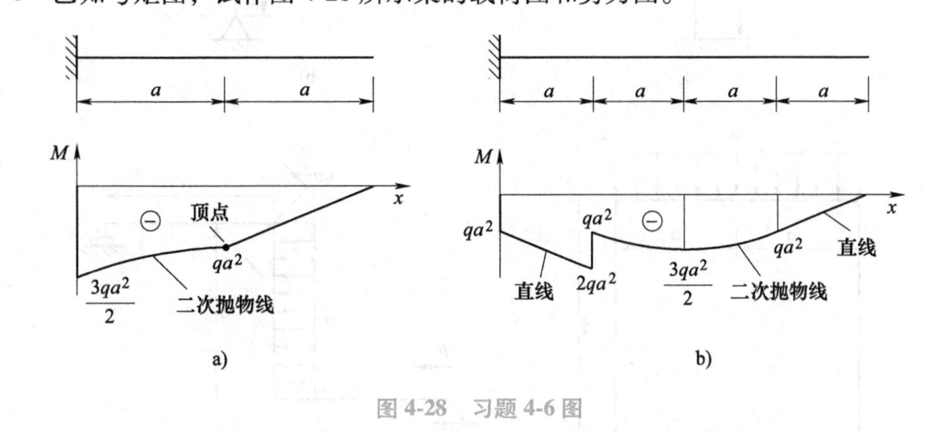


图 4-28 习题 4-6 图

**4-7** 作图 4-29 所示各梁的剪力图和弯矩图。求出最大剪力和最大弯矩。

**4-8** 作图 4-30 所示各刚架的内力图。

**4-9** 写出图 4-31 所示曲杆的内力方程，并作内力图（轴力、剪力、弯矩图）。

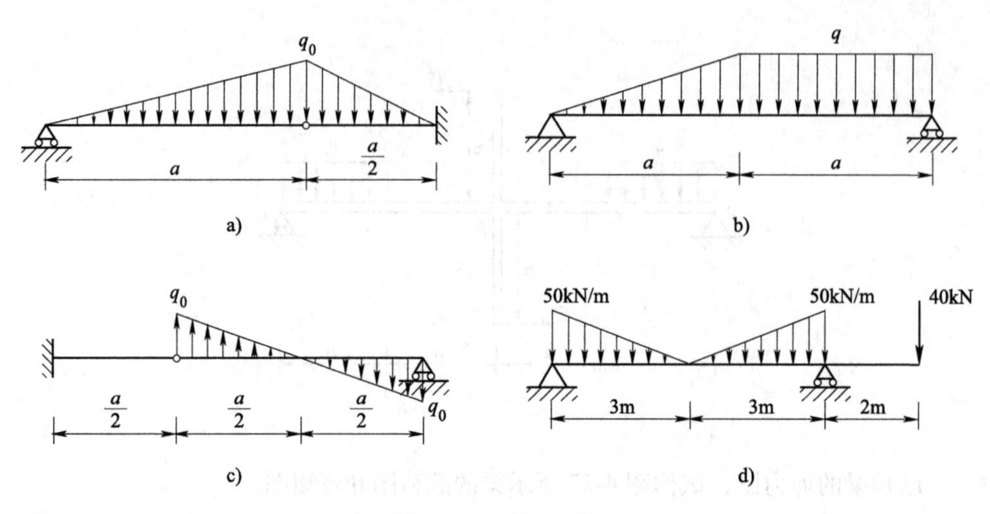


图 4-29　习题 4-7 图

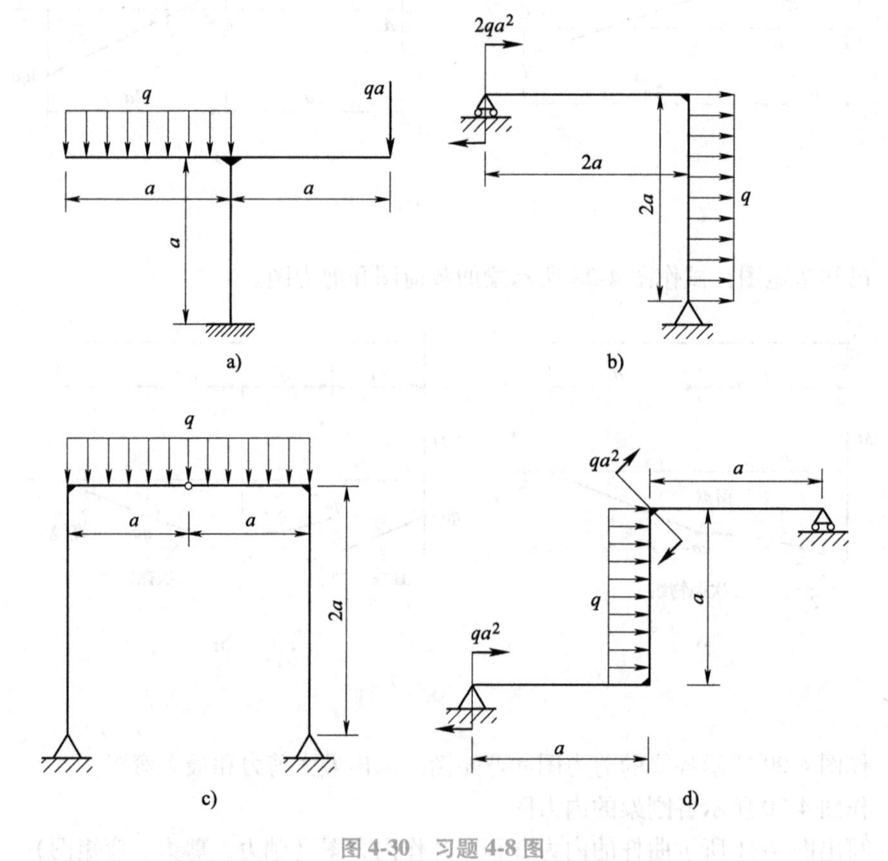


图 4-30　习题 4-8 图

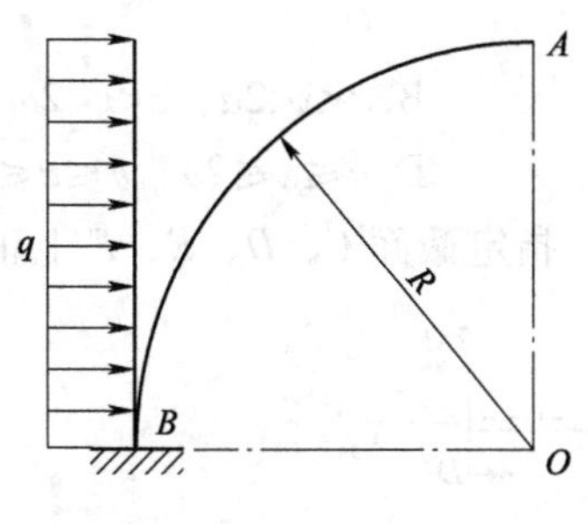


图 4-31 习题 4-9 图

## 测 试 题

**4-1** 弯矩图上$|M|_{max}$可能是＿＿＿＿＿值，出现在＿＿＿＿＿＿＿面上；可能是＿＿＿＿＿值，出现在＿＿＿＿＿＿＿情况下。

**4-2** 图 4-32 所示外伸梁受均布载荷作用，欲使 $M_A=M_B=-M_C$，则要求 $l/a$ 的比值为＿＿＿＿＿；欲使 $M_C=0$，则要求比值为＿＿＿＿＿＿＿＿＿＿。

**4-3** 图 4-33 所示矩形截面纯弯曲梁受弯矩 $M$ 作用，梁发生弹性变形，横截面上图示阴影面积上承受的弯矩为＿＿＿＿＿。

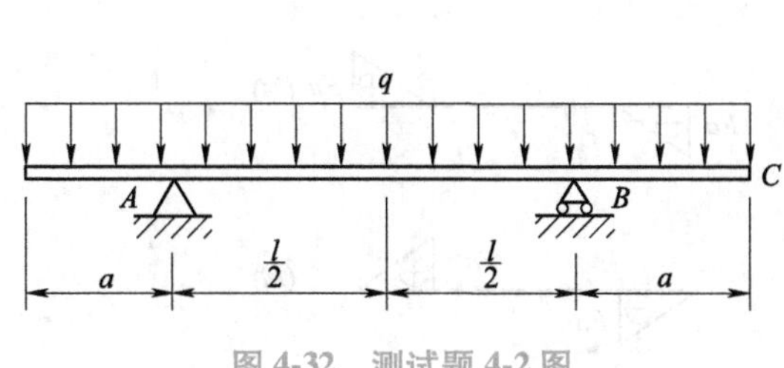


图 4-32 测试题 4-2 图

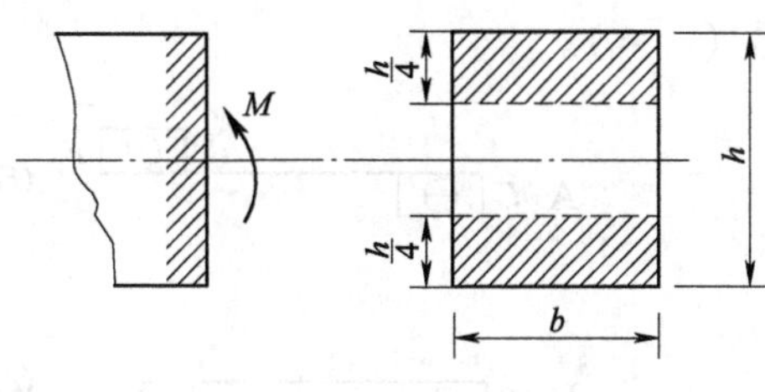


图 4-33 测试题 4-3 图

**4-4** 图 4-34 所示梁 $C$ 处的截面弯矩 $M_C=$＿＿＿＿＿；为使 $M_C=0$，则 $M_e=$＿＿＿＿＿；为使全梁不出现正弯矩，则 $M_e\geqslant$＿＿＿＿＿。

**4-5** 图 4-35 所示梁，已知 $F$、$l$、$a$，使梁的最大弯矩为最小时，梁端重量 $P$ 为＿＿＿＿＿。

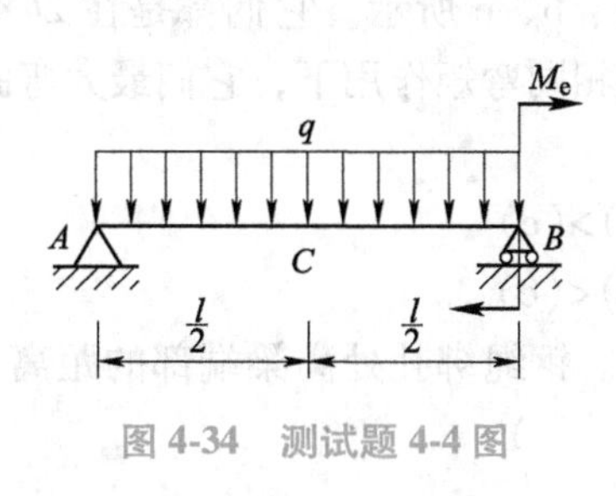


图 4-34 测试题 4-4 图

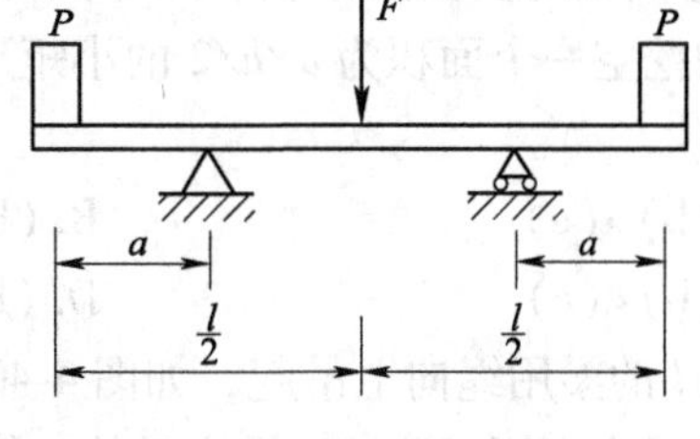


图 4-35 测试题 4-5 图

**4-6** 图 4-36 所示梁 $CB$ 段的剪力、弯矩方程分别为 $F_S(x)=-\frac{3M}{2a}$，$M(x)=-\frac{3Mx}{2a}+M$，其

相应的适用区间分别为（　　）。

A. $a \leqslant x \leqslant 2a$，$a<x<2a$　　　　B. $a<x<2a$，$a<x<2a$

C. $a \leqslant x<2a$，$a<x \leqslant 2a$　　　　D. $a \leqslant x \leqslant 2a$，$a \leqslant x \leqslant 2a$

**4-7**　梁受力如图 4-37 所示，指定截面 $C$、$D$、$E$、$F$ 上正确的 $F_S$、$M$ 值应为（　　）。

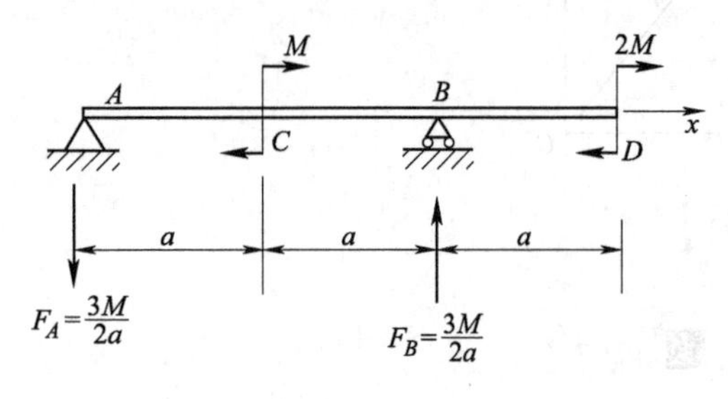


图 4-36　测试题 4-6 图

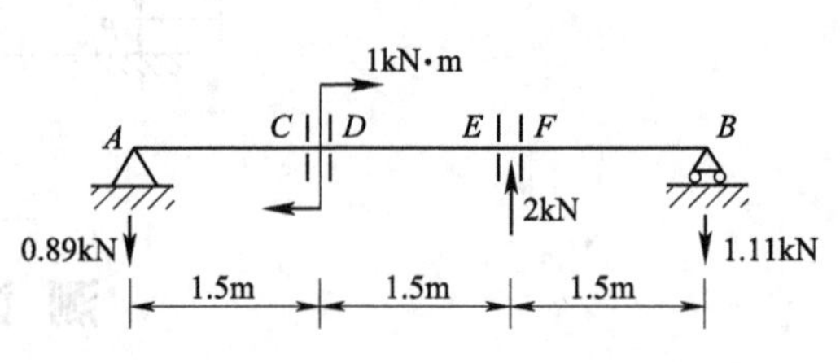


图 4-37　测试题 4-7 图

A. $F_{SC}=-0.89\text{kN}$，$M_C=-2.335\text{kN}\cdot\text{m}$

B. $F_{SD}=-0.89\text{kN}$，$M_D=-0.335\text{kN}\cdot\text{m}$

C. $F_{SE}=-1.11\text{kN}$，$M_E=-1.665\text{kN}\cdot\text{m}$

D. $F_{SF}=-1.11\text{kN}$，$M_F=-1.665\text{kN}\cdot\text{m}$

**4-8**　梁受力如图 4-38 所示，剪力图和弯矩图正确的是（　　）。

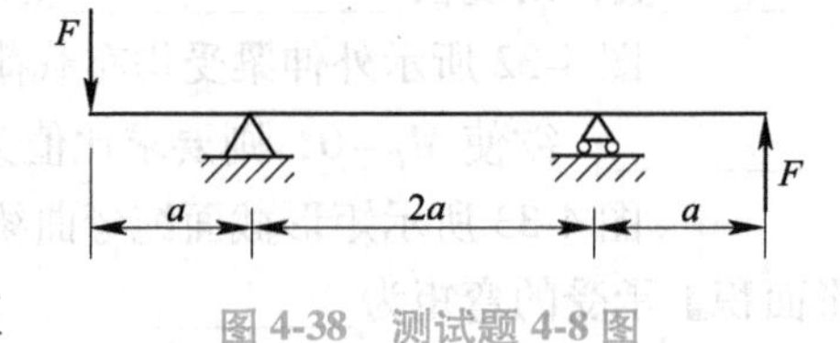


图 4-38　测试题 4-8 图

A.
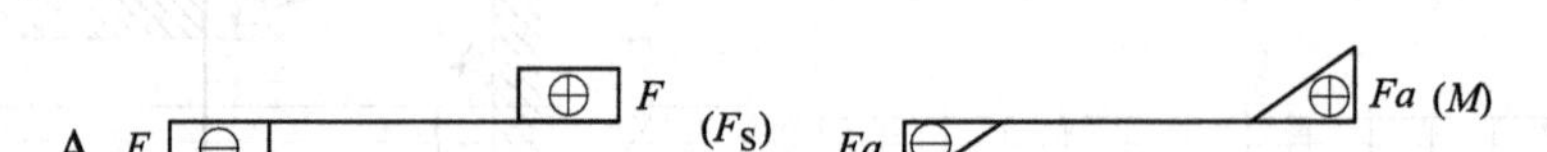


B. F　F　($F_S$)
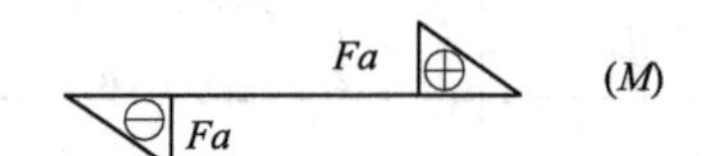


C. F　F　($F_S$)
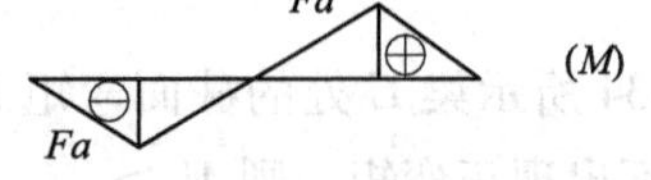


D. F　F　F　($F_S$)
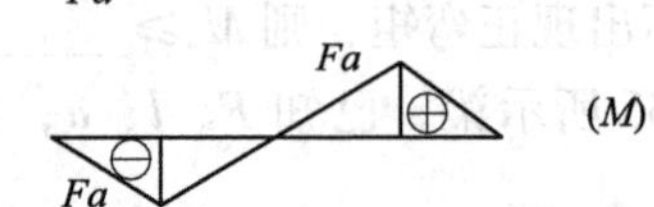


**4-9**　纯弯曲梁的横截面形状、尺寸如图 4-39a、b、c 所示。它们都是在 $2b \times 2h$ 的矩形内对称于 $y$ 轴挖空一个面积为 $b \times h/2$ 的小矩形。在相同弯矩作用下，它们最大弯曲正应力大小的排序是（　　）。

A. (a)>(b)>(c)　　　　B. (b)>(a)>(c)

C. (a)<(b)<(c)　　　　D. (b)<(a)<(c)

**4-10**　长 $l$ 的梁用绳向上吊起，如图 4-40 所示。钢绳绑扎处离梁端部的距离为 $x$。梁内由自重引起的最大弯矩 $|M|_{max}$ 为最小时的 $x$ 值为（　　）。

A. $l/2$　　　　B. $l/6$

C. $(\sqrt{2}-1)l/2$　　　　D. $(\sqrt{2}+1)l/2$

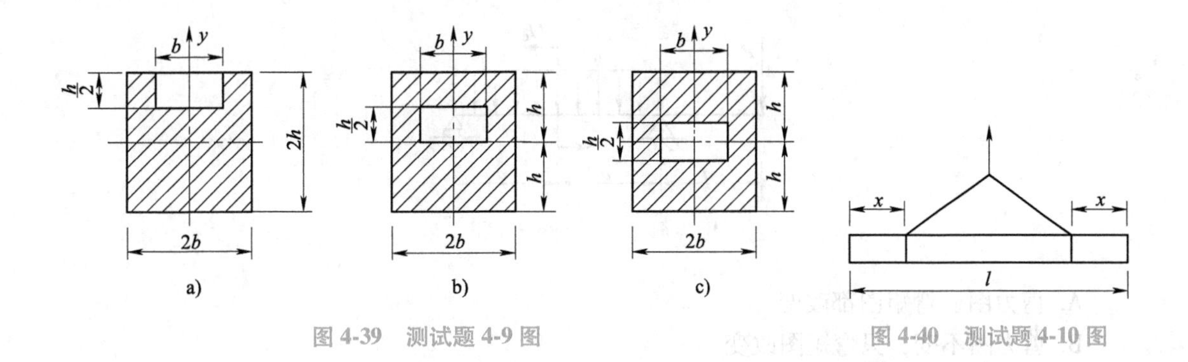


图 4-39　测试题 4-9 图　　图 4-40　测试题 4-10 图

**4-11**　多跨静定梁的两种受载荷情况如图 4-41a、b 所示。下列结论中哪个是正确的？（　　）

A. 两者的剪力图相同，弯矩图也相同

B. 两者的剪力图相同，弯矩图不相同

C. 两者的剪力图不同，弯矩图相同

D. 两者的剪力图不同，弯矩图也不同

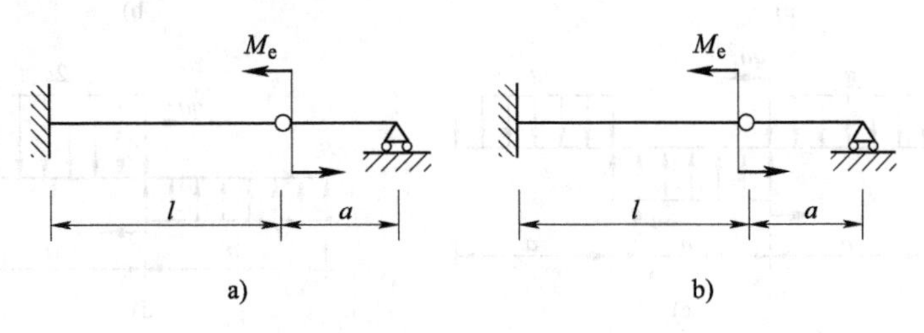


图 4-41　测试题 4-11 图

**4-12**　图 4-42a、b 所示两根梁，它们的（　　）。

A. 剪力图、弯矩图都相同

B. 剪力图相同，弯矩图不同

C. 剪力图不同，弯矩图不同

D. 剪力图、弯矩图都不同

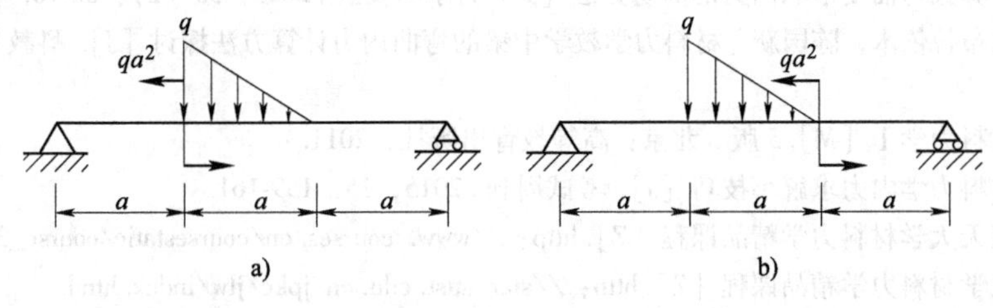


图 4-42　测试题 4-12 图

**4-13**　图 4-43 所示梁，当力偶 $M_e$ 的位置改变时，下列结论正确的是（　　）。

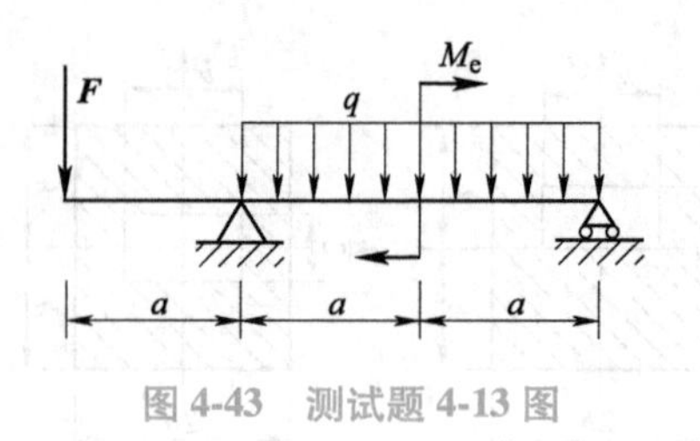

图 4-43　测试题 4-13 图

A. 剪力图、弯矩图都改变
B. 剪力图不变，只弯矩图改变
C. 弯矩图不变，只剪力图改变
D. 剪力图、弯矩图都不变

**4-14**　画出图 4-44 所示梁的剪力图和弯矩图。

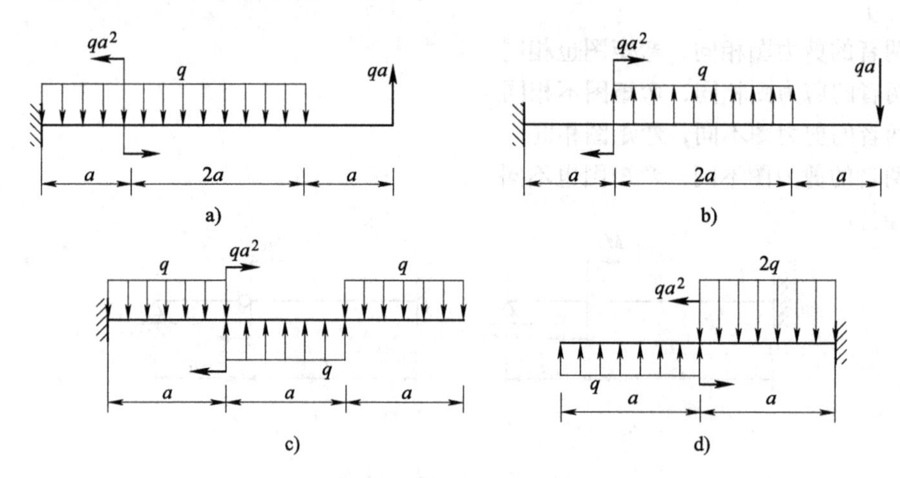

图 4-44　测试题 4-14 图

## 资源推荐

[1] 范钦珊．工程力学：静力学和材料力学 [M]．2 版．北京：高等教育出版社，2011.
[2] 陈建伟，王兴国，杨梅．材料力学中弯曲内力概念及计算的图例法教学设计 [J]．河北联合大学学报（社会科学版）．2013，13（1）：93-95；118.
[3] 朱伊德．计算梁弯曲变形和内力的简易方法 [J]．力学与实践．2013，35（2）：88-90.
[4] 热依汗．依布拉依木，陈国新．材料力学教学中梁的弯曲内力计算方法探讨 [J]．科教导刊．2013，8：96-97.
[5] 刘鸿文．材料力学Ⅰ [M]．5 版．北京：高等教育出版社，2011.
[6] 许秀兰．材料力学内力求解小技巧 [J]．考试周刊．2015，15：159-161.
[7] 北京航空航天大学材料力学精品课程 [Z]．http：//www. icourses. cn/coursestatic/course_3284. html.
[8] 安徽理工大学材料力学精品课程 [Z]．http：//star. aust. edu. cn/jpkc/jlw/index. html.
[9] 安阳工学院工程力学精品课程 [Z]．http：//gclx. ayit. edu. cn/.
[10] 力学考研论坛 [Z]．http：//bbs. kaoyan. com/f1993p1.
[11] 跳水踏板的弯曲 [Z]．http：//www. 1010jiajiao. com/czwl/shiti_id_a879ec71866f77369517d6e1d362a75b.

## 力学家简介

**徐芝纶**（1911—1999），中国著名工程力学家与教育家。江苏江都人。1934 年毕业于清华大学土木工程系，1936 年获美国麻省理工学院土木工程硕士学位，1937 年获哈佛大学工程科学硕士学位。长期致力于工程力学的教学与结构数值分析的研究，为中国工科力学教材建设做出了贡献。编著的《弹性力学》教材在国内被广泛采用，利用弹性力学原理计算水工结构问题，对基础梁的温度应力、中厚度弹性地基上的基础梁进行了研究，指导青年教师研究过载荷作用下基础梁的内力计算方法，并将研究成果制成表格以便应用。发表工程力学方面论文 10 余篇，结合教学工作编写及翻译工程力学方面的教科书 10 余部，对工科基础理论的教学起了很大作用。

# 第5章

# 抗 弯 强 度

## 学习要点

**学习重点：**

1. 截面图形的几何量；
2. 纯弯曲正应力公式的分析；
3. 梁的抗弯强度的计算。

**学习难点：**

1. 梁的弯曲切应力的计算；
2. 纯弯曲时正应力公式的分析过程。

## 思维导图

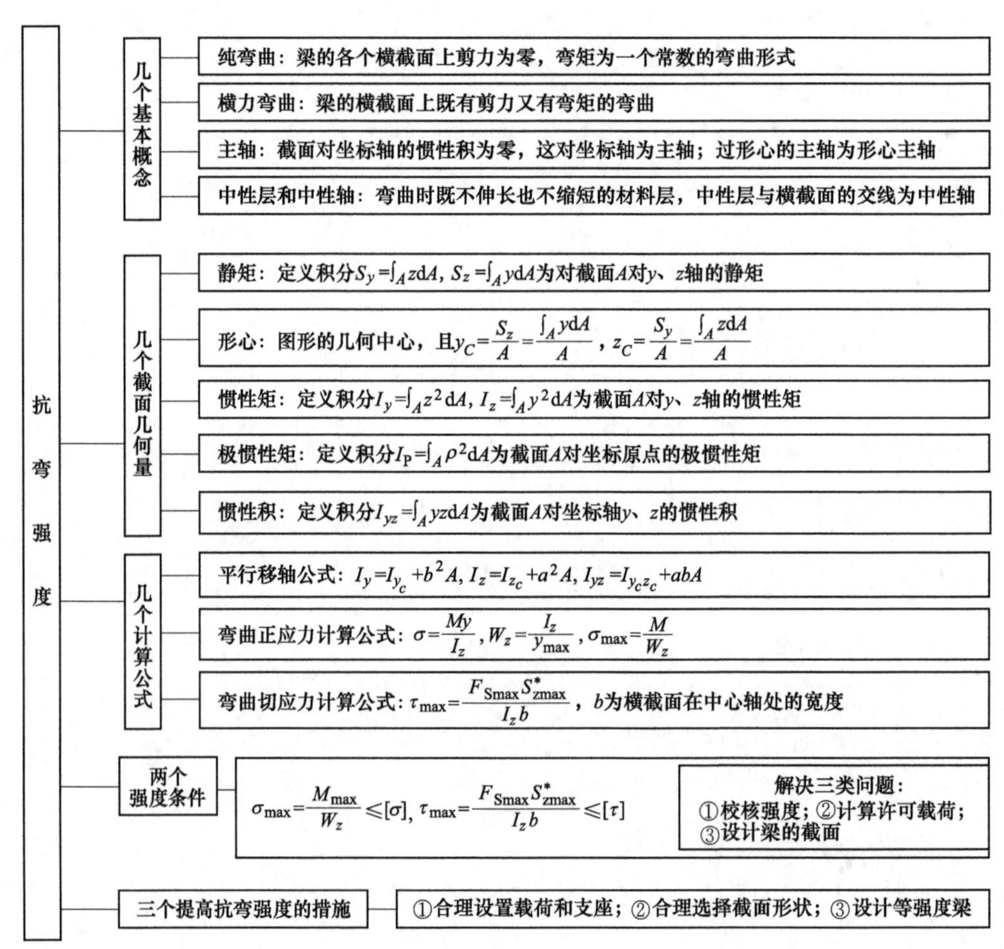

抗弯强度
几个基本概念
纯弯曲：梁的各个横截面上剪力为零，弯矩为一个常数的弯曲形式
横力弯曲：梁的横截面上既有剪力又有弯矩的弯曲
主轴：截面对坐标轴的惯性积为零，这对坐标轴为主轴；过形心的主轴为形心主轴
中性层和中性轴：弯曲时既不伸长也不缩短的材料层，中性层与横截面的交线为中性轴
几个截面几何量
静矩：定义积分$S_y=\int_A z\mathrm{d}A$, $S_z=\int_A y\mathrm{d}A$为对截面$A$对$y$、$z$轴的静矩
形心：图形的几何中心，且$y_C=\frac{S_z}{A}=\frac{\int_A y\mathrm{d}A}{A}$，$z_C=\frac{S_y}{A}=\frac{\int_A z\mathrm{d}A}{A}$
惯性矩：定义积分$I_y=\int_A z^2\mathrm{d}A$, $I_z=\int_A y^2\mathrm{d}A$为截面$A$对$y$、$z$轴的惯性矩
极惯性矩：定义积分$I_P=\int_A \rho^2\mathrm{d}A$为截面$A$对坐标原点的极惯性矩
惯性积：定义积分$I_{yz}=\int_A yz\mathrm{d}A$为截面$A$对坐标轴$y$、$z$的惯性积
几个计算公式
平行移轴公式：$I_y=I_{y_c}+b^2A$, $I_z=I_{z_c}+a^2A$, $I_{yz}=I_{y_cz_c}+abA$
弯曲正应力计算公式：$\sigma=\frac{My}{I_z}$, $W_z=\frac{I_z}{y_{max}}$, $\sigma_{max}=\frac{M}{W_z}$
弯曲切应力计算公式：$\tau_{max}=\frac{F_{Smax}S^*_{zmax}}{I_z b}$，$b$为横截面在中心轴处的宽度
两个强度条件
$\sigma_{max}=\frac{M_{max}}{W_z}\leqslant[\sigma]$, $\tau_{max}=\frac{F_{Smax}S^*_{zmax}}{I_z b}\leqslant[\tau]$
解决三类问题：
①校核强度；②计算许可载荷；
③设计梁的截面
三个提高抗弯强度的措施
①合理设置载荷和支座；②合理选择截面形状；③设计等强度梁

## 实例引导

为什么龙门吊车大梁安装时要伸出支座外一部分，而且横截面经常选择工字形、槽形或者箱体类形状呢？另外工程中常用传动轴常常用阶梯轴，这又是为什么呢？本章将从弯曲时横截面上应力的计算、截面的一些几何量、强度条件等一系列的理论知识解答以上类似问题。

## 5.1　与应力分析相关的截面图形的几何量

视频讲解

### 5.1.1　静矩、形心及其相互关系

1. 静矩

面积为 $A$ 的任意截面如图5-1所示，在坐标（$z$，$y$）处，取微面积 $\mathrm{d}A$，$z\mathrm{d}A$ 对整个图形面积 $A$ 的积分，称为图形对 $y$ 轴的静矩（用 $S_y$ 表示），静矩的常用单位为 $\mathrm{mm}^3$ 或 $\mathrm{m}^3$，即

$$S_y = \int_A z\mathrm{d}A \tag{5-1a}$$

同理，图形对 $z$ 轴的静矩

$$S_z = \int_A y\mathrm{d}A \tag{5-1b}$$

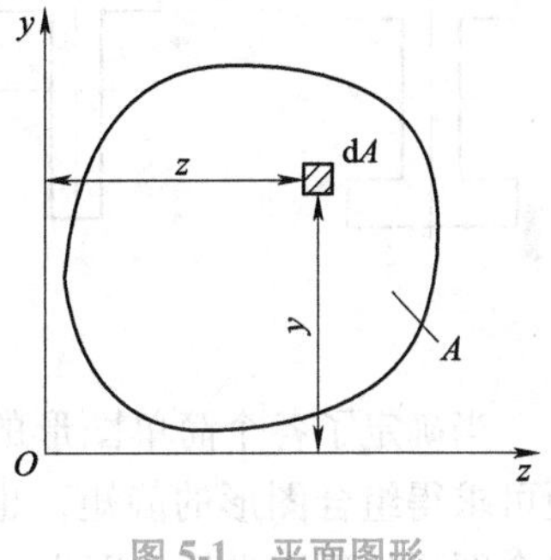


图5-1　平面图形

2. 形心

图形几何形状的中心称为形心，若将面积视为垂直于图形平面的力，则形心即为合力的作用点。若一个形状与图5-1所示相同的均质薄板，可由合力矩定理求取该均质薄板的重心坐标，即为该截面形心的坐标。

设 $z_C$、$y_C$ 为形心坐标，则有

$$S_y = Az_C$$
$$S_z = Ay_C$$

则

$$z_C = \frac{S_y}{A} = \frac{\int_A z\mathrm{d}A}{A} \tag{5-2a}$$

$$y_C = \frac{S_z}{A} = \frac{\int_A y\mathrm{d}A}{A} \tag{5-2b}$$

式（5-2）表示了图形形心坐标与静矩之间的关系。

根据上述静矩的定义以及静矩与形心之间的关系可以看出：

1）静矩与坐标轴有关，同一平面图形对于不同的坐标轴有不同的静矩。对于某些坐标轴静矩为正，对另外一些坐标轴静矩则可能为负；对于通过形心的坐标轴，图形对其静矩等于零；如果图形对于某些轴的静矩等于零，则该轴一定通过截面形心。

2）如果已经计算出静矩，就可以确定形心的位置；反之，如果已知形心在某一坐标系

中的位置，则可计算出图形对于这一坐标系中坐标轴的静矩。

计算平面图形的形心时，对于简单的、规则的图形，其形心位置可以直接判断，例如矩形、正方形、圆形、三角形等的形心位置是显而易见的。工程中有诸多构件的截面是由若干简单图形（例如矩形、圆形、三角形等）组成的，这类截面图形称为组合图形（见图5-2），由静矩的定义可知，组合图形对某一轴的静矩等于各组成部分对该轴静矩的代数和，即

$$S_y = \sum_{i=1}^{n} S_{y_i} = \sum_{i=1}^{n} A_i z_{C_i}, S_z = \sum_{i=1}^{n} S_{z_i} = \sum_{i=1}^{n} A_i y_{C_i} \tag{5-3}$$

式中，$S_y$（或$S_z$）为组合图形对$y$（或$z$）的静矩；$S_{y_i}$（或$S_{z_i}$）为简单图形对$y$（或$z$）的静矩；$z_{C_i}$（或$y_{C_i}$）为简单图形的形心坐标；$n$为组成此截面的简单图形的个数；$A_i$为简单图形的面积。

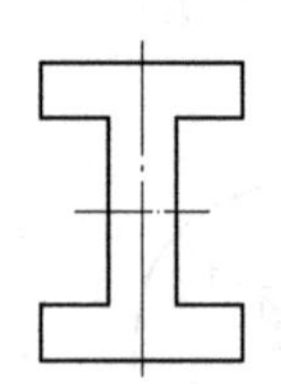
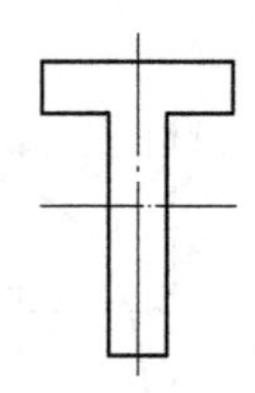
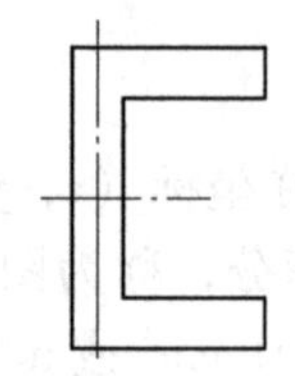
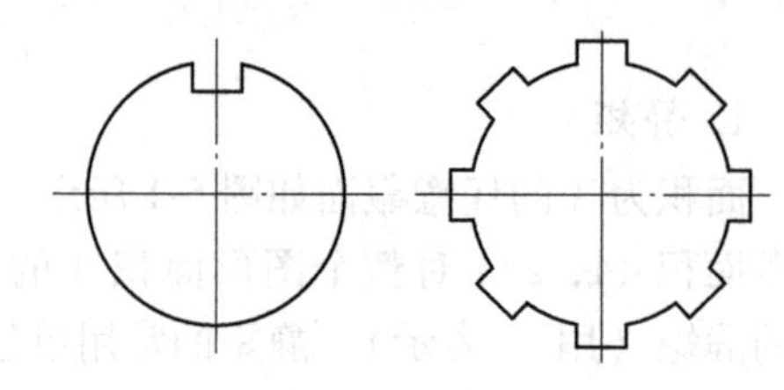

图5-2　简单的组合图形

当确定了各个简单图形的面积及形心坐标后，便可求得组合图形的静矩，也可由式（5-3）反求组合图形的形心坐标，即为

$$z_C = \frac{\sum_{i=1}^{n} A_i z_{C_i}}{\sum_{i=1}^{n} A_i}, y_C = \frac{\sum_{i=1}^{n} A_i y_{C_i}}{\sum_{i=1}^{n} A_i} \tag{5-4}$$

可见，形心的位置与平面图形的形状有直接的关系。

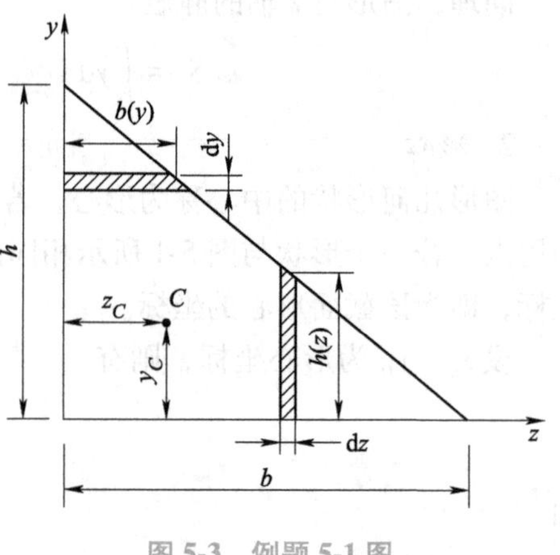


图5-3　例题5-1图

【例题5-1】　试计算图5-3所示三角形截面对$y$、$z$轴的静矩及它的形心坐标。

解：计算静矩$S_z$时，可取平行于$z$轴的狭长条（见图5-3）作为面积微元（因其上各点的$y$坐标相等），则

$$dA = b(y)dy$$

由相似三角关系，可知

$$b(y) = \frac{b}{h}(h - y)$$

因而

$$dA = \frac{b}{h}(h - y)dy$$

按静矩的定义，得

$$S_z = \int_A y\mathrm{d}A = \int_0^h \frac{b}{h}(h-y)\mathrm{d}y = \frac{1}{6}bh^2$$

同理，计算 $S_z$ 时，可取平行于 $y$ 轴的狭长条作为微面积，即 $\mathrm{d}A = h(z)\mathrm{d}z$，其中，$h(z) = \frac{h}{b}(b-z)$，由静矩定义得

$$S_y = \int_A z\mathrm{d}A = \int_0^b \frac{h}{b}(b-z)\mathrm{d}z = \frac{1}{6}hb^2$$

由形心坐标公式得

$$y_C = \frac{S_z}{A} = \frac{bh^2/6}{bh/2} = \frac{h}{3}$$

$$z_C = \frac{S_y}{A} = \frac{hb^2/6}{bh/2} = \frac{b}{3}$$

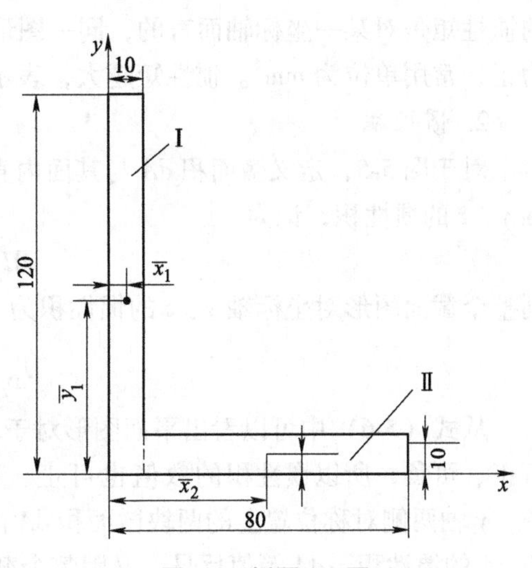

图 5-4　例题 5-2 图

【例题 5-2】　试确定图 5-4 所示截面形心 $C$ 的位置。

解：截面划分为矩形Ⅰ和矩形Ⅱ，为计算方便，选取 $x$ 轴和 $y$ 轴分别与截面的底边和左边重合。先计算每一个矩形的面积和形心坐标如下：

矩形Ⅰ

$$A_1 = (120 \times 10)\mathrm{mm}^2 = 1200\mathrm{mm}^2$$

$$x_1 = \left(\frac{1}{2} \times 10\right)\mathrm{mm} = 5\mathrm{mm}$$

$$y_1 = \left(\frac{1}{2} \times 120\right)\mathrm{mm} = 60\mathrm{mm}$$

矩形Ⅱ

$$A_2 = (70 \times 10)\mathrm{mm}^2 = 700\mathrm{mm}^2$$

$$x_2 = \left(\frac{1}{2} \times 70 + 10\right)\mathrm{mm} = 45\mathrm{mm}$$

$$y_2 = \left(\frac{1}{2} \times 10\right)\mathrm{mm} = 5\mathrm{mm}$$

则组合截面形心 $C$ 的坐标为

$$x_C = \frac{A_1x_1 + A_2x_2}{A_1 + A_2} = \frac{1200 \times 5 + 700 \times 45}{1200 + 700}\mathrm{mm} \approx 20\mathrm{mm}$$

$$y_C = \frac{A_1y_1 + A_2y_2}{A_1 + A_2} = \frac{1200 \times 60 + 700 \times 5}{1200 + 700}\mathrm{mm} \approx 40\mathrm{mm}$$

## 5.1.2　惯性矩、惯性积、极惯性矩、惯性半径

### 1. 惯性矩

对于面积为 $A$ 的任意截面图形如图 5-5 所示，$Oyz$ 是截面图形平面内的直角坐标系。由坐标 $(z, y)$ 处取一微面积记为 $\mathrm{d}A$，微面积 $\mathrm{d}A$ 与坐标 $y$ 轴和 $z$ 轴的距离分别为 $z$、$y$，则定

义微面积 dA 对 $y$ 轴和 $z$ 轴的惯性矩为

$$dI_y = z^2 dA, dI_z = y^2 dA$$

则整个截面对平面内任意轴的惯性矩等于截面内所包含的全部微面积对同一轴的惯性矩之和，则有

$$I_y = \int_A z^2 dA, I_z = \int_A y^2 dA \tag{5-5}$$

式（5-5）为截面图形对平面内两个正交轴的惯性矩。从式（5-5）中可以看出平面图形的惯性矩是对某一坐标轴而言的，同一图形对不同的坐标轴的惯性矩一般也不同。惯性矩恒为正，常用单位为 $mm^4$。惯性矩越大，表示抵抗绕该轴转动的能力就越大。

2. 惯性积

对于图 5-5，定义微面积 dA 与其面内直角坐标系中两个坐标的乘积 $yz dA$ 为 dA 对于坐标轴 $y$、$z$ 的惯性积，记为

$$dI_{yz} = yz dA$$

则整个截面图形对坐标轴 $y$、$z$ 的惯性积为

$$I_{yz} = \int_A yz dA \tag{5-6}$$

从式（5-6）中可以看出平面图形对于不同的坐标系的惯性积是不同的，因坐标的乘积可正、可负，所以惯性积的数值也可正、可负，也可为零，常用单位为 $mm^4$。例如图 5-6 中，$y$ 轴两侧对称位置上的两块微面积 dA 的 $y$ 坐标等值反号，而 $z$ 坐标等值同号，致使微面积 dA 的惯性积 $zy dA$ 等值反号。又因整个截面的惯性积等于 $z$ 轴两侧所有微面积的惯性积之和，正负一一抵消，所以整个截面对 $z$、$y$ 轴的惯性积必等于零。

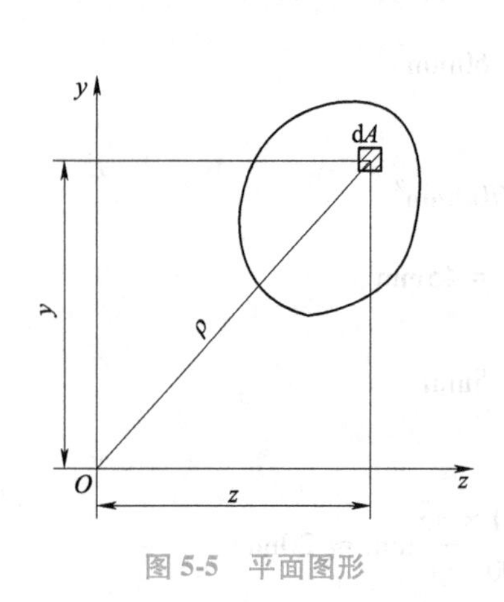


图 5-5 平面图形

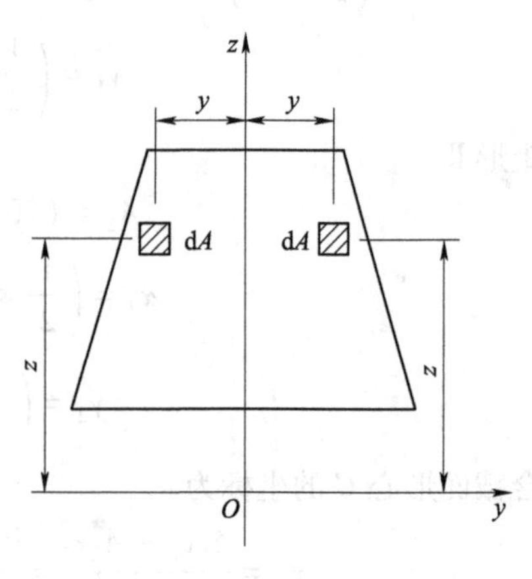


图 5-6 截面图形

3. 极惯性矩

对于图 5-5，设微面积 dA 到面内任意直角坐标系原点 $O$ 的距离为 $\rho$，则 dA 对点 $O$ 的极惯性矩定义为

$$dI_P = \rho^2 dA$$

则整个截面图形对点 $O$ 的极惯性矩为

$$I_P = \int_A \rho^2 dA \tag{5-7}$$

从式（5-7）中可以看出，平面图形的极惯性矩是对平面图形内的某一点而言的，对于同一图形不同点的极惯性矩一般也是不同的。极惯性矩恒为正，常用单位 $mm^4$。

从图 5-5 可知，$\rho^2=x^2+y^2$，所以

$$I_P=\int_A \rho^2 dA=\int_A z^2 dA+\int_A y^2 dA=I_y+I_z$$

由此可见，平面图形对任意一对互相垂直的坐标轴的惯性矩之和，等于它对该两轴交点的极惯性矩。因此，尽管过一点可以作无穷多对直角坐标轴，但截面对其中每一对直角坐标轴的两个惯性矩之和为定值，即等于截面对坐标原点的极惯性矩。

4. 惯性半径

力学计算时，有时将惯性矩表达为图形面积 $A$ 与一个相应长度 $i$ 的平方的乘积，如

$$I_y=i_y^2 A$$

$$I_z=i_z^2 A$$

式中，$i_y$、$i_z$ 即分别称为截面图形对同一平面内 $y$ 轴和 $z$ 轴的惯性半径。则有

$$i_y=\sqrt{\frac{I_y}{A}} \tag{5-8a}$$

$$i_z=\sqrt{\frac{I_z}{A}} \tag{5-8b}$$

截面图形对某一轴的惯性半径反映了截面面积分布对坐标轴的靠近程度。例如，取 20a 工字钢截面的两个对称轴为 $y$、$z$，如图 5-7 所示，由附录中的型钢表可查得 $i_z=8.15\text{cm}$，$i_y=2.12\text{cm}$。这个结果表明，图 5-7 中工字钢截面面积分布更靠近 $z$ 轴。

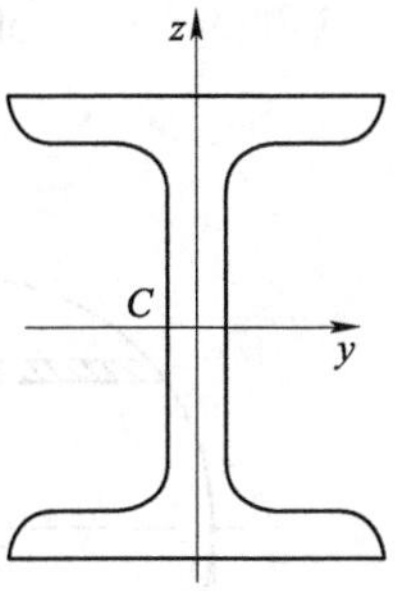

图 5-7 工字钢截面

【例题 5-3】 求图 5-8 所示矩形截面对其对称轴 $y$、$z$ 轴的惯性矩。

解：先求对 $y$ 轴的惯性矩。取平行于 $z$ 轴的狭长条作为微面积 $dA$。则

$$dA=b dy$$

$$I_z=\int_A y^2 dA=\int_{-\frac{h}{2}}^{\frac{h}{2}} b y^2 dy=\frac{bh^3}{12}$$

用完全相同的方法可求得

$$I_y=\frac{hb^3}{12}$$

若图形是高为 $h$、宽为 $b$ 的平行四边形（见图 5-9），则由于算式相同，它对形心轴 $y$ 轴的惯性矩仍是 $I_y=\dfrac{hb^3}{12}$。

【例题 5-4】 求图 5-10 所示圆形截面对其对称轴的惯性矩。

解：取图 5-10 中的阴影的面积为 $dA$，则

$$dA=2z dy=2\sqrt{R^2-y^2}\,dy$$

$$I_z=\int_A y^2 dA=2\int_{-R}^{R} y^2\sqrt{R^2-y^2}\,dy=\frac{\pi R^4}{4}=\frac{\pi D^4}{64}$$

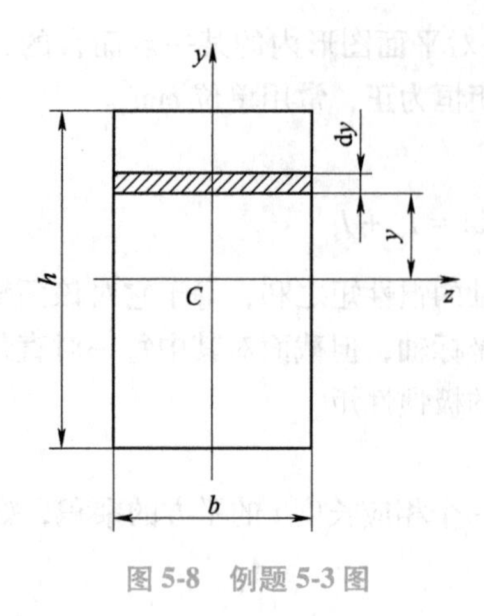


图 5-8　例题 5-3 图

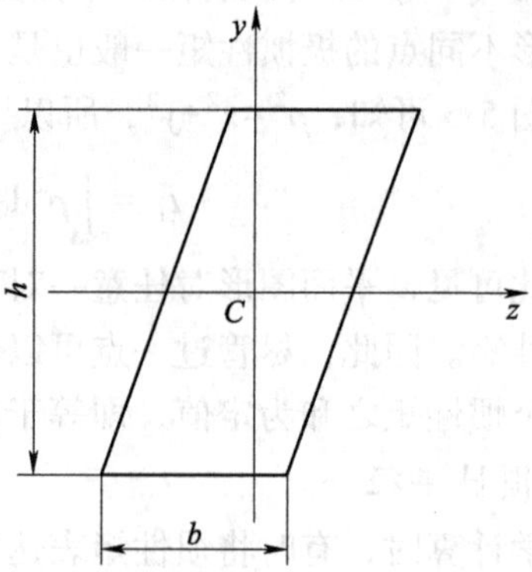

图 5-9　平行四边形截面

由于对称性，必然有

$$I_z = I_y = \frac{\pi D^4}{64}$$

由极惯性矩的定义可得圆形截面对圆心的极惯性矩为

$$I_{\mathrm{P}} = I_z + I_y = \frac{\pi D^4}{32}$$

【例题 5-5】　求图 5-11 所示三角形对 $y$ 轴的惯性矩及惯性积。

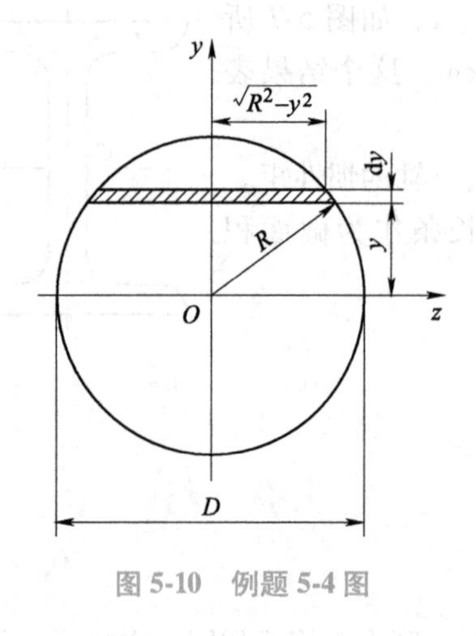


图 5-10　例题 5-4 图

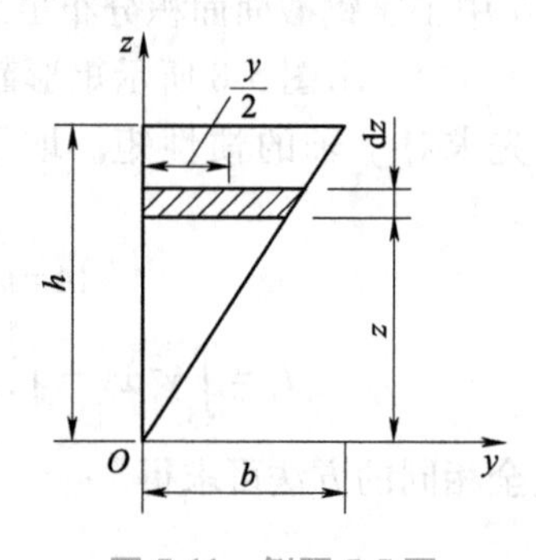


图 5-11　例题 5-5 图

解：取平行于 $y$ 轴的狭长矩形作为微面积，由于 $\mathrm{d}A = y\mathrm{d}z$，其中宽度 $y$ 随 $z$ 变化，$y = \dfrac{b}{h}z$。

由惯性矩公式得　　$I_y = \int_A z^2 \mathrm{d}A = \int_0^h z^2 \dfrac{b}{h} z \mathrm{d}z = \dfrac{bh^3}{4}$

由惯性积公式得　　$I_{yz} = \int_A yz \mathrm{d}A = \int_0^h z \dfrac{b}{h} z \mathrm{d}z = \dfrac{bh^2}{3}$

工程中为了计算方便，用积分法计算出一些简单图形截面对于形心坐标轴的几何量，见表 5-1。

表 5-1　简单图形截面对于形心坐标轴的几何量

| 截面 | 惯性矩 | 抗弯（扭）截面系数 | 惯性半径 |
|---|---|---|---|
| 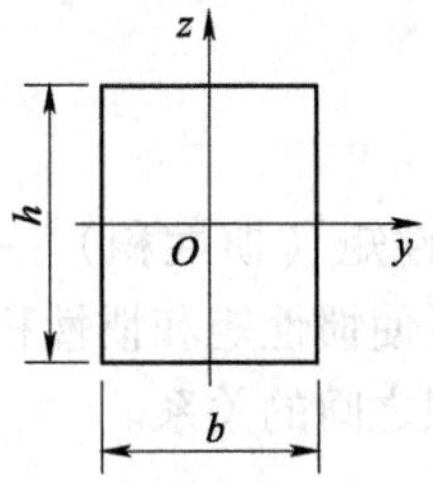 矩形（宽 $b$，高 $h$） | $I_y=\frac{bh^3}{12}$<br>$I_z=\frac{b^3h}{12}$ | $W_y=\frac{bh^2}{6}$<br>$W_z=\frac{b^2h}{6}$ | $i_y=\frac{h}{\sqrt{12}}$<br>$i_z=\frac{b}{\sqrt{12}}$ |
| 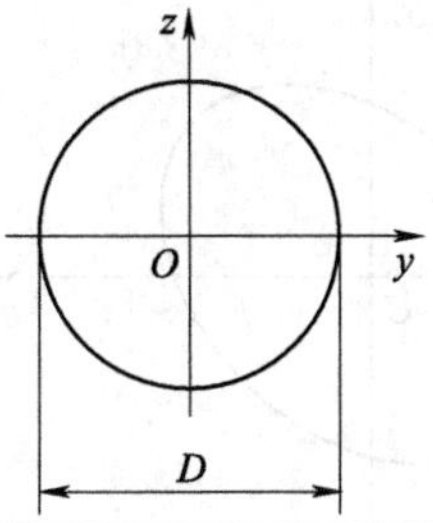 圆形（直径 $D$） | $I_y=I_z=\frac{\pi D^4}{64}$<br>$I_P=\frac{\pi D^4}{32}$ | $W_y=W_z=\frac{\pi D^3}{32}$<br>$W_P=\frac{\pi D^3}{16}$ | $i_y=i_z=\frac{D}{4}$ |
| 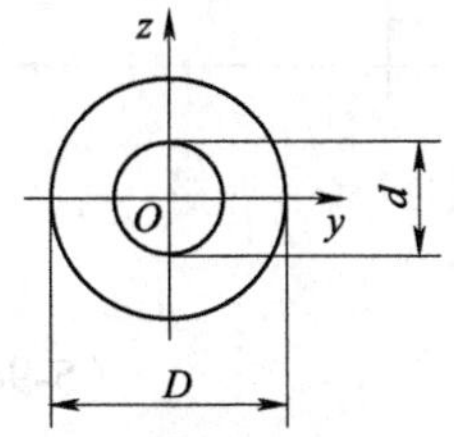 圆环（外径 $D$，内径 $d$） | $I_y=I_z=\frac{\pi D^4}{64}(1-\alpha^4)$<br>$I_P=\frac{\pi D^4}{64}(1-\alpha^4)$<br>$\alpha=\frac{d}{D}$ | $W_y=W_z=\frac{\pi D^3}{32}(1-\alpha^4)$<br>$W_P=\frac{\pi D^3}{16}(1-\alpha^4)$ | $i_y=i_z=\frac{\sqrt{D^2+d^2}}{4}$ |
| 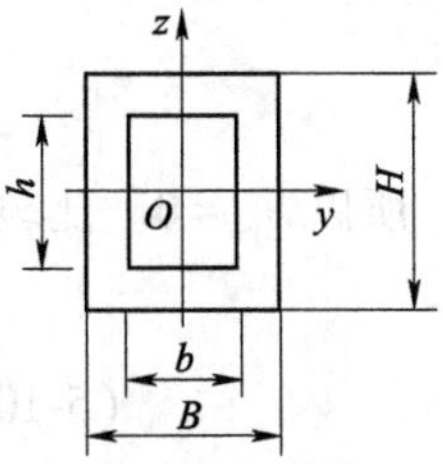 空心矩形（$B$、$H$，$b$、$h$） | $I_y=\frac{BH^3-bh^3}{12}$<br>$I_z=\frac{B^3H-b^3h}{12}$ | $W_y=\frac{BH^3-bh^3}{6H}$<br>$W_z=\frac{B^3H-b^3h}{6B}$ | $i_y=\sqrt{\frac{I_y}{A}}$<br>$i_z=\sqrt{\frac{I_z}{A}}$ |
| 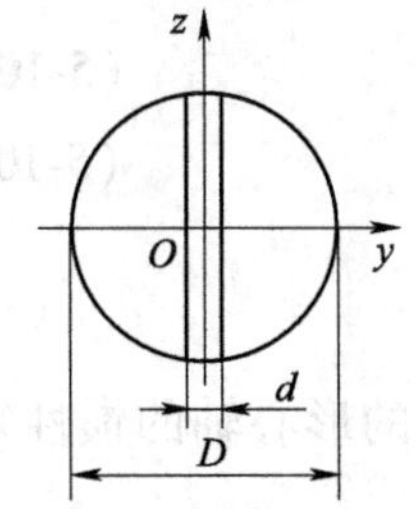 开槽圆形（$D$，槽宽 $d$） | $I_y\approx\frac{\pi D^4}{64}-\frac{dD^3}{12}$<br>$I_z\approx\frac{\pi D^4}{64}-\frac{d^3D}{12}$ | $W_y\approx\frac{\pi D^3}{32}-\frac{dD^2}{6}$<br>$W_z\approx\frac{\pi D^3}{32}-\frac{d^3}{6}$ | $i_y=\sqrt{\frac{I_y}{A}}$<br>$i_z=\sqrt{\frac{I_z}{A}}$ |
| 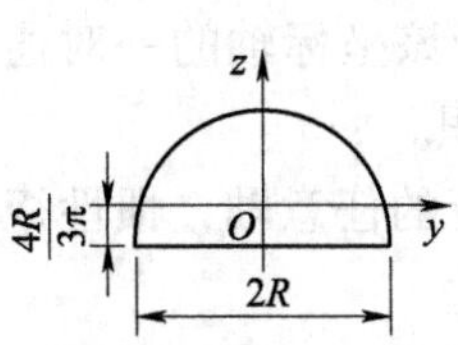 半圆形（$2R$，形心距底边 $\frac{4R}{3\pi}$） | $I_y=\left(\frac{\pi}{8}-\frac{8}{9\pi}\right)R^4\approx0.11R^4$<br>$I_z=\frac{\pi R^4}{8}$ | $W_y=0.191R^3$<br>$W_z=\frac{\pi R^3}{8}$ | $i_y=0.264R$<br>$i_z=\frac{R}{2}$ |

从惯性矩和惯性积的计算表达式可知，惯性矩表示截面对转轴的分布程度，越往转轴中心靠近，惯性矩越小；而惯性积反映的是物体质量对某一坐标平面的对称度，对称性越好，惯性积越小。

### 5.1.3 惯性矩与惯性积的平行移轴定理

从前面惯性矩和惯性积的公式可知，同一图形对不同坐标轴的惯性矩（惯性积）一般都是不相同的，然而它们之间却存在一定的关系，掌握并应用规律，可使惯性矩和惯性积的计算得到简化。下面讨论截面对于相互平行的坐标轴的惯性矩和惯性积之间的关系。

1. 平行移轴公式

图 5-12 中，设 $y_C$、$z_C$ 是通过截面形心的一对正交轴，$C$ 是图形的形心，$y$、$z$ 是分别与 $y_C$、$z_C$ 平行的另一正交轴，$(b, a)$ 是形心 $C$ 在坐标系 $Oyz$ 中的坐标。在截面上取微面积 $\mathrm{d}A$，其在两个坐标系中的坐标分别为 $(z_C, y_C)$ 和 $(z, y)$。根据定义，截面图形对这两对正交轴的惯性矩和惯性积分别为

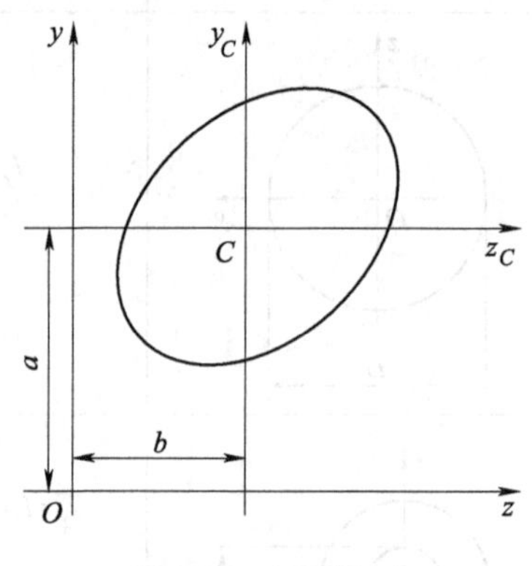

图 5-12 平面图形

$$I_{y_C} = \int_A z_C^2 \mathrm{d}A, I_{z_C} = \int_A y_C^2 \mathrm{d}A, I_{y_C z_C} = \int_A y_C z_C \mathrm{d}A \quad (5\text{-}9a)$$

$$I_y = \int_A z^2 \mathrm{d}A, I_z = \int_A y^2 \mathrm{d}A, I_{yz} = \int_A yz \mathrm{d}A \quad (5\text{-}9b)$$

两个坐标系之间的关系为

$$y = y_C + a, z = z_C + b \quad (5\text{-}9c)$$

将式（5-9c）中第二式代入式（5-9b）中的第一式，得

$$I_y = \int_A (z_C + b)^2 \mathrm{d}A = \int_A z_C^2 \mathrm{d}A + 2b\int_A z_C \mathrm{d}A + b^2\int_A \mathrm{d}A$$

式中，积分 $\int_A z_C \mathrm{d}A$ 是截面图形对 $y_C$ 轴的静矩 $S_{y_C}$，由于 $y_C$ 轴是形心轴，所以 $S_{y_C}=0$。比较上式与式（5-9a）中的第一式，得到

$$I_y = I_{y_C} + b^2 A \quad (5\text{-}10a)$$

同理可得

$$I_z = I_{z_C} + a^2 A \quad (5\text{-}10b)$$

$$I_{yz} = I_{y_C z_C} + abA \quad (5\text{-}10c)$$

此即为图形对于平行轴惯性矩与惯性积之间关系的平行移轴定理。

平行移轴定理表明：

1）图形对直角坐标轴中任一轴的惯性矩，等于图形对与该轴平行的形心轴的惯性矩，加上图形面积与两平行轴间距离平方的乘积。

2）图形对于任意一对直角坐标轴的惯性积，等于图形对于平行于该坐标轴的一对通过形心的直角坐标轴的惯性积，加上图形面积与两对平行轴间距离的乘积。

3）因为面积及包含 $a^2$、$b^2$ 的项恒为正，故自形心轴移至与之平行的任意轴，惯性矩总是增加的。

4）$a$、$b$ 为原坐标系原点在新坐标系中的坐标，要注意二者的正负号；二者同号时 $abA$

为正，异号时为负。所以，移轴后惯性积有可能增加也可能减少。

2. 组合截面惯性矩和惯性积

当平面图形由若干个简单图形组成时，根据惯性矩和惯性积的定义，可以查表 5-1 得出每个简单图形对某一轴的惯性矩或惯性积，然后求其总和即得整个图形对同一轴的惯性矩或惯性积。

$$I_y = \sum_{i=1}^{n} I_{y_i} \tag{5-11a}$$

$$I_z = \sum_{i=1}^{n} I_{z_i} \tag{5-11b}$$

$$I_{yz} = \sum_{i=1}^{n} I_{y_i z_i} \tag{5-11c}$$

对于图 5-13 所示的空心圆，可以看作由直径为 $D$ 的实心圆挖去直径为 $d$ 的同心圆所得的图形，即可使用上式计算，可得

$$I_y = I_z = \frac{\pi D^4}{64} - \frac{\pi d^4}{64}$$

$$I_{\mathrm{P}} = \frac{\pi D^4}{32} - \frac{\pi d^4}{32}$$

【例题 5-6】 试确定图 5-14 所示 T 形截面对形心 $y_C$ 轴的惯性矩 $I_{y_C}$。

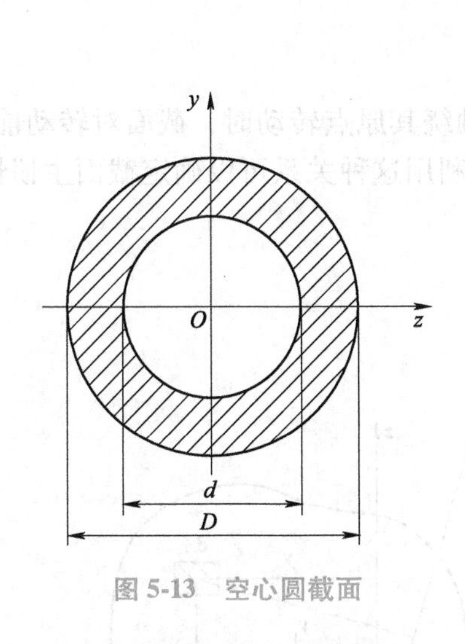


图 5-13 空心圆截面

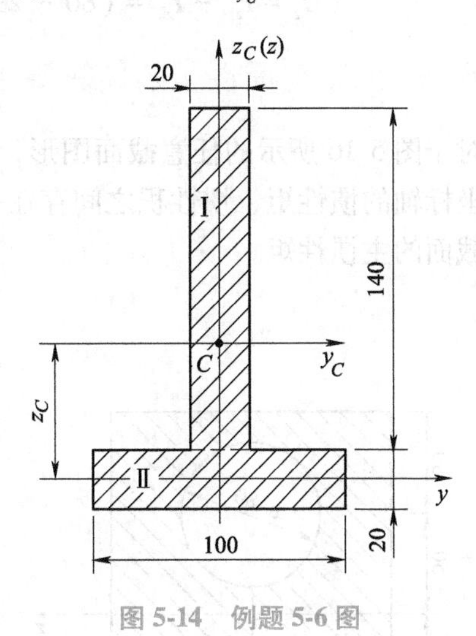


图 5-14 例题 5-6 图

解：(1) 将截面分为两个矩形 I 和 II。

(2) 确定形心的位置。图形的形心必然在对称轴上。取矩形 II 的形心为坐标原点，平行于底边的方向为参考轴 $y$，垂直向上的参考轴为 $z$ 轴，确定整个图形形心 $z_C$ 的计算公式如下：

$$z_C = \frac{A_1 z_1 + A_2 z_2}{A_1 + A_2}$$

$$= \frac{0.14 \times 0.02 \times 0.08 + 0.1 \times 0.02 \times 0}{0.14 \times 0.02 + 0.1 \times 0.02}\mathrm{m} = 0.0467\mathrm{m}$$

(3) 计算矩形Ⅰ、Ⅱ对 $y_C$ 轴的惯性矩。

$$I_{y_C}^{\mathrm{I}}=\left[\frac{1}{12}\times 0.02\times 0.14^3+(0.08-0.0467)^2\times 0.02\times 0.14\right]\mathrm{m}^4$$
$$=7.69\times 10^{-6}\mathrm{m}^4$$

$$I_{y_C}^{\mathrm{II}}=\left(\frac{1}{12}\times 0.1\times 0.02^3+0.0467^2\times 0.02\times 0.1\right)\mathrm{m}^4$$
$$=4.43\times 10^{-6}\mathrm{m}^4$$

整个图形对 $y_C$ 轴的惯性矩为

$$I_{y_C}=I_{y_C}^{\mathrm{I}}+I_{y_C}^{\mathrm{II}}=(7.69\times 10^{-6}+4.43\times 10^{-6})\mathrm{m}^4=12.12\times 10^{-6}\mathrm{m}^4$$

【例题 5-7】 试确定图 5-15 所示图形对其水平形心轴 $z$ 的惯性矩。

解：图形对 $z$ 轴的惯性矩 $I_z$，等于整个矩形对 $z$ 轴的惯性矩 $I_{z1}$ 减去被挖空的两个圆形对 $z$ 轴的惯性矩 $I_{z2}$，即 $I_z=I_{z1}-I_{z2}$。而

$$I_{z1}=\frac{bh^3}{12}=\left(\frac{1}{12}\times 120\times 200^3\right)\mathrm{mm}^4=80\times 10^6\mathrm{mm}^4$$

$$I_{z2}=2\times\left(\frac{\pi D^4}{64}+Aa^2\right)=2\times\left(\frac{\pi}{64}\times 80^4+50^2\times\frac{\pi}{4}\times 80^2\right)\mathrm{mm}^4=29.14\times 10^6\mathrm{mm}^4$$

由此得

$$I_z=I_{z1}-I_{z2}=(80-29.14)\times 10^6\mathrm{mm}^4=50.86\times 10^6\mathrm{mm}^4$$

### 5.1.4 惯性矩与惯性积的转轴定理

对于图 5-16 所示的任意截面图形，当一对坐标轴绕其原点转动时，截面对转动前、后两组坐标轴的惯性矩、惯性积之间存在一定的关系，利用这种关系可以确定截面主惯性轴，计算截面的主惯性矩。

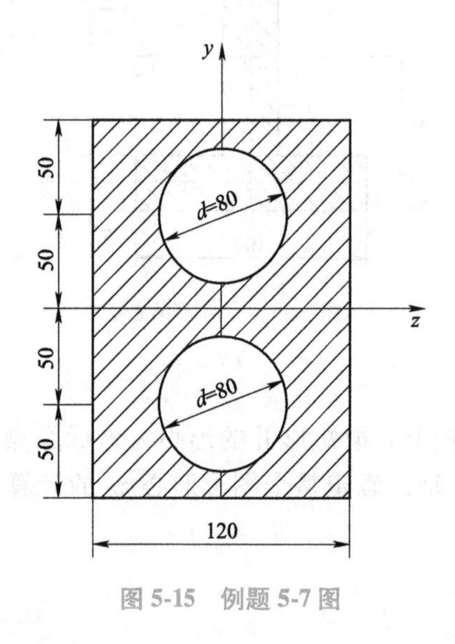

图 5-15 例题 5-7 图

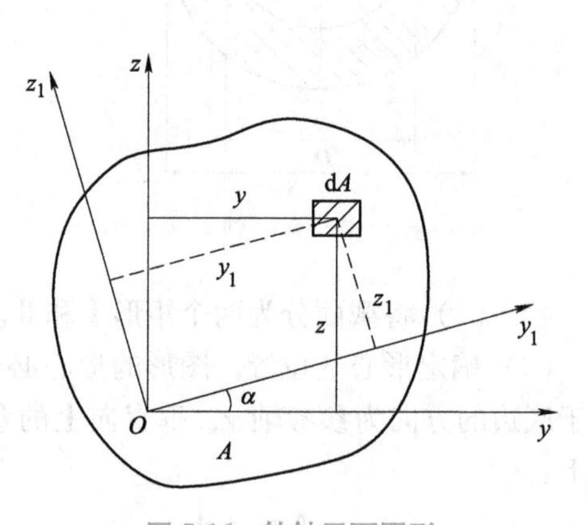

图 5-16 转轴平面图形

如图 5-16 所示的图形对于 $y$、$z$ 轴的惯性矩和惯性积分别为 $I_y$、$I_z$ 和 $I_{yz}$，且

$$I_y = \int_A z^2 \mathrm{d}A,\ I_z = \int_A y^2 \mathrm{d}A,\ I_{yz} = \int_A yz\mathrm{d}A$$

将 $Oyz$ 坐标系绕坐标原点 $O$ 逆时针方向转过 $\alpha$ 角，得到一新的坐标系 $Oy_1z_1$。图形对新坐标系的坐标轴 $y_1$、$z_1$ 的惯性矩和惯性积分别为

$$I_{y_1} = \int_A z_1^2 \mathrm{d}A, I_{z_1} = \int_A y_1^2 \mathrm{d}A, I_{y_1z_1} = \int_A y_1 z_1 \mathrm{d}A \tag{5-12a}$$

由图 5-16 可知，微面积 d$A$ 在新、旧两个坐标系中的坐标（$y_1$，$z_1$）和（$y$、$z$）之间的关系为

$$y_1 = y\cos\alpha + z\sin\alpha, z_1 = z\cos\alpha - y\sin\alpha \tag{5-12b}$$

把式（5-12b）中的第二式代入式（5-12a）的第一式，得

$$\begin{aligned} I_{y_1} &= \int_A z_1^2 \mathrm{d}A = \int_A (z\cos\alpha - y\sin\alpha)^2 \mathrm{d}A \\ &= \cos^2\alpha \int_A z^2 \mathrm{d}A - 2\sin\alpha\cos\alpha \int_A yz\mathrm{d}A + \sin^2\alpha \int_A y^2 \mathrm{d}A \\ &= I_y \cos^2\alpha + I_z \sin^2\alpha - I_{yz}\sin2\alpha \end{aligned}$$

将$\cos^2\alpha = \dfrac{1}{2}(1+\cos2\alpha)$ 和$\sin^2\alpha = \dfrac{1}{2}(1-\cos2\alpha)$ 代入上式，可得

$$I_{y_1} = \frac{I_y + I_z}{2} + \frac{I_y - I_z}{2}\cos2\alpha - I_{yz}\sin2\alpha \tag{5-13a}$$

同理，可得

$$I_{z_1} = \frac{I_y + I_z}{2} - \frac{I_y - I_z}{2}\cos2\alpha + I_{yz}\sin2\alpha \tag{5-13b}$$

$$I_{yz} = \frac{I_y - I_z}{2}\sin2\alpha + I_{yz}\cos2\alpha \tag{5-13c}$$

上述转轴定理与移轴定理不同，不要求 $y$、$z$ 通过形心。当然转轴定理的公式对于绕形心转动的坐标系也是适用的，而且在实际应用中也是比较常用的。

### 5.1.5　主轴与形心主轴、主惯性矩与形心主惯性矩

从式（5-13c）可以看出，对于确定的点（坐标原点），当坐标轴旋转时，随着角度 $\alpha$ 的改变，惯性积也发生变化，由于惯性积可能为正，也可能为负，总有一个角度 $\alpha_0$ 以及相应的 $y_0$、$z_0$ 轴，使得图形对于这一对坐标轴的惯性积等于零。

如果图形对于过一点的一对坐标轴的惯性积等于零，则称这一对坐标轴为过这一点的主惯性轴，简称主轴。该图形对于主轴的惯性矩称为主惯性矩。需要指出，对于任意一点都有主轴，而通过形心的主轴称为形心主轴，图形对形心主轴的惯性矩称为形心主惯性矩，简称为形心主矩。下面求过一点主轴的位置。

我们令式（5-13c）为零，设为零时的角度为 $\alpha_0$，则有

$$I_{y_0z_0} = \frac{I_y - I_z}{2}\sin2\alpha_0 + I_{yz}\cos2\alpha_0 = 0 \tag{5-14}$$

于是求得

$$\tan2\alpha_0 = -\frac{2I_{yz}}{I_y - I_z}$$

上式中的 $\alpha_0$ 和 $\frac{\pi}{2}\pm\alpha_0$ 表示了主轴的方位角。将上面的关系式代入转轴公式的前两个式中可求得截面的主惯性矩。主惯性矩由下式计算：

$$I_{y0}=\frac{I_y+I_z}{2}+\frac{1}{2}\sqrt{(I_y-I_z)^2+4I_{yz}^2} \tag{5-15a}$$

$$I_{z0}=\frac{I_y+I_z}{2}-\frac{1}{2}\sqrt{(I_y-I_z)^2+4I_{yz}^2} \tag{5-15b}$$

若将转轴公式第一式对 $\alpha$ 求一阶导数且令其为零，有

$$\frac{\mathrm{d}I_y}{\mathrm{d}\alpha}=-2\left(\frac{I_y-I_z}{2}\sin2\alpha+I_{yz}\cos2\alpha\right)=0 \tag{5-16}$$

可以看出，上式实际上与式（5-14）一致，说明由式（5-15）求得的主惯性矩就是截面的最大和最小惯性矩。

当图形有一根对称轴时，对称轴与之垂直的任意轴即为过二者交点的主轴。如图 5-17 所示的具有一根对称轴的图形，位于对称轴 $y$ 一侧的部分图形对于 $y$、$z$ 轴的惯性积与位于另一侧的图形对于 $y$、$z$ 轴的惯性积，二者数值相等，代数和为零。所以，整个图形对于 $y$、$z$ 轴的惯性积为零，故 $y$、$z$ 轴为主轴，若 $C$ 为形心，则 $y$、$z$ 轴为形心主轴。在实际分析中，通常截面的对称轴一定是形心主轴。

思政点睛

【例题 5-8】 已知截面尺寸如图 5-18 所示。试求其形心主惯性矩 $I_{y0}$、$I_{z0}$。

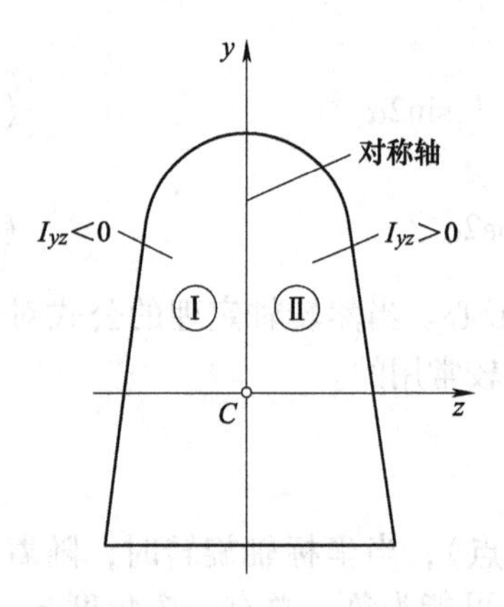


图 5-17 平面对称图形

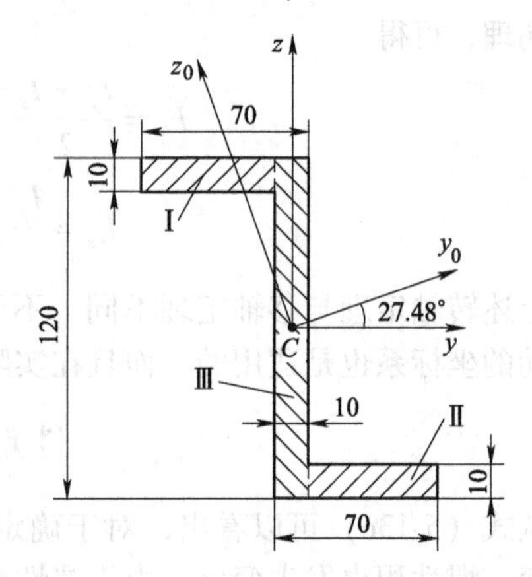


图 5-18 例题 5-8 图

解：(1) 确定形心位置。截面的形心在其反对称中心点 $C$，以点 $C$ 为原点，取坐标轴 $y$、$z$ 如图所示。

(2) 将截面分成三个小矩形 Ⅰ、Ⅱ、Ⅲ。

(3) 计算惯性矩 $I_y$、$I_z$ 和惯性积 $I_{yz}$。

$$I_y=\sum_{i=1}^{3}(I_{y_{Ci}}+a_i^2A_i)=\left[\left(\frac{60\times10^3}{12}+55^2\times60\times10\right)\times2+\frac{10\times120^3}{12}\right]\text{mm}^4$$
$$=5.08\times10^6\text{mm}^4$$

$$I_z=\sum_{i=1}^{3}(I_{z_{Ci}}+b_i^2A_i)=\left[\left(\frac{60^3\times10}{12}+35^2\times60\times10\right)\times2+\frac{10^3\times120}{12}\right]\text{mm}^4$$
$$=1.84\times10^6\text{mm}^4$$

$$I_{yz}=\sum_{i=1}^{3}(I_{y_{Ci}z_{Ci}}+a_ibA_i)=[(-35)\times55\times60\times10+35\times(-55)\times60\times10]\text{mm}^4$$
$$=-2.31\times10^6\text{mm}^4$$

（4）确定形心主轴的方位。

$$\tan2\alpha_0=-\frac{2I_{yz}}{I_y-I_z}=-\frac{2\times(-2.31)\times10^6}{(5.08-1.84)\times10^6}=1.426$$

$$\alpha_0=27.48°,\ \alpha_0+\frac{\pi}{2}=27.48°+90°=117.48°$$

由于 $I_y>I_z$，所示图形对绝对值较小的 $\alpha_0$ 所确定的形心主轴的惯性矩为最大值，另一轴的惯性矩为最小值。对于图 5-18 所示的图形，对 $y_0$ 轴的形心主惯性矩为最大值，对 $z_0$ 轴的形心主惯性矩为最小值。

（5）计算形心主惯性矩。

$$I_{y0}=\frac{I_y+I_z}{2}+\frac{1}{2}\sqrt{(I_y-I_z)^2+4I_{yz}^2}$$
$$=\left[\frac{1}{2}(5.08+1.84)\times10^6+\frac{1}{2}[(5.08-1.84)^2+4\times(-2.31)^2]^{\frac{1}{2}}\times10^6\right]\text{mm}^4$$
$$=(3.46\times10^6+2.82\times10^6)\text{mm}^4=6.28\times10^6\text{mm}^4=I_{max}$$
$$I_{z0}=\frac{I_y+I_z}{2}-\frac{1}{2}\sqrt{(I_y-I_z)^2+4I_{yz}^2}$$
$$=(3.46\times10^6-2.82\times10^6)\text{mm}^4=0.64\times10^6\text{mm}^4=I_{min}$$

视频讲解

## 5.2 纯弯曲时梁横截面上的正应力分析

唯物辩证法告诉我们，当复杂事物的发展过程中存在多种矛盾时，我们要抓住对事物发展起支配地位、决定作用的主要矛盾，同时兼顾次要矛盾。而对于梁弯曲时横截面的应力计算我们该怎么区分主要矛盾和次要矛盾呢?

### 5.2.1 纯弯曲的概念

为解决梁的强度问题，在求得梁的内力后，必须进一步研究横截面上的应力分布规律。

通常，当梁受外力弯曲时，由第 4 章的学习可知，横截面上同时有剪力和弯矩两种内力，梁的横截面上将对应同时存在正应力和切应力。

如图 5-19a 所示简支梁，在其纵向对称面内与跨中点对称地作用两集中力 $F$，受力情况简化为图 5-19b，此时梁靠近支座的 $AC$、$DB$ 段内，各横截面内既有弯矩又有剪力，如图 5-19c、d 所示，这种情况为剪切弯曲或横力弯曲。在中段 $CD$ 内的各横截面上剪力等于零，弯矩为一常数，这种弯曲称为纯弯曲。为了更集中地分析正应力与弯矩之间的关系，先考虑纯弯曲梁横截面上的正应力。

### 5.2.2 实验观察与假设

要研究梁横截面上的正应力分布规律，可以进行纯弯曲实验。取一矩形等截面直梁，在

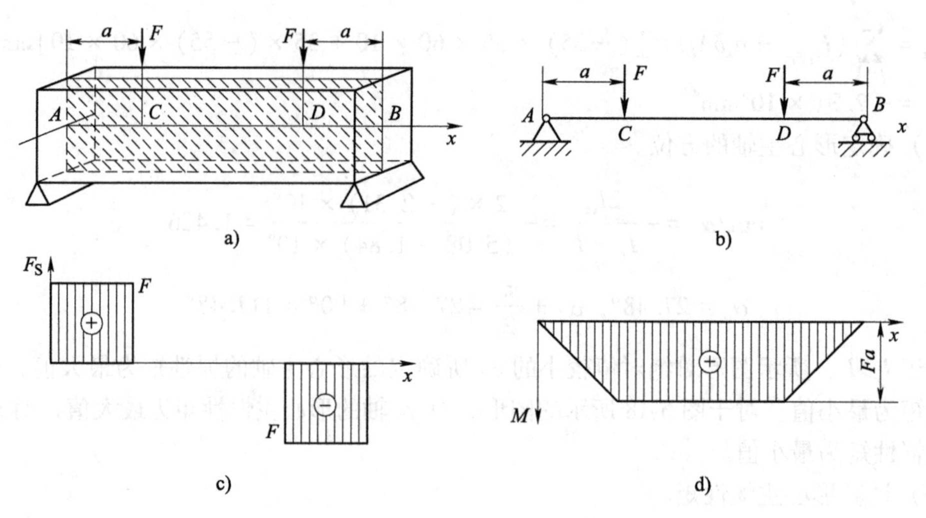


图 5-19　简支梁受力及内力图

表面画多条平行于梁轴线的纵线和垂直于梁轴线的横线，这里取其中的两条横向线 $m—m$ 和 $n—n$、两条纵向线 $a—a$ 和 $b—b$，如图 5-20a 所示。在梁的两端纵向对称面内施加一对集中力偶 $M$，使梁发生纯弯曲变形。

通过梁的纯弯曲实验可观察到如下现象：

1）纵向线 $a'—a'$和 $b'—b'$弯曲成圆弧线，其间距不变。靠近梁顶部凹面的纵向线 $a'—a'$缩短，靠近梁底部凸面的纵向线 $b'—b'$伸长。

2）横向线 $m'—m'$和 $n'—n'$仍为直线，且与纵向线正交，横向线间相对地转过了一个微小的角度。

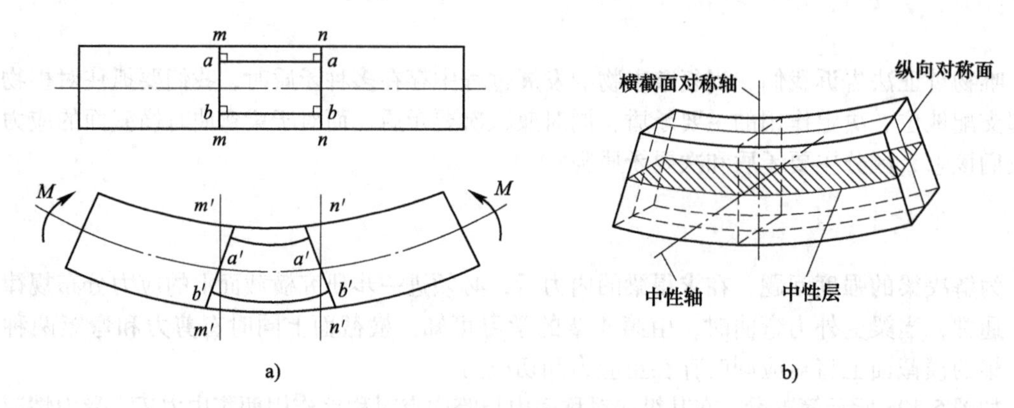


图 5-20　梁纯弯曲实验

根据以上梁纯弯曲变形的特点，做出平面假设：原来为平面的横截面变形后仍为平面，并垂直于变形后的轴线，只是绕横截面内某一轴线旋转了一个角度。按照平面假设，同时认为梁由无数条纵向纤维所组成，各纵向纤维互不挤压，处于单向拉伸或压缩状态，所以可以推断出梁纯弯曲时，凸边纤维伸长，凹边纤维缩短，二者之间必有一层纤维既不伸长也不缩短，这一层纤维称为“中性层”，中性层与横截面的交线称为中性轴，如图 5-20b 所示。“问渠那得清如许？为有源头活水来”。同样为了弄清为什么有这样的变形现象，需要分析纯弯曲梁横截面上的正应力的情况。

### 5.2.3　纯弯曲梁横截面上的正应力分析计算

梁纯弯曲时横截面上的正应力，与圆轴扭转时横截面上切应力的公式推导相似，是从几何关系、物理关系和静力学关系三个方面入手分析得到的。

1. 几何关系方面

在纯弯曲梁上截取微段 d$x$，此微段变形前后的情况如图 5-21a、b 所示。在梁横截面上设置坐标系 $Oyz$，其中 $y$ 轴为横截面对称轴，$z$ 轴为中性轴，如图 5-21c 所示。由平面假设可知，对于相距为 d$x$ 的两个横截面，变形后各自绕中性轴相对旋转了一个角度 d$\theta$，并且仍保持为平面；而中性层原来为平面，变形后成了弧面，设弧面的曲率半径为 $\rho$，由于中性层内的纤维沿轴 $x$ 方向的长度不变，则

$$\mathrm{d}x = \overline{OO} = O'O' = \rho\mathrm{d}\theta$$

对于距中性层为 $y$ 的纤维$\overline{bb}$变成 $b'b'$，相应的几何关系为

$$b'b' = (\rho + y)\mathrm{d}\theta$$

则这一段纵向纤维$\overline{bb}$弯曲变形后的正应变为

$$\varepsilon = \frac{b'b' - \overline{bb}}{\overline{bb}} = \frac{b'b' - \mathrm{d}x}{\mathrm{d}x} = \frac{(\rho + y)\mathrm{d}\theta - \rho\mathrm{d}\theta}{\rho\mathrm{d}\theta} = \frac{y}{\rho} \tag{5-17}$$

结果表明，梁纯弯曲时纵向纤维的正应变与它到中性层的距离成正比。

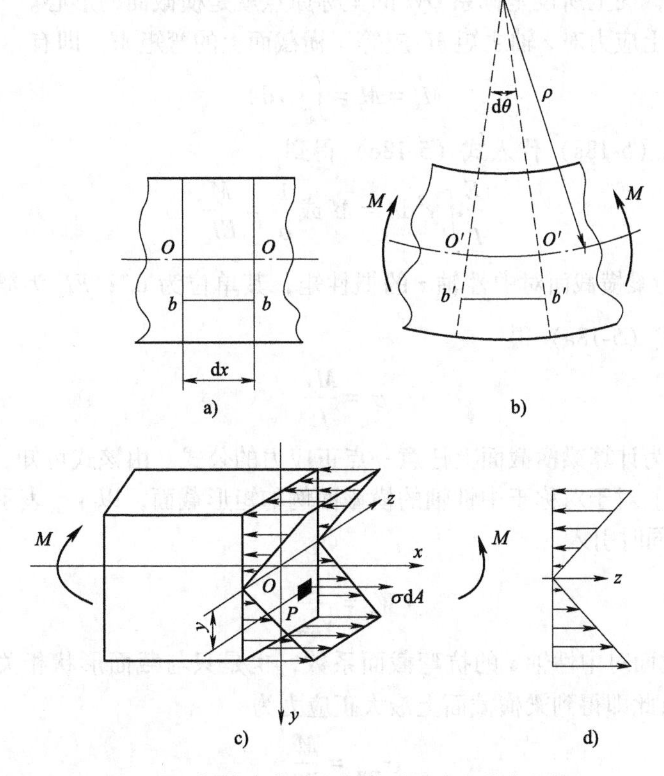


图 5-21　梁纯弯曲时几何关系及应力分布规律

2. 物理关系方面

梁纯弯曲时，认为材料的纵向纤维只受到简单的单向拉伸或压缩，因此在应力不超过比例极限时，服从胡克定律，即

$$\sigma = E\varepsilon = E\frac{y}{\rho} \tag{5-18a}$$

对于既定的梁的弯曲变形，$E$、$\rho$ 均为常数，说明纯弯曲梁横截面上任意一点的正应力与该点到中性轴的距离 $y$ 成正比，即正应力沿截面高度按线性规律分布（见图 5-21d）。

3. 静力学关系方面

为了确定中性轴的位置以及中性层的曲率半径，需要应用静力学方程。

由于横截面上存在正应力，正应力在横截面上进行简化可得一个轴力和一个弯矩。根据截面法和平衡条件，纯弯曲时，横截面上只有弯矩一个内力分量，轴力必须等于零。于是有

$$F_{\mathrm{N}} = \int_A \sigma \mathrm{d}A = 0 \tag{5-18b}$$

将式（5-18a）代入（5-18b），得

$$\int_A \sigma \mathrm{d}A = \frac{E}{\rho}\int_A y\mathrm{d}A = \frac{E}{\rho}S_z = 0$$

式中，$\int_A y\mathrm{d}A = y_C A = S_z$ 为整个横截面对轴 $z$ 的静矩。这里，$y_C$ 为该横截面的形心坐标，因$A\neq0$，且 $E/\rho\neq0$，故 $y_C=0$，表明中性轴 $z$ 必通过横截面的形心，故中性轴的位置确定。由于 $y$ 轴是横截面的对称轴，因此 $y$ 轴也通过横截面的形心，可见在梁横截面上所设坐标系 $Oyz$ 的坐标原点就是横截面的形心。

思政点睛

另外，横截面上应力对 $z$ 轴之矩 $M_z$ 应等于横截面上的弯矩 $M$，即有

$$M_z = M = \int_A y\sigma \mathrm{d}A \tag{5-18c}$$

将 $\sigma$ 的表达式（5-18a）代入式（5-18c）得到

$$\frac{E}{\rho}\int_A y^2 \mathrm{d}A = M \text{ 或 } \frac{1}{\rho} = \frac{M}{EI_z} \tag{5-18d}$$

式中，$I_z = \int_A y^2 \mathrm{d}A$ 为梁横截面对中性轴 $z$ 的惯性矩，其单位为 $\mathrm{m}^4$；$EI_z$ 为梁的抗弯刚度。将式（5-18d）代入式（5-18a）得

$$\sigma = \frac{My}{I_z} \tag{5-19}$$

式（5-19）即为计算梁横截面上任意一点正应力的公式。由该式可知，横截面上最外缘处弯曲正应力最大。对于对称于中性轴的横截面例如矩形截面，以 $y_{\max}$ 表示最远处一个点到中性轴 $z$ 的距离，同时引入

$$W_z = \frac{I_z}{y_{\max}} \tag{5-20}$$

式中，$W_z$ 称为横截面对中性轴 $z$ 的抗弯截面系数，也是只与截面形状相关的几何量，其单位为 $\mathrm{m}^3$。于是，由此即得到梁横截面上最大正应力为

$$\sigma_{\max} = \frac{M}{W_z} \tag{5-21}$$

通过式（5-19）和式（5-21）可以分别计算出梁纯弯曲时横截面上任意一点的正应力与最大正应力。

从式（5-21）可知，梁横截面上的最大正压力与梁上的最大弯矩成正比。从强度设计考虑，应减小梁工作时的最大正应力。桥梁为什么大多设计成拱形？这是因为不仅仅美观，最重要的是力学的设计需要。由于桥梁的主要受力是桥面的载荷重量及自身重量，两力的作用方向都是竖直向下的，采用拱形可以将竖向受力转移到横向的桥墩或岸边的地面，降低最大弯矩，从而可以加宽桥梁下面的通道，或者减少桥墩数量，因此，桥梁大多设计成拱形，既科学又美观大方，是个一举两得的设计。

### 5.2.4　梁的正应力公式的应用与推广

工程中常见的弯曲问题大多数是横截面上既有剪力又有弯矩的横力弯曲。由于剪力的存在，横截面将不再保持为平面（会发生翘曲）。但是，根据实验和弹性理论分析表明，对于较细长的梁（跨度与高度之比 $l/h>5$），剪力对正应力分布的影响很小，因此可将纯弯曲正应力公式直接推广应用到横力弯曲。但应注意在横力弯曲时，弯矩不是常量，应该求得直梁内的最大弯矩代替式（5-21）中的 $M$，即有

$$\sigma_{\max} = \frac{M_{\max}}{W_z} \tag{5-22}$$

【例题 5-9】　承受均布载荷的简支梁如图 5-22 所示。已知梁的横截面为矩形，矩形的宽度 $b=20\text{mm}$，高度 $h=30\text{mm}$；均布载荷集度 $q=10\text{kN/m}$；梁的长度 $l=450\text{mm}$。求梁弯矩最大截面上1、2 两点处的正应力。

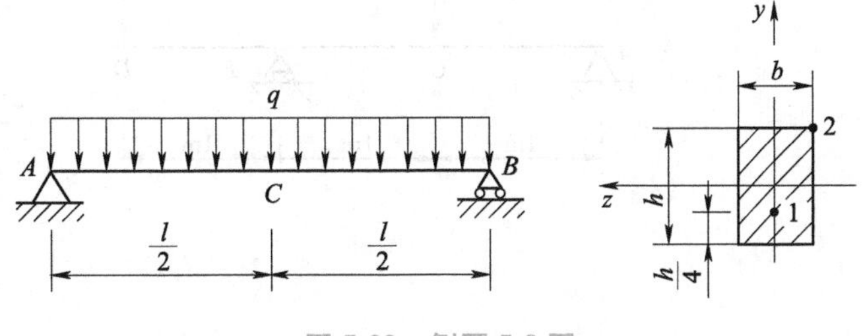


图 5-22　例题 5-9 图

解：(1) 确定弯矩最大截面以及最大弯矩数值

根据静力学平衡方程 $\sum M_A = 0$ 和 $\sum M_B = 0$，可以求得支座 $A$ 和 $B$ 处的约束力分别为

$$F_{RA} = F_{RB} = \frac{ql}{2} = \frac{10 \times 10^3\text{N/m} \times 450 \times 10^{-3}\text{m}}{2} = 2.25 \times 10^3\text{N}$$

(2) 确定弯矩最大截面以及最大弯矩数值

梁的中点处横截面上弯矩最大，数值为

$$M_{\max} = \frac{ql^2}{8} = \frac{10 \times 10^3\text{N/m} \times (450 \times 10^{-3}\text{m})^2}{8} = 0.253 \times 10^3\text{N} \cdot \text{m}$$

(3) 计算惯性矩

根据矩形截面惯性矩的公式，本例题中，矩形截面对 $z$ 轴的惯性矩为

$$I_z = \frac{bh^3}{12} = \frac{20 \times 10^{-3}\text{m} \times (30 \times 10^{-3}\text{m})^3}{12} = 4.5 \times 10^{-8}\text{m}^4$$

(4) 求弯矩最大截面上 1、2 两点的正应力

均布载荷作用在纵向对称面内，因此横截面的水平对称轴 $z$ 就是中性轴。根据弯矩最大

截面上弯矩的方向，可以判断：1点受拉应力，2点受压应力。

1、2两点到中性轴的距离分别为

$$y_1=\frac{h}{2}-\frac{h}{4}=\frac{h}{4}=\frac{30\times10^{-3}}{4}\text{m}=7.5\times10^{-3}\text{m}$$

$$y_2=\frac{h}{2}=\frac{30\times10^{-3}}{2}\text{m}=15\times10^{-3}\text{m}$$

（5）求弯矩最大截面上1、2两点的正应力

在弯矩最大截面上，1、2两点的正应力分别为

$$\sigma(1)=\frac{M_{\max}y_1}{I_z}=\frac{0.253\times10^3\text{N}\cdot\text{m}\times7.5\times10^{-3}\text{m}}{4.5\times10^{-8}\text{m}^4}=42.2\text{MPa}$$

$$\sigma(2)=\frac{M_{\max}y_2}{I_z}=\frac{0.253\times10^3\text{N}\cdot\text{m}\times15\times10^{-3}\text{m}}{4.5\times10^{-8}\text{m}^4}=84.3\text{MPa}$$

【例题5-10】T形截面铸铁梁的载荷和截面尺寸如图5-23所示，铸铁的抗拉许用应力为 $[\sigma_t]=30\text{MPa}$，抗压许用应力为 $[\sigma_c]=160\text{MPa}$。已知截面对形心轴 $z$ 的惯性矩为 $I_z=763\text{cm}^4$，$y_1=52\text{mm}$，试求弯矩最大截面上的最大拉应力和最大压应力。

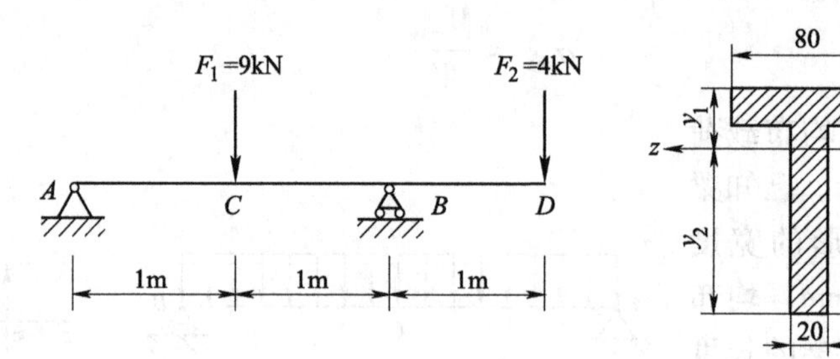


图5-23 例题5-10图

解：求支座反力，受力情况如图5-24a所示。可以求得

$$F_A=2.5\text{kN},F_B=10.5\text{kN}$$

由弯矩图5-24b可知：最大正弯矩在截面 $C$ 上，

$$M_C=2.5\text{kN}\cdot\text{m}$$

最大负弯矩在截面 $B$ 上，

$$M_B=4\text{kN}\cdot\text{m}$$

故两个截面的正应力为

$B$ 截面：

$$\sigma_{\text{tmax}}=\frac{M_By_1}{I_z}=27.2\text{MPa}$$

$$\sigma_{\text{cmax}}=\frac{M_By_1}{I_z}=46.1\text{MPa}$$

$C$ 截面：

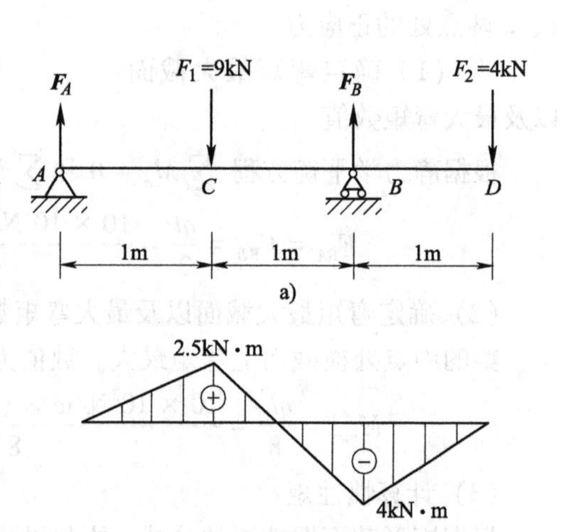


图5-24 梁的受力图及弯矩图

$$\sigma_{\text{tmax}} = \frac{M_C y_2}{I_z} = 28.8\text{MPa}$$

$$\sigma_{\text{cmax}} = \frac{M_C y_1}{I_z} = 17.04\text{MPa}$$

故最大拉应力为 28.8MPa，最大压应力为 46.2MPa。

【例题 5-11】 图 5-25a 中的简支梁由工字钢制成，梁的尺寸如图所示，梁的材料为铸铁，求全梁的最大正应力和最大压应力，并作出其所在截面上正应力沿高度的分布规律图。

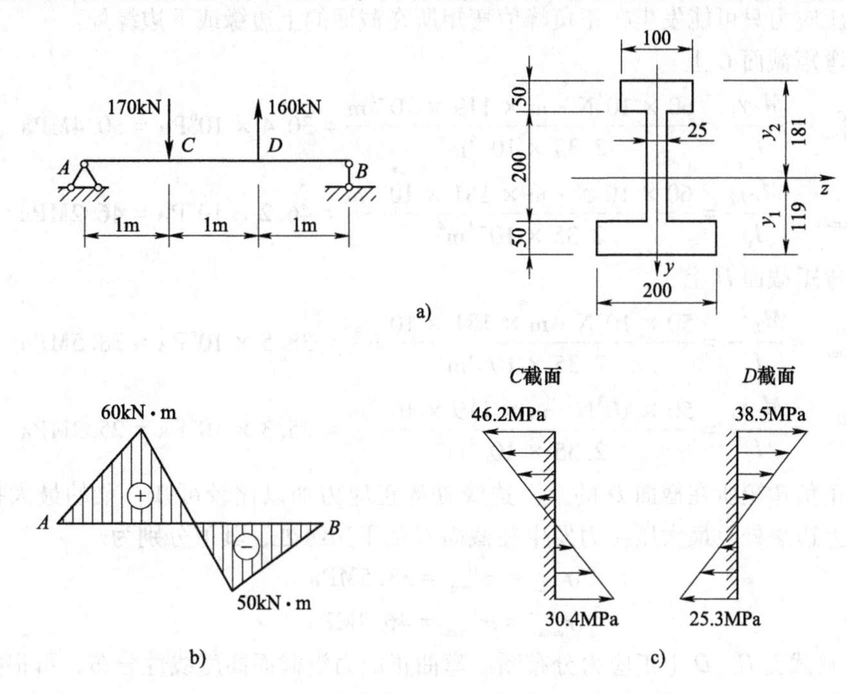


图 5-25 例题 5-11 图

解：(1) 作梁的弯矩图，如图 5-25b 所示，可见最大正弯矩发生在 $C$ 截面，弯矩为

$$M_C = 60\text{kN} \cdot \text{m}$$

最大负弯矩发生在 $D$ 截面，弯矩（绝对值）为

$$|M_D| = 50\text{kN} \cdot \text{m}$$

(2) 确定中性轴的位置并计算截面对中性轴的惯性矩。截面形心距下边缘的距离为 $y_C$，则

$$y_C = \frac{\sum A_i y_i}{\sum A_i}$$

$$= \frac{100\text{mm} \times 50\text{mm} \times 275\text{mm} + 25\text{mm} \times 200\text{mm} \times 150\text{mm} + 200\text{mm} \times 50\text{mm} \times 25\text{mm}}{100\text{mm} \times 50\text{mm} + 25\text{mm} \times 200\text{mm} + 200\text{mm} \times 50\text{mm}}$$

$$= 119\text{mm}$$

中性轴过形心并垂直对称轴 $y$ 轴，所以确定了中性轴。

截面对中性轴的惯性矩为

$$I_z=\frac{100\text{mm}\times50^3\text{mm}^3}{12}+100\text{mm}\times50\text{mm}\times156^2\text{mm}^2+\frac{25\text{mm}\times200^3\text{mm}^3}{12}+25\text{mm}\times200\text{mm}\times31^2\text{mm}^2+$$

$$\frac{200\text{mm}\times50^3\text{mm}^3}{12}+200\text{mm}\times50\text{mm}\times94^2\text{mm}^2$$

$$=23.5\times10^7\text{mm}^4=2.35\times10^{-4}\text{m}^4$$

（3）计算最大拉应力和最大压应力。由于此梁的中性轴不是对称轴，所以同一截面上最大拉应力和最大压应力的数值并不相等，而全梁的正负弯矩峰值也不相等，则梁的最大拉应力和最大压应力只可能发生在正负峰值弯矩所在截面的上边缘或下边缘处。

最大正弯矩截面 $C$ 上：

$$\sigma_{\text{tmax}}^{C}=\frac{M_C y_1}{I_z}=\frac{60\times10^3\text{N}\cdot\text{m}\times119\times10^{-3}\text{m}}{2.35\times10^{-4}\text{m}^4}=30.4\times10^6\text{Pa}=30.4\text{MPa}$$

$$\sigma_{\text{cmax}}^{C}=\frac{M_C y_2}{I_z}=\frac{60\times10^3\text{N}\cdot\text{m}\times181\times10^{-3}\text{m}}{2.35\times10^{-4}\text{m}^4}=46.2\times10^6\text{Pa}=46.2\text{MPa}$$

最大负弯矩截面 $D$ 上：

$$\sigma_{\text{tmax}}^{D}=\frac{M_D y_2}{I_z}=\frac{50\times10^3\text{N}\cdot\text{m}\times181\times10^{-3}\text{m}}{2.35\times10^{-4}\text{m}^4}=38.5\times10^6\text{Pa}=38.5\text{MPa}$$

$$\sigma_{\text{tmax}}^{D}=\frac{M_D y_1}{I_z}=\frac{50\times10^3\text{N}\cdot\text{m}\times119\times10^{-3}\text{m}}{2.35\times10^{-4}\text{m}^4}=25.3\times10^6\text{Pa}=25.3\text{MPa}$$

将上述正负弯矩所在截面 $D$ 的上下边缘处的正应力加以比较可知，梁的最大拉应力发生在截面的上边缘处，最大压应力发生在截面 $C$ 的下边缘处，其值分别为

$$\sigma_{\text{tmax}}=\sigma_{\text{tmax}}^{D}=38.5\text{MPa}$$

$$\sigma_{\text{cmax}}=\sigma_{\text{cmax}}^{C}=46.2\text{MPa}$$

（4）绘制截面 $C$、$D$ 上正应力分布图。弯曲正应力沿截面高度线性分布，可根据上述计算结果绘出截面上正应力沿高度的分布图如图 5-25c 所示。

【提示】 正应力计算公式只适用于纯弯曲和跨度与高度之比 $l/h>5$ 的梁。

## 5.3 弯曲切应力

视频讲解

横力弯曲时梁横截面上既有剪力又有弯矩，所以横截面上既有正应力又有切应力。按照梁的截面形状，分以下几种情况讨论弯曲切应力。

### 5.3.1 矩形截面梁横截面上的切应力

1. 关于横截面上弯曲切应力的假设

设矩形截面梁的横截面上，存在剪力 $F_S$（见图 5-26），对于剪力 $F_S$ 引起的切应力做出下列两点假设：

1）横截面上任意一点的切应力方向均与剪力 $F_S$ 的方向平行。

2）切应力沿矩形截面的宽度是均匀分布的，即切应力大小与坐标 $y$ 有关，同一 $y$ 值的各点切应力均相等。

2. 矩形截面梁上的切应力

根据以上假设，图 5-26 中，在距中性轴 $y$ 的 $pq$ 横线上各点的切应力 $\tau$ 都相等，且都平行于 $F_S$。由切应力互等定理可知，在沿 $pq$ 切出的平行于中性层的 $pr$ 平面上，也必然有与 $\tau$ 大小相等的 $\tau'$（图 5-26 中未画 $\tau'$，画在图 5-27 中），而且沿宽度 $b$，$\tau'$也是均匀分布的。

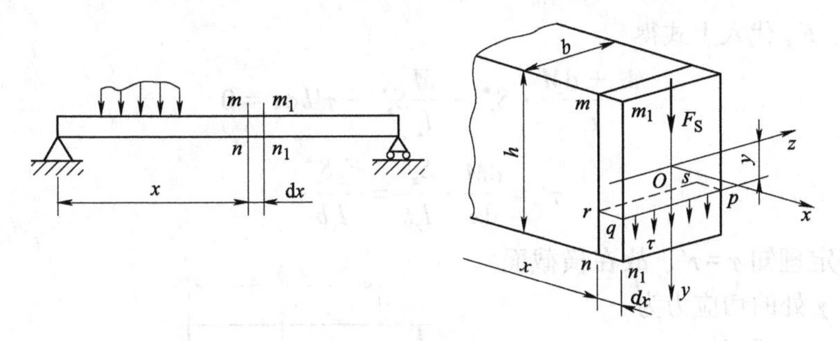


图 5-26　矩形截面梁

欲求距中性轴为 $y$ 的横线 $pq$ 处的切应力，需从平面弯曲梁中截出长为 d$x$ 的微段，设截面 $m$—$n$ 和 $m_1$—$n_1$ 上的弯矩分别为 $M$ 和 $M$+d$M$。过 $pq$ 用平行于中性层的纵向截面 $pqrs$ 自微段 d$x$ 中截出一微块 $prnn_1$。则在这一截出部分的左侧面 $rn$ 上，作用着因弯矩 $M$ 引起的正应力；而在右侧面 $pn_1$ 上，作用着因弯矩 $M$+d$M$ 引起的正应力。在顶面 $pr$ 上作用着切应力 $\tau'$，以上三种应力都平行于 $x$ 轴（见图 5-27）。在右侧面 $pn_1$ 上（见图 5-27），由微内力 $\sigma$d$A$ 组成的内力系的合力是

$$F_{N2}=\int_{A_1}\sigma \mathrm{d}A \tag{5-23a}$$

式中，$A_1$ 为侧面 $pn_1$ 的面积。正应力 $\sigma$ 应按式 $\sigma=\dfrac{My}{I_z}$计算，于是

$$F_{N2}=\int_{A_1}\sigma \mathrm{d}A=\int_{A_1}\frac{(M+\mathrm{d}M)y_1}{I_z}\mathrm{d}A=\frac{(M+\mathrm{d}M)}{I_z}\int_{A_1}y_1\mathrm{d}A=\frac{(M+\mathrm{d}M)}{I_z}S_z^*$$

式中，$S_z^*=\int_{A_1}y_1\mathrm{d}A$ 是横截面的部分面积 $A_1$ 对中性轴的静矩，也就是距中性轴为 $y$ 的横线 $pq$ 以外（远离中性轴的方向为“外”）的面积对中性轴的静矩。同理可求得左侧面上的内力系合力

$$F_{N1}=\frac{M}{I_z}S_z^* \tag{5-23b}$$

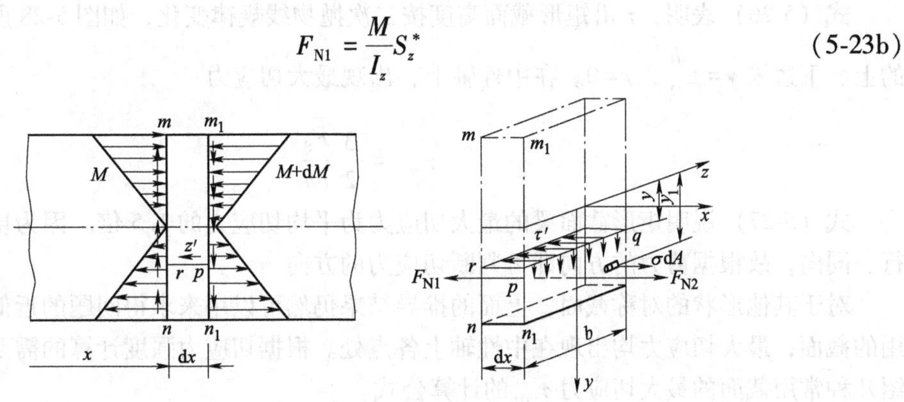


图 5-27　矩形截面切应力的分析

在顶面 $pr$ 上的切应力 $\tau'$ 沿长度 $b$ 无变化，沿长度 $dx$ 也无变化（如梁上有分布力时，$\tau'$ 沿长 $dx$ 的变化也可略去），故 $\tau'$ 所组成的水平力为 $\tau' b dx$。$F_{N1}$、$F_{N2}$ 和 $\tau' b dx$ 的方向都平行于 $x$ 轴，满足平衡方程 $\sum F_x = 0$，即

$$F_{N2} - F_{N1} - \tau' b dx = 0$$

将求得的 $F_{N1}$、$F_{N2}$ 代入上式得

$$\frac{M + dM}{I_z} \cdot S_z^* - \frac{M}{I_z} S_z^* - \tau' b dx = 0$$

$$\tau' = \frac{dM}{dx} \cdot \frac{S_z^*}{I_z b} = \frac{F_S S_z^*}{I_z b} \tag{5-23c}$$

从切应力互等定理知 $\tau = \tau'$，故在横截面上距中性轴为 $y$ 处的切应力为

$$\tau = \frac{F_S S_z^*}{I_z b} \tag{5-24}$$

式中，$F_S$ 为横截面上的剪力；$I_z$ 为横截面对中性轴的惯性矩；$b$ 为截面宽度；$S_z^*$ 为截面距中性轴为 $y$ 处的横线以上（或以下）的面积对中性轴的静矩。

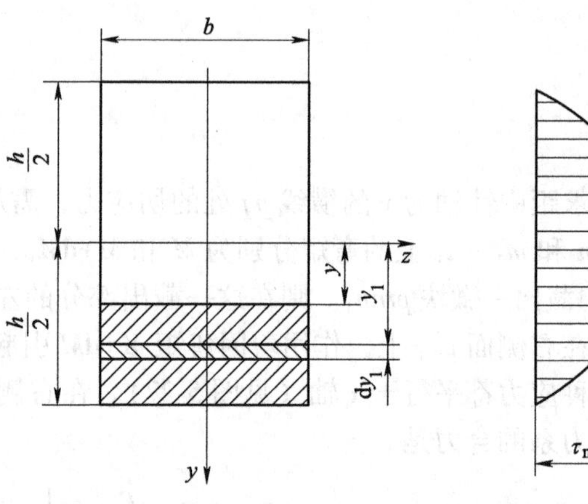

图 5-28　矩形截面切应力的分布

对于矩形截面（见图 5-28），可取 $dA = b dy_1$，于是

$$S_z^* = \int_{A_1} y_1 dA = \int_y^{\frac{h}{2}} b y_1 dy_1 = \frac{b}{2}\left(\frac{h^2}{4} - y^2\right) \tag{5-25}$$

故

$$\tau = \frac{F_S S_z^*}{I_z b} = \frac{F_S \cdot \frac{b}{2}\left(\frac{h^2}{4} - y^2\right)}{\frac{bh^3}{12} \cdot b} = \frac{6F_S}{bh^3}\left(\frac{h^2}{4} - y^2\right) \tag{5-26}$$

式（5-26）表明，$\tau$ 沿矩形截面高度按二次抛物线规律变化，如图 5-28 所示。在横截面的上、下边缘 $y = \pm\frac{h}{2}$，$\tau = 0$。在中性轴上，出现最大切应力

$$\tau_{max} = \frac{3}{2}\frac{F_S}{bh} \tag{5-27}$$

式（5-27）说明矩形截面梁的最大切应力为平均切应力的 1.5 倍。因为切应力与剪力平行、同向，故根据剪力的方向即可判断切应力的方向。

对于其他形状的对称截面，上面的推导结果仍然可以用来求得问题的近似解。对一般常用的截面，最大切应力均出现在中性轴上各点处。根据切应力强度计算的需要，下面着重介绍几种常用截面的最大切应力 $\tau_{max}$ 的计算公式。

## 5.3.2 其他常见横截面上的最大切应力

1. 工字形截面梁

工字形截面是由腹板和翼板组成的，腹板截面是工字形截面中间的一个狭长矩形，切应力约有97%分布在腹板上，所以工字形截面切应力的计算，主要是腹板的问题。由于腹板是狭长矩形，对于矩形截面梁所做的假设仍然适合，因此切应力可直接按$\tau=\dfrac{F_S S_z^*}{I_z b}$计算，它沿腹板高度$h$按抛物线规律分布，最大切应力$\tau_{max}$发生在中性轴上，如图5-29所示。式中，$b$为腹板的高度（对于各种工字钢，$\dfrac{I_z}{S_z^*}$的数值可从型钢表中查得，然后直接代入计算）；$S_z^*$为中性轴任一边的半个横截面面积对中性轴的静矩。

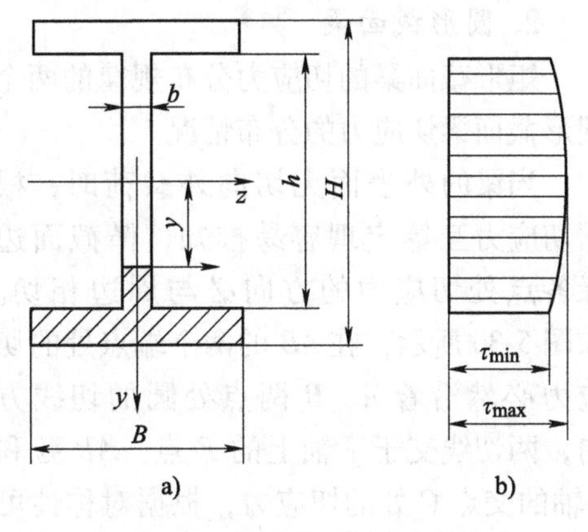


图5-29 工字形截面切应力的分布

对于图5-29中阴影部分面积对中性轴的静矩，由静矩的定义公式得

$$S_z^* = B\left(\frac{H}{2}-\frac{h}{2}\right)\left[\frac{h}{2}+\frac{1}{2}\left(\frac{H}{2}-\frac{h}{2}\right)\right]+b\left(\frac{h}{2}-y\right)\left[y+\frac{1}{2}\left(\frac{H}{2}-y\right)\right]$$

$$=\frac{B}{8}(H^2-h^2)+\frac{b}{2}\left(\frac{h^2}{4}-y^2\right) \tag{5-28}$$

于是

$$\tau=\frac{F_S}{I_z b}\left[\frac{B}{8}(H^2-h^2)+\frac{b}{2}\left(\frac{h^2}{4}-y^2\right)\right] \tag{5-29}$$

可见，沿腹板高度，切应力也是按抛物线规律分布的，如图5-29b所示。以$y=0$和$y=\pm\dfrac{h}{2}$分别代入式（5-29）中，求出腹板上的最大和最小切应力分别为

$$\tau_{max}=\frac{F_S}{I_z b}\left[\frac{BH^2}{8}-(B-b)\frac{h^2}{8}\right] \tag{5-30a}$$

$$\tau_{min}=\frac{F_S}{I_z b}\left(\frac{BH^2}{8}-\frac{Bh^2}{8}\right) \tag{5-30b}$$

从以上两式看出，因为腹板的宽度$b$远小于翼缘的宽度$B$，$\tau_{max}$与$\tau_{min}$实际上相差不大，所以，可以认为在腹板上切应力大致是均匀分布的。若以图5-29b中应力分布图的面积乘以腹板宽度$b$，即可得到腹板上的总剪力$F_{S1}$。计算结果表明，$F_{S1}$约等于$(0.95\sim0.97)F_S$。可见，横截面上的剪力$F_S$的绝大部分为腹板所承受。既然腹板几乎承受了截面上的全部剪力，而且腹板上的切应力又接近于均匀分布，这样，就可以用腹板的截面面积除剪力$F_S$，近似地得出腹板上的切应力为

$$\tau=\frac{F_S}{bh} \tag{5-31}$$

在翼缘上，也应有平行于$F_S$的切应力分量，其分布情况比较复杂，但其值很小，并无

实际意义，所以通常并不计算。此外，翼缘上还有平行于翼缘宽度 $b$ 的切应力分量。它与腹板内的切应力相比，一般来说也是次要的。

2. 圆形截面梁

矩形截面梁的切应力分布规律的两个基本假设，对于圆形截面不再适用，需要重新讨论圆形截面梁切应力的分布情况。

当梁的外表面无切向外载荷时，根据切应力互等定理容易推知，横截面边缘各点处切应力的方向必与周边相切。如图 5-30 所示，在 $AB$ 的两个端点处的切应力必然沿着 $A$、$B$ 两点处圆的切线方向，两切线交于 $y$ 轴上的 $F$ 点。$AB$ 弦和 $y$ 轴的交点 $C$ 处的切应力，根据对称性可知，应沿着 $y$ 轴方向。据此分析，对圆截面上距中性轴为 $y$ 的弦 $AB$ 上的各点的切应力做如下假设：

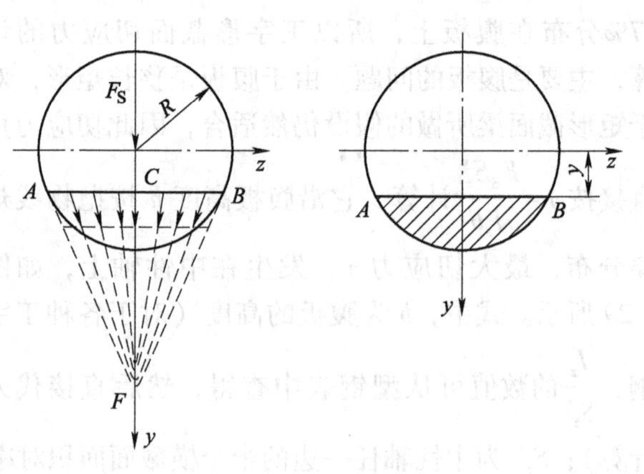

图 5-30 圆形截面梁

1）$AB$ 弦上各点切应力的作用线都经过 $F$ 点。

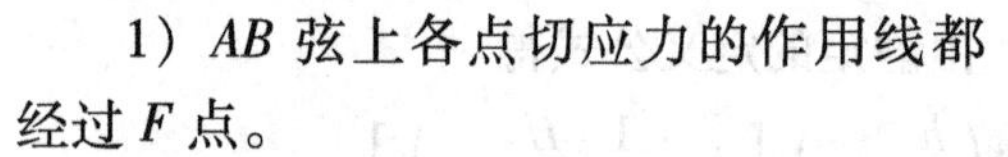

2）$AB$ 弦上各点切应力的 $y$ 向分量 $\tau_y$ 都相等。

根据上述两个假设，按照矩形截面梁切应力计算公式的推导方法和步骤，可得到和式（5-26）相似的 $AB$ 弦上任一点切应力的 $y$ 向分量的表达式

$$\tau_y = \frac{F_S S_z^*}{I_z b} \tag{5-32a}$$

式中，$b$ 为 $AB$ 弦的长度；$S_z^*$ 是 $AB$ 弦以外的截面面积对中性轴 $z$ 的静矩。

由切应力的 $y$ 向分量 $\tau_y$ 容易求出 $AB$ 弦上任一点的总切应力。在图 5-30 中，如果 $AB$ 弦到中性轴 $z$ 的距离 $y=0$，即 $AB$ 弦和中性轴 $z$ 相重合时，$F$ 点位于无穷远处，所以中性轴上各点的切应力方向都相同，都和 $y$ 轴相平行，此时 $\tau_y$ 就是总切应力。计算表明，圆截面上的最大切应力同样发生在中性轴上，此时，

$$b = 2R, S_z^* = \frac{\pi R^2}{2} \cdot \frac{4R}{3\pi} \tag{5-32b}$$

代入式（5-32a），并由 $I_z=\frac{\pi R^4}{4}$，最后得出

$$\tau_{\max} = \frac{4}{3}\frac{F_S}{A} \tag{5-33}$$

式中，$A=\pi R^2$ 为圆截面面积。

可见，圆形截面梁的最大切应力是截面上平均切应力值的 1.33 倍。

3. 圆环截面梁

如图 5-31 所示，壁厚为 $\delta$、平均半径为 $r_0$ 的圆环形截面。由于 $\delta$ 与 $r_0$ 相比很小，故可假设横截面上切应力的大小沿壁厚无变化。切应力的方向与圆周相切，且最大切应力仍在中性轴上。在计算中性轴上的切应力时，上述假设与矩形截面所做的假设实际上是一致的，故

可由式（5-27）来计算 $\tau_{max}$。

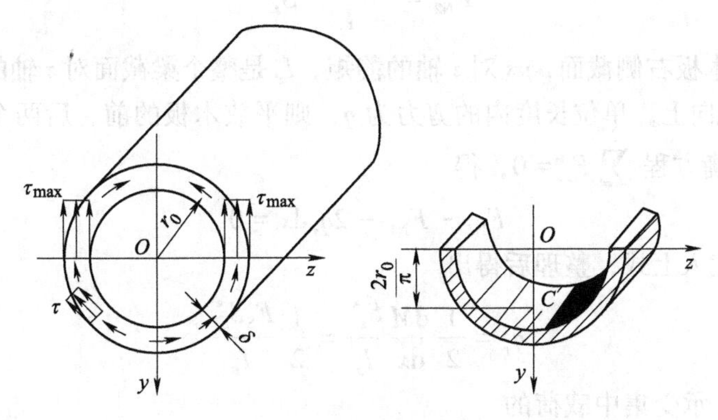


图 5-31 圆环截面梁

下面导出最大切应力公式：

$$S_z^* = \frac{2}{3}\left[\left(r_0 + \frac{\delta}{2}\right)^3 - \left(r_0 - \frac{\delta}{2}\right)^3\right] = 2r_0^2\delta \tag{5-34a}$$

$$I_z = \frac{\pi}{4}\left[\left(r_0 + \frac{\delta}{2}\right)^4 - \left(r_0 - \frac{\delta}{2}\right)^4\right] = \pi r_0^3\delta \tag{5-34b}$$

则

$$\tau_{max} = \frac{F_S S_z^*}{I_z b} = \frac{F_S \cdot 2r_0^2\delta}{\pi r_0^3\delta \cdot 2\delta} = 2\frac{F_S}{2\pi r_0\delta} = 2\frac{F_S}{A} \tag{5-35}$$

可见，圆环形截面上的最大切应力是平均切应力值的 2 倍。

【例题 5-12】 由木板胶合而成的梁如图 5-32 所示，试求胶合面平行于 $x$ 轴的方向上单位长度内的剪力。

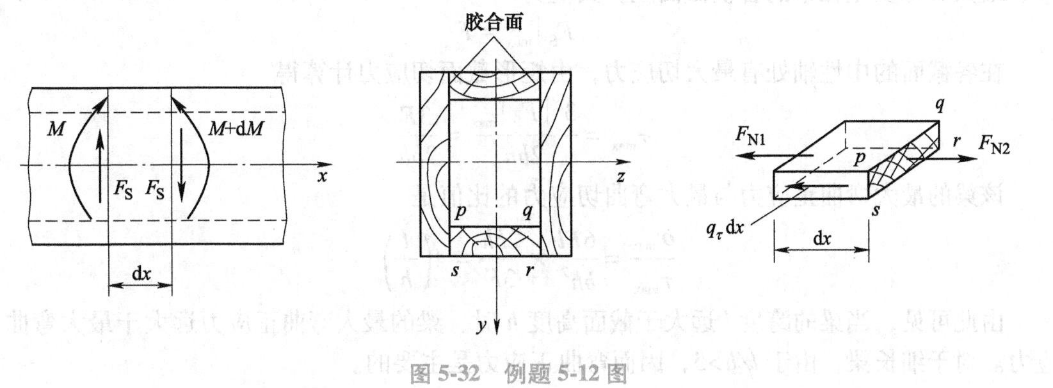


图 5-32 例题 5-12 图

解：从梁中取出长为 d$x$ 的微段，其两端截面上的弯矩分别为 $M$ 和 $M$+d$M$。再从微段中取出平放的木板如图 5-32 所示。仿照导出 $\tau=\frac{F_S S_z^*}{I_z b}$ 的同样方法，不难求出

$$F_{N1} = \frac{M}{I_z}S_z^*$$

$$F_{N2}=\frac{M+dM}{I_z}S_z^*$$

式中，$S_z^*$ 是平放木板右侧截面 $pqrs$ 对 $z$ 轴的静矩，$I_z$ 是整个梁截面对 $z$ 轴的惯性矩。若胶合面平行于 $x$ 轴的方向上，单位长度内的剪力为 $q$，则平放木板的前、后两个侧面上的剪力总共为 $2q_\tau dx$。由平衡方程 $\sum F_x=0$，得

$$F_{N2}-F_{N1}-2q_\tau dx=0$$

将 $F_{N1}$ 和 $F_{N2}$ 代入上式，整理后得出

$$q_\tau=\frac{1}{2}\frac{dM}{dx}\frac{S_z^*}{I_z}=\frac{1}{2}\frac{F_S S_z^*}{I_z}$$

【例题 5-13】 承受集中载荷的矩形截面细长悬臂梁如图 5-33 所示。试求梁的最大弯曲正应力和最大弯曲切应力及二者的比值。

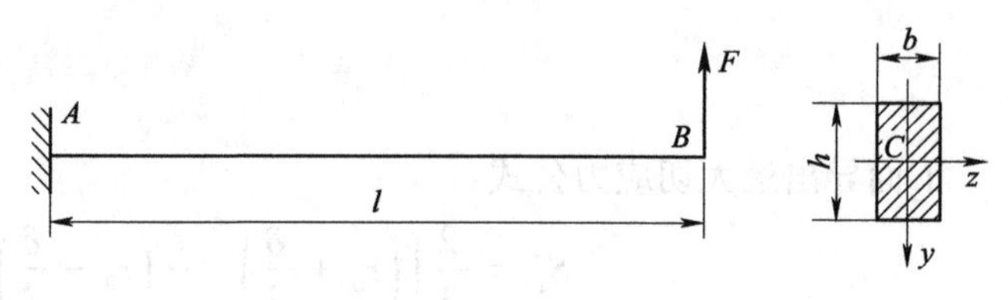

图 5-33 例题 5-13 图

解：梁的最大弯曲正应力和最大弯曲切应力分别发生在最大弯矩和最大剪力的截面上。

最大弯矩发生在固定端截面 $A$ 上，其值为

$$M_{max}=M_A=Fl$$

在截面 $A$ 的上下边缘处有最大正应力。由正应力计算公式得

$$\sigma_{max}=\frac{M_A}{W_z}=\frac{Fl}{\frac{bh^2}{6}}=\frac{6Fl}{bh^2}$$

最大剪力发生在梁的各横截面上，其值为

$$|F_S|_{max}=F$$

在各截面的中性轴处有最大切应力，由矩形截面切应力计算得

$$\tau_{max}=\frac{3|F_S|_{max}}{2bh}=\frac{3F}{2bh}$$

该梁的最大弯曲正应力与最大弯曲切应力的比值是

$$\frac{\sigma_{max}}{\tau_{max}}=\frac{6Fl}{bh^2}\times\frac{2bh}{3F}=4\left(\frac{l}{h}\right)$$

由此可见，当梁的跨度 $l$ 远大于截面高度 $h$ 时，梁的最大弯曲正应力远大于最大弯曲切应力。对于细长梁，由于 $l/h>5$，因而弯曲正应力是主要的。

## 5.4 梁弯曲时的强度计算

视频讲解

对于梁的强度计算，因为梁平面弯曲时主要的工作应力是正应力，所以在一般情况下对梁进行强度计算时只考虑正应力的影响。

与拉伸或压缩杆件失效类似，对于韧性材料制成的梁，当梁的危险截面上的最大正应力达到材料的屈服应力（$\sigma_s$）时，便认为梁发生失效；对于脆性材料制成的梁，当梁的危险

截面上的最大正应力达到材料的强度极限（$\sigma_b$）时，便认为梁发生失效。即

$$\sigma_{max} = \sigma_s(\text{韧性材料}) \tag{5-36a}$$

$$\sigma_{max} = \sigma_b(\text{脆性材料}) \tag{5-36b}$$

式中，$\sigma_s$ 和 $\sigma_b$ 都由拉伸试验确定。

与拉、压杆的强度设计相类似，工程设计中，为了保证梁具有足够的安全裕度，梁的危险截面上的最大正应力必须小于许用应力，许用应力等于 $\sigma_s$ 或 $\sigma_b$ 除以一个大于 1 的安全因数。于是有

$$\sigma_{max} \leqslant \frac{\sigma_s}{n_s} = [\sigma] \tag{5-37a}$$

$$\sigma_{max} \leqslant \frac{\sigma_b}{n_b} = [\sigma] \tag{5-37b}$$

由式 $\sigma = \dfrac{My}{I_z}$ 可知，梁弯曲时横截面上的最大正应力出现在截面的上下边缘处。一般等截面直梁在平面弯曲时，其最大弯矩所在的截面称为危险截面，而危险截面上出现最大正应力的点称为危险点。要使梁能够安全工作，必须使梁的危险截面上危险点的工作应力 $\sigma_{max}$ 不得超过材料的许用正应力 $[\sigma]$，这就是梁弯曲时的正应力强度条件，即

$$\sigma_{max} = \frac{M_{max}}{W_z} \leqslant [\sigma] \tag{5-38}$$

应用式（5-38）可以解决梁弯曲正应力强度计算的三类问题，即校核强度、设计截面尺寸和确定许可载荷。

必须指出，在强度计算中，对于抗拉和抗压强度相等的塑性材料，如低碳钢、铜等，只要求出绝对值最大的正应力不超过许用正应力即可。对于抗拉和抗压强度不相等的脆性材料，如铸铁、陶瓷等，则应分别求出最大正弯矩和最大负弯矩所在截面上的最大拉应力和最大压应力，并分别满足抗拉强度条件和抗压强度条件，即

$$\sigma_{tmax} = \frac{M_{max}}{I_z} y_{tmax} \leqslant [\sigma_t] \tag{5-39a}$$

$$\sigma_{cmax} = \frac{M_{max}}{I_z} y_{cmax} \leqslant [\sigma_c] \tag{5-39b}$$

式中，$[\sigma_t]$ 为材料的许用拉应力；$[\sigma_c]$ 为材料的许用压应力；$y_{tmax}$ 为受拉一侧的截面边缘到中性轴的距离；$y_{cmax}$ 为受压一侧的截面边缘到中性轴的距离。

对于截面关于中性轴不对称的梁，在设计 $y_{tmax}$ 和 $y_{cmax}$ 时一定要考虑材料的性能，特别是对于脆性材料由于抗拉和抗压强度不相等，一般抗压强度远大于抗拉强度，所以设计时一般按 $y_{tmax}$ 小于 $y_{cmax}$ 设计，也就是发挥材料的最大优势。

因为最大切应力作用点上，一般只有切应力而没有正应力，这种受力状况与圆轴扭转时最大切应力作用点相同，因此，当最大切应力达到屈服强度（$\tau_s$）或强度极限（$\tau_b$）时，便认为失效。即

$$\tau_{max} = \tau_s(\text{韧性材料}) \tag{5-40a}$$

$$\tau_{max} = \tau_b(\text{脆性材料}) \tag{5-40b}$$

于是，强度条件为

$$\tau_{max} \leqslant \frac{\tau_s}{n_s} = [\tau] \tag{5-41a}$$

$$\tau_{max} \leqslant \frac{\tau_b}{n_b} = [\tau] \tag{5-41b}$$

对于整个梁来讲，最大切应力发生在最大剪力 $F_S$ 所在的截面上的中性轴处。对于不同形状的横截面，$\tau_{max}$的计算公式可归纳为

$$\tau_{max} = \frac{F_{Smax}S_{zmax}^*}{I_z b} \tag{5-42}$$

式中，$S_{zmax}^*$为中性轴某一边的横截面面积对中性轴的静矩；$b$ 为横截面在中性轴处的宽度。

对于短跨度梁，或者当较大的载荷作用于支座附近时，梁的最大弯矩往往较小，而剪力 $F_S$ 却很大；又如组合截面梁（工字形等），当腹板宽度与高度相比显得格外狭小时，$\tau_{max}$可能很大；对于其他材料的抗剪强度较弱的梁（如木材），可能在顺纹方向发生剪切破坏。在以上这些情况下，切应力往往是引起破坏的主要因素，故应进行剪切强度校核。其剪切强度条件为

$$\tau_{max} = \frac{F_{Smax}S_{zmax}^*}{I_z b} \leqslant [\tau] \tag{5-43}$$

故对于梁在选择截面时，必须同时满足正应力和切应力的强度条件。一般先按正应力选择截面，然后再按切应力进行校核。

根据以上讨论，正应力强度校核是以 $M_{max}$作用的横截面上最外边缘各点处的 $\sigma_{max}$为依据的；而切应力强度校核则是以 $F_{Smax}$作用的横截面上中性轴点处的 $\tau_{max}$为依据的。这些危险点不在同一点，故需分别按正应力及切应力进行强度校核。实际上梁横截面上其他各点一般均既有正应力又有切应力，有时这些点也会在正应力和切应力同时作用下而处于危险状态，尚需进一步进行复杂应力状态下的强度校核。这个问题将在后面讨论。

【例题 5-14】 矩形截面木梁受力情况如图 5-34a 所示。已知，木材的许用弯曲正应力 $[\sigma]=10\text{MPa}$，顺纹许用切应力 $[\tau]=2\text{MPa}$，试校核梁的强度。

解：（1）作梁的剪力图和弯矩图。由静力平衡方程求得

$$F_A = 4\text{kN},\ F_B = 8\text{kN}$$

作梁的剪力图和弯矩图，如图 5-34b、c 所示。由内力图可以看出

$$M_{max} = M_D = 2.66\text{kN} \cdot \text{m}$$

$$F_{Smax} = F_{SB左} = 5\text{kN}$$

（2）强度校核

$$\sigma_{max} = \frac{M_{max}}{W_z} = \frac{6M_{max}}{bh^2} = \frac{6 \times 2.66 \times 10^3}{0.1 \times 0.15^2}\text{Pa} = 7.1\text{MPa} < [\sigma] = 10\text{MPa}$$

$$\tau_{max} = \frac{3}{2}\frac{F_{Smax}}{A} = \frac{3}{2} \times \frac{5 \times 10^3}{0.1 \times 0.15}\text{Pa} = 0.5\text{MPa} < [\tau] = 2\text{MPa}$$

可见，正应力强度和切应力强度均满足。

【例题 5-15】 若 $[\sigma]=160\text{MPa}$，$[\tau]=100\text{MPa}$，试选择图 5-35 所示的工字形梁的型号。

解：（1）由静力学平衡方程求出梁支座约束力为

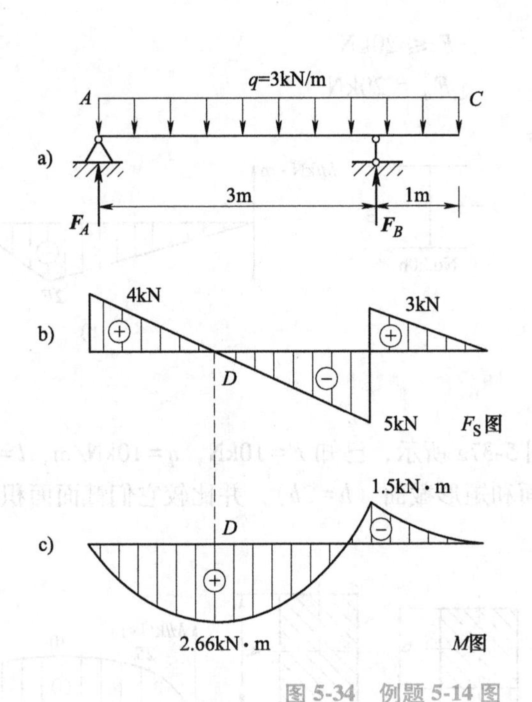


图 5-34 例题 5-14 图

$F_A=200\text{kN}$，$F_B=200\text{kN}$，约束力方向向上

（2）作剪力图和弯矩图，如图 5-35 所示。

（3）根据正应力强度条件选择截面：

$$\sigma_{\max}=\frac{M_{\max}}{W_z}=\frac{100\times10^6\text{N/mm}}{W_z}\leqslant[\sigma]=160\text{MPa}$$

故 $W_z\geqslant625\times10^3\text{mm}^3$。

查型钢表，选 32a 工字钢，$W_z=692\times10^3\text{mm}^3$。

（4）校核切应力：查型钢表 32a 工字钢，$I_z/S_z^*=275\text{mm}$，腹板厚 $d=9.5\text{mm}$。

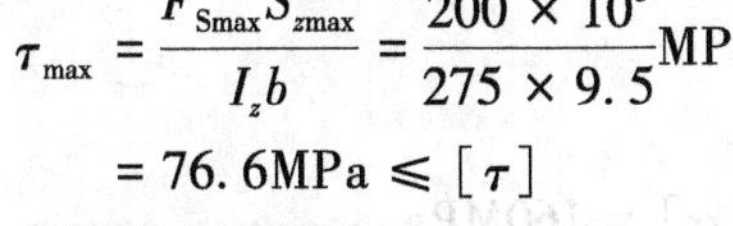

$$\tau_{\max}=\frac{F_{S\max}S_{z\max}^*}{I_zb}=\frac{200\times10^3}{275\times9.5}\text{MPa}=76.6\text{MPa}\leqslant[\tau]$$

故 32a 工字钢满足需要。

图 5-35 例题 5-15 图

【例题 5-16】 由 20b 工字钢制成的外伸梁，在外伸端 $C$ 处作用集中力 $F$，已知 $[\sigma]=160\text{MPa}$，尺寸如图 5-36a 所示，求最大许可载荷 $[F]$。

解：画出梁的弯矩图如图 5-36b 所示，最大弯矩在 $B$ 截面，大小为 $2F(\text{N}\cdot\text{m})$。

查型钢表可得 $W_z=250\text{cm}^3$，根据弯曲正应力强度条件有

$$\sigma_{\max}=\frac{M_{\max}}{W_z}=\frac{2F}{250\times10^{-6}\text{m}^3}\leqslant[\sigma]=160\text{MPa}=160\times10^6\text{Pa}$$

解得

$$F \leqslant 20\text{kN}$$

$$[F] = 20\text{kN}$$

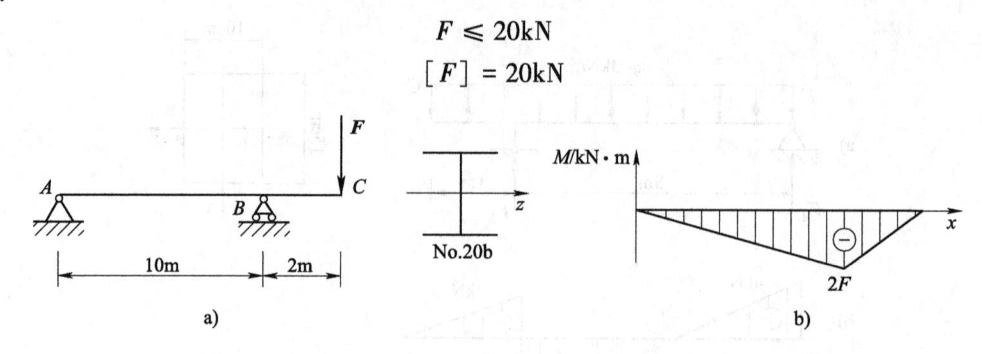


图 5-36 例题 5-16 图

【例题 5-17】 简支梁受载如图 5-37a 所示，已知 $F=10\text{kN}$，$q=10\text{kN/m}$，$l=4\text{m}$，$x=1\text{m}$，$[\sigma]=160\text{MPa}$。试设计正方形截面和矩形截面（$h=2b$），并比较它们截面面积的大小。

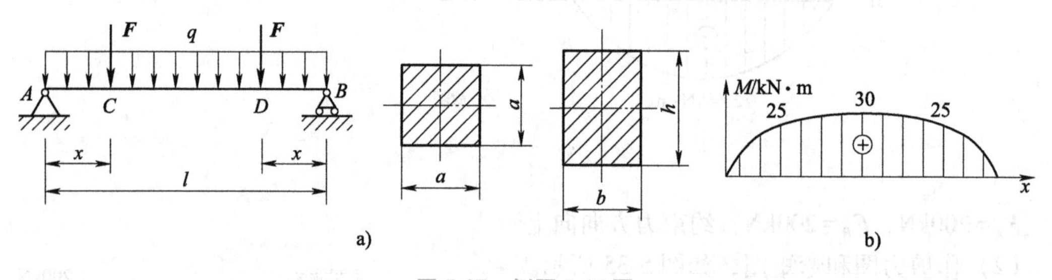


图 5-37 例题 5-17 图

解：作梁的弯矩图如图 5-37b 所示，最大弯矩在跨中截面，大小为 30kN · m。

（1）设计正方形截面

根据弯曲正应力强度条件有

$$\sigma_{\max}=\frac{M}{W_z}=\frac{30\times10^3\text{N}\cdot\text{m}}{a^3/6}\leqslant[\sigma]=160\text{MPa}$$

解得 $a\geqslant10.4\text{cm}$，则 $A_{正}=108.2\text{cm}^2$。

（2）设计矩形截面

根据弯曲正应力强度条件有

$$\sigma_{\max}=\frac{M}{W_z}=\frac{30\times10^3\text{N}\cdot\text{m}}{4b^3/6}\leqslant[\sigma]=160\text{MPa}$$

解得 $b\geqslant6.55\text{cm}$，则 $A_{长}=85.8\text{cm}^2$。

（3）比较二者的面积

$A_{正}=108.2\text{cm}^2>A_{长}=85.8\text{cm}^2$，矩形截面节省材料。

【提示】 对于细长梁一般强度计算时，只需校核正应力强度；对于短跨度梁，切应力的影响不能忽略，需要校核切应力强度。

## 5.5 提高梁抗弯强度的措施

前面曾经指出，弯曲正应力是影响梁安全的主要因素，所以弯曲正应力的强度条件 $\sigma_{max}=\dfrac{M_{max}}{W_z}\leqslant[\sigma]$ 往往是设计梁的主要依据。从这个条件看，要提高梁的承载能力应从两个方面进行考虑：一是合理安排梁的受力情况，以降低 $M_{max}$ 的数值；二是采用合理的截面形状，以提高 $W_z$ 的数值，充分利用材料的性能。下面分成几点进行讨论。

### 5.5.1 合理设置载荷和支座

合理设计载荷和支座位置可以降低梁的最大弯矩。

1. 合理设置载荷

合理设置载荷是在不改变梁的结构的前提下降低最大弯矩值的措施。例如，简支梁在跨度中点受到集中力作用时，梁的最大弯矩 $M_{max}=Fl/4$（见图 5-38a）。如果结构容许，将集中载荷分置于梁上的两点（见图 5-38b），则最大弯矩相应地减小为 $M_{max}=Fl/8$。若将载荷均匀分布于整个梁上（见图 5-38c），载荷集度 $q=F/l$，则 $M_{max}=Fl/8$。这样，在总载荷不变的条件下，图 5-38a 中最大的弯矩却是图 5-38b、c 中的两倍。

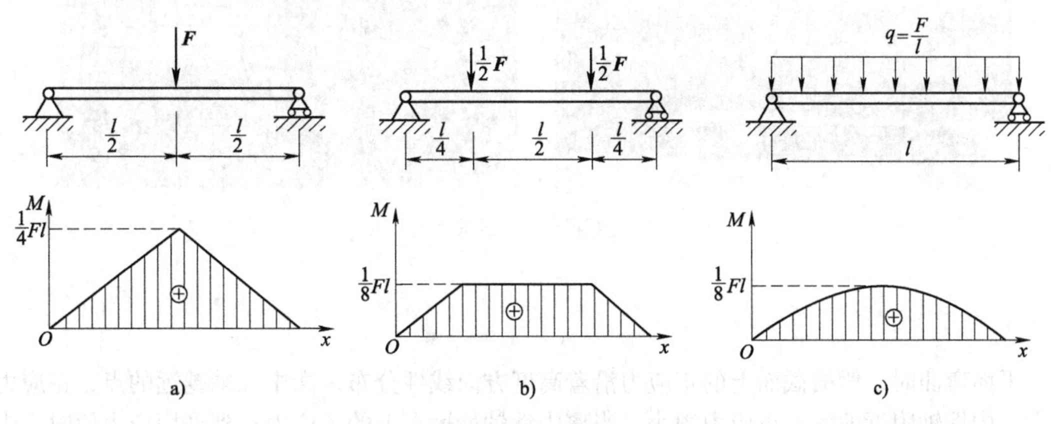


图 5-38 合理安排载荷的位置和形式

此例表明，在结构容许的条件下，将载荷适当地分散布置，是提高梁的强度的途径之一。

2. 合理安排支座位置

如图 5-39a 所示，一受均布载荷作用的简支梁，最大弯矩为 $M_{max}=0.125ql^2$，若将两支座各向中间移 0.2$l$（见图 5-39b），则梁的最大弯矩值将降低为 $M_{max}=0.025ql^2$。在工程上，常将许多受弯构件的支座向里移动一些，目的就是为了降低构件的最大弯矩，锅炉筒体的安置、龙门起重机大梁的支承等就是如此（见图 5-40）。

梁的强度与梁尺寸的关系，在我国古代对其也有重要研究，宋代李诫所著的《营造法式》提出，“凡梁之大小，各随其广分为三分，以二分为厚”，比意大利的达·芬奇提出的“梁的强度与长度成反比，与宽度成正比”早 400 多年。而美国塔科马海峡大桥由于桥面厚度不足导致在大风中坍塌，这也说明了梁横截面宽度对梁变形的重要性。

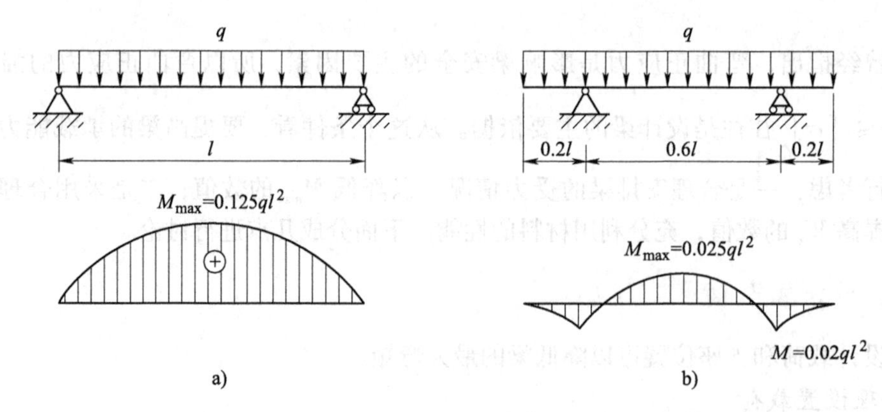


图 5-39　合理安排支座的位置

图 5-40　合理安排支座位置的应用

## 5.5.2　合理选择截面形状

平面弯曲时，梁横截面上的正应力沿着高度方向线性分布，离中性轴越远的点，正应力越大，中性轴附近的各点正应力很小。当离中性轴最远点上的正应力达到许用应力值时，中性轴附近的各点的切应力还远远小于许用应力值。因此，可以认为，横截面上中性轴附近的材料没有被充分利用。为了使这部分材料得到充分利用，在不破坏截面整体性的前提下，可以将横截面上中性轴附近的材料移到距离中性轴较远处，从而形成“合理截面”。工程结构中常用的空心截面和各种各样的薄壁截面（例如工字形、槽形、箱形截面等），都是为了提高梁的强度。

从梁的抗弯强度条件可知，梁的抗弯截面系数 $W_z$ 越大，横截面上的最大正应力就越小，即梁的抗弯能力就越大。抗弯截面系数 $W_z$ 一方面与截面的尺寸有关，另一方面还与截面的形状有关。梁的横截面面积越大，$W_z$ 越大，但消耗的材料也越多。因此，梁的合理截面形状应该是，用最小的横截面面积得到最大的抗弯截面系数。若用比值 $W_z/A$ 来衡量截面的好坏程度，则比值越大，截面就越经济合理。这里给出一些简单截面图形（如圆形、矩形、工字形截面）的 $W_z/A$ 值，见表 5-2。

表 5-2 几种常见截面的 $W_z$ 和 $A$ 的比值

| 截面形状 | 工字钢 | 槽钢 | 矩形 | 圆形 |
|---|---|---|---|---|
| $W_z/A$ | $(0.27\sim0.31)h$ | $(0.27\sim0.31)h$ | $0.167h$ | $0.125d$ |

从表中所列数值可以看出，工字钢和槽钢截面比较合理，其次是矩形，圆形截面最不好。

从梁合理截面的结构特点可知，将材料移动到远离轴心的位置能够提高梁的抗弯截面系数，进而提高梁的承载能力。

思政点睛

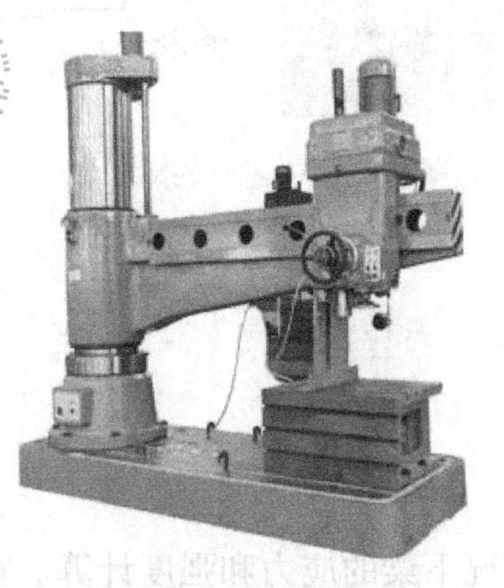
a) 悬臂钻床中的变截面梁

b) 旋转楼梯中的变截面梁

图 5-41 变截面梁

### 5.5.3 等强度梁的概念

梁的截面尺寸一般是按最大弯矩设计并做成等截面的。但是，等截面梁并不经济，因为在其弯矩较小处，不需要这样大的截面。因此，为了节约材料和减轻重量，可采用变截面梁。图 5-41 所示的悬臂钻床的悬臂和土木工程中楼梯踏板均为变截面梁。

若将梁制成变截面梁，使各截面上的最大弯曲正应力与材料的许用应力 $[\sigma]$ 相等或接近，这种梁称为等强度梁。

汽车底座下放置的叠板弹簧梁、桥梁工程中的鱼腹梁（见图 5-42）、机器中的阶梯轴（见图 5-43），都是近似地按等强度原理设计的。

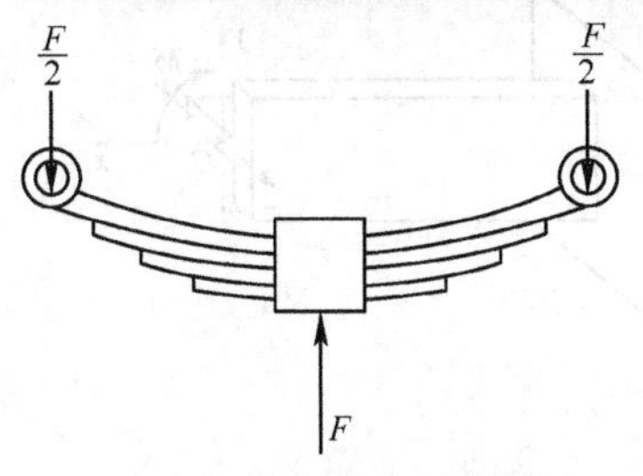


a) 汽车底座下放置的叠板弹簧梁

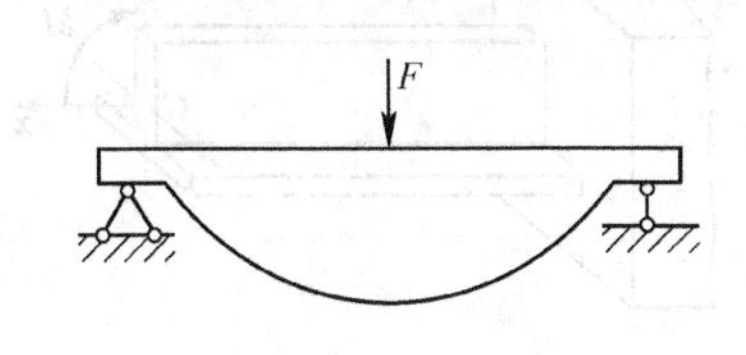


b) 桥梁工程中的鱼腹梁

图 5-42 等强度梁

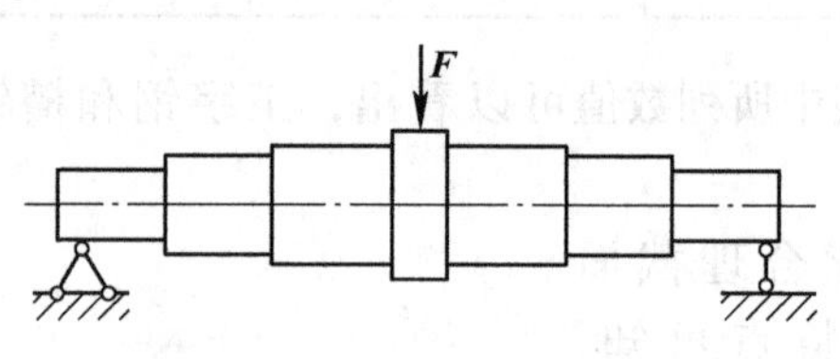


图 5-43 机器中的阶梯轴

## 5.6 非对称弯曲与弯曲中心的概念

### 5.6.1 非对称弯曲

前面几节讨论了对称弯曲情况下梁的应力和强度计算。在工程实际中，有时也会遇到非对称弯曲。若梁没有纵向对称面，或虽有纵向对称面但外力的作用平面与该平面间有一夹角，这种弯曲称为非对称弯曲。

图 5-44 所示为一段非对称截面梁，$O$ 为截面形心，$y$ 轴和 $z$ 轴为形心主惯性轴，$x$ 轴和梁轴线相重合，$x$-$y$ 和 $x$-$z$ 为两个形心主惯性面。研究表明，对纯弯曲情况下的非对称截面梁，平面假设和纵向纤维单向受力假设仍适用。如果各截面上的弯矩只有 $M_z$（或 $M_y$）分量，则中性轴与 $z$ 轴（或 $y$ 轴）相重合，这时形心主惯性平面 $x$-$y$（或 $x$-$z$）既是弯矩作用面，又是梁的弯曲平面（梁弯曲后的轴线所在面），这种弯曲称为平面弯曲。对称弯曲也属于平面弯曲，是平面弯曲的特例。在平面弯曲情况下，正应力计算公式仍然适用。例如：按两种不同形式放置的 T 字形截面悬臂梁，分别如图 5-45 所示，虽然这两种情况分别为对称和非对称弯曲，但弯曲所在平面均与形心主惯性平面相重合，因而都属于平面弯曲，这时梁横截面上的正应力计算公式是完全相同的。

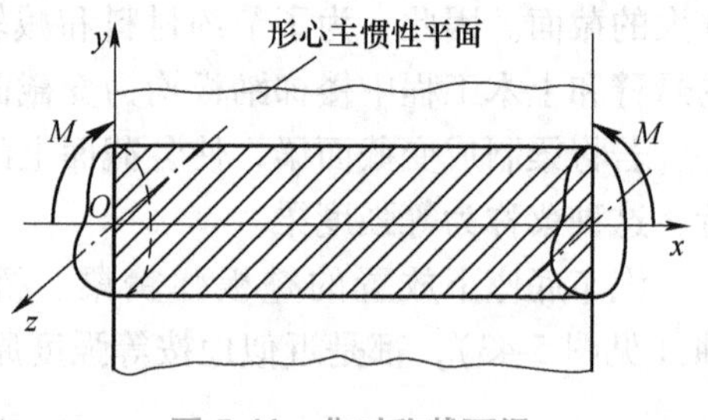


图 5-44 非对称截面梁

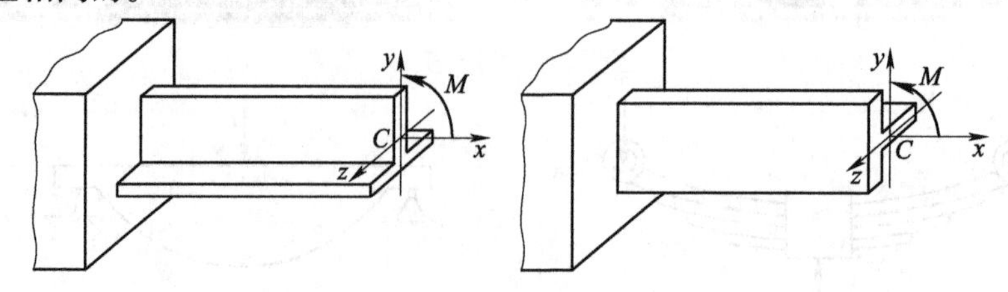


图 5-45 T 形截面梁

如果横截面弯矩的两个分量 $M_z$、$M_y$ 都不等于零，此时中性轴既不和 $y$ 轴重合，也不和 $z$ 轴重合，而是通过形心的一条斜直线，正应力计算公式不再适用，需要按组合变形处理。

对于横力作用下的非对称截面梁，外力必须作用在与梁的形心主惯性平面（例如 $x$-$y$ 平面）相平行的某一特定平面内时，梁才会发生平面弯曲变形，正应力计算公式才适用；否则，在发生弯曲变形的同时，往往还会发生扭转变形。

至于非对称弯曲梁的切应力计算，对实体梁须用弹性力学的方法去解决，对开口薄壁截面梁可用材料力学的方法来计算。不过，对实体梁起主导作用的是正应力，切应力可忽略不计。

### 5.6.2　弯曲中心

一般地考察梁的弯曲就会发现，如果梁具有对称面，而且外载荷作用在这个对称面内，那么梁将产生平面弯曲。但是，如图 5-46 所示的槽钢横截面，虽然它有一个水平对称面，但载荷并不作用在这个对称面内，而是作用在竖直的方向上。那么，在这一方向上，载荷作用究竟在端部截面的什么位置上才会产生平面弯曲呢？容易考虑到的一个位置是力的作用线通过截面形心。但是事实指出，如果这样作用，杆件不仅产生弯曲变形，还会产生扭转，如图 5-46a 所示。只有当力的作用线通过截面左部的某个点，才能够引起平面弯曲，如图 5-46b 所示。这个点称为截面的弯曲中心，又称为剪切中心。

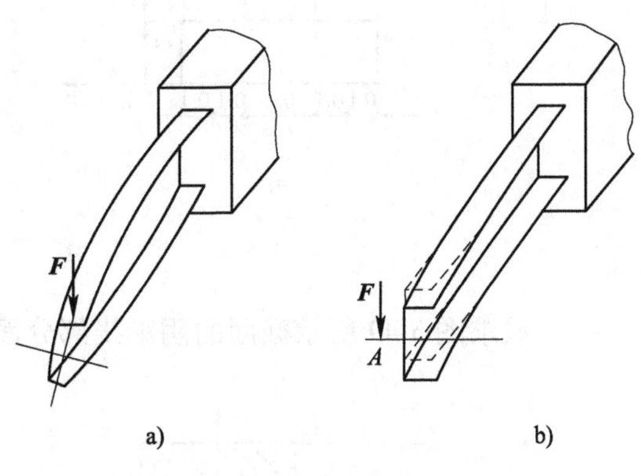


图 5-46　梁的弯曲和扭转

确定弯曲中心的位置，常常是比较复杂的，但存在下列规律：

1）具有两个对称轴的截面，两对称轴的交点就是弯曲中心，如图 5-47a 所示。

2）具有一个对称轴的截面，弯曲中心一定位于对称轴上，如图 5-47b 所示。

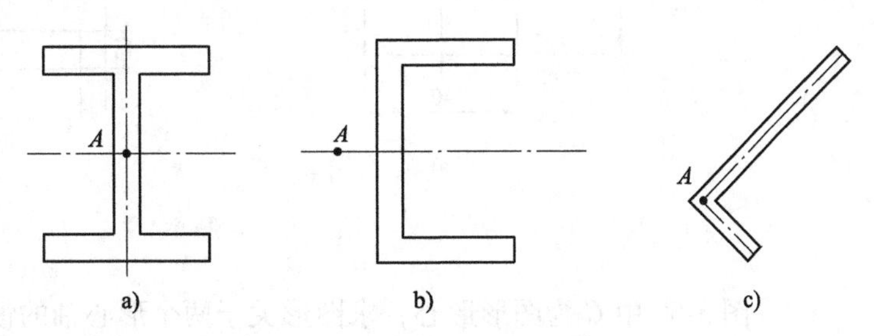


图 5-47　弯曲中心位置的确定

3）开口薄壁截面其中线交于一点时，该交点即为弯曲中心，如图 5-47c 所示。

若读者对具体截面的弯曲中心的求解方法感兴趣的话，可以参考相关资料。

## 本章小结

本章首先介绍了截面的几何性质，重点讨论了梁的纯弯曲时横截面上应力的计算公式及应用，简略介绍了不同截面上切应力的计算。在此基础上介绍了抗弯强度条件及应用，根据强度条件，介绍了提高梁抗弯强度的措施。本章最后简略介绍了非对称弯曲与弯曲中心的概念，授课时可以把这部分作为选学内容。

## 习 题

**5-1** 试求图 5-48 所示平面图形的形心位置。

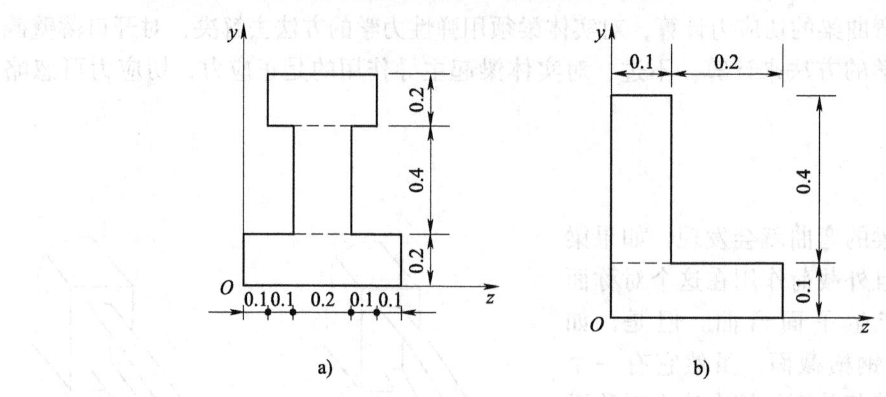


图 5-48 习题 5-1 图

**5-2** 试求图 5-49 所示截面的阴影线部分面积对 $z$ 轴的静矩。（图中 $C$ 为截面形心）

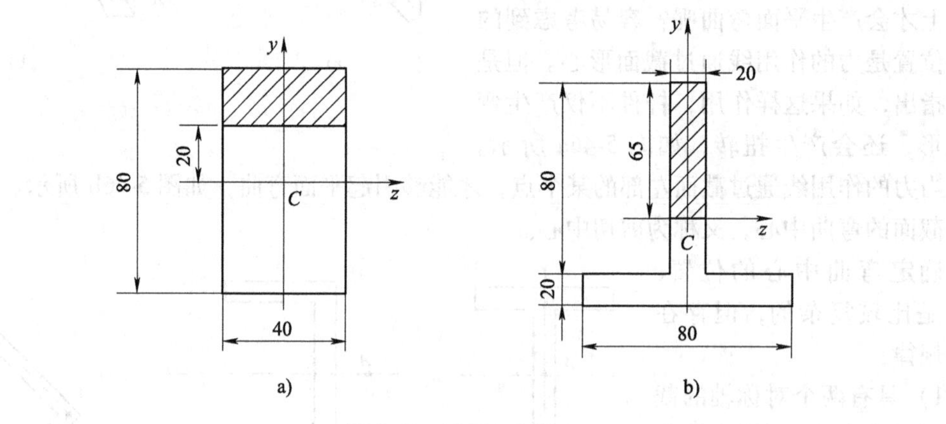


图 5-49 习题 5-2 图

**5-3** 图 5-50 中 $C$ 为图形形心，求图形关于两个形心轴的惯性矩和惯性积。

**5-4** 正方形截面中开了一个直径 $d=100\text{mm}$ 的半圆形孔，如图 5-51 所示，试确定截面的形心位置，并计算截面对水平形心轴和竖直形心轴的惯性矩 $I_z$ 和 $I_y$。

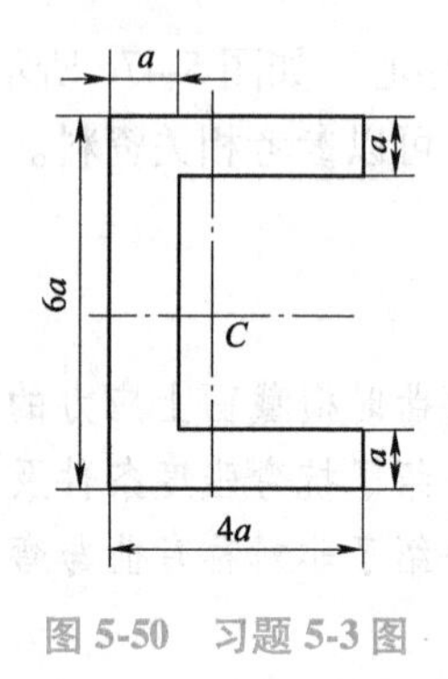


图 5-50 习题 5-3 图

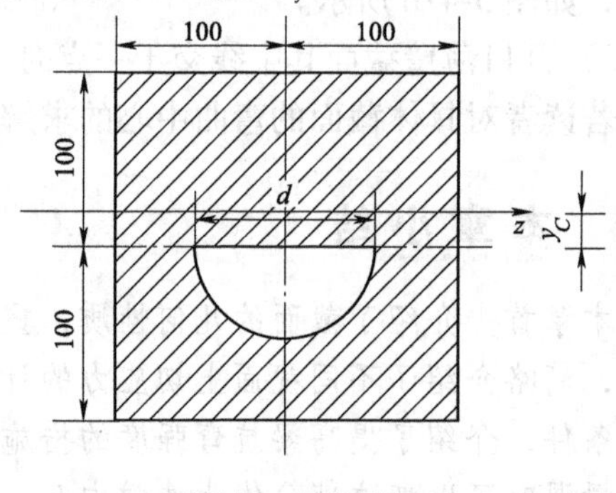


图 5-51 习题 5-4 图

**5-5**　试求图 5-52 所示平面图形的形心主惯性矩。

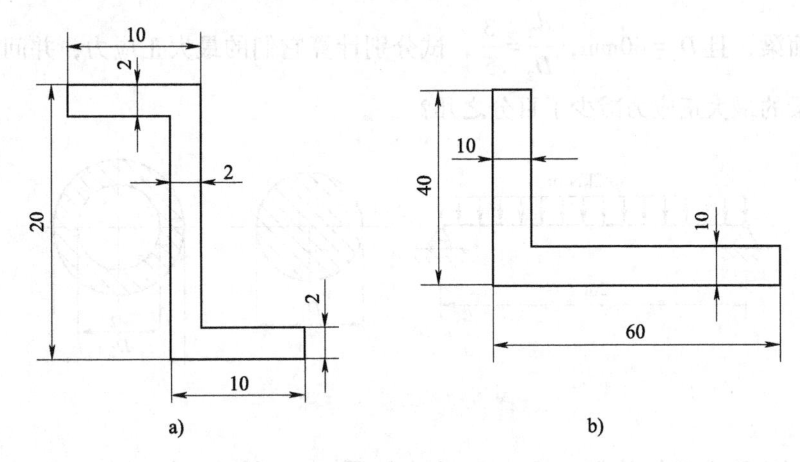


图 5-52　习题 5-5 图

**5-6**　求图 5-53 所示图形对形心轴 $z$ 的截面二次矩。

**5-7**　图 5-54 所示一矩形截面的简支木梁，受 $q=2\text{kN/m}$ 的均布载荷作用。已知梁长 $L=3\text{m}$，截面 $h=240\text{mm}$，$b=80\text{mm}$。试分别计算截面竖放和横放时梁的最大正应力。

**5-8**　图 5-55 所示圆轴的外伸部分是空心轴。试作轴的弯矩图，并求轴内的最大正应力。

**5-9**　由 16a 槽钢制成的外伸梁，受力和尺寸如图 5-56 所示，试求梁的最大拉应力和最大压应力，并指出其所在位置。

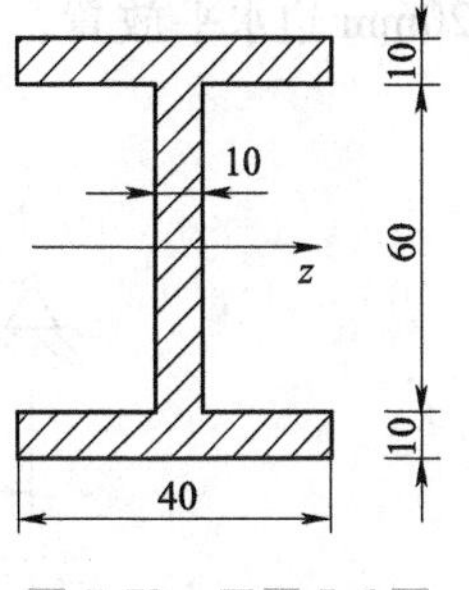


图 5-53　习题 5-6 图

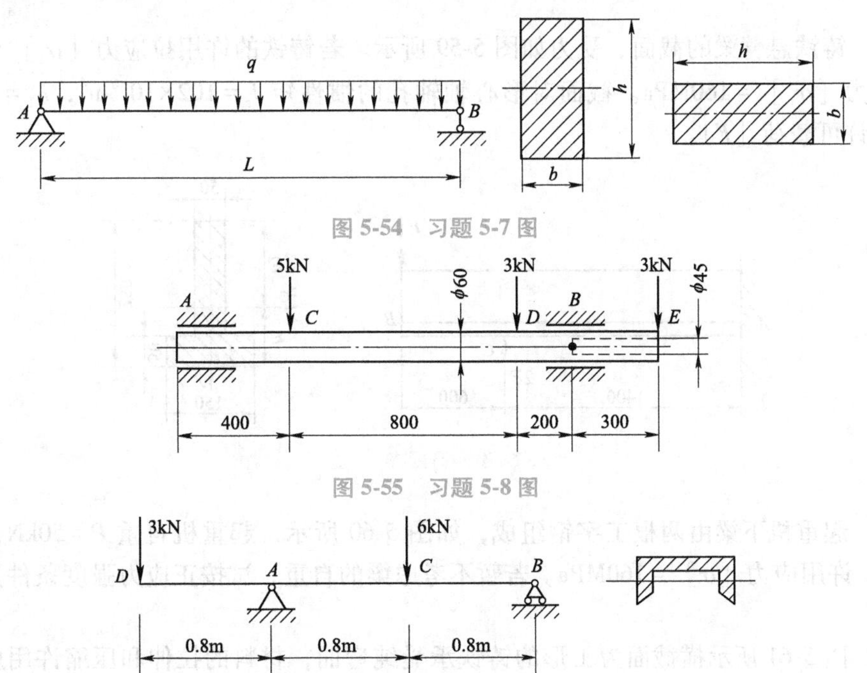


图 5-54　习题 5-7 图

图 5-55　习题 5-8 图

图 5-56　习题 5-9 图

**5-10** 简支梁承受均布载荷作用，如图 5-57 所示，若分别采用截面面积相等的实心截面和空心截面梁，且 $D_1=40\text{mm}$，$\dfrac{d_2}{D_2}=\dfrac{3}{5}$，试分别计算它们的最大正应力，并问空心截面梁比实心截面梁的最大正应力减少了百分之几？

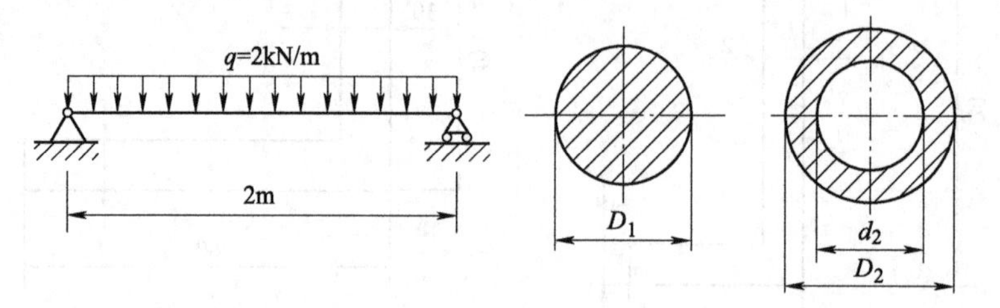


图 5-57 习题 5-10 图

**5-11** 一矩形截面外伸梁，受力和尺寸如图 5-58 所示，材料的许用应力 $[\sigma]=160\text{MPa}$。试按下列两种情况校核此梁强度：（1）使梁的 120mm 边竖直放置；（2）使梁的 120mm 边水平放置。

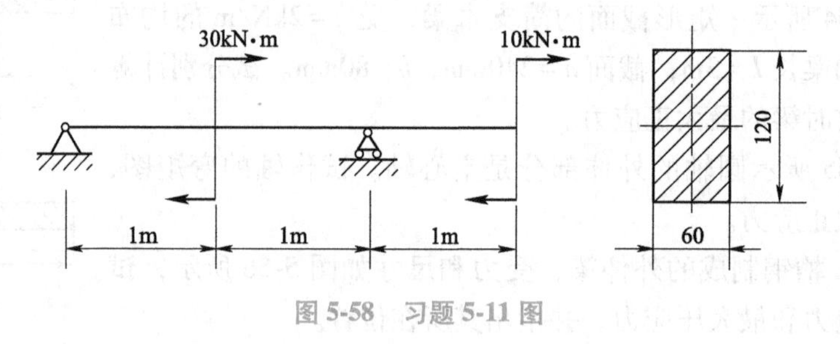


图 5-58 习题 5-11 图

**5-12** 铸铁悬臂梁的截面、受力如图 5-59 所示。若铸铁的许用拉应力 $[\sigma_t]=40\text{MPa}$，许用压应力 $[\sigma_c]=160\text{MPa}$。截面对形心轴轴孔的惯性矩 $I_z=102\times10^{-6}\text{m}^4$，$h_1=96.4\text{mm}$。试求梁的许可载荷 $[F]$。

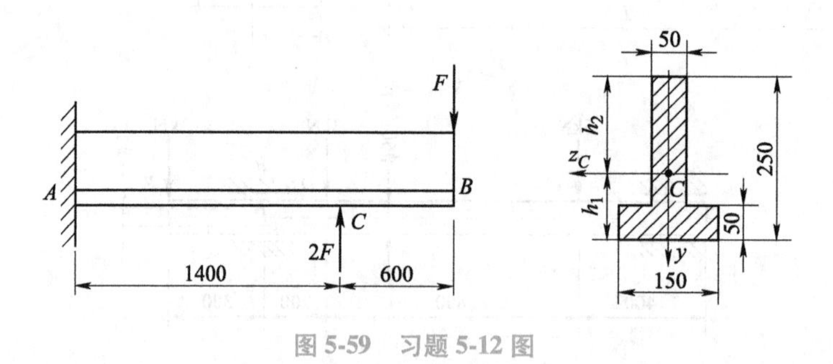


图 5-59 习题 5-12 图

**5-13** 起重机下梁由两根工字钢组成，如图 5-60 所示，起重机自重 $P=50\text{kN}$，起重量 $F=10\text{kN}$。许用应力 $[\sigma]=160\text{MPa}$。若暂不考虑梁的自重，试按正应力强度条件选定工字钢型号。

**5-14** 图 5-61 所示横截面为⊥形的铸铁承受纯弯曲，材料的拉伸和压缩许用应力之比为 $[\sigma_t]/[\sigma_c]=1/4$。求水平翼缘的合理宽度 $b$。

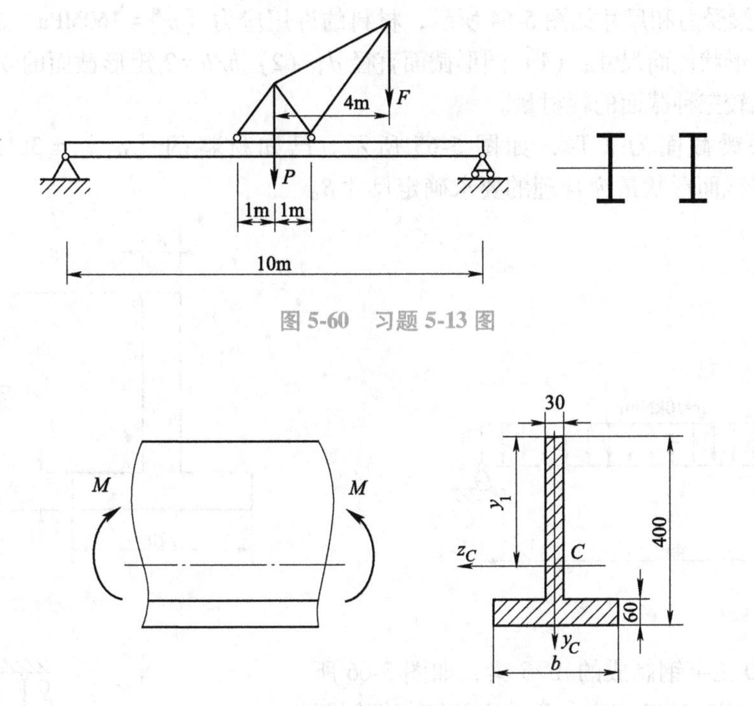


图 5-60　习题 5-13 图

图 5-61　习题 5-14 图

5-15　一矩形截面简支梁由圆柱体木料锯成，如图 5-62 所示。已知 $F=5\text{kN}$，$a=1.5\text{m}$，$[\sigma]=10\text{MPa}$。试确定抗弯截面系数为最大的矩形截面的高宽比 $h/b$，以及梁所需木料的最小直径 $d$。

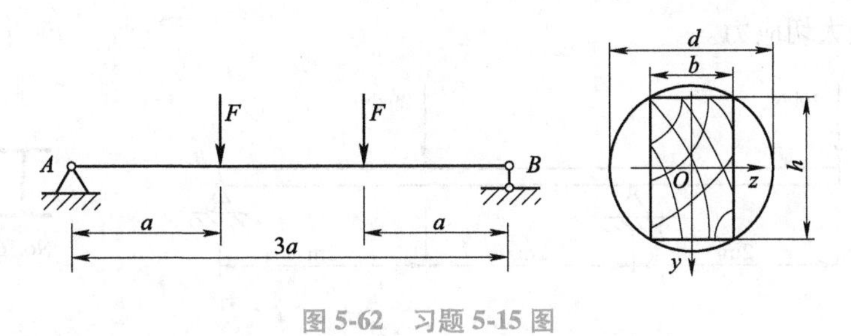


图 5-62　习题 5-15 图

5-16　一铸铁梁如图 5-63 所示，已知材料的拉伸强度极限 $\sigma_{bt}=150\text{MPa}$，压缩强度极限 $\sigma_{bc}=630\text{MPa}$。试求梁的安全因数。

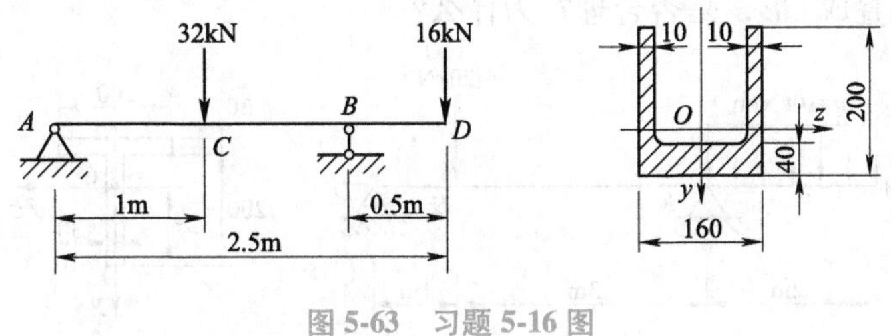


图 5-63　习题 5-16 图

**5-17** 简支梁受力和尺寸如图5-64所示，材料的许用应力 $[\sigma]=160\text{MPa}$。试按正应力强度条件设计三种形状截面尺寸：（1）圆形截面直径 $d$；（2）$h/b=2$ 矩形截面的 $b$、$h$；（3）工字形截面。并比较三种截面的耗材量。

**5-18** 铸铁梁截面为T形，如图5-65所示。已知材料的 $[\sigma_t]=30\text{MPa}$，$[\sigma_c]=90\text{MPa}$。试根据截面形状最为合理的要求确定尺寸 $\delta$。

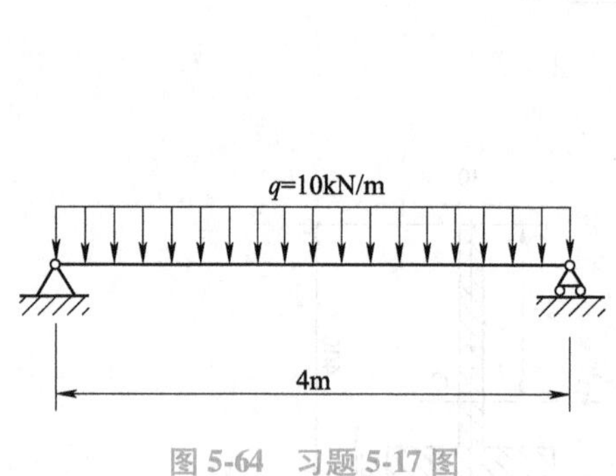


图5-64　习题5-17图

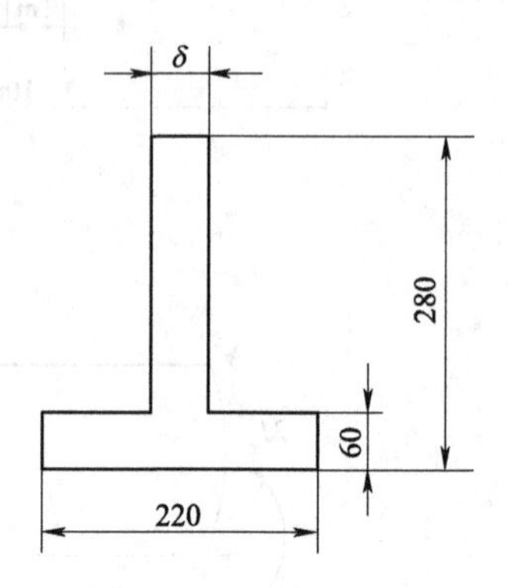


图5-65　习题5-18图

**5-19** 由10工字钢制成的 $ADB$ 梁，如图5-66所示，左端 $A$ 处为固定铰链支座，$D$ 处用铰链与钢制圆截面杆 $CD$ 连接，$CD$ 杆在 $C$ 处用铰链悬挂。已知梁和杆的许用应力均为 $[\sigma]=160\text{MPa}$，试求结构的许用均布载荷集度 $[q]$ 和圆杆直径 $d$。

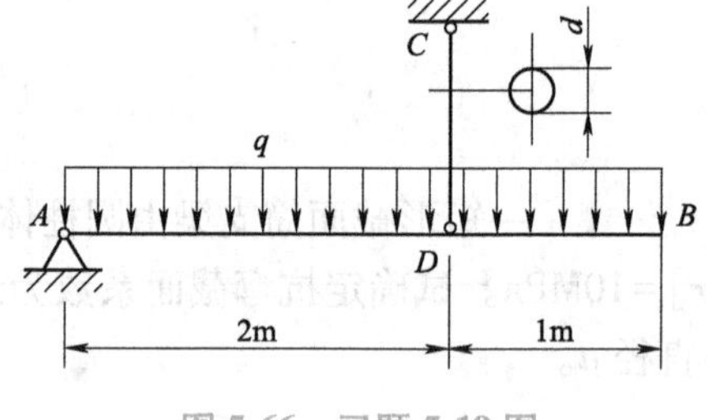


图5-66　习题5-19图

**5-20** 计算图5-67所示工字形截面梁内的最大弯曲正应力和最大切应力。

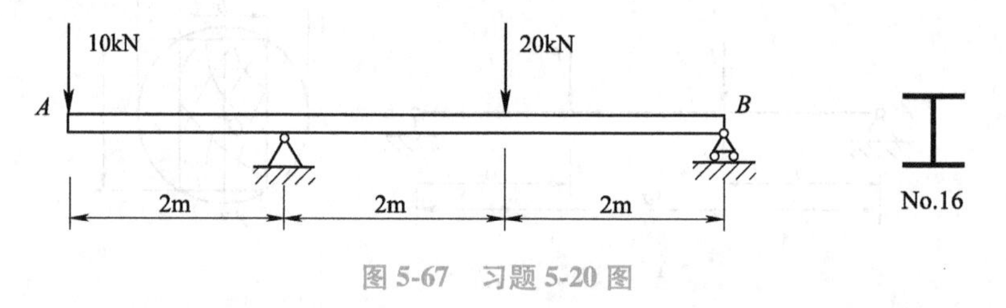


图5-67　习题5-20图

**5-21** 图5-68所示T形截面铸铁梁承受载荷作用。已知铸铁的许用拉应力 $[\sigma_t]=40\text{MPa}$，许用压应力 $[\sigma_c]=160\text{MPa}$。试按正应力强度条件校核梁的强度。若载荷不变，将横截面由T形倒置成⊥形，是否合理？为什么？

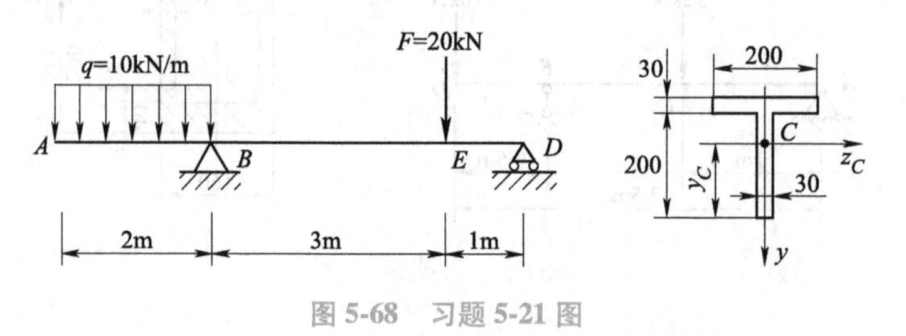


图5-68　习题5-21图

**5-22**　由三根木条胶合而成的悬臂梁截面尺寸如图 5-69 所示，跨度 $l=1\text{m}$。自由端受集中力 $F=4.2\text{kN}$ 作用。若胶合面上的许用切应力为 $[\tau]=0.4\text{MPa}$，试校核胶合面的剪切强度。

**5-23**　悬臂梁 $AB$ 受力如图 5-70 所示，其中 $F=30\text{kN}$，$M=70\text{kN}\cdot\text{m}$。梁横截面的形状及尺寸均示于图中（单位为 mm），$C$ 为截面形心，截面对中性轴的惯性矩 $I_z=1.02\times10^8\text{mm}^4$，拉伸许用应力 $[\sigma_t]=50\text{MPa}$，压缩许用应力 $[\sigma_c]=120\text{MPa}$，$[\tau]=30\text{MPa}$。试校核梁的强度是否安全。

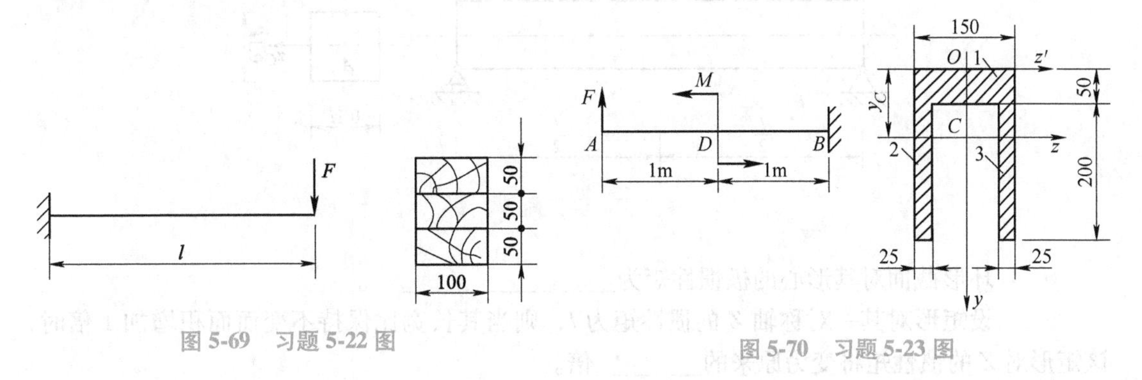


图 5-69　习题 5-22 图　　　　图 5-70　习题 5-23 图

**5-24**　外伸梁用 16a 槽钢制成，如图 5-71 所示。试求梁内最大拉应力和最大压应力，并指出其作用的截面和位置。

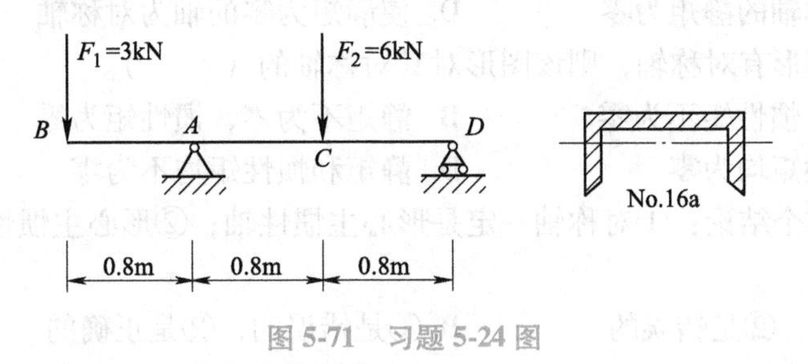


图 5-71　习题 5-24 图

**5-25**　空心管梁受载荷作用，如图 5-72 所示。已知 $[\sigma]=150\text{MPa}$，管外径 $D=60\text{mm}$，在保证安全的条件下，求内径 $d$ 的最大值。

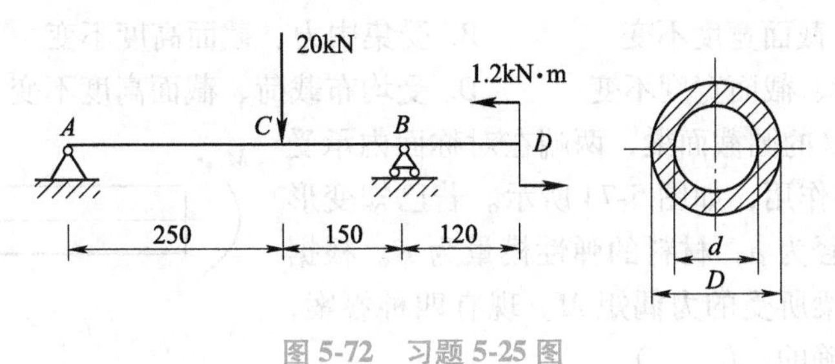


图 5-72　习题 5-25 图

## 测 试 题

**5-1**　在推导梁平面弯曲的正应力公式时，是从几何方面、________方面和________方面综合考虑的。

5-2　受横力弯曲的梁横截面上的正应力沿截面高度按________规律变化，在________处最大。

5-3　图 5-73 所示的梁跨中截面上 $A$、$B$ 两点的应力 $\sigma_A=$________；$\tau_A=$________；$\tau_B=$________。

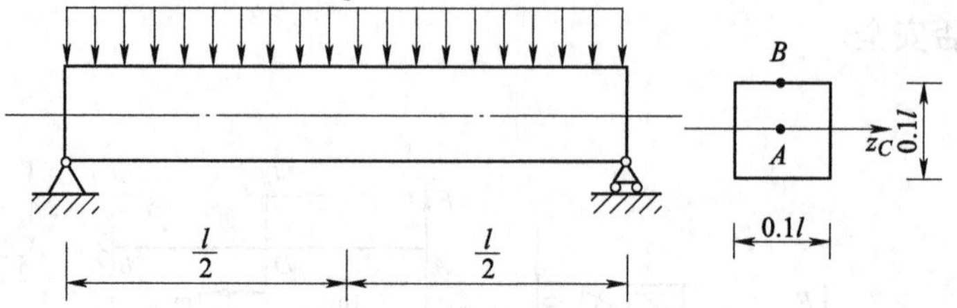

图 5-73　测试题 5-3 图

5-4　环形截面对其形心的极惯性矩为________________。

5-5　设矩形对其一对称轴 $Z$ 的惯性矩为 $I$，则当其长宽比保持不变而面积增加 1 倍时，该矩形对 $Z$ 的惯性矩将变为原来的________倍。

5-6　在下列关于平面图形的结论中，(　　) 是错误的。

A. 图形的对称轴必定通过形心　　B. 图形两个对称轴的交点必为形心

C. 图形对对称轴的静矩为零　　D. 使静矩为零的轴为对称轴

5-7　若截面图形有对称轴，则该图形对其对称轴的（　　）。

A. 静矩为零，惯性矩不为零　　B. 静矩不为零，惯性矩为零

C. 静矩和惯性矩均为零　　D. 静矩和惯性矩均不为零

5-8　有下述两个结论：①对称轴一定是形心主惯性轴；②形心主惯性轴一定是对称轴。其中（　　）。

A. ①是正确的，②是错误的　　B. ①是错误的，②是正确的

C. ①②都是正确的　　D. ①②都是错误的

5-9　在厂房建筑中使用的“鱼腹梁”实质上是根据简支梁上的（　　）而设计的等强度梁。

A. 受集中力、截面宽度不变　　B. 受集中力、截面高度不变

C. 受均布载荷、截面宽度不变　　D. 受均布载荷、截面高度不变

5-10　直径为 $d$ 的圆截面梁，两端在对称面内承受力偶矩为 $M$ 的力偶作用，如图 5-74 所示。若已知变形后中性层的曲率半径为 $\rho$，材料的弹性模量为 $E$。根据 $d$、$\rho$、$E$ 可以求得梁所受的力偶矩 $M$。现有四种答案，请判断哪一种是正确的。(　　)

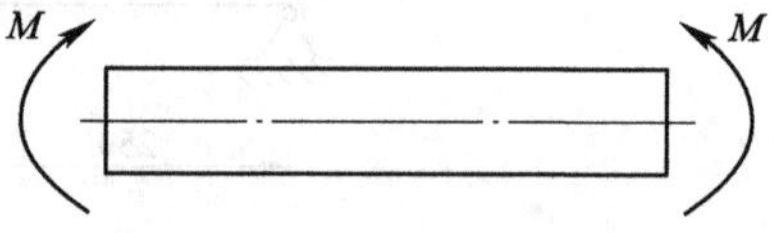

图 5-74　测试题 5-10 图

A. $M=\dfrac{E\pi d^4}{64\rho}$　　B. $M=\dfrac{64\rho}{E\pi d^4}$

C. $M=\dfrac{E\pi d^3}{32\rho}$　　D. $M=\dfrac{32\rho}{E\pi d^3}$

5-11　长度相同、承受同样的均布载荷 $q$ 作用的梁，有图 5-75 所示的 4 种支承方式。如

果从梁的强度考虑，请判断哪一种支承方式最合理。（ ）

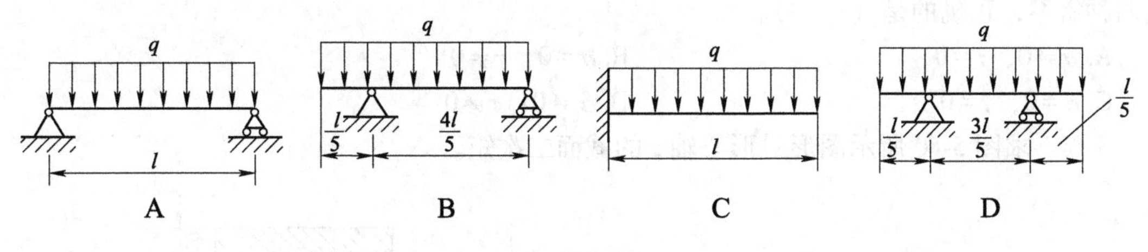


图 5-75 测试题 5-11 图

5-12 对于相同横截面面积的同一梁采用图 5-76 所示的何种截面，其强度最高？（ ）

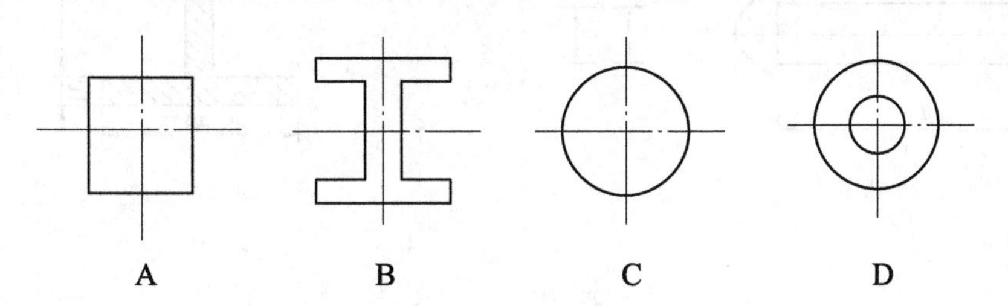


图 5-76 测试题 5-12 图

5-13 梁拟用图 5-77 所示两种方式搁置，则两种情况下的最大应力之比 $(\sigma_{\max})_a$：$(\sigma_{\max})_b$ 为（ ）。

A. 1/4　　B. 1/16

C. 1/64　　D. 16

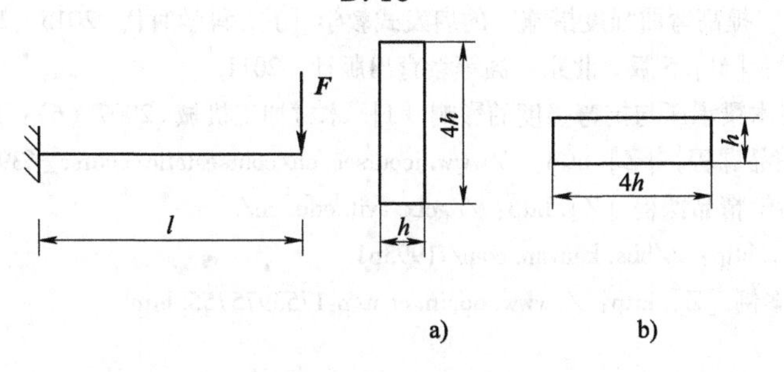


图 5-77 测试题 5-13 图

5-14 图 5-78 所示梁的材料为铸铁，截面形式有四种，则最佳形式为（ ）。

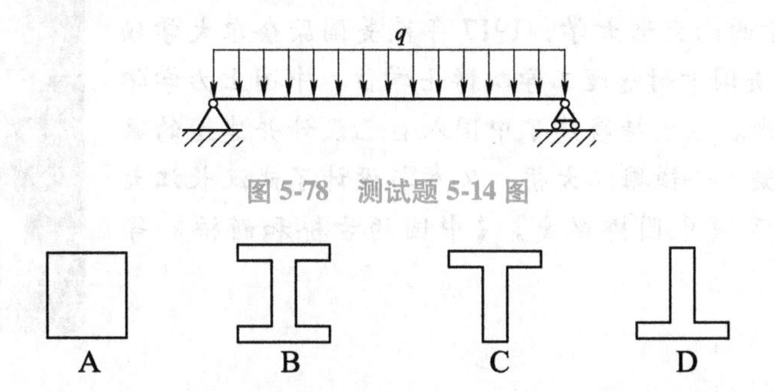


图 5-78 测试题 5-14 图

**5-15** 图 5-79 所示的悬臂梁，自由端受力偶 $M$ 作用，梁中性层上正应力 $\sigma$ 及切应力 $\tau$ 有四种答案，正确的是（　　）。

A. $\sigma \neq 0$，$\tau = 0$　　　　B. $\sigma = 0$，$\tau \neq 0$

C. $\sigma = 0$，$\tau = 0$　　　　D. $\sigma \neq 0$；$\tau \neq 0$

**5-16** 求图 5-80 所示图形对形心轴 $z$ 的截面二次矩。

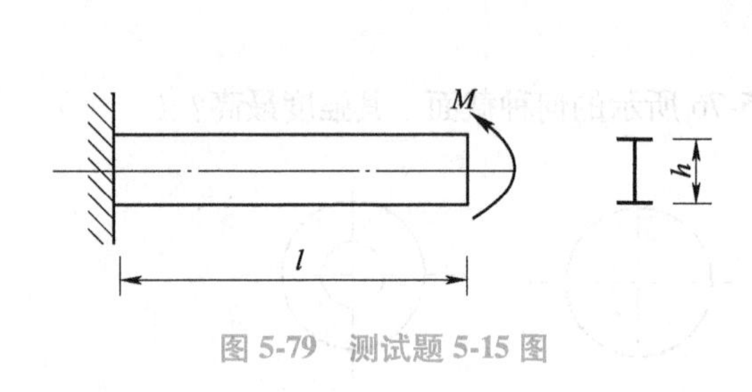


图 5-79　测试题 5-15 图

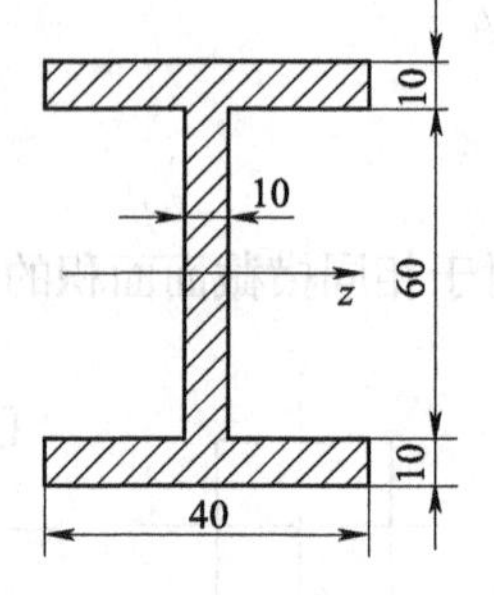


图 5-80　测试题 5-16 图

## 资源推荐

[1] 范钦珊．工程力学：静力学和材料力学［M］. 2 版．北京：高等教育出版社，2011.

[2] 韩光平，刘凯，王秀红．单晶硅微桥式梁力学性能的弯曲测试［J］. 仪器仪表学报．2006，27（2）：176-179，208.

[3] 付明春，李殿平．三角形横向载荷作用下的简支梁弯曲分析［J］. 华北水利水电大学学报（自然科学版）．2014，35（3）：39-42.

[4] 梁拥成，刘小妹．"提高弯曲强度措施"的启发式教学［J］. 科学时代．2015（10）：257.

[5] 刘鸿文．材料力学：［M］. 5 版．北京：高等教育出版社，2011.

[6] 杨小军等．裂纹对木梁承压与抗弯强度的影响［J］. 木材加工机械．2007（6）：11-13.

[7] 工程力学（国家精品课程）［Z］. http：//www. icourses. cn/coursestatic/course_6399. html.

[8] 安阳工学院工程力学精品课程［Z］. http：//gclx. ayit. edu. cn/.

[9] 力学考研论坛［Z］. http：//bbs. kaoyan. com/f1993p1.

[10] 桥梁强度不足的案例［Z］. http：//www. docin. com/p-1753975755. html.

## 力学家简介

**茅以升**（1896—1989），中国著名桥梁专家，江苏镇江人。他于 1916 年毕业于西南交通大学，1917 年获美国康奈尔大学硕士学位，1919 年获美国卡耐基理工学院博士学位，中国土力学学科的创始人和倡导者。他主持修建了中国人自己设计并建造的第一座现代化大型桥梁——钱塘江大桥，又参与设计了武汉长江大桥。晚年，他编写了《中国桥梁史》《中国的古桥和新桥》等著作。

# 第6章

# 抗弯刚度

## 学习要点

**学习重点：**

1. 梁弯曲变形与位移的概念；
2. 积分法和叠加法求梁的变形；
3. 梁的抗弯刚度的计算。

**学习难点：**

1. 叠加法求梁的变形；
2. 简单超静定梁的变形的计算。

## 思维导图

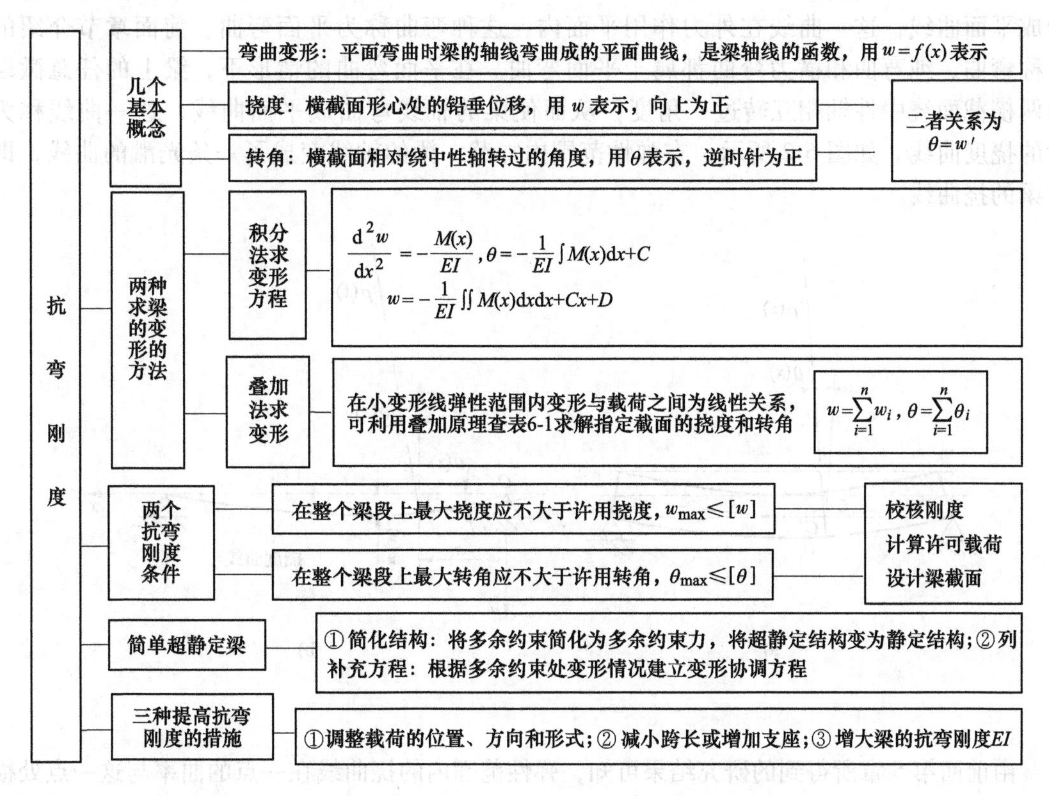

## 实例引导

梁满足强度条件，表明梁在工作中安全，不会破坏，但过大的变形也会影响机器的正常工作。如齿轮轴变形过大，会使齿轮不能正常啮合，产生振动和噪声；吊车梁若变形过大，会使起重机在行驶中发生振动；楼面板梁若变形过大会使底楼粉刷层剥落；摇臂钻床的立柱若弯曲变形过大，会影响钻孔精度（见图6-1）等；我国桥梁史上的最新壮举——港珠澳大桥若不能抵御恶劣天气台风等而产生过大变形，就会影响通行人员和车辆的安全，造成人财损失。所以，构件正常的工作条件，不仅要满足强度条件，还要满足刚度条件，即构件在工作中变形不能过大。但也有一些构件工作时要有较大或合适的变形，如车辆上起减振作用的板簧。

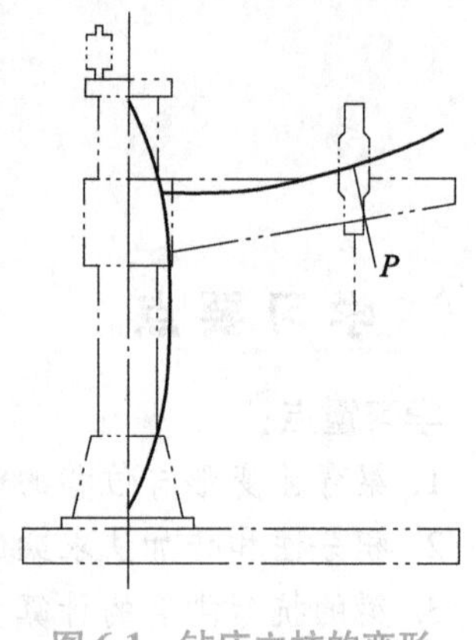

图6-1　钻床立柱的变形

## 6.1　梁弯曲变形与位移的基本概念

### 6.1.1　梁弯曲后的挠度曲线

当所有外力（包括力、力偶）都作用在梁的同一主轴平面内时，梁的轴线弯曲后将弯成平面曲线，这一曲线在外力作用平面内，这种弯曲称为平面弯曲。前面章节介绍的对称弯曲、纯弯曲和横力弯曲都属于平面弯曲。在平面弯曲的情形下，梁上的任意微段的两横截面绕中性轴相互转过一角度，从而使梁的轴线弯曲成平面曲线，这一曲线称为梁的挠度曲线。如图6-2所示，在弹性范围内加载，梁的轴线变成了一条光滑的曲线，即为梁的挠曲线。

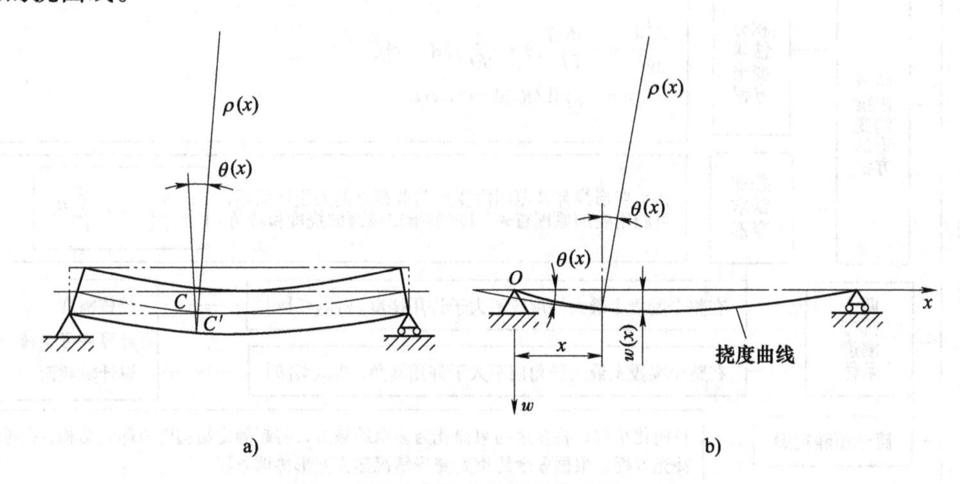

图6-2　梁弯曲后的挠曲线

由前面第5章所得到的研究结果可知，弹性范围内的挠曲线在一点的曲率与这一点处横截面上的弯矩、抗弯刚度之间存在下列关系：

$$\frac{1}{\rho}=\frac{M}{EI} \tag{6-1}$$

式中，$EI$为梁的抗弯刚度，这一公式与纯弯曲正应力公式一样也可以推广到横向弯曲的情

形，这时式中$\rho$、$M$都是横截面位置$x$的函数，即

$$\rho=\rho(x),M=M(x) \tag{6-2}$$

### 6.1.2 梁的挠度与转角

梁在弯曲变形后横截面的位置发生改变，这种位置改变称为位移。梁的位移通常包括三部分：

1）横截面形心处的铅垂位移，称为挠度，用$w$表示；

2）变形后的横截面相对于变形前位置绕中性轴转过的角度，称为转角，用$\theta$表示；

3）横截面形心沿水平方向的位移，称为轴向位移或水平位移，用$u$表示。

因我们讨论的梁的变形为小变形，故水平位移可忽略不计，位移通常用挠度和转角表示。

在图6-2b所示的$Oxw$坐标系中，挠度与转角存在下列关系：

$$\frac{\mathrm{d}w}{\mathrm{d}x}=\tan\theta \tag{6-3}$$

对于小变形情形，转角$\theta$的值很小，因而有$\tan\theta\approx\theta$，于是在弹性平面小变形的情形下可以近似地认为

$$\frac{\mathrm{d}w}{\mathrm{d}x}=\theta \tag{6-4}$$

式中，$w=w(x)$，称为挠度方程。

### 6.1.3 梁的位移与约束的关系

图6-3所示的三种承受弯曲的梁，在这三种情形下，$AB$段各截面都受有相同的弯矩（$M=Fa$）的作用。

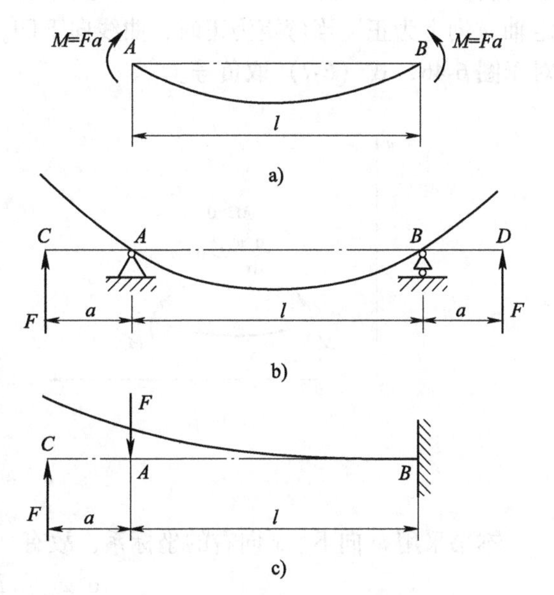

图6-3 梁的位移与约束的关系

根据式（6-1），在上述三种情形下，梁$AB$段的曲率（$1/\rho$）处处对应相等，因而挠度曲线具有相同的形状。但是，在三种情形下，由于约束的不同，梁的位移则不完全相同。对于图6-3a所示的无约束梁，因其在空间的位置不确定，故无法确定其位移。

另外，请注意，梁的变形是连续协调的，变形反映的是结构的整体性能，具有整体上的协调性。如果失去整体的变形协调，就会有两种结果：①材料局部破坏；②整体结构分裂。材料如此，作为团队和国家更应如此，整体协调性特别重要，只有志同道合，齐心协力，才能发挥基体的力量，才会战无不胜。

【提示】 梁的位移只有在小变形时才能忽略水平位移。

## 6.2 积分法求梁的变形

视频讲解

### 6.2.1 小挠度曲线微分方程

已知梁的弹性挠曲线曲率表达式（6-1），由数学知识可知，平面曲线上任意一点的曲率为

$$\frac{1}{\rho(x)}=\pm\frac{\dfrac{d^2w}{dx^2}}{\left[1+\left(\dfrac{dw}{dx}\right)^2\right]^{3/2}} \tag{6-5}$$

在小挠度条件下，可略去式（6-5）分母中的高阶微量，即分母为 1，得到

$$\frac{1}{\rho(x)}=\pm\frac{d^2w}{dx^2} \tag{6-6}$$

将式（6-6）代入式（6-1）中得到

$$\pm\frac{d^2w}{dx^2}=\frac{M(x)}{EI} \tag{6-7}$$

式（6-7）称为梁的挠曲线近似微分方程。这一近似微分方程的解，应用于工程实际，已足够精确。式中的正负号，要看弯矩的正负号和轴 $w$ 的方向而定，按图 6-4a 中所选坐标系规定轴 $w$ 向上为正，当弯矩为正时，曲线向下凹，$d^2w/dx^2$ 为正值，式（6-7）取正号；反之，对于图 6-4b，式（6-7）取负号。

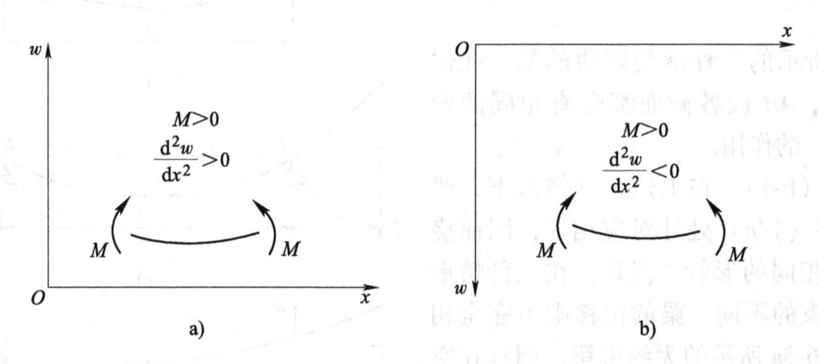


图 6-4 $w$ 坐标的取向

本书采用 $w$ 向下、$x$ 向右的坐标系，故有

$$\frac{d^2w}{dx^2}=-\frac{M(x)}{EI} \tag{6-8}$$

对于等截面直梁，$EI$ 为一常数，对式（6-8）进行一次积分，得

$$\theta=-\frac{1}{EI}\int M(x)\,dx+C \tag{6-9}$$

式（6-9）即为梁的转角方程。再积分一次，得

$$w=-\frac{1}{EI}\iint M(x)\,\mathrm{d}x\mathrm{d}x+Cx+D \tag{6-10}$$

式（6-10）即为梁的弹性挠曲线方程。式中的两个积分常数 $C$ 和 $D$ 可由边界条件和变形连续条件决定。

### 6.2.2　积分常数的确定、约束条件与连续条件

梁的不同约束对梁的变形具有一定的影响，积分常数常常不同：

1）在固定端处，约束条件是 $w=0$，$\theta=0$

2）在铰支座处，约束条件是 $w=0$。

连续条件是梁的挠曲线是连续光滑的曲线，两段梁在交界处的变形连续条件是 $w^{+}=w^{-}$，$\theta^{+}=\theta^{-}$。

利用约束条件和连续条件即可求得积分常数，从而可得梁的挠曲线方程和转角方程，进而求得梁的最大挠度和最大转角。用上述方法计算梁的变形称为积分法。

【例题 6-1】　图 6-5a 所示为镗刀在工件上镗孔的示意图。为保证镗孔精度，镗刀杆的弯曲变形不能过大。设径向切削力 $F=300\text{N}$，镗刀杆直径 $d=10\text{mm}$，外伸长度 $l=50\text{mm}$。材料的弹性模量 $E=210\text{GPa}$。试求镗刀杆上安装镗刀头的截面 $B$ 的转角和挠度。

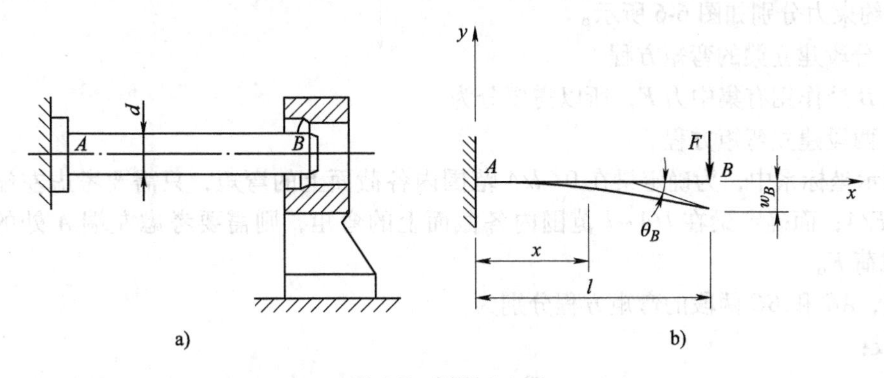


图 6-5　例题 6-1 图

解：镗刀杆可简化为在自由端受集中力 $F$ 作用的悬臂梁（见图 6-5b）。

（1）列弯矩方程。建立坐标系如图 6-5b 所示，列出弯矩方程为

$$M(x)=-F(l-x)$$

（2）建立挠曲线近似微分方程并积分，得

$$EIw''=-M(x)=F(l-x)$$

$$EIw'=EI\theta=Flx-\frac{F}{2}x^{2}+C$$

$$EIw=\frac{Fl}{2}x^{2}-\frac{F}{6}x^{3}+Cx+D$$

（3）确定积分常数。在悬臂梁的固定端，转角和挠度都等于零，相应的边界条件为：当 $x=0$ 时，$\theta=0$，$w=0$。将此两条件分别代入微分式中，可得 $C=0$，$D=0$。

（4）建立转角方程和挠度方程。将求得的 $C$、$D$ 值代入微分式中得转角方程和挠度方程

$$\theta = w' = \frac{Flx}{EI} - \frac{Fx^2}{2EI}$$

$$w = \frac{Flx^2}{2EI} - \frac{Fx^3}{6EI}$$

（5）求最大转角和最大挠度。由图 6-5b 可见，在自由端处梁的转角和挠度均最大，故将 $x=l$ 代入上式可得

$$\theta_{\max} = \theta_B = \frac{Fl^2}{EI} - \frac{Fl^2}{2EI} = \frac{Fl^2}{2EI} = \frac{300 \times 0.05^2}{2 \times 210 \times 10^9 \times 4.91 \times 10^{-10}}\text{rad} = 0.00364\text{rad} = 0.208°$$

$$w_{\max} = \frac{Fll^2}{2EI} - \frac{Fl^3}{6EI} = \frac{Fl^3}{3EI} = \frac{300 \times 0.05^3}{3 \times 210 \times 10^9 \times 4.91 \times 10^{-10}}\text{m} = 0.12123\text{mm}$$

【例题 6-2】 已知：简支梁受力如图 6-6 所示。$EI$、$l$、$F$ 均为已知。试用积分法，求梁的挠度方程和转角方程，并计算加力点 $B$ 处的挠度及支承 $A$ 和 $C$ 处截面的转角。

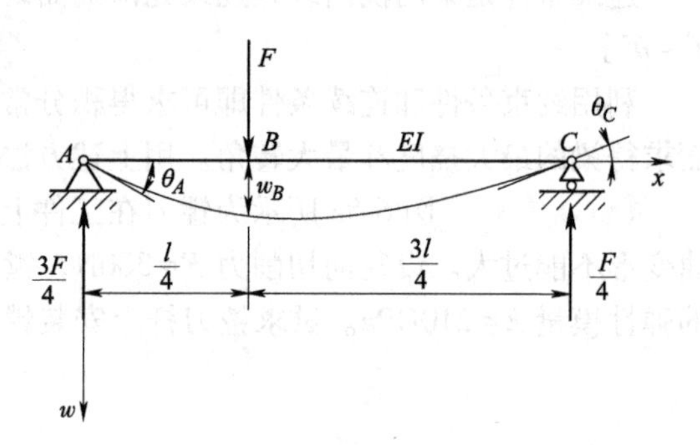

图 6-6 例题 6-2 图

解：（1）确定梁的约束力

首先，应用静力学方法求得梁在支承 $A$、$C$ 两处的约束力分别如图 6-6 所示。

（2）分段建立梁的弯矩方程

因为 $B$ 处作用有集中力 $F$，所以需要分为 $AB$ 和 $BC$ 两段建立弯矩方程。

在图示坐标系中，为确定梁在 $0 \sim l/4$ 范围内各截面上的弯矩，只需要考虑左端 $A$ 处的约束力 $3F/4$；而确定梁在 $l/4 \sim l$ 范围内各截面上的弯矩，则需要考虑左端 $A$ 处的约束力 $3F/4$和载荷 $F$。

于是，$AB$ 和 $BC$ 两段的弯矩方程分别为

$AB$ 段：

$$M_1(x) = \frac{3}{4}Fx \qquad \left(0 \leqslant x \leqslant \frac{l}{4}\right)$$

$BC$ 段：

$$M_2(x) = \frac{3}{4}Fx - F\left(x - \frac{l}{4}\right) \qquad \left(\frac{l}{4} \leqslant x \leqslant l\right)$$

（3）将弯矩表达式代入小挠度微分方程并分别积分

$$EI\frac{\mathrm{d}^2 w_1}{\mathrm{d}x^2} = -M_1(x) = -\frac{3}{4}Fx \qquad \left(0 \leqslant x \leqslant \frac{l}{4}\right)$$

$$EI\frac{\mathrm{d}^2 w_2}{\mathrm{d}x^2} = -M_2(x) = -\frac{3}{4}Fx + F\left(x - \frac{l}{4}\right) \qquad \left(\frac{l}{4} \leqslant x \leqslant l\right)$$

积分后，得

$$EI\theta_1 = -\frac{3}{8}Fx^2 + C_1, \quad EI\theta_2 = -\frac{3}{8}Fx^2 + \frac{1}{2}F\left(x - \frac{l}{4}\right)^2 + C_2$$

$$EIw_1 = -\frac{1}{8}Fx^3 + C_1 x + D_1, \quad EIw_2 = -\frac{1}{8}Fx^3 + \frac{1}{6}F\left(x - \frac{l}{4}\right)^3 + C_2 x + D_2$$

其中，$C_1$、$D_1$、$C_2$、$D_2$ 为积分常数，由支承处的约束条件和 $AB$ 段与 $BC$ 段梁交界处的连续条件确定。

（4）利用约束条件和连续条件确定积分常数

在支座 $A$、$C$ 两处挠度应为零，即

$$x = 0,\quad w_1 = 0;\quad x = l,\quad w_2 = 0$$

因为，梁弯曲后的轴线应为连续光滑曲线，所以 $AB$ 段与 $BC$ 段梁交界处的挠度和转角必须分别相等，即

$$x = \frac{1}{4},\quad w_1 = w_2;\quad x = \frac{l}{4},\quad \theta_1 = \theta_2$$

将以上条件代入上面的计算式得

$$D_1 = D_2 = 0,\quad C_1 = C_2 = \frac{7}{128}Fl^2$$

（5）确定转角方程和挠度方程以及指定横截面的挠度与转角

将所得的积分常数代入后，得到梁的转角和挠度方程为

$AB$ 段：

$$\theta(x) = \frac{F}{EI}\left(-\frac{3}{8}x^2 + \frac{7}{128}l^2\right),\quad w(x) = \frac{F}{EI}\left(-\frac{1}{8}x^3 + \frac{7}{128}l^2x\right)$$

$BC$ 段：

$$\theta(x) = \frac{F}{EI}\left[-\frac{3}{8}x^2 + \frac{1}{2}\left(x - \frac{l}{4}\right)^2 + \frac{7}{128}l^2\right]$$

$$w(x) = \frac{F}{EI}\left[-\frac{1}{8}x^3 + \frac{1}{6}\left(x - \frac{l}{4}\right)^3 + \frac{7}{128}l^2x\right]$$

据此，可以算得加力点 $B$ 处的挠度及支承处 $A$ 和 $C$ 的转角分别为

$$w_B = \frac{3}{256}\frac{Fl^3}{EI},\quad \theta_A = \frac{7}{128}\frac{Fl^2}{EI},\quad \theta_B = -\frac{5}{128}\frac{Fl^2}{EI}$$

从以上例题的求解过程可以看出求解步骤一定的逻辑性，先后次序不能颠倒。正如《大学》中“物有本末，事有终始。知所先后，则近道矣。”对于正在积累知识的大学生来说，打好基础，一步一个脚印很重要，切莫好高骛远，不切实际。

## 6.3 叠加法求梁的变形

视频讲解

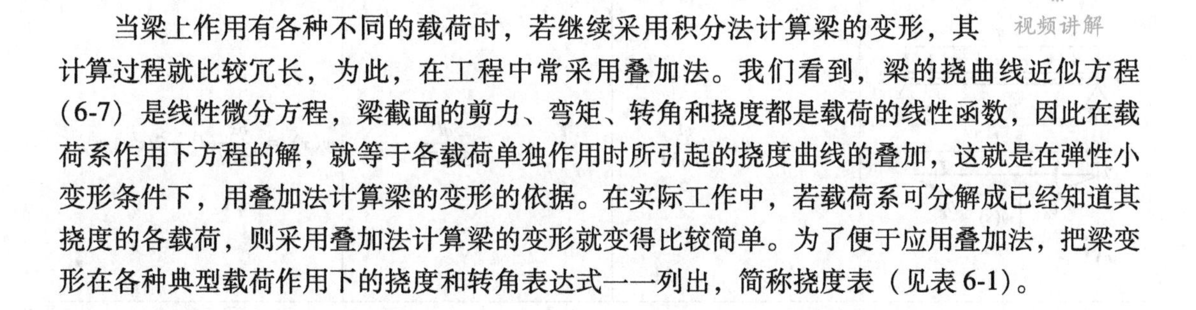

当梁上作用有各种不同的载荷时，若继续采用积分法计算梁的变形，其计算过程就比较冗长，为此，在工程中常采用叠加法。我们看到，梁的挠曲线近似方程(6-7)是线性微分方程，梁截面的剪力、弯矩、转角和挠度都是载荷的线性函数，因此在载荷系作用下方程的解，就等于各载荷单独作用时所引起的挠度曲线的叠加，这就是在弹性小变形条件下，用叠加法计算梁的变形的依据。在实际工作中，若载荷系可分解成已经知道其挠度的各载荷，则采用叠加法计算梁的变形就变得比较简单。为了便于应用叠加法，把梁变形在各种典型载荷作用下的挠度和转角表达式一一列出，简称挠度表（见表 6-1）。

**表 6-1 梁的挠度与转角公式**

| 载荷类型 | 转角 | 最大挠度 | 挠度方程 |
|---|---|---|---|
| （1）悬臂梁 | | | |
| 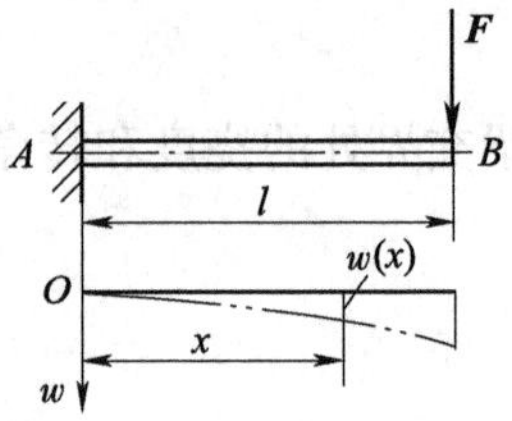 | $\theta_B = \dfrac{Fl^2}{2EI}$ | $w_{\max} = \dfrac{Fl^3}{3EI}$ | $w(x) = \dfrac{Fx^2}{6EI}(3l - x)$ |
| 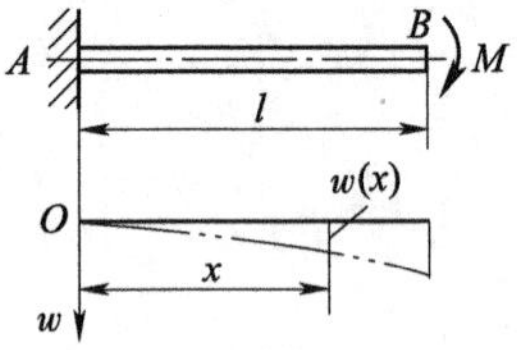 | $\theta_B = \dfrac{Ml}{EI}$ | $w_{\max} = \dfrac{Ml^2}{2EI}$ | $w(x) = \dfrac{Mx^2}{2EI}$ |
| 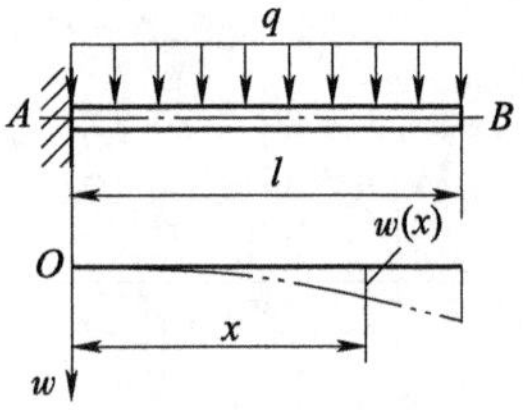 | $\theta_B = \dfrac{ql^3}{6EI}$ | $w_{\max} = \dfrac{ql^4}{8EI}$ | $w(x) = \dfrac{qx^2}{24EI}(x^2+6l^2-4lx)$ |
| （2）简支梁 | | | |
| 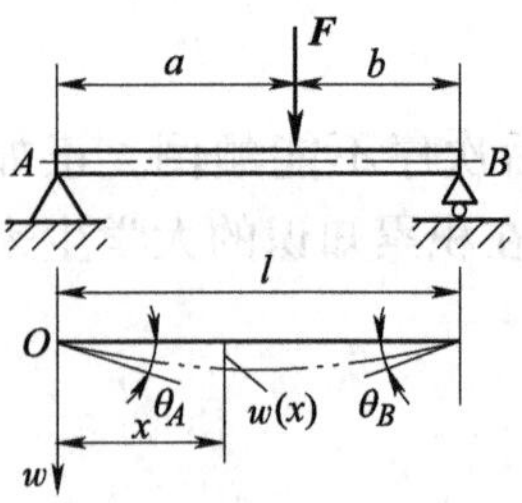 | $\theta_A = \dfrac{Fb(l^2 - b^2)}{6lEI}$<br>$\theta_B = -\dfrac{Fab(2l - b)}{6lEI}$ | $w_{\max} = \dfrac{Fb(l^2 - b^2)^{3/2}}{9\sqrt{3}lEI}$<br>（在 $x = \sqrt{\dfrac{l^2 - b^2}{3}}$ 处） | $w_1(x) = \dfrac{Fbx}{6lEI}(l^2 - x^2 - b^2)$<br>$(0 \leqslant x \leqslant a)$<br>$w_2(x) = \dfrac{Fb}{6lEI}\left[\dfrac{l}{b}(x - a)^3 + (l^2 - b^2)x - x^3\right]$<br>$(a \leqslant x \leqslant l)$ |
| 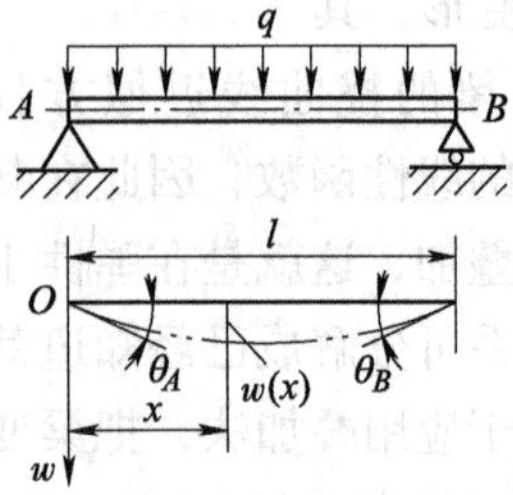 | $\theta_A = -\theta_B = \dfrac{ql^3}{24EI}$ | $w_{\max} = \dfrac{5ql^4}{384EI}$ | $w(x) = \dfrac{qx}{24EI}(l^3 - 2lx^2 + x^3)$ |

（续）

| 载荷类型 | 转角 | 最大挠度 | 挠度方程 |
|---|---|---|---|
| （2）简支梁 | | | |
| 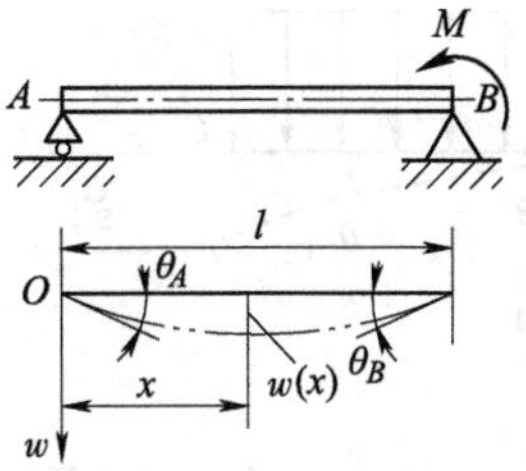 | $\theta_A = \dfrac{Ml}{6EI}$<br>$\theta_B = -\dfrac{Ml}{3EI}$ | $w_{\max} = \dfrac{Ml^2}{9\sqrt{3}EI}$（在 $x = l/\sqrt{3}$ 处） | $w(x) = \dfrac{Mlx}{6EI}\left(1 - \dfrac{x^2}{l^2}\right)$ |
| 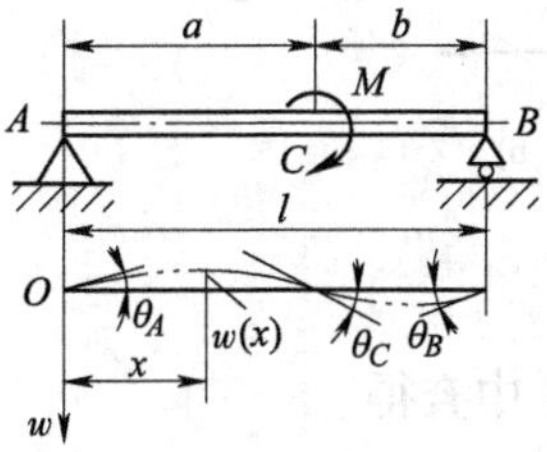 | $\theta_A = -\dfrac{M}{6EIl}(l^2 - 3b^2)$<br>$\theta_B = -\dfrac{M}{6EIl}(l^2 - 3a^2)$<br>$\theta_C = \dfrac{M}{6EIl}(3a^2 + 3b^2 - l^2)$ | $w_{\max 1} = -\dfrac{M(l^2 - 3b^2)^{3/2}}{9\sqrt{3}EIl}$<br>（在 $x = \dfrac{1}{\sqrt{3}}\sqrt{l^2 - 3b^2}$ 处）<br>$w_{\max 2} = -\dfrac{M(l^2 - 3a^2)^{3/2}}{9\sqrt{3}EIl}$<br>（在 $x = \dfrac{1}{\sqrt{3}}\sqrt{l^2 - 3a^2}$ 处） | $w_1(x) = -\dfrac{Mx}{6EIl}(l^2 - 3b^2 - x^2)$<br>$(0 \leqslant x \leqslant a)$<br>$w_2(x) = \dfrac{M(l - x)}{6EIl}\cdot$<br>$[l^2 - 3a^2 - (l - x)^2]$<br>$(a \leqslant x \leqslant l)$ |
| 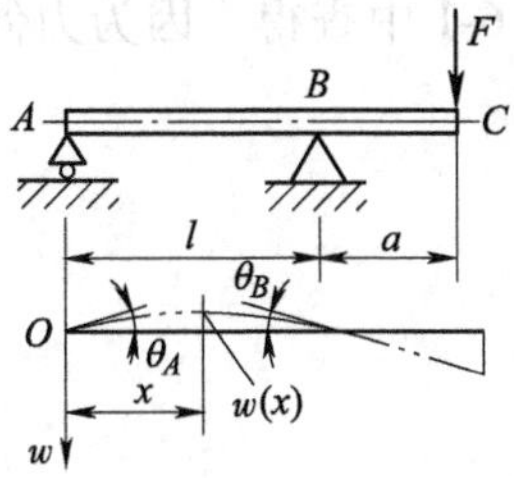 | $\theta_A = -\dfrac{Fal}{6EI}$<br>$\theta_B = \dfrac{Fal}{3EI}$<br>$\theta_C = \dfrac{Fa(2l + 3a)}{6EI}$ | $w_{\max 1} = -\dfrac{Fal^2}{9\sqrt{3}EI}$<br>（在 $x = l/\sqrt{3}$ 处）<br>$w_{\max 2} = \dfrac{Fa^2}{3EI}(a + l)$<br>（在自由端） | $w_1(x) = -\dfrac{Fax}{6EIl}(l^2 - x^2)$<br>$(0 \leqslant x \leqslant l)$<br>$w_2(x) = \dfrac{F(l - x)}{6EI}\cdot$<br>$[(x - l)^2 + a(l - 3x)]$<br>$(l \leqslant x \leqslant l + a)$ |
| 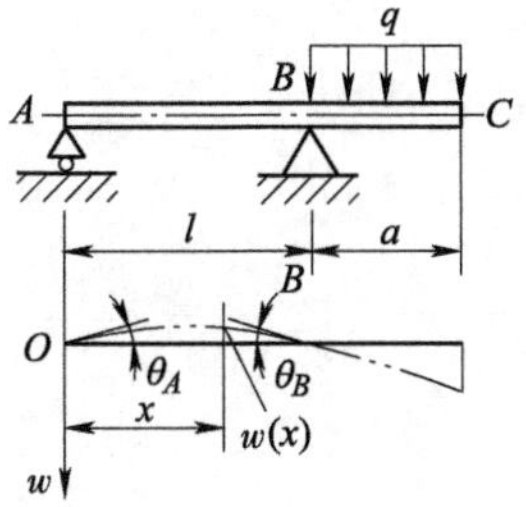 | $\theta_A = -\dfrac{qla^2}{12EI}$<br>$\theta_B = \dfrac{qla^2}{6EI}$ | $w_{\max 1} = -\dfrac{ql^2a^2}{18\sqrt{3}EI}$<br>（在 $x = l/\sqrt{3}$ 处）<br>$w_{\max 2} = \dfrac{qa^3}{24EI}(3a + 4l)$<br>（在自由端） | $w_1(x) = -\dfrac{qa^2x}{12EIl}(l^2 - x^2)$<br>$(0 \leqslant x \leqslant l)$<br>$w_2(x) = \dfrac{q(x - l)}{24EI}\cdot$<br>$[2a^2(3x - l) +$<br>$(x - l)^2(x - l - 4a)]$<br>$(l \leqslant x \leqslant l + a)$ |

### 6.3.1　叠加法应用于多个载荷作用的情形

当梁上受有几种不同的载荷作用时，都可以将其分解为各种载荷单独作用的情形，由表6-1查得这些情形下的挠度和转角，再将所得结果叠加后，便得到几种载荷同时作用的结果。

【例题 6-3】 用叠加法求图 6-7 所示悬臂梁 $C$ 截面的挠度和转角。已知梁的抗弯刚度 $EI$。

解：(1) 将梁上载荷分解成单独载荷作用，如图 6-8 所示。

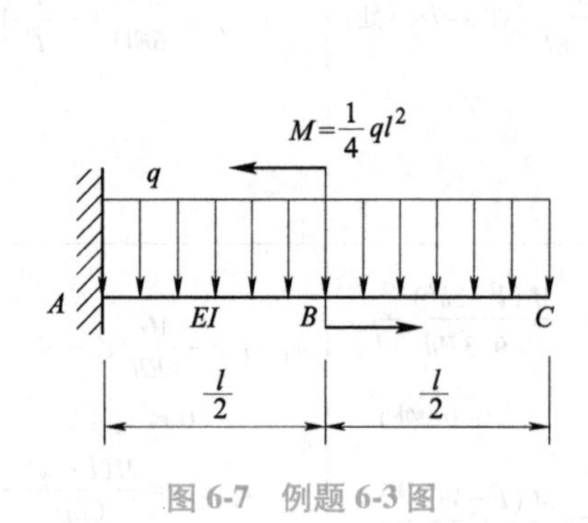


图 6-7 例题 6-3 图

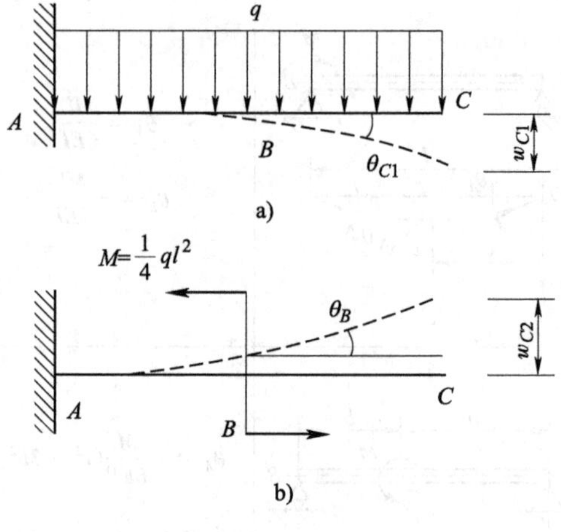


图 6-8 受力等效分析

(2) 在均布载荷 $q$ 单独作用下，梁 $C$ 截面的挠度和转角由表 6-1 中查得

$$w_{C1}=\frac{ql^4}{8EI},\quad \theta_{C1}=\frac{ql^3}{6EI}$$

(3) 在集中力偶 $M$ 单独作用下，梁 $C$ 截面的挠度、转角也由表 6-1 中查得。因为力偶作用在 $B$ 处，所以 $C$ 截面挠度应等于

$$w_{C2}=w_B+\theta_B\times\frac{l}{2}$$

查表得

$$w_B=\frac{M\left(\frac{l}{2}\right)^2}{2EI}=\frac{-\frac{ql^2}{4}\times\frac{l^2}{4}}{2EI}=-\frac{ql^4}{32EI}\quad（以向下为正）$$

$$\theta_B=\frac{M\times\frac{l}{2}}{EI}=\frac{-\frac{ql^2}{4}\times\frac{l}{2}}{EI}=-\frac{ql^3}{8EI}$$

代入上式得

$$w_{C2}=-\frac{ql^4}{32EI}-\frac{ql^3}{8EI}\times\frac{l}{2}=-\frac{3ql^4}{32EI}$$

(4) 叠加以上结果，得梁 $C$ 截面的挠度和转角分别为

$$w_C=w_{C1}+w_{C2}=\frac{ql^4}{8EI}-\frac{3ql^4}{32EI}=\frac{ql^4}{32EI}$$

$$\theta_C=\theta_{C1}+\theta_{C2}=\frac{ql^3}{6EI}-\frac{ql^3}{8EI}=\frac{ql^3}{24EI}$$

### 6.3.2　叠加法应用于间断性分布载荷作用的情形

对于间断性分布载荷作用的情形，根据受力与约束等效的要求，可以先将间断性分布载荷，扩展为梁全长上连续分布载荷，作为载荷1，然后在原来没有分布载荷的梁段上，加上集度相同但方向相反的分布载荷，作为载荷2，最后对载荷1和载荷2应用叠加法。

【例题6-4】　悬臂梁$AB$受图6-9所示均布载荷作用，试用叠加法计算自由端的挠度和转角。

解：将图6-9a所示受力看作是图6-9b（载荷1）和图6-9c（载荷2）的叠加。

图6-9b中悬臂梁$B$截面的挠度和转角分别为

$$\theta_1=\frac{ql^3}{6EI}$$

$$w_1=\frac{ql^4}{8EI}$$

图6-9c中$l/3$长度上的均布力在截面$C$产生的挠度和转角分别为

$$w_C=-\frac{q\left(\frac{l}{3}\right)^4}{8EI}=-\frac{ql^4}{648EI}$$

$$\theta_2=\theta_C=-\frac{q\left(\frac{l}{3}\right)^3}{6EI}=-\frac{ql^3}{162EI}$$

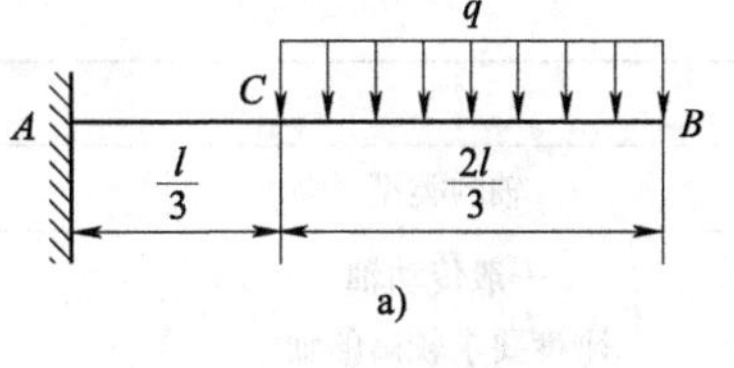


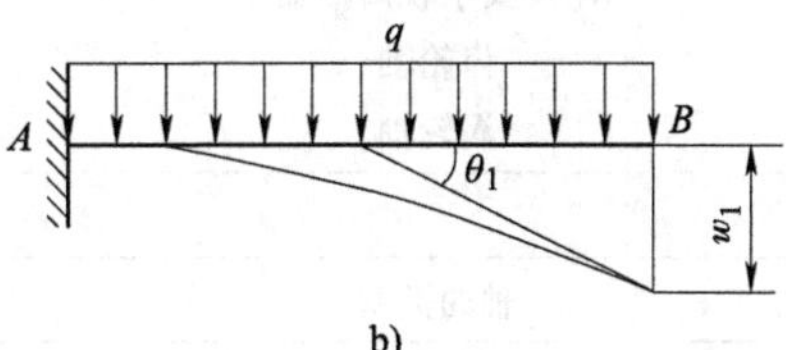


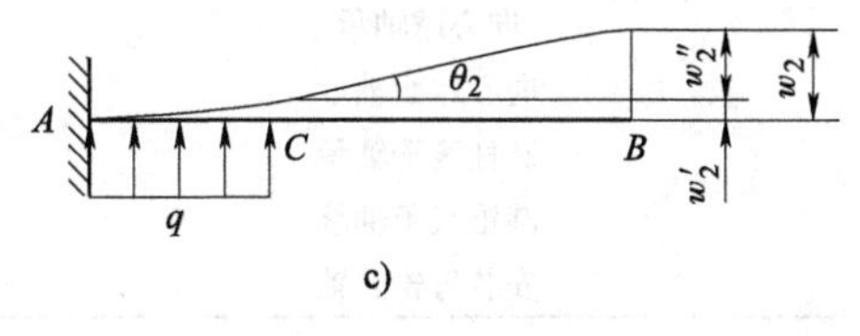


图6-9　例题6-4图

由$\theta_C$在$B$端产生的挠度为

$$w''_2=\theta_C\times\frac{2}{3}l=-\frac{ql^4}{243EI}$$

则$B$端总的挠度和转角分别为

$$\theta_B=\theta_1+\theta_2=\frac{13ql^3}{81EI}$$

$$w_B=w_1+w''_2+w_C=\frac{29ql^4}{243EI}$$

从叠加法计算梁的变形的方法可知，在分析问题时还要学会借鉴，吸取精华，舍弃糟粕。另外在解决问题时，还要能够利用实际情况，围绕问题，创造解决问题的条件。

【提示】　用叠加法计算梁的变形时，必须在弹性小变形情况下。

## 6.4　梁的抗弯刚度计算

视频讲解

在工程实际中，在根据强度的需要设计了梁的截面以后，在很多情况下，当变形超过一定限度时，梁的正常工作条件仍得不到保证，常需要进一步按梁的刚度条件验算梁的变形。如水工闸门主横梁的挠度和转角过大，将使闸门的启闭产生困难或在水流通过时发生很大的

振动等。验算梁的变形是否超过许可值的计算称为刚度条件。其表达式为

$$w_{max} \leqslant [w] \tag{6-11a}$$

$$\theta_{max} \leqslant [\theta] \tag{6-11b}$$

式中，$[w]$ 和 $[\theta]$ 分别称为许用挠度和许用转角，均根据不同零件或构件的工艺要求而确定。常见轴的许用挠度和许用转角数值列于表 6-2 中。

表 6-2　工程中不同梁弯曲变形的限制

| 对挠度的限制 | |
|---|---|
| 轴的类型 | 许用挠度 $[w]$ |
| 一般传动轴 | $(0.0003\sim0.0005)l$ |
| 刚度要求较高的轴 | $0.0002l$ |
| 齿轮轴 | $(0.01\sim0.03)m$① |
| 涡轮轴 | $(0.02\sim0.05)m$ |
| **对转角的限制** | |
| 轴的类型 | 许用转角 $[\theta]$/rad |
| 滑动轴承 | 0.001 |
| 向心球轴承 | 0.005 |
| 向心球面轴承 | 0.005 |
| 圆柱滚子轴承 | 0.0025 |
| 圆锥滚子轴承 | 0.0016 |
| 安装齿轮的轴 | 0.001 |

① $m$ 为齿轮模数。

【例题 6-5】　试校核图 6-10 所示梁的刚度。$E=206\text{GPa}$，$[w/l]=1/500$。

解：由型钢表查得 18 工字钢的 $I_z=1660\text{cm}^4$，梁的最大挠度

$$w_{max}=\frac{5ql^4}{384EI}=\frac{5\times23\times10^3\times(2.83)^4}{384\times206\times10^9\times1660\times10^{-8}}\text{m}=5.62\times10^{-3}\text{m}$$

由刚度条件

$$\frac{w_{max}}{l}=\frac{5.62\times10^{-3}}{2.83}=1.99\times10^{-3}<\frac{1}{500}$$

故此梁的刚度安全。

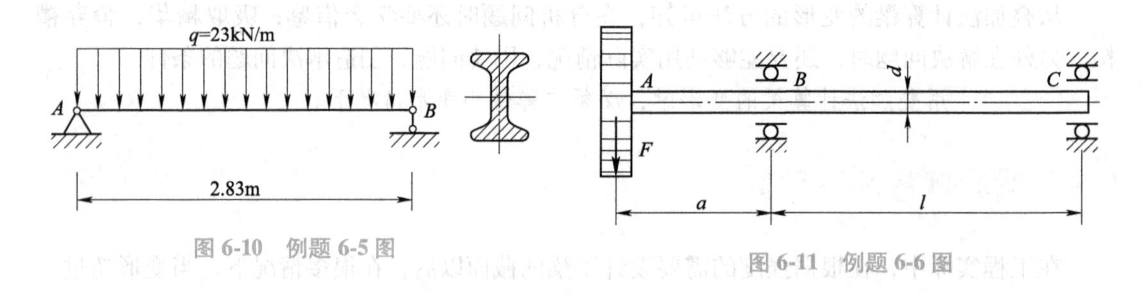


图 6-10　例题 6-5 图

图 6-11　例题 6-6 图

【例题 6-6】　图 6-11 所示的钢制圆轴，左端受集中力 $F$。已知 $F=20\text{kN}$，$a=1\text{m}$，$l=2\text{m}$，$E=206\text{GPa}$，轴承 $B$ 处的许用转角 $[\theta]=0.5°$。试根据刚度要求确定该轴的直径 $d$。

解：根据要求，所设计的轴的直径必须使轴具有足够的刚度，以保证轴承 $B$ 处的转角不超过许用数值。为此，需按下列步骤计算。

（1）查表确定 $B$ 处的转角

由表 6-1 查得承受集中载荷的外伸梁 $B$ 处的转角为

$$\theta_{\mathrm{B}} = -\frac{Fla}{3EI}$$

（2）根据刚度设计准则确定轴的直径

根据设计要求，有

$$|\theta_B| \leqslant [\theta]$$

其中，$\theta$ 的单位为 rad（弧度），而［$\theta$］的单位为（°）（度），应考虑到单位的一致性，将有关数据代入后，得到

$$\frac{64Fla}{3E\pi d^4} \leqslant [\theta] \times \frac{\pi}{180}$$

$$d \geqslant \sqrt[4]{\frac{64Fla \times 180}{3\pi^2 E \times [\theta]}} = \sqrt[4]{\frac{64 \times 20 \times 10^3 \times 1 \times 2 \times 180}{3 \times \pi^2 \times 206 \times 10^9 \times 0.5}}\mathrm{m} = 111 \times 10^{-3}\mathrm{m} = 111\mathrm{mm}$$

【例题 6-7】 工字钢悬臂梁如图 6-12 所示。已知 $q = 15\mathrm{kN/m}$，$l = 2\mathrm{m}$，$E = 200\mathrm{GPa}$，$[\sigma] = 160\mathrm{MPa}$，最大许用挠度 $[w] = 4\mathrm{mm}$，试选取工字钢型号。

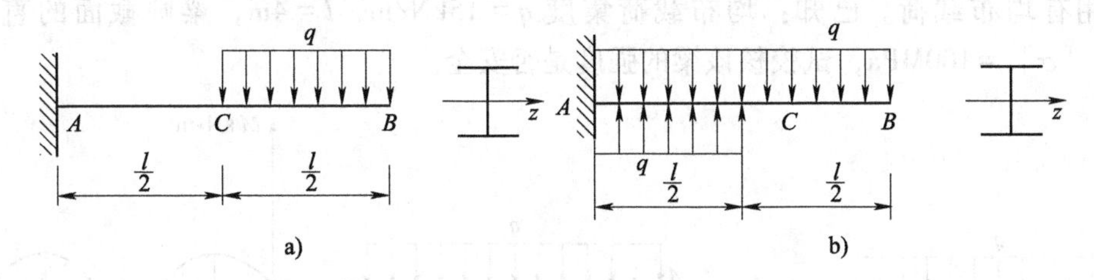


图 6-12 例题 6-7 图

解：工字钢悬臂梁的最大变形在自由端 $B$ 截面。

利用叠加法计算 $B$ 截面变形。将 $AC$ 段加上向上和向下的分布载荷 $q$。受力变为图 6-12b 所示。

向下的分布载荷 $q$ 引起的变形

$$w_{B1} = \frac{ql^4}{8EI_z} = \frac{15000 \times 2^4}{8 \times 200 \times 10^9 \times I_z} = \frac{1.5 \times 10^{-7}}{I_z}$$

向上的分布载荷 $q$ 引起的变形

$$w_{B2} = w_C + \theta_C \times \frac{l}{2} = -\frac{ql^4}{128EI_z} - \frac{ql^3}{48EI_z} \times \frac{l}{2}$$

$$= -\frac{15000 \times 2^4}{128 \times 200 \times 10^9 \times I_z} - \frac{15000 \times 2^4}{96 \times 200 \times 10^9 \times I_z}$$

$$= -\frac{2.1875 \times 10^{-8}}{I_z}$$

$$w_B = w_{B1} + w_{B2} = \frac{1.28125 \times 10^{-7}}{I_z}$$

按照刚度条件选择工字钢型号：

$$|w_B| < [w] = 4\text{mm}$$

$$\frac{1.28125 \times 10^{-7}}{I_z} < 0.004$$

$$I_z > 3.2 \times 10^3 \text{cm}^4$$

根据 $I_z$，查型钢表选择 22a 工字钢，$I_z = 3400\text{cm}^4$。

## 6.5 简单超静定梁

视频讲解

前面所讨论的梁皆为静定梁，静定梁的特点是其全部的约束力或内力均可由静力平衡方程来确定。在超静梁中，全部约束力或内力不能由静力平衡方程确定，而多余约束力的数目为超静定的次数。一次超静定梁称作简单的超静定梁。

与求解拉压超静定问题一样，求解超静定梁时，关键在于建立变形补充方程。

下面举一些例子来说明超静定梁的一般解法。

【例题 6-8】 图 6-13 所示的三铰支承梁，$A$ 处为固定铰链支座，$B$、$C$ 两处为辊轴支座。梁上作用有均布载荷。已知：均布载荷集度 $q = 15\text{kN/m}$，$l = 4\text{m}$，梁圆截面的直径 $d = 100\text{mm}$，$[\sigma] = 100\text{MPa}$，试校核该梁的强度是否安全。

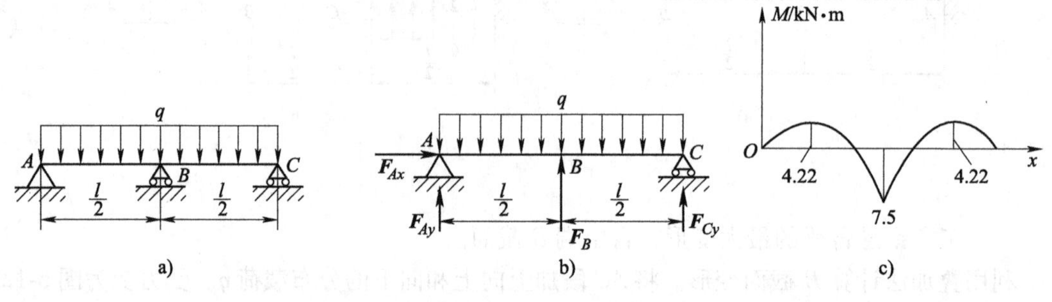


图 6-13 例题 6-8 图

解：(1) 判断超静定次数

梁在 $A$、$B$、$C$ 三处共有四个未知约束力，而梁在平面一般力系作用下，只有三个独立的平衡方程，故为一次超静定梁。

(2) 解除多余约束，使超静定梁变成静定梁

本例中 $B$、$C$ 两处的辊轴支座，可以选择其中的一个作为多余约束，现在将支座 $B$ 作为多余约束去除，在 $B$ 处代之以相应的多余约束力 $F_B$。解除约束后所得到的静定梁为一简支梁，如图 6-13b 所示。

(3) 建立平衡方程

以图 6-13b 所示的静定梁作为研究对象，可以写出下列平衡方程：

$$\sum F_x = 0, F_{Ax} = 0$$

$$\sum F_y = 0, F_{Ay} + F_B + F_{Cy} - ql = 0 \tag{a}$$

$$\sum M_C = 0, -F_{Ay}l - F_B \times \frac{l}{2} + ql \times \frac{l}{2} = 0 \tag{b}$$

(4) 比较解除约束前的超静定梁和解除约束后的静定梁，建立变形协调条件

比较图 6-13a、b 所示的两根梁可以看出，图 6-13a、b 中的静定梁在 $B$ 处的挠度必等于零，梁的受力与变形才能相当。于是，可以写出变形协调条件为

$$w_B = w_B(q) + w_B(F_B) = 0 \tag{c}$$

式中，$w_B(q)$ 为均布载荷 $q$ 作用在静定梁上引起的 $B$ 处的挠度；$w_B(F_B)$ 为多余约束力 $F_B$ 作用在静定梁上引起的 $B$ 处的挠度。

(5) 查表确定 $w_B(q)$ 和 $w_B(F_B)$

由表 6-1 查得

$$w_B(q) = -\frac{5}{384} \times \frac{ql^4}{EI}$$

$$w_B(F_B) = \frac{1}{48} \times \frac{F_B l^3}{EI} \tag{d}$$

联立式 (a)～式 (d)，得到全部约束力

$$F_{Ax} = 0, F_{Ay} = \frac{3}{16}ql; F_B = \frac{5}{8}ql; F_{Cy} = \frac{3}{16}ql$$

(6) 校核梁的强度

作梁的弯矩图，如图 6-13c 所示。由图可知，支座 $B$ 处的截面为危险面，其上的弯矩值为

$$|M|_{\max} = 7.5 \times 10^6 \text{N} \cdot \text{mm}$$

危险面上的最大正应力

$$\sigma_{\max} = \frac{|M|_{\max}}{W} = \frac{32|M|_{\max}}{\pi d^3}$$

$$= \frac{32 \times 7.5 \times 10^6 \times 10^{-3} \text{N} \cdot \text{m}}{\pi \times (100 \times 10^{-3} \text{m})^3}$$

$$= 76.4 \times 10^6 \text{Pa} = 76.4 \text{MPa} < [\sigma]$$

所以，超静定梁是安全的。

【例题 6-9】 图 6-14a 所示梁，受均布载荷作用，设梁的抗弯刚度为 $EI$，试求其约束力，并绘出其剪力图和弯矩图。

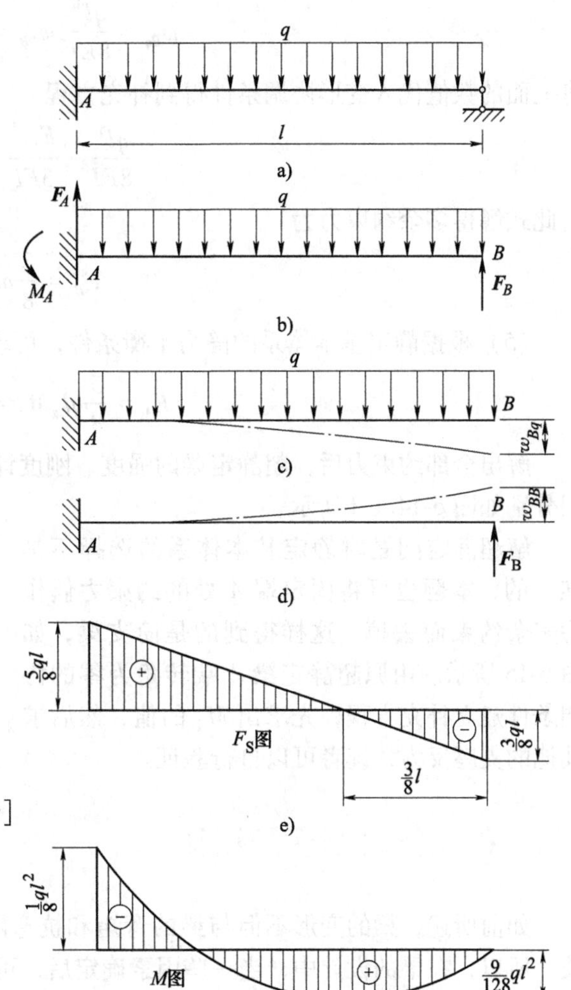

图 6-14　例题 6-9 图

解：(1) 确定超静定次数。本梁共有三个未知约束力，而独立平衡方程只有两个，故为一次超静定梁，需建立一个补充方程。

（2）选静定基本体系。任选一个约束为多余约束，暂时将其去掉，并代以相应的约束力。去掉多余约束后的梁必然是静定的，称其为原超静定梁的静定基本体系。如果将原梁的活动支座作为多余约束去掉，则得到的静定基本体系是悬臂梁如图 6-14b 所示。

（3）列出变形协调条件。静定基本体系所受的力除原有载荷 $q$ 外，还有未知的多余约束力 $F_B$，且静定基本体系在 $q$ 和 $F_B$ 共同作用下的变形情况应和原超静定的变形情况完全一致，据此可列出变形协调条件。

设在静定基本体系上多余约束力作用处 $B$ 点，由 $q$ 和 $F_B$ 各自单独作用时产生的挠度分别为 $w_{Bq}$ 和 $w_{BB}$，则此两力共同作用下点的挠度应为

$$w_{Bq} + w_{BB} = 0$$

（4）建立补充方程。由梁的受力查表 6-1 可得

$$w_{Bq} = \frac{ql^4}{8EI}, w_{BB} = -\frac{F_B l^3}{3EI}$$

将上面的数值代入变形协调条件得到补充方程

$$\frac{ql^4}{8EI} - \frac{F_B l^3}{3EI} = 0$$

由此式解得多余约束力为

$$F_B = \frac{3}{8}ql$$

（5）根据静定基本体系的静力平衡条件，可求得其余两个支座反力分别为

$$F_A = \frac{5}{8}ql, M_A = \frac{1}{8}ql^2$$

解出全部约束力后，超静定梁的强度、刚度计算问题与静定梁完全相同。剪力图和弯矩图分别如图 6-14e、f 所示。

解超静定问题时静定基本体系的选择不是唯一的，本题也可将固定端 $A$ 处的约束力偶作为多余约束而去掉，这样得到的是简支梁，如图 6-15 所示。由原超静定梁 $A$ 端转角为零的协调条件建立补充方程，先求出 $M_A$ 的值，然后求其他的支座反力，读者可以自行验证。

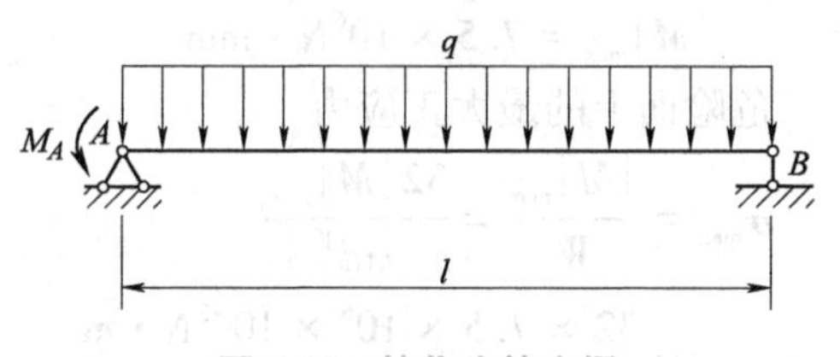


图 6-15　简化为简支梁

## 6.6　提高抗弯刚度的途径

如前所述，梁的变形不但与梁的弯矩和抗弯刚度有关，而且与梁的支承形式及跨度有关。所以，在梁的设计中，当一些因素确定后，可根据情况调整其他因素，以达到提高梁的刚度的目的，具体方法如下：

### 1. 调整载荷的位置、方向和形式

调整载荷的位置、方向和形式的目的是降低梁的弯矩，这与提高梁的强度的方法相同。如图 6-16 所示，将支座向里移动一些，梁的最大挠度将降低。图 6-17 用两个靠近支座的力代替梁中间的力，减少了梁的最大挠度。

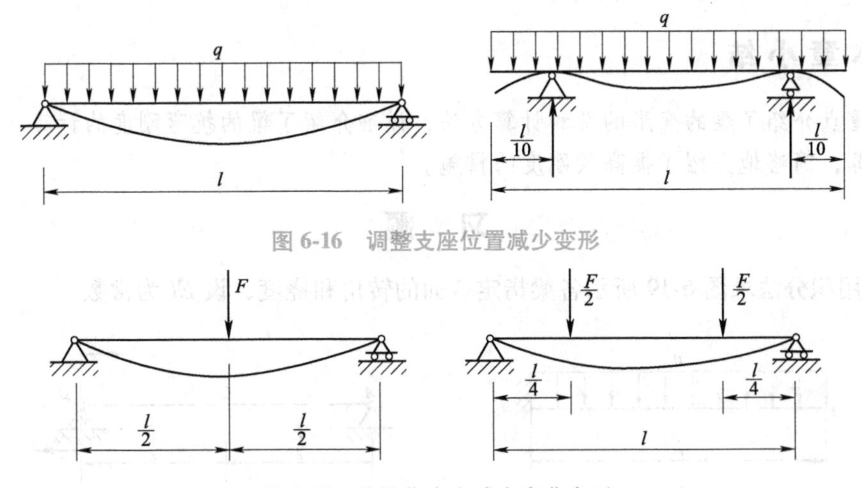


图 6-16 调整支座位置减少变形

图 6-17 分散集中力减小弯曲变形

2. 减小跨长或增加支座

思政点睛

由前述分析可知，梁的挠度和转角与其跨长的 $n$ 次幂成正比，所以减小梁的跨长或增加梁的支座，将会有效地减小梁的位移，从而提高梁的刚度。图 6-18a 所示是车床加工细长杆时，为了提高杆的刚度增加中间支架的情况，图 6-18b、c 所示为细长杆加工时的受力和变形。

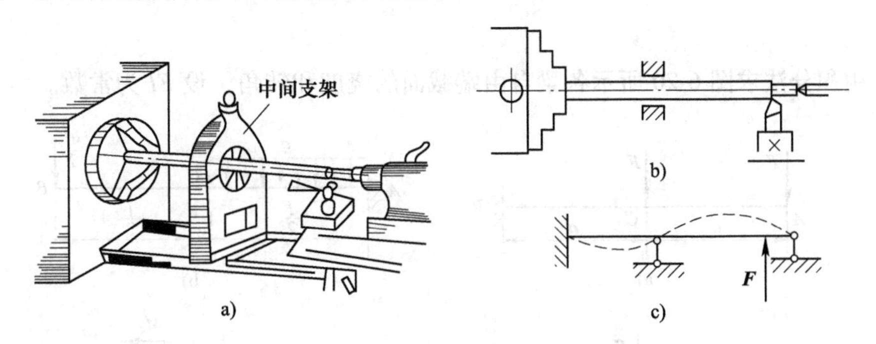


图 6-18 采用超静定梁减小弯曲变形

3. 增大梁的抗弯刚度 $EI$

梁的位移与抗弯刚度 $EI$ 成反比，为了减小梁的位移，应设法增大 $EI$ 值。因此，在截面面积不变的情况下，采用惯性矩较大的工字形、槽形或箱形等形状的截面均可提高梁的刚度。需要指出，为提高梁的刚度而采用高强度钢材是不合适的，因为高强度钢材的弹性模量和普通钢材的弹性模量值是相近的。

思政点睛

结合 5.5 节的内容可以看出，提高梁的强度的措施和提高刚度的措施大多数情况下是相同的。如增大梁截面的惯性矩、合理布置载荷和支座位置，采用超静定梁等，都有“一箭双雕”的效果。而我国闻名世界的港珠澳大桥在 2018 年 9 月成功抵抗住了 16 级台风“山竹”的侵袭，这主要在于大桥合理的刚度设计和优良的气动外形，保证了大桥的整体结构完好无损。这也体现了我国的综合国力和自主创新能力，体现了勇创世界一流的民族志气。

## 本章小结

本章重点介绍了梁的变形的两种计算方法，详细介绍了梁的抗弯刚度的计算、超静定梁的变形计算，简略地介绍了提高梁刚度的措施。

## 习题

6-1　用积分法求图 6-19 所示各梁指定截面的转角和挠度，设 $EI$ 为常数。

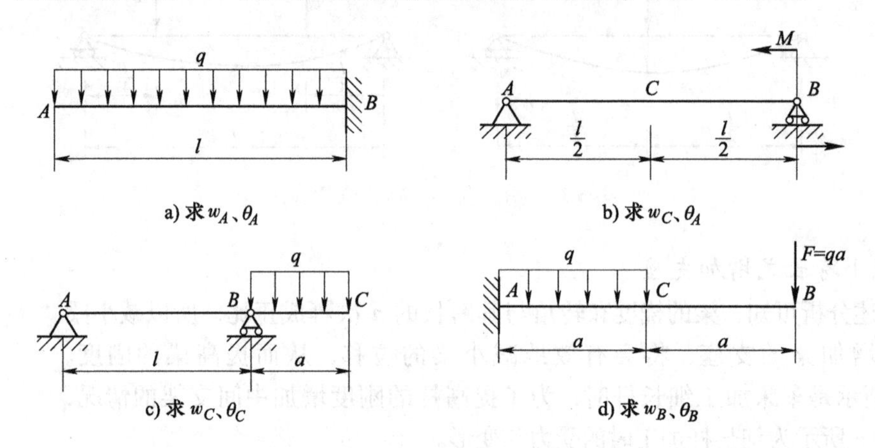


图 6-19　习题 6-1 图

6-2　用积分法求图 6-20 所示各梁自由端截面的挠度和转角，设 $EI$ 为常数。

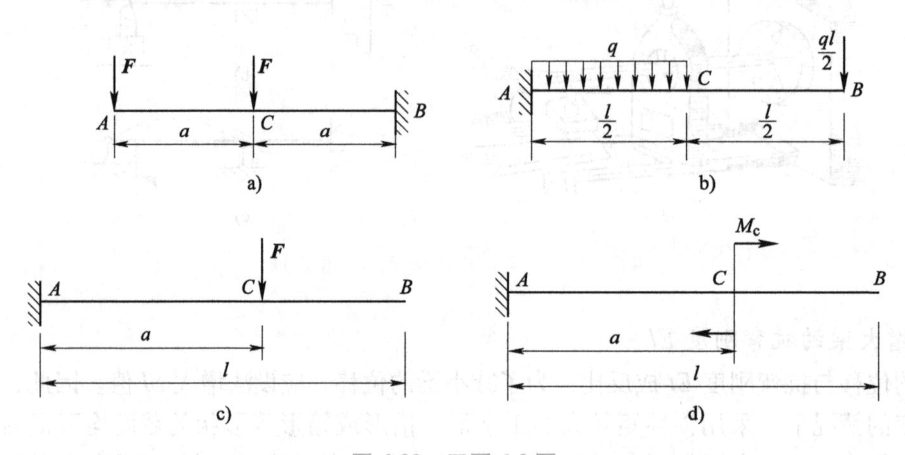


图 6-20　习题 6-2 图

6-3　用叠加法求图 6-21 所示简支梁 $C$ 截面的挠度和梁端的转角。

6-4　变截面悬臂梁受均布载荷 $q$ 作用，如图 6-22 所示。已知 $q$、梁长 $l$ 及弹性模量 $E$。试求截面 $A$ 的挠度 $w_A$ 和截面 $C$ 的转角 $\theta_C$。

6-5　图 6-23 所示桥式起重机的最大载荷为 $F=20\text{kN}$。起重机的大梁为 32a 工字钢，$E=210\text{GPa}$，$l=8.76\text{m}$，规定 $[w]=\dfrac{l}{500}$，试校核大梁的刚度。

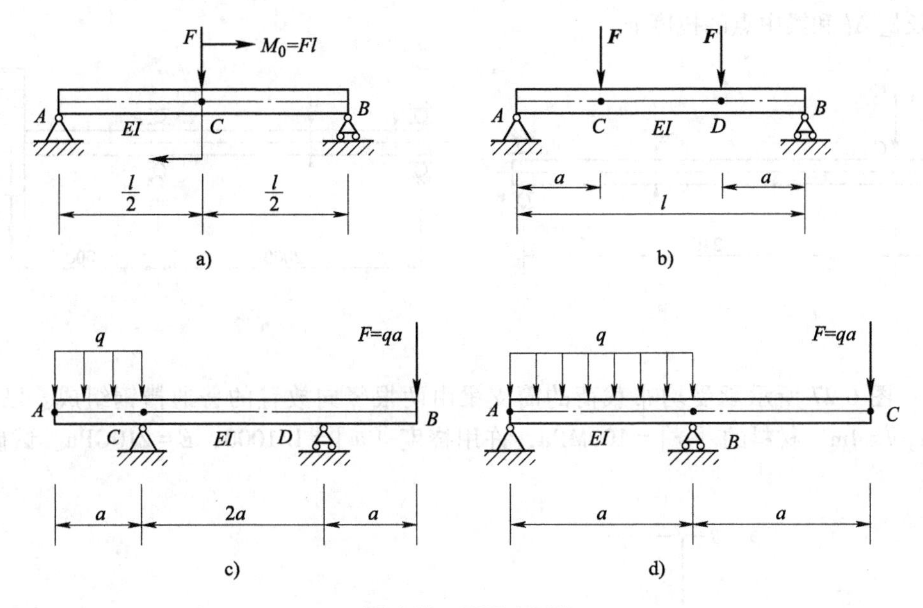


图 6-21　习题 6-3 图

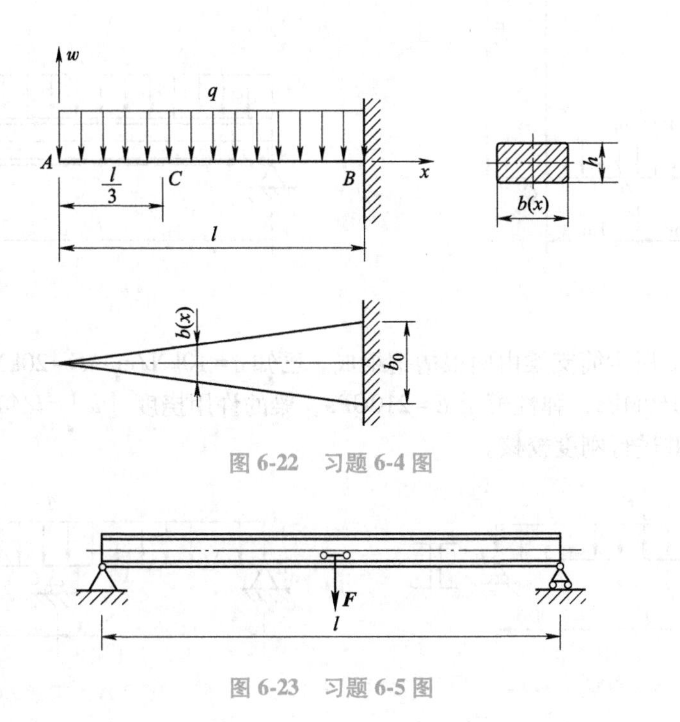


图 6-22　习题 6-4 图

图 6-23　习题 6-5 图

**6-6**　轴受力如图 6-24 所示，已知 $F=1.6\text{kN}$，$d=32\text{mm}$，$E=200\text{GPa}$。若要求加力点的挠度不大于许用挠度 $[w]=0.05\text{mm}$，试校核该轴是否满足刚度要求。

**6-7**　图 6-25 所示一端外伸的轴在飞轮重量作用下发生变形，已知飞轮重 $W=20\text{kN}$，轴材料的 $E=200\text{GPa}$，轴承 $B$ 处的许用转角 $[\theta]=0.5°$。试设计轴的直径。

**6-8**　图 6-26 所示木梁 $AC$ 在 $C$ 点由钢杆 $BC$ 支撑。已知木梁截面为 200mm×200mm 的正方形，其弹性模量 $E_1=10\text{GPa}$；钢杆截面面积为 $2500\text{mm}^2$，其弹性模量 $E=200\text{GPa}$。试求钢

杆的伸长量 $\Delta l$ 和梁中点的挠度 $w_D$。

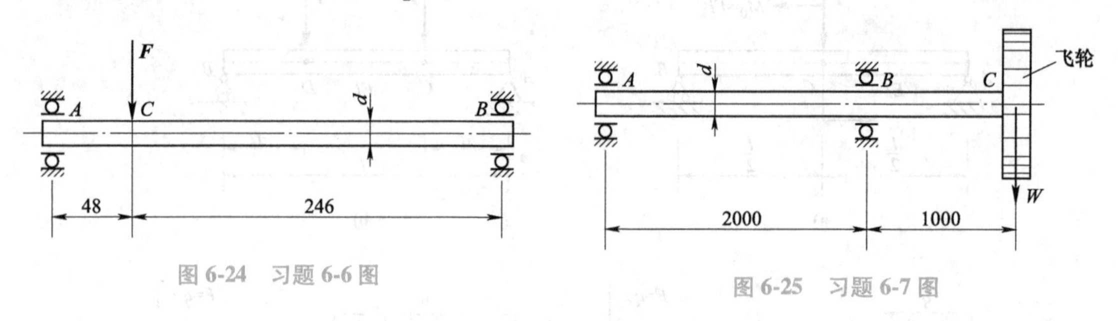


图 6-24　习题 6-6 图

图 6-25　习题 6-7 图

6-9　图 6-27 所示承受均布载荷的简支梁由两根竖向放置的普通槽钢组成。已知 $q=10\text{kN/m}$，$l=4\text{m}$，材料的 $[\sigma]=100\text{MPa}$，许用挠度 $[w]=1/1000$，$E=210\text{GPa}$。试确定槽钢型号。

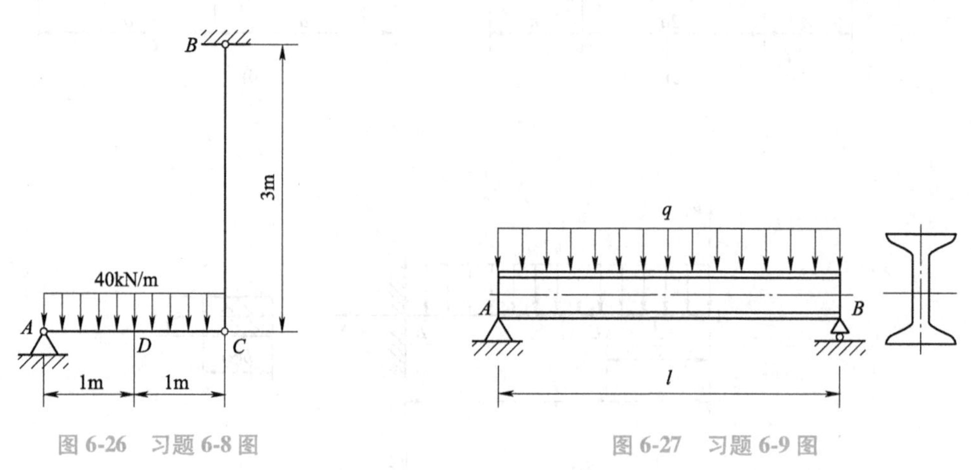


图 6-26　习题 6-8 图

图 6-27　习题 6-9 图

6-10　图 6-28 所示简支梁由两根槽钢组成。已知 $q=10\text{kN/m}$，$F=20\text{kN}$，$l=4\text{m}$，材料的许用应力 $[\sigma]=160\text{MPa}$，弹性模量 $E=210\text{GPa}$，梁的许用挠度 $[w]=l/400$。试按强度条件选择槽钢型号，并进行刚度校核。

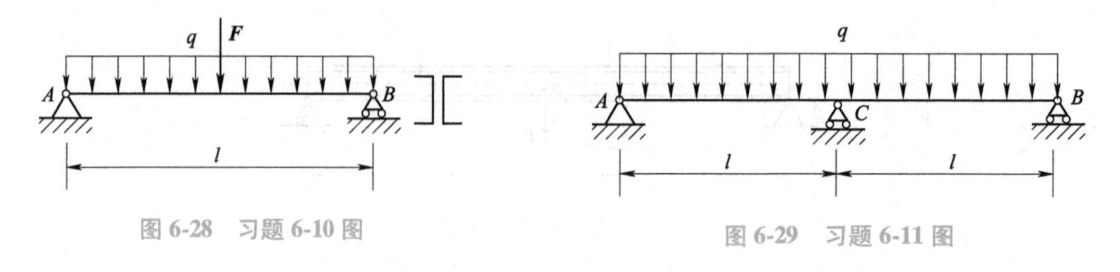


图 6-28　习题 6-10 图

图 6-29　习题 6-11 图

6-11　房屋建筑中的某一等截面梁，简化成图 6-29 所示均布载荷的双跨梁。试作梁的剪力图和弯矩图。

6-12　图 6-30 所示为超静定梁，抗弯刚度 $EI$ 为常数，试作梁的剪力图和弯矩图。

6-13　图 6-31 所示为两端简支的输气管道，外径 $D=11.4\text{mm}$，壁厚 $t=4\text{mm}$，单位长度的重量 $q=10^6\text{N/m}$，弹性模量 $E=210\text{GPa}$，管道的许用挠度 $[w]=1/500$。试确定允许的最大跨度 $l$。

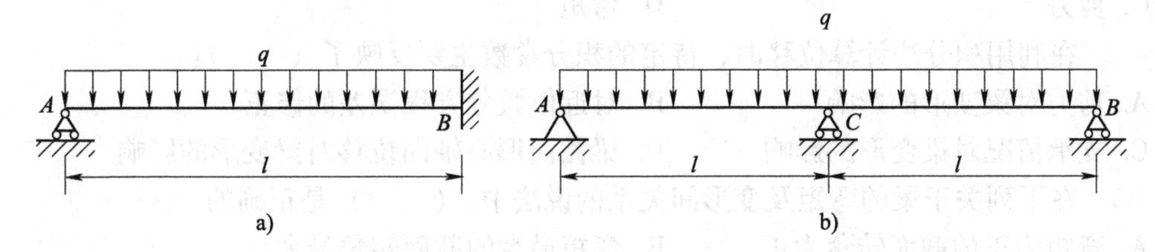

图6-30　习题6-12图

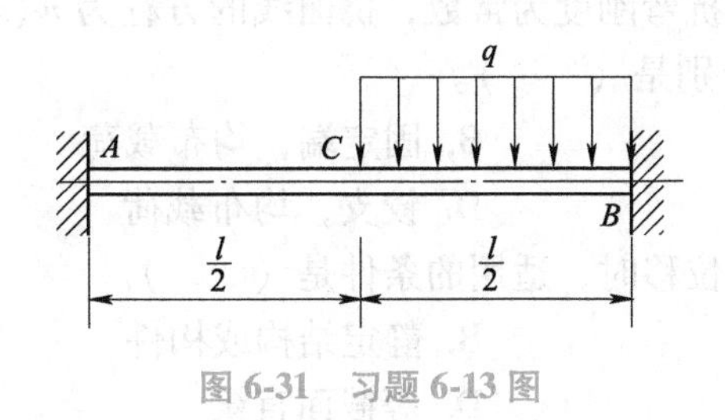

图6-31　习题6-13图

## 测试题

6-1　梁在平面弯曲条件下的弯曲变形用________描写，它与梁中相关物理量的关系表达式为________。当梁是等截面纯弯曲梁时，此曲线是________，半径________。

6-2　由梁的弯曲变形表达式推得的挠曲线近似微分方程表达式为________，它是在①________；②________两个条件下推导得到的。

6-3　用不定积分法分段确定小挠度微分方程的积分常数时，要在梁上找出同样数目的边界条件，它包括________条件和________条件。

6-4　梁的挠度是（　　）。

A. 横截面上任一点沿梁轴垂直方向的线位移

B. 横截面形心沿梁轴垂直方向的线位移

C. 横截面形心沿梁轴方向的线位移

D. 横截面形心的位移

6-5　在下列关于梁转角的说法中，（　　）是错误的。

A. 转角是横截面绕中性轴转过的角位移

B. 转角是变形前后同一横截面间的夹角

C. 转角是横截面的切线与轴向坐标轴间的夹角

D. 转角是横截面绕梁轴线转过的角度

6-6　梁挠曲线近似微积分方程 $\dfrac{d^2w}{dx^2}=-\dfrac{M(x)}{EI}$ 在（　　）条件下成立。

A. 梁的变形属于小变形　　B. 材料服从胡克定律

C. 挠曲线在 $xOy$ 面内　　D. 同时满足A、B、C

6-7　等截面直梁在弯曲变形时，挠曲线曲率在（　　）处一定最大。

A. 挠度　　B. 转角

C. 剪力　　D. 弯矩

6-8　在利用积分法计算位移时，待定的积分常数主要反映了（　　）。

A. 剪力对梁变形的影响　　B. 对近似微分方程误差的修正

C. 支承情况对梁变形的影响　　D. 梁截面形心轴向位移对梁变形的影响

6-9　在下列关于梁的弯矩及变形间关系的说法中，（　　）是正确的。

A. 弯矩为正的截面转角为正　　B. 弯矩最大的截面转角最大

C. 弯矩突变的截面转角也有突变　　D. 弯矩为零的截面曲率必为零

6-10　若已知某直梁的抗弯刚度为常数，挠曲线的方程为 $w(x)=cx^4$，则该梁在 $x=0$ 处的约束和梁上的载荷情况分别是（　　）。

A. 固定端，集中力　　B. 固定端，均布载荷

C. 铰支，集中力　　D. 铰支，均布载荷

6-11　应用叠加原理求位移时，适用的条件是（　　）。

A. 线弹性小变形　　B. 静定结构或构件

C. 平面弯曲变形　　D. 等截面直梁

6-12　图 6-32 所示简支梁，已知 $C$ 点的转角为 $\theta$。在其他条件不变的情况下，若将载荷 $F$ 减小一半，则 $C$ 点的转角为（　　）。

A. $0.125\theta$　　B. $0.5\theta$

C. $\theta$　　D. $2\theta$

6-13　简支梁受力如图 6-33 所示，对挠曲线的四种画法中，正确的是（　　）。

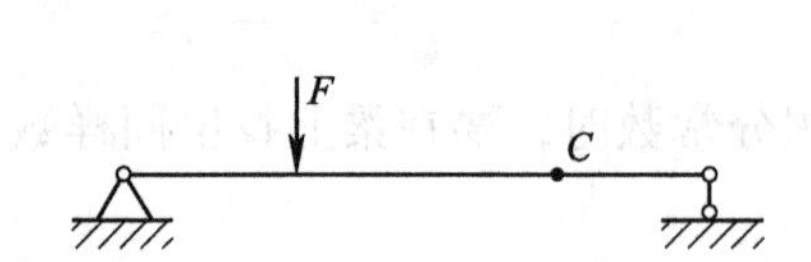

图 6-32　测试题 6-12 图

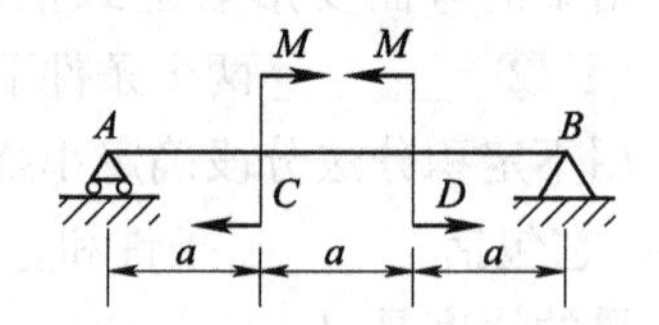

图 6-33　测试题 6-13 图

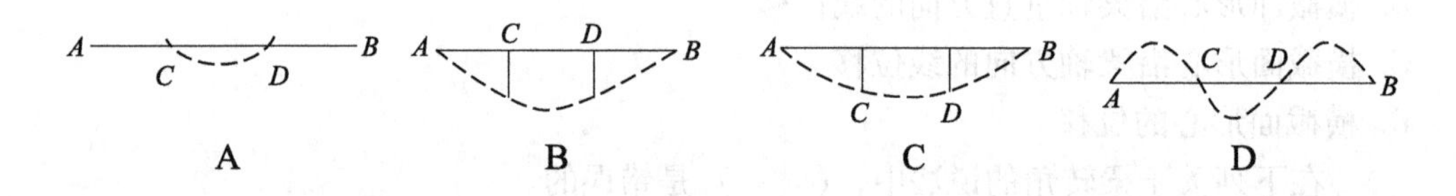


6-14　用叠加法求图 6-34 所示梁的 $C$ 截面的挠度和 $B$ 截面的转角，设梁的抗弯刚度 $EI_z$ 为常量。

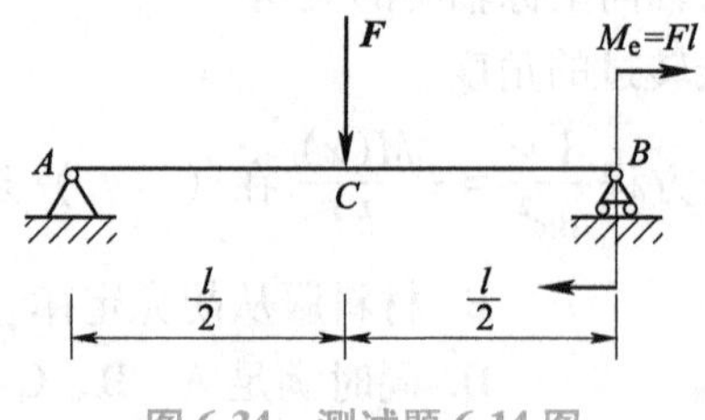

图 6-34　测试题 6-14 图

6-15　简化后的电动机轴受载荷及尺寸如图 6-35 所示。轴材料的 $E=200\text{GPa}$，直径 $d=130\text{mm}$，定子与转子间的空隙（即轴的许用挠度）$\delta=0.35\text{mm}$，试校核轴的刚度。

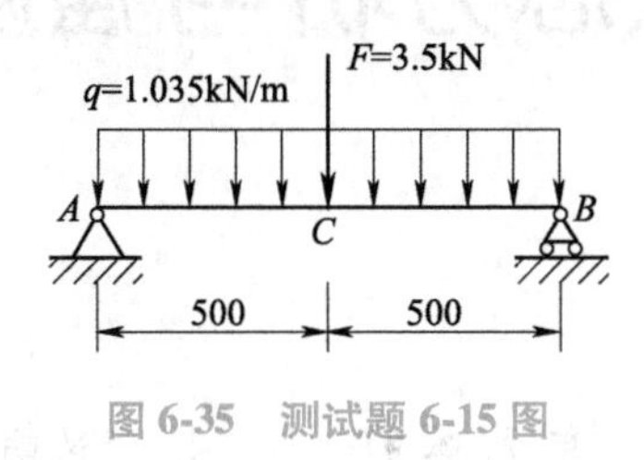


图 6-35　测试题 6-15 图

## 资 源 推 荐

[1] 范钦珊．工程力学：静力学和材料力学 [M]. 2 版．北京：高等教育出版社，2011.

[2] 谢新连，张量，王少成．新型铁路柔性轨道弯曲变形量计算 [J]. 铁道学报．2003，25 (4)：31-34.

[3] 谢新连，刘涛，王少成，等．火车渡轮柔性轨道受力变形计算 [J]. 船舶力学．2007，11 (1)：88-93.

[4] 徐香翠，宋爱平，吴伟伟，等．齿轮啮合弹性变形对齿轮基节的影响 [J]. 机械设计与制造．2011 (2)：174-176.

[5] 刘鸿文．材料力学Ⅰ [M]. 5 版．北京：高等教育出版社，2011.

[6] 工程力学（国家精品课程）[Z]. http：//www. icourses. cn/coursestatic/course_ 6399. html.

[7] 安阳工学院工程力学精品课程 [Z]. http：//gclx. ayit. edu. cn/.

[8] 宫伟力，赵帅阳，彭岩岩．梁的挠度和转角问题分析 [J]. 科教文汇．2014 (13)：63-64，66.

## 力学家简介

**钱令希**（1916—2009），江苏无锡人。工程力学家，中国计算力学工程结构优化设计的开拓者。1936 年毕业于上海理工大学，长期从事力学的教学与科学研究工作，对人才培养和推动科技进步做出了重要贡献。20 世纪 60 年代初，结合壳的稳定问题，给出相应的理论和算法，制定了中国潜艇结构的强度计算规则。他还承担了中国第一个现代化原油输出港——大连油港主体工程的设计任务，主持了海上百米大跨抛物线空腹桁架全焊接栈桥的设计和建造。20 世纪 70 年代钱令希致力于在中国创建“计算力学”学科，倡导研究最优化设计理论与方法。1980 年，他领导开发了“多单元、多工况、多约束的结构优化设计——DDDU 系统”，并编写了《静定结构学》《超静定结构学》《工程结构优化设计》等著作。

# 第7章 应力状态分析与强度理论

## 学习要点

**学习重点：**

1. 一点应力状态的概念，单元体的画法；
2. 平面应力状态分析的解析法和图解法；
3. 三向应力状态分析；
4. 广义胡克定律及其应用；
5. 复杂应力状态应变能密度；
6. 强度理论概念及常用的四种强度理论和莫尔强度理论。

**学习难点：**

1. 单元体的画法；
2. 平面应力状态分析中主应力方位的确定；
3. 广义胡克定律的应用；
4. 应用强度理论解决复杂应力状态下的强度问题。

## 思维导图

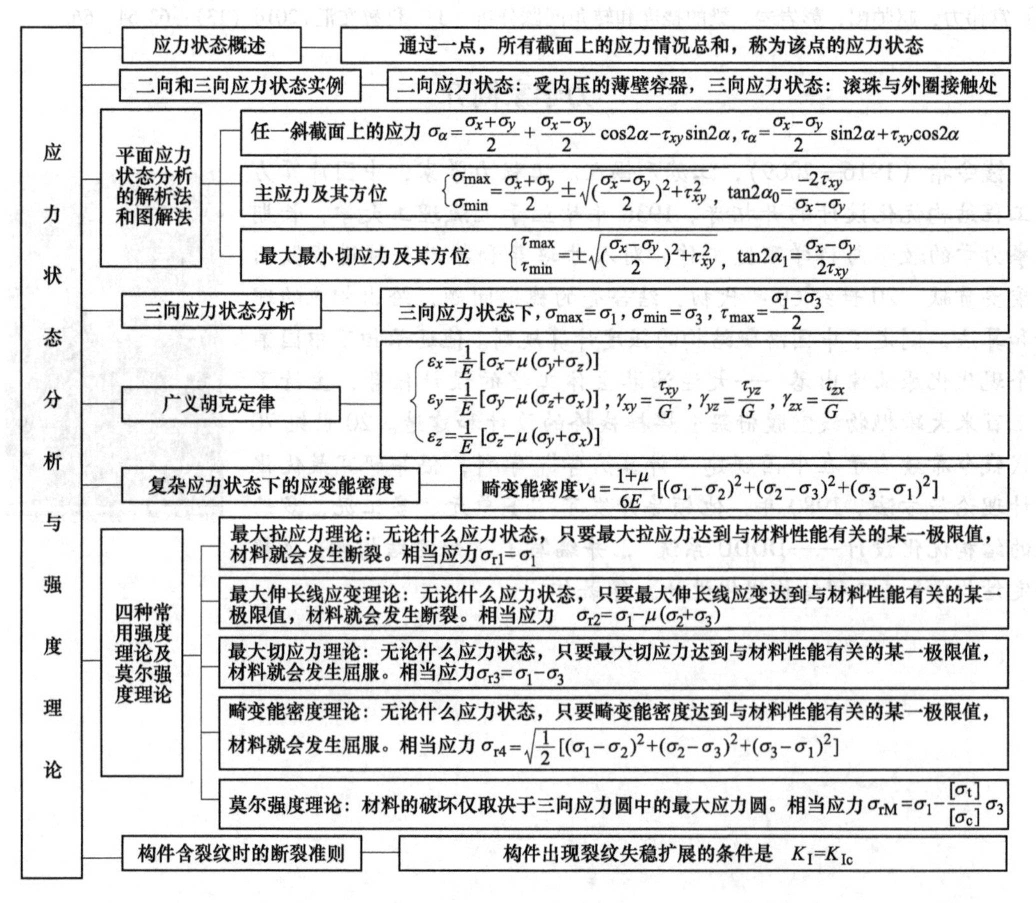

## 实例引导

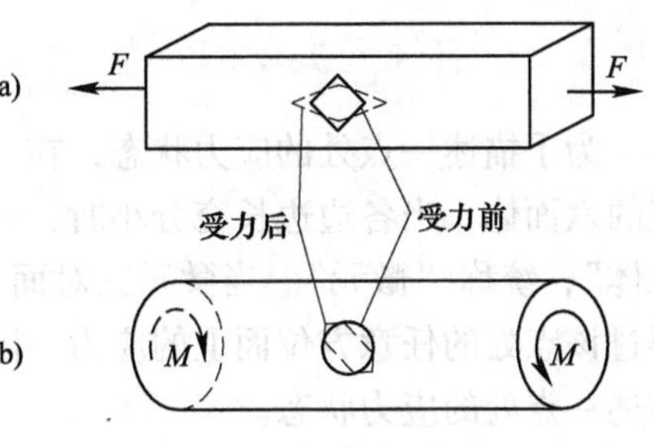


图 7-1　杆件变形图

例如，图 7-1a 所示的拉杆，受力之前在其表面画一斜置的正方形，受拉后，正方形变成了菱形（图中虚线所示）。又如，在图 7-1b 所示的圆轴，受扭之前在其表面画一圆，受扭后，此圆变为一斜置椭圆，为什么会有这些现象发生？

# 7.1　应力状态概述

## 7.1.1　一点处应力状态概念

前几章中，讨论了杆件在拉伸（压缩）、扭转和弯曲等几种基本受力与变形形式下，横截面上的应力；并且根据横截面上的应力以及相应的实验结果，建立了只有正应力或只有切应力作用时的强度条件。但这些对于分析进一步的强度问题是远远不够的。

首先，在实际问题中，许多杆件的危险点处于更复杂的应力状态。例如，图 7-2 所示螺旋桨轴既受拉、又受扭，如果在轴表层用纵、横截面切取微体，其应力情况如图 7-2b 所示，即处于正应力与切应力的联合作用下。又如，在导轨与滚轮的接触处如图 7-3a 所示，导轨表层的微体 $A$ 除在铅垂方向直接受压外，由于其横向膨胀受到周围材料的约束，其四侧也受压，即处于三向受压状态如图 7-3b 所示，等等。显然，这些复杂应力状态下的破坏，是无法用上述强度条件进行判断的。而且，仅仅根据横截面上的应力，不能分析低碳钢试样拉伸至屈服时，表面会出现与轴线成 45°角的滑移线；也不能分析灰铸铁试样扭转时，为什么沿 45°螺旋面断开；以及灰铸铁压缩试样的破坏面为什么不像灰铸铁扭转试样破坏面那样呈颗粒状，而是呈错动光滑状。

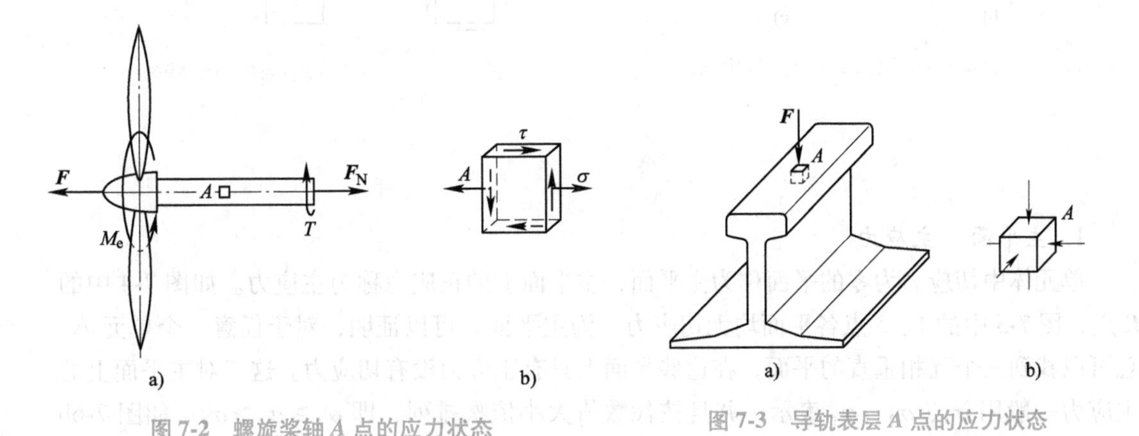


图 7-2　螺旋桨轴 $A$ 点的应力状态　　图 7-3　导轨表层 $A$ 点的应力状态

由此看来，为了解决构件在复杂受力情况下的强度计算，就必须进一步研究危险点处所有截面上的应力。通过一点，所有截面上的应力情况总和，称为该点的应力状态。

### 7.1.2 一点处应力状态描述

为了描述一点处的应力状态，在一般情形下，可以围绕所考察的点作一个三对面互相垂直的六面体，当各边边长充分小时，六面体便趋于宏观上的“点”。这种六面体称为“微单元体”，统称“微元”。当微元三对面上的应力已知时，就可以应用截面法和平衡条件，求得过该点处的任意方位面上的应力。因此，通过微元及其三对互相垂直的面上的应力，可以描述一点处的应力状态。

为了确定一点处的应力状态，需要确定代表这一点的微元的三对互相垂直的面上的应力。因此，在取微元时，应尽量使其三对面上的应力容易确定。例如，矩形截面杆与圆截面杆中微元的取法便有所区别：对于矩形截面杆，三对面中的一对面为杆的横截面，另外两对面为平行于杆表面的纵截面；对于圆截面杆，除一对面为横截面外，另外两对面中有一对为同轴圆柱面，另一对则为通过杆轴线的纵截面。

截取微元时，还应注意相对面之间的距离应为无限小：对于矩形杆或梁，分别为 $d_x$、$d_y$、$d_z$；对于圆截面杆或轴，则分别为 $d_x$、$d_r$、$d_\theta$。

图 7-4、图 7-5 分别给出了杆件在拉伸、弯曲某些点处的应力状态。

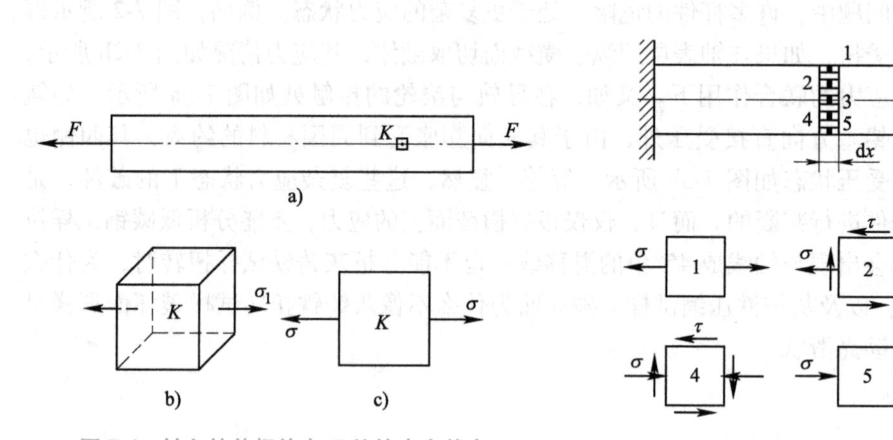


图 7-4 轴向拉伸杆件内 *K* 处的应力状态

图 7-5 弯曲杆件内各点的应力状态

### 7.1.3 主平面、主应力、应力状态分类

**1. 主平面 主应力**

单元体中切应力为零的平面称为主平面，主平面上的正应力称为主应力。如图 7-4 中的 *K* 点，图 7-5 中的 1、5 点各平面均无切应力，为主平面。可以证明，对于任意一个单元体，总可以找到三个互相垂直的平面，在这些平面上只有正应力没有切应力。这三对主平面上的主应力一般用 $\sigma_1$、$\sigma_2$、$\sigma_3$ 表示，并且按代数值大小依次排列，即 $\sigma_1 \geqslant \sigma_2 \geqslant \sigma_3$。如图 7-6b 所示，单元体的三个主应力分别为 20MPa，-30MPa，0；因此，$\sigma_1=20\text{MPa}$，$\sigma_2=0$，$\sigma_3=-30\text{MPa}$。

**2. 应力状态分类**

按照不等于零的主应力数目将应力状态分为下述三类：

1）单向应力状态，只有一个主应力不等于零的应力状态。如图 7-4 的 $K$ 点和图 7-5 中 1、5 点的应力状态。

2）二向应力为状态，有两个主应力不等于零的应力状态。如图 7-6b 和图 7-5 中 2、4 点的应力状态。

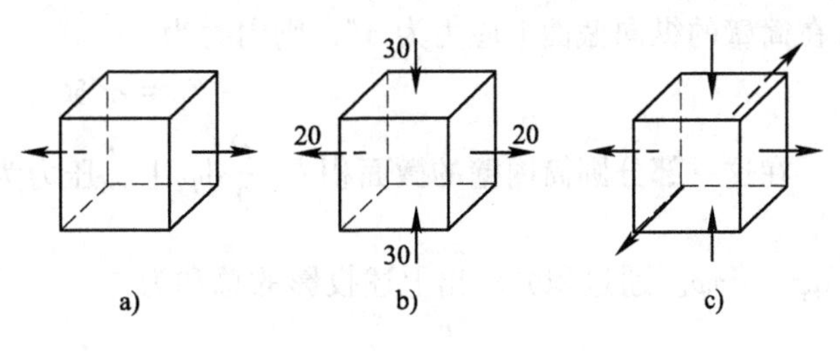


图 7-6 应力状态示意图

3）三向应力状态，三个主应力均不为零的应力状态。如图 7-6c 所示。

## 7.2 二向和三向应力状态的实例

作为二向应力状态的实例，我们研究锅炉或其他圆筒形容器的应力状态如图 7-7a 所示。当这类圆筒的壁厚 $\delta$ 远小于它的直径 $D$ 时（譬如，$\delta<\frac{D}{20}$），称为薄壁圆筒。若封闭的薄壁圆筒所受内压为 $p$，则沿圆筒轴线作用于筒底的总压力为 $F$，如图 7-7b 所示，且

$$F = p \cdot \frac{\pi d^2}{4}$$

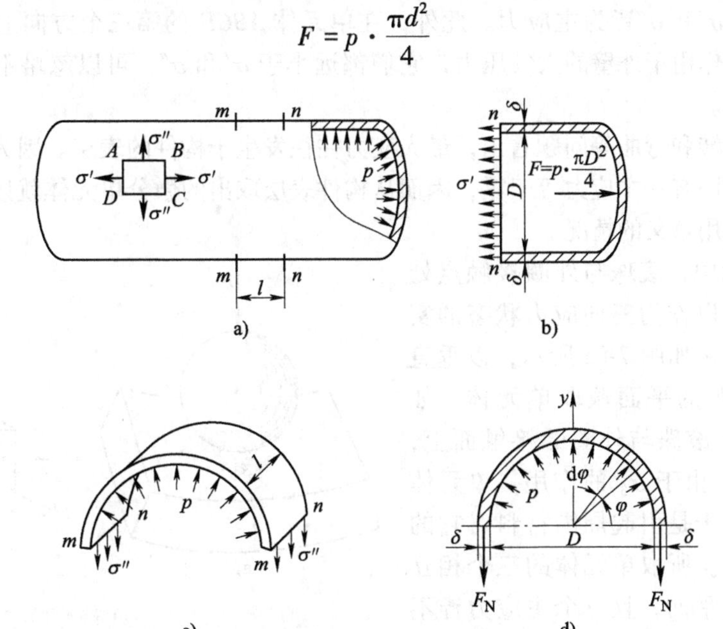


图 7-7 薄壁圆筒容器上点的应力状态

在 $F$ 力作用下，圆筒横截面上的应力 $\sigma'$ 的计算，属于轴向拉伸问题。因为薄壁圆筒的横截面面积是 $A=\pi d\delta$，故有

$$\sigma' = \frac{F}{A} = \frac{p \cdot \dfrac{\pi D^2}{4}}{\pi D\delta} = \frac{pD}{4\delta} \tag{7-1}$$

用相距为 $l$ 的两个横截面和包含直径的纵向平面，从圆筒中截取一部分如图 7-7c 所示。

若在筒壁的纵向截面上应力为 $\sigma''$，则内力为

$$F_N = \sigma''\delta l$$

在这一部分圆筒内壁的微面积 $l \cdot \frac{D}{2}d\varphi$ 上，压力为 $pl \cdot \frac{D}{2}d\varphi$。它在 $y$ 方向的投影为 $pl \cdot \frac{D}{2}d\varphi \cdot \sin\varphi$。通过积分求出上述投影的总和为

$$\int_0^{\pi} pl \cdot \frac{D}{2}\sin\varphi d\varphi = plD$$

由平衡方程　$\sum F_y = 0$，得

$$2\sigma''\delta l - plD = 0$$

$$\sigma'' = \frac{pD}{2\delta} \tag{7-2}$$

从式（7-1）和式（7-2）看出，纵向截面上的应力 $\sigma''$是横截面上应力 $\sigma'$的两倍。

$\sigma'$作用的截面就是直杆轴向拉伸的横截面，这类截面上没有切应力。又因为内压力是轴对称载荷，所以在 $\sigma''$作用的纵向截面上也没有切应力。这样，通过壁内任意点的纵横两截面皆为主平面，$\sigma'$和 $\sigma''$皆为主应力。此外，在单元体 $ABCD$ 的第三个方向上，有作用于内壁的内压力 $p$ 和作用于外壁的大气压力，它们都远小于 $\sigma'$和 $\sigma''$，可以忽略不计，于是得到了二向应力状态。

从杆件的扭转和弯曲等问题看出，最大应力往往发生于构件的表层。因为构件表层一般为自由表面，也即有一主应力等于零，因而从构件表层取出的微分单元体就接近二向应力状态，这是最有实用意义的情况。

在滚珠轴承中，滚珠与外圈接触点处的应力状态，可以作为三向应力状态的实例。围绕接触点 $A$ 如图 7-8a 所示，以垂直和平行于压力 $F$ 的平面截取单元体，如图 7-8b 所示。在滚珠与外圈的接触面上，有接触应力 $\sigma_3$。由于 $\sigma_3$ 的作用，单元体将向周围膨胀，于是引起周围材料对它的约束力 $\sigma_2$ 和 $\sigma_1$。所取单元体的三个相互垂直的面皆为主平面，且三个主应力皆不等于零，于是得到三向应力状态。与此类似，桥式起重机大梁两端的滚动轮与轨道的接触处，火车车轮与钢轨的接触处，也都是三向应力状态。

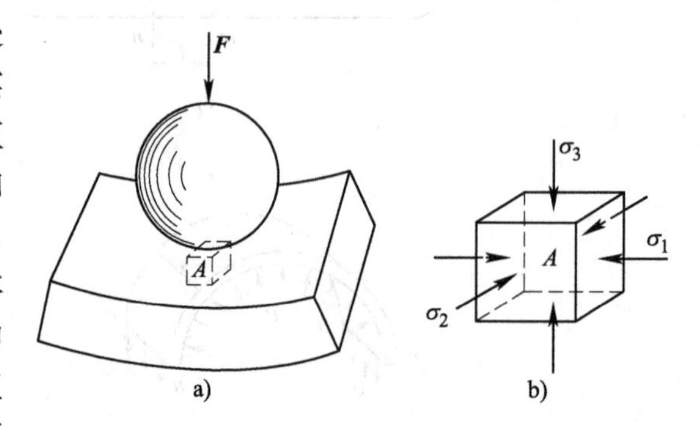


图 7-8　滚珠与外圈接触点的应力状态

【例题 7-1】　由 Q235 钢制成的蒸汽锅炉。壁厚 $\delta = 10$mm，内径 $D = 1$m（见图 7-7）。蒸汽压强 $p = 3$MPa。试计算锅炉壁内任意点处的三个主应力。

解：由式（7-1）和式（7-2），得

$$\sigma' = \frac{pD}{4\delta} = \frac{(3 \times 10^6\text{Pa})(1\text{m})}{4(10 \times 10^{-3}\text{m})} = 75 \times 10^6\text{Pa} = 75\text{MPa}$$

$$\sigma'' = \frac{pD}{2\delta} = \frac{(3\times10^6\text{Pa})(1\text{m})}{2(10\times10^{-3}\text{m})} = 150\times10^6\text{Pa} = 150\text{MPa}$$

按照主应力记号的规定，

$$\sigma_1 = \sigma'' = 150\text{MPa},\quad \sigma_2 = \sigma' = 75\text{MPa},\quad \sigma_3 \approx 0$$

【例题 7-2】　圆球形容器（见图 7-9a）的壁厚为 $\delta$，内径为 $D$，内压为 $p$。试求容器壁内的应力。

解：用包含直径的平面把容器分成两个半球，其一如图 7-9b 所示。半球上内压力的合力为

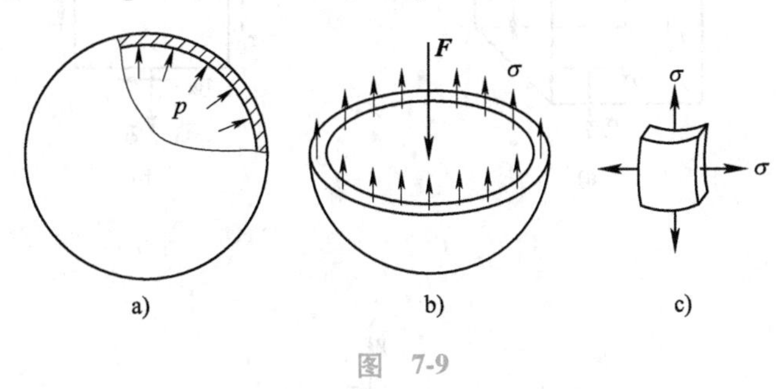


图　7-9

$$F = p\cdot\frac{\pi d^2}{4}$$

容器截面上的内力为

$$F_N = \pi D\delta\cdot\sigma$$

由平衡方程 $F_N-F=0$，容易求出

$$\sigma = \frac{pD}{4\delta}$$

由容器的对称性可知，包含直径的任意截面上皆无切应力，且正应力都等于由上式算出的 $\sigma$，如图 7-9c 所示。与 $\sigma$ 相比，如再省略半径方向的应力，三个主应力将是

$$\sigma_1 = \sigma_2 = \sigma,\quad \sigma_3 = 0$$

所以这也是一个二向应力状态。

视频讲解

## 7.3　平面应力状态分析——解析法

平面应力状态最一般的情况如图 7-10a 所示，即三向应力状态中，$z$ 方向的应力分量全部为零（$\sigma_z$、$\tau_{zx}$、$\tau_{zy}=0$），或只存在作用于 $x$-$y$ 平面内的应力分量 $\sigma_x$、$\sigma_y$、$\tau_{xy}$、$\tau_{yx}$，$\tau_{xy}=\tau_{yx}$，因此在讨论平面应力状态时，其应力状态图常画为图 7-10b 所示的形式。这里 $\sigma_x$ 和 $\tau_{xy}$ 均是法线与 $x$ 轴平行的面上的正应力和切应力；$\sigma_y$ 和 $\tau_{yx}$ 是法线与 $y$ 轴平行的面上的应力。切应力 $\tau_{xy}$（或 $\tau_{yx}$）有两个下标，第一个下标 $x$（或 $y$）表示切应力作用平面的法线的方向；第二个下标 $y$（或 $x$）则表示切应力的方向平行于 $y$ 轴（或 $x$ 轴）。正负号规定：正应力以拉应力为正，压应力为负；切应力以对微元体内任意一点取矩为顺时针转动时为正，反之为负。如图 7-10b 所示，$\sigma_x$ 为正，$\sigma_y$ 为正，$\tau_{xy}$ 为正，$\tau_{yx}$ 为负；如图 7-10c 所示，$\sigma_x$ 为负，$\sigma_y$ 为负，$\tau_{xy}$ 为负，$\tau_{yx}$ 为正。

### 7.3.1　平面一般应力状态斜截面上的应力

对于图 7-11a 所示的应力状态，取其任意斜截面 $ef$（见图 7-11b），其外法线 $n$ 与 $x$ 轴的夹角为 $\alpha$。规定：由 $x$ 轴转到外法线 $n$ 为逆时针转向时，则 $\alpha$ 为正。以截面 $ef$ 把单元体分成两部分，并研究 $aef$ 部分的平衡如图 7-11c 所示 。斜截面 $ef$ 上的应力由正应力 $\sigma_\alpha$ 和切应力 $\tau_\alpha$ 来表示。若 $ef$ 面的面积为 $\mathrm{d}A$ 如图 7-11d 所示，则 $af$ 面和 $ae$ 面的面积分别是 $\mathrm{d}A\sin\alpha$ 和

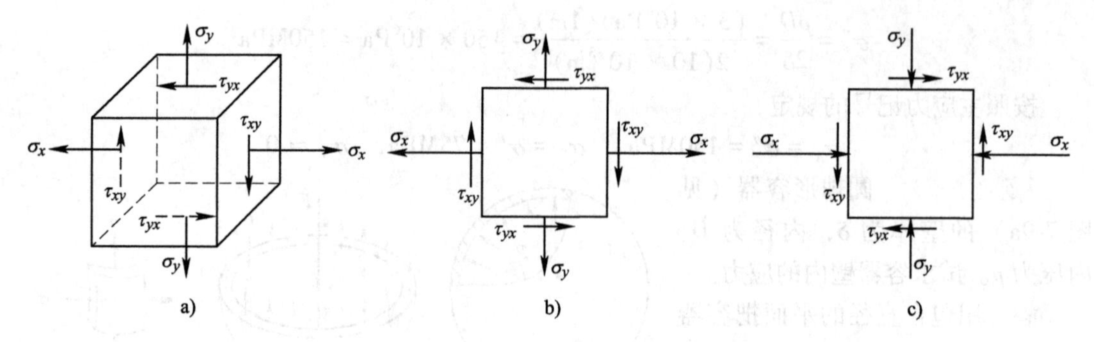


图 7-10 平面应力状态

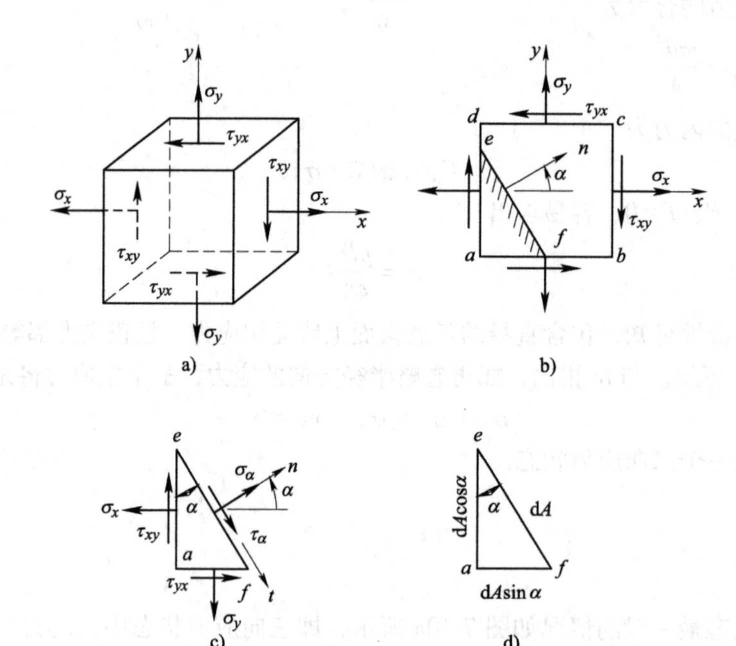


图 7-11 平面应力状态下斜截面上的应力

$dA\cos\alpha$。把作用于 $aef$ 部分上的力投影于 $ef$ 面的外法线 $n$ 和切线 $t$ 的方向，所得平衡方程是

$$\sum F_n = 0,\ \sigma_\alpha dA + (\tau_{xy} dA\cos\alpha)\sin\alpha - (\sigma_x dA\cos\alpha)\cos\alpha + (\tau_{yx} dA\sin\alpha)\cos\alpha - (\sigma_y dA\sin\alpha)\sin\alpha = 0$$

$$\sum F_t = 0,\ \tau_\alpha dA - (\tau_{xy} dA\cos\alpha)\cos\alpha - (\sigma_x dA\cos\alpha)\sin\alpha + (\tau_{yx} dA\sin\alpha)\sin\alpha + (\sigma_y dA\sin\alpha)\cos\alpha = 0$$

根据切应力互等定理，$\tau_{xy}$和 $\tau_{yx}$在数值上相等，以 $\tau_{xy}$代换 $\tau_{yx}$，并简化上列两个平衡方程，最后得出

$$\sigma_\alpha = \frac{\sigma_x + \sigma_y}{2} + \frac{\sigma_x - \sigma_y}{2}\cos 2\alpha - \tau_{xy}\sin 2\alpha \tag{7-3}$$

$$\tau_{\alpha}=\frac{\sigma_{x}-\sigma_{y}}{2}\sin 2\alpha+\tau_{xy}\cos 2\alpha \tag{7-4}$$

以上两式表明，斜截面上的正应力 $\sigma_\alpha$ 和切应力 $\tau_\alpha$ 随角 $\alpha$ 的改变而变化，即 $\sigma_\alpha$ 和 $\tau_\alpha$ 都是 $\alpha$ 的函数。

【提示】 由以上两式还可以看出，两相互垂直面上的正应力之和保持一个常数。即 $\sigma_\alpha+\sigma_{\alpha+90^\circ}=\sigma_x+\sigma_y$。

### 7.3.2 主应力和最大切应力

根据式（7-3），由求极值条件

$$\frac{\mathrm{d}\sigma_\alpha}{\mathrm{d}\alpha}=(\sigma_x-\sigma_y)\sin 2\alpha+2\tau_{xy}\cos 2\alpha=0$$

即有

$$\tan 2\alpha_0=-\frac{2\tau_{xy}}{\sigma_x-\sigma_y} \tag{7-5}$$

其中，$\alpha_0$ 为 $\sigma_\alpha$ 取极值时的 $\alpha$ 角，应有 $\alpha_0$ 和 $\alpha_0$+90°两个解。将 $\alpha_0$ 和 $\alpha_0$+90°代入式(7-3)可以得到 $\sigma_\alpha$ 的极值。即

$$\left\{\begin{matrix}\sigma_{\max}\\ \sigma_{\min}\end{matrix}\right.=\frac{\sigma_x+\sigma_y}{2}\pm\sqrt{\left(\frac{\sigma_x-\sigma_y}{2}\right)^2+\tau_{xy}^2} \tag{7-6}$$

将 $\alpha_0$ 和 $\alpha_0$+90°代入式（7-4）可以得到

$$\tau_{\alpha_0}=\tau_{\alpha_0+90^\circ}=0$$

由以上分析可知

1）当 $\alpha$ 倾角转到 $\alpha_0$ 和 $\alpha_0$+90°面时，对应有 $\sigma_{\alpha_0}$ 和 $\sigma_{\alpha_0+90^\circ}$，其中有一个为极大值，另一个为极小值；而此时 $\tau_{\alpha_0}$ 和 $\tau_{\alpha_0+90^\circ}$ 均为零。可见在正应力取极值的截面上切应力为零，如图 7-12b 所示。

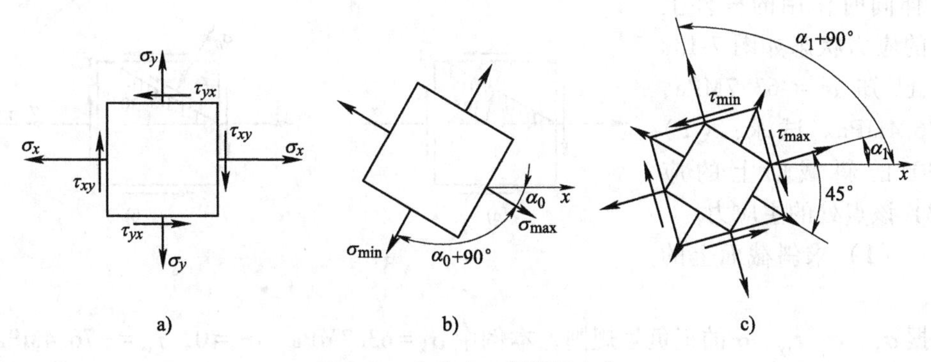


图 7-12　主应力、极值切应力

2）正应力取极值的面（或切应力为零的面）为主平面，主平面的外法线方向称为主方向，此时的正应力称为主应力，对平面一般应力状态通常有两个非零主应力：$\sigma_{\max}$、$\sigma_{\min}$，故也称平面应力状态或二向应力状态。

3）若约定 $|\alpha_0|$<45°，即 $\alpha_0$ 取值在±45°范围内，则确定主应力方向的具体规则如下：

①当 $\sigma_x>\sigma_y$ 时，$\alpha_0$ 是 $\sigma_x$ 与 $\sigma_{\max}$ 之间的夹角；

②当 $\sigma_x<\sigma_y$ 时，$\alpha_0$ 是 $\sigma_x$ 与 $\sigma_{min}$ 之间的夹角；

③当 $\sigma_x=\sigma_y$ 时，$\alpha_0=-45°$，主应力的方向可由单元体上切应力情况直观判断出来。

根据式（7-4），由求极值条件

$$\frac{d\tau_\alpha}{d\alpha}=(\sigma_x-\sigma_y)\cos2\alpha-2\tau_{xy}\sin2\alpha=0$$

得

$$\tan2\alpha_1=\frac{\sigma_x-\sigma_y}{2\tau_{xy}} \tag{7-7}$$

$\alpha_1$ 为 $\tau_\alpha$ 取极值时的 $\alpha$ 角，应有 $\alpha_1$ 和 $\alpha_1+90°$ 两个解。将 $\alpha_1$ 和 $\alpha_1+90°$ 代入式（7-4）可以得到 $\tau$ 的极值

$$\left.\begin{matrix}\tau_{max}\\ \tau_{min}\end{matrix}\right\}=\pm\sqrt{\left(\frac{\sigma_x-\sigma_y}{2}\right)^2+\tau_{xy}^2} \tag{7-8}$$

由式（7-5）和式（7-7）可以得到

$$\tan2\alpha_0=-\frac{1}{\tan2\alpha_1}$$

$$2\alpha_1=2\alpha_0+\frac{\pi}{2}$$

所以

$$\alpha_1=\alpha_0+\frac{\pi}{4} \tag{7-9}$$

【提示】 1）当倾角 $\alpha$ 转到 $\alpha_1$ 和 $\alpha_1+90°$ 面时，对应有 $\tau_{max}$、$\tau_{min}$ 二者数值的大小相等，一个面上切应力为正值，另一个为负值，如图 7-12c 所示。

2）由式（7-9）可知，切应力取极值所在的平面与主应力所在平面相差 45°，如图 7-12c 所示，并且，切应力取极值所在的平面上的正应力不一定为零。

【例题 7-3】 已知承受扭转和拉伸同时作用的杆件上危险点的应力状态如图 7-13a 所示，已知 $\sigma=63.7\text{MPa}$，$\tau=-76.4\text{MPa}$。试求：（1）图示 30° 的斜截面上的应力；（2）该点处的主应力。

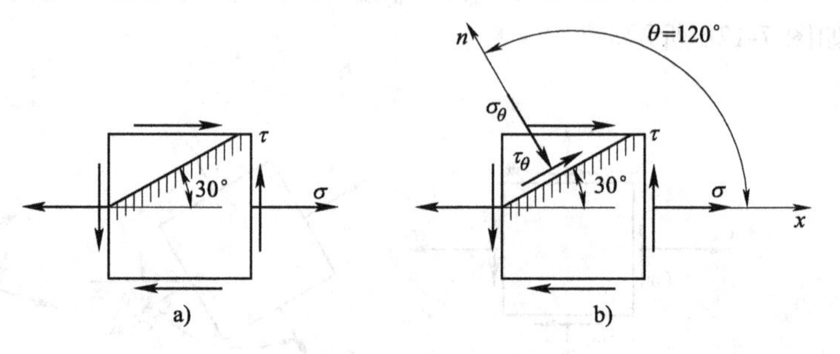


图 7-13 例题 7-3 图

解：（1）求斜截面上的应力

根据 $\sigma_x$、$\sigma_y$、$\tau_{xy}$、$\alpha$ 的正负号规则，本例中 $\sigma_x=63.7\text{MPa}$，$\sigma_y=0$，$\tau_{xy}=-76.4\text{MPa}$，$\alpha=120°$。将这些数据代入式（7-3）中，得

$$\sigma_{120°}=\frac{\sigma_x+\sigma_y}{2}+\frac{\sigma_x-\sigma_y}{2}\cos2\alpha-\tau_{xy}\sin2\alpha$$

$$=\left[\frac{63.7+0}{2}+\frac{63.7-0}{2}\cos240°-(-76.4)\sin240°\right]\text{MPa}=-50.2\text{MPa}$$

$$\tau_{120°}=\frac{\sigma_x-\sigma_y}{2}\sin2\alpha+\tau_{xy}\cos2\alpha$$

$$=\left(\frac{63.7-0}{2}\sin 240^\circ+(-76.4)\cos 240^\circ\right)\text{MPa}=10.6\text{MPa}$$

（2）求主应力

$$\left.\begin{matrix}\sigma_{\max}\\ \sigma_{\min}\end{matrix}\right\}=\frac{\sigma_x+\sigma_y}{2}\pm\sqrt{\left(\frac{\sigma_x-\sigma_y}{2}\right)^2+\tau_{xy}^2}=\begin{cases}114.6\text{MPa}\\ -50.9\text{MPa}\end{cases}$$

$$\sigma_1=114.6\text{MPa},\ \sigma_2=0,\ \sigma_3=-50.9\text{MPa}$$

【例题 7-4】 简支梁如图 7-14a 所示。已知 $m$—$m$ 截面上 $A$ 点的弯曲正应力和切应力分别为 $\sigma=-70\text{MPa}$，$\tau=50\text{MPa}$，如图 7-14b 所示。确定 $A$ 点的主应力及主平面的方位。

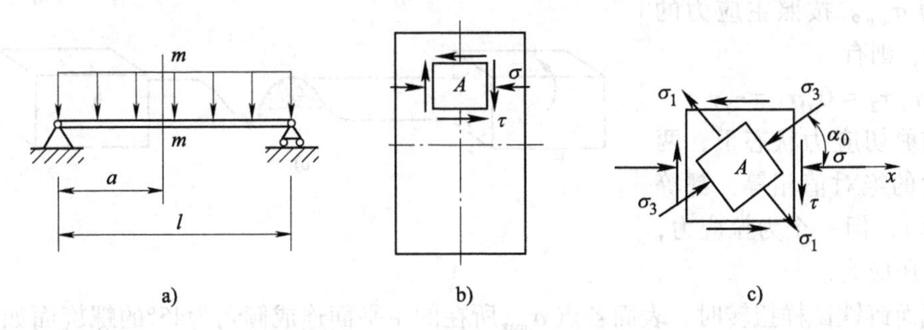


图 7-14　例题 7-4 图

解：把从 $A$ 点处截取的单元体放大，如图 7-14b 所示，则有

$$\sigma_x=-70\text{MPa},\quad \sigma_y=0,\quad \tau_{xy}=50\text{MPa}$$

由式（7-5）得
$$\tan 2\alpha_0=-\frac{2\tau_{xy}}{\sigma_x-\sigma_y}=-\frac{2\times 50}{(-70-0)}=1.429$$

$$\alpha_0=27.5^\circ \text{ 或 } -62.5^\circ$$

因为 $\sigma_x<\sigma_y$，所以 $\alpha_0=27.5^\circ$ 与 $\sigma_{\min}$ 对应。

由式（7-6）得

$$\left.\begin{matrix}\sigma_{\max}\\ \sigma_{\min}\end{matrix}\right\}=\frac{\sigma_x+\sigma_y}{2}\pm\sqrt{\left(\frac{\sigma_x-\sigma_y}{2}\right)^2+\tau_{xy}^2}=\begin{cases}26\text{MPa}\\ -96\text{MPa}\end{cases}$$

$$\sigma_1=26\text{MPa},\ \sigma_2=0,\ \sigma_3=-96\text{MPa}$$

$A$ 点主应力及主平面的方位如图 7-14c 所示。

【例题 7-5】 讨论圆轴扭转时的应力状态，并分析铸铁试样受扭时的破坏现象。

解：圆轴扭转时，在横截面的边缘处切应力最大，其值为 $\tau=\dfrac{T}{W_t}=\dfrac{M_e}{W_t}$，在圆轴的表层，按图 7-15a 所示方式取出单元体 $ABCD$，单元体各面上的应力如图 7-15b 所示

$$\sigma_x=0,\ \sigma_y=0,\ \tau_{xy}=\tau$$

代入式（7-6）得

$$\left.\begin{matrix}\sigma_{\max}\\ \sigma_{\min}\end{matrix}\right\}=\frac{\sigma_x+\sigma_y}{2}\pm\sqrt{\left(\frac{\sigma_x-\sigma_y}{2}\right)^2+\tau_{xy}^2}=\pm\tau$$

由式（7-5）得

$$\tan 2\alpha_0 = -\frac{2\tau_{xy}}{\sigma_x - \sigma_y} = -\infty$$

$$\alpha_0 = 45° \text{ 或 } -45°$$

以上结果表明，从 $x$ 轴量起，因 $\sigma_x = \sigma_y$，由 $\alpha_0 = -45°$（顺时针方向）所确定的主平面上的主应力为 $\sigma_{max}$，而由 $\alpha_0 = 45°$所确定的主平面上的主应力为 $\sigma_{min}$。按照主应力的记号规定，则有

$$\sigma_1 = \tau, \sigma_2 = 0, \sigma_3 = -\tau$$

所以，纯剪切应力状态下，两个主应力的绝对值相等，都等于切应力 $\tau$，但一个为拉应力，另一个为压应力。

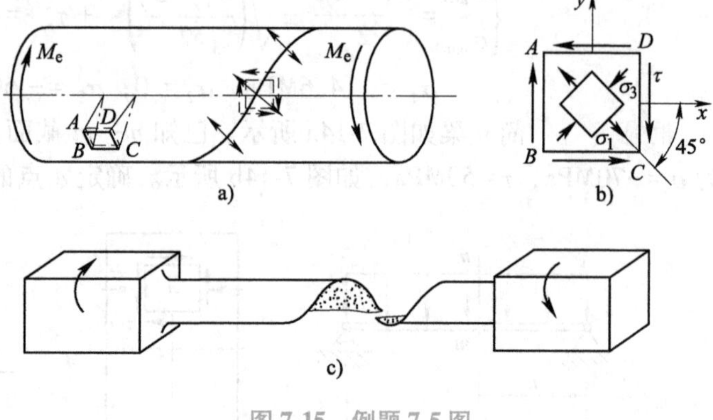


图 7-15　例题 7-5 图

圆截面铸铁试样扭转时，表面各点 $\sigma_{max}$所在的主平面连成倾角为45°的螺旋面如图 7-15a 所示。由于铸铁抗拉强度较低，试样将沿这一螺旋面因拉伸而发生断裂破坏，如图 7-15c 所示。

## 7.4　平面应力状态分析——图解法

视频讲解

### 7.4.1　应力圆方程及作法

**1. 应力圆**

前面的讨论指出，二向应力状态下，在法线倾角为 $\alpha$ 的斜面上，应力由式（7-3）和式（7-4）来计算。这两个公式可以看作以 $\alpha$ 为参数的参数方程。为消去 $\alpha$，可先将两式改写成

$$\sigma_\alpha - \frac{\sigma_x + \sigma_y}{2} = \frac{\sigma_x - \sigma_y}{2}\cos 2\alpha - \tau_{xy}\sin 2\alpha$$

$$\tau_\alpha = \frac{\sigma_x - \sigma_y}{2}\sin 2\alpha + \tau_{xy}\cos 2\alpha$$

然后把上面两式等号两边平方，再相加便可消去 $\alpha$，得

$$\left(\sigma_\alpha - \frac{\sigma_x + \sigma_y}{2}\right)^2 + \tau_\alpha^2 = \left(\frac{\sigma_x - \sigma_y}{2}\right)^2 + \tau_{xy}^2$$

因为 $\sigma_x$、$\sigma_y$、$\tau_{xy}$皆为已知量，所以上式是一个以 $\sigma_\alpha$，$\tau_\alpha$ 为变量的圆周方程。当斜截面随方位角 $\alpha$ 变化时，其上的应力 $\sigma_\alpha$、$\tau_\alpha$在 $\sigma$-$\tau$ 直角坐标系内的轨迹是一个圆。圆心的横坐标为$\frac{1}{2}(\sigma_x+\sigma_y)$，纵坐标为零。圆周的半径为$\sqrt{\left(\frac{\sigma_x-\sigma_y}{2}\right)^2+\tau_{xy}^2}$。这一圆周称为应力圆。

2. 应力圆的作法

现以图 7-16 所示二向应力状态为例说明应力圆的作法。

1）建 $\sigma-\tau$ 坐标系，选定比例尺。

2）量取$\overline{OA}=\sigma_x$，$\overline{AD}=\tau_{xy}$，确定 $D$ 点。$D$ 点的坐标代表以 $x$ 为法线的面上的应力。

3）量取$\overline{OB}=\sigma_y$，$\overline{BD'}=\tau_{yx}$，确定 $D'$点。$D'$点的坐标代表以 $y$ 为法线的面上的应力。

4）连接 $DD'$两点的直线与 $\sigma$ 轴相交于 $C$ 点。

5）以 $C$ 为圆心，$\overline{CD}$为半径作圆，该圆就是相应于该单元体的应力圆。

3. 证明

1）该圆的圆心 $C$ 点到坐标原点 $O$ 的距离为$\frac{1}{2}(\sigma_x+\sigma_y)$，即

$$\overline{OC}=OB+\frac{1}{2}(\overline{OA}-\overline{OB})=\frac{1}{2}(\overline{OA}+\overline{OB})=\frac{\sigma_x+\sigma_y}{2}$$

2）该圆的半径为 $R=\sqrt{\left(\frac{\sigma_x-\sigma_y}{2}\right)^2+\tau_{xy}^2}$，即

$$\overline{CD}=\sqrt{\overline{CA}^2+\overline{AD}^2}=\sqrt{\left(\frac{\sigma_x-\sigma_y}{2}\right)^2+\tau_{xy}^2}$$

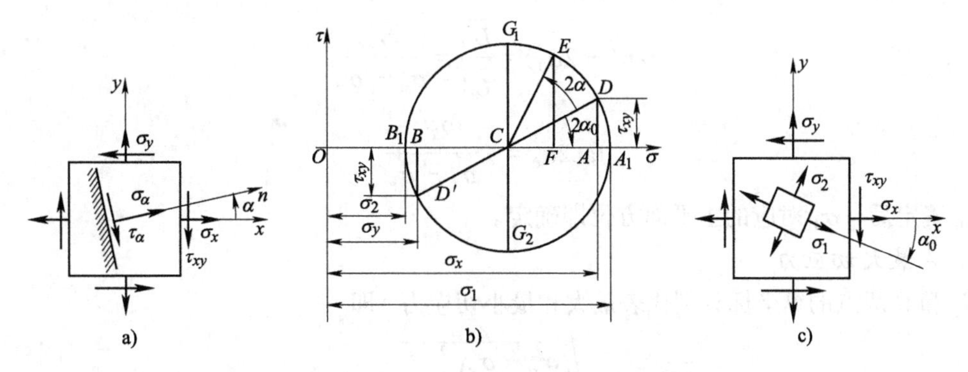


图 7-16　应力圆的作法及应用

## 7.4.2　应力圆的应用

1. 求单元体上任一截面上的应力

从应力圆的半径 $\overline{CD}$按方位角 $\alpha$ 的转向转动 $2\alpha$ 得到半径$\overline{CE}$。圆周上 $E$ 点的坐标就依次为斜截面上的正应力 $\sigma_\alpha$ 和切应力 $\tau_\alpha$。

证明：

$$\overline{OF}=\overline{OC}+\overline{CF}=\overline{OC}+\overline{CE}\cos(2\alpha_0+2\alpha)$$

由于$\overline{CD}$和$\overline{CE}$同为圆周的半径，可以互相代替，故有

$$\overline{OF}=\overline{OC}+\overline{CD}\cos2\alpha_0\cos2\alpha-\overline{CD}\sin2\alpha_0\sin2\alpha$$

$$=\frac{\sigma_x+\sigma_y}{2}+\frac{\sigma_x-\sigma_y}{2}\cos 2\alpha-\tau_{xy}\sin 2\alpha=\sigma_\alpha$$

$$\overline{FE}=\overline{CE}\sin(2\alpha_0+2\alpha)$$

$$=\overline{CD}\sin 2\alpha_0\cos 2\alpha+\overline{CD}\cos 2\alpha_0\sin 2\alpha$$

$$=\frac{\sigma_x-\sigma_y}{2}\sin 2\alpha+\tau_{xy}\cos 2\alpha=\tau_\alpha$$

2．求主应力数值和主平面位置

（1）主应力数值　由于应力圆上 $A_1$ 点的横坐标（正应力）大于所有其他点的横坐标，而纵坐标（切应力）等于零，所有 $A_1$ 点代表最大的主应力。同理，$B_1$ 点代表最小的主应力。于是有

$$\overline{OA_1}=\overline{OC}+\overline{CA_1}=\frac{\sigma_x+\sigma_y}{2}+\sqrt{\left(\frac{\sigma_x-\sigma_y}{2}\right)^2+\tau_{xy}^2}=\sigma_{\max}=\sigma_1$$

$$\overline{OB_1}=\overline{OC}-\overline{CB_1}=\frac{\sigma_x+\sigma_y}{2}-\sqrt{\left(\frac{\sigma_x-\sigma_y}{2}\right)^2+\tau_{xy}^2}=\sigma_{\min}=\sigma_2$$

（2）主平面方位　由 $\overline{CD}$ 顺时针转 $2\alpha_0$ 到 $\overline{CA_1}$，所以在单元体上从 $x$ 轴顺时针转 $\alpha_0$（负值）即到 $\sigma_1$ 对应的主平面的外法线。即

$$\tan(-2\alpha_0)=\frac{\overline{DA}}{\overline{CA}}=\frac{2\tau_{xy}}{\sigma_x-\sigma_y}$$

$$\tan 2\alpha_0=-\frac{2\tau_{xy}}{\sigma_x-\sigma_y}$$

$\alpha_0$ 确定后，$\sigma_1$ 对应的主平面方位即确定。

3. 求最大切应力

$G_1$ 和 $G$ 两点的纵坐标分别代表最大和最小切应力。即

$$\overline{CG_1}=+\sqrt{\left(\frac{\sigma_x-\sigma_y}{2}\right)^2+\tau_{xy}^2}=\tau_{\max}$$

$$\overline{CG_2}=-\sqrt{\left(\frac{\sigma_x-\sigma_y}{2}\right)^2+\tau_{xy}^2}=\tau_{\min}$$

因为最大最小切应力等于应力圆的半径，故又可写成

$$\left.\begin{cases}\tau_{\max}\\ \tau_{\min}\end{cases}\right.=\pm\frac{\sigma_1-\sigma_2}{2} \tag{7-10}$$

在应力圆上，由 $A_1$ 转到 $G_1$ 所对圆心角为逆时针的 $\frac{\pi}{2}$；在单元体内，由 $\sigma_1$ 所在主平面的法线到 $\tau_{\max}$ 所在平面的法线应为逆时针的 $\frac{\pi}{4}$。

【提示】 点面之间的对应关系：单元体某一面上的应力，必对应于应力圆上某一点的坐标。

夹角关系：圆周上任意两点所引半径的夹角等于单元体上对应两截面夹角的两倍，两者的转向一致。

【例题 7-6】　从水坝体内某点处取出的单元体如图 7-17a 所示，$\sigma_x=-1\text{MPa}$，$\sigma_y=-0.4\text{MPa}$，$\tau_{xy}=0.2\text{MPa}$，$\tau_{yx}=-0.2\text{MPa}$。

（1）绘出相应的应力圆；

（2）确定此单元体在 $\alpha=30°$ 和 $\alpha=-40°$ 两斜面上的应力。

解：（1）画应力圆

选择合适的比例尺，建立 $\sigma$-$\tau$ 坐标系。量取 $\overline{OA}=\sigma_x=-1$，$\overline{AD}=\tau_{xy}=-0.2$，确定 $D$ 点；量取 $\overline{OB}=\sigma_y=-0.4$，$\overline{BD'}=\tau_{yx}=0.2$，确定 $D'$ 点。以 $\overline{DD'}$ 为直径绘出的圆即为应力圆，如图 7-17b 所示。

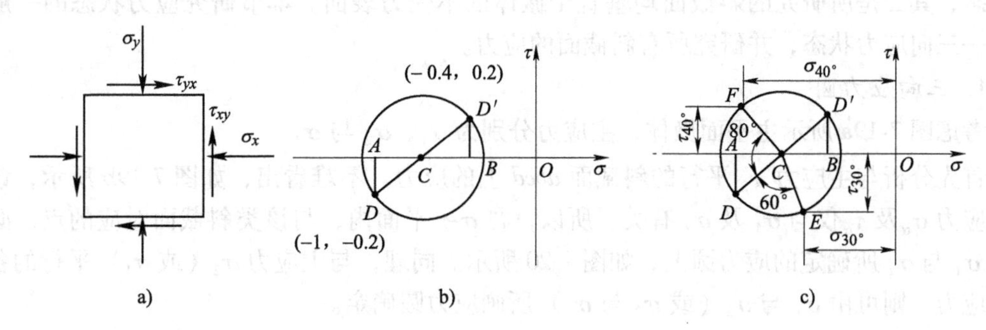


图 7-17　例题 7-6 图

（2）确定 $\alpha=30°$ 斜截面上的应力

将半径 $\overline{CD}$ 逆时针转动 $2\alpha=60°$ 到半径 $\overline{CE}$，$E$ 点的坐标就代表 $\alpha=30°$ 斜截面上的应力，如图 7-17c 所示。

确定 $\alpha=-40°$ 斜截面上的应力

将半径 $\overline{CD}$ 顺时针转 $2\alpha=80°$ 到半径 $\overline{CF}$，$F$ 点的坐标就代表 $\alpha=-40°$ 斜截面上的应力，如图 7-17c 所示。

$$\sigma_{30°}=-0.68\text{MPa},\tau_{30°}=-0.36\text{MPa}$$
$$\sigma_{-40°}=-0.95\text{MPa},\tau_{-40°}=0.26\text{MPa}$$

【例题 7-7】　在横力弯曲以及今后将要讨论的扭弯组合变形中，经常遇到图 7-18a 所示的应力状态。设 $\sigma$ 及 $\tau$ 已知，试确定主应力和主平面的方位。

解：如用解析法求解，在目前情况下有

$$\sigma_x=\sigma,\sigma_y=0,\ \tau_{xy}=\tau,\ \tau_{yx}=-\tau$$

代入式（7-6），得

$$\left\{\begin{matrix}\sigma_1\\\sigma_3\end{matrix}\right.=\frac{\sigma}{2}\pm\sqrt{\left(\frac{\sigma}{2}\right)^2+\tau^2}$$

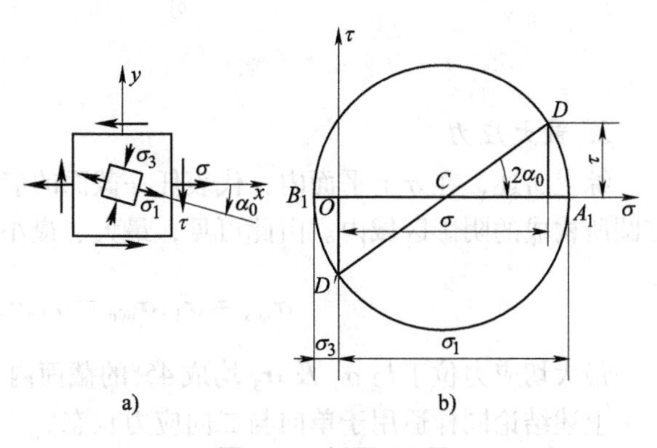


图 7-18　例题 7-7 图

由于在根号前取“-”号的主应力总为负值，即总为压应力，故记为 $\sigma_3$。

由式（7-5）得 $$\tan 2\alpha_0 = -\frac{2\tau}{\sigma}$$

由此可以确定主平面的位置。

作为分析计算的辅助，在计算时可以作出应力圆的草图如图 7-18b 所示，这样可以帮助我们检查计算结果有无错误。

## 7.5 三向应力状态分析简介

前面研究斜截面的应力及相应极值的应力时，曾引进两个限制，其一是微体处于平面应力状态，其二是所研究的斜截面均垂直于微体的不受力表面。本节研究应力状态的一般形式——三向应力状态，并研究所有斜截面的应力。

### 1. 三向应力圆

考虑图 7-19a 所示主平面微体，主应力分别为 $\sigma_1$、$\sigma_2$ 与 $\sigma_3$。

首先分析与主应力 $\sigma_3$ 平行的斜截面 *abcd* 上的应力。不难看出，如图 7-19b 所示，该截面的应力 $\sigma_\alpha$及 $\tau_\alpha$仅与 $\sigma_1$ 及 $\sigma_2$ 有关。所以，在 $\sigma$-$\tau$ 平面内，与该类斜截面对应的点，必位于由 $\sigma_1$ 与 $\sigma_2$ 所确定的应力圆上，如图 7-20 所示。同理，与主应力 $\sigma_2$（或 $\sigma_1$）平行的各截面的应力，则可由 $\sigma_1$ 与 $\sigma_3$（或 $\sigma_2$ 与 $\sigma_3$）所画应力圆确定。

还可以证明，对于与三个主应力均不平行的任意斜截面 *efg*，如图 7-19a 所示，它们在 $\sigma$-$\tau$ 平面内的对应点 $A(\sigma_\alpha,\ \tau_\alpha)$，必位于图 7-20 所示三圆所构成的阴影区域内（证明从略）。

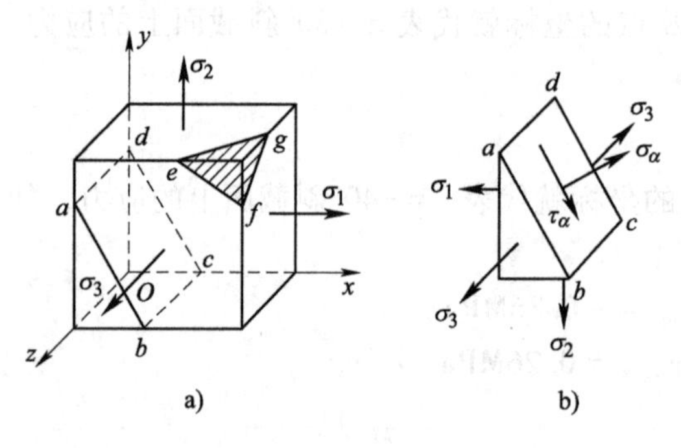


图 7-19 三向应力状态

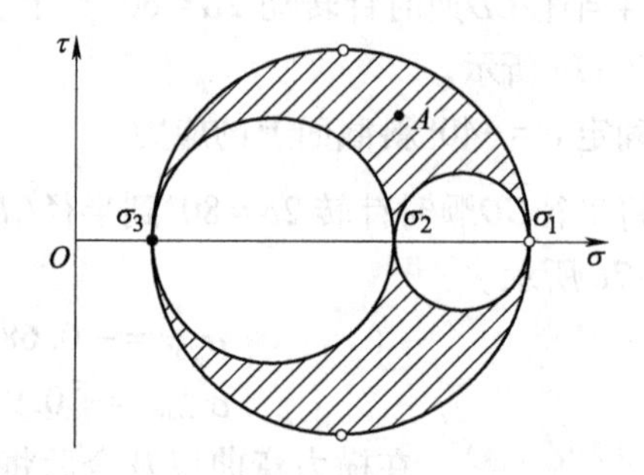


图 7-20 三向应力状态的应力圆

### 2. 最大应力

综上所述，在 $\sigma$-$\tau$ 平面内，代表任一截面的应力的点，或位于应力圆上，或位于由上述三圆所构成的阴影区域内。由此可见，最大、最小主应力与最大切应力分别为

$$\sigma_{\max} = \sigma_1,\sigma_{\min} = \sigma_3,\tau_{\max} = \frac{\sigma_1 - \sigma_3}{2} \tag{7-11}$$

最大切应力位于与 $\sigma_1$ 及 $\sigma_3$ 均成 45°的截面内。

上述结论同样适用于单向与二向应力状态。

## 7.6 广义胡克定律

### 1. 各向同性材料

在讨论单向拉伸或压缩时，根据实验结果，曾得到线弹性范围内应力与应变的关系是 $\sigma=E\varepsilon$ 或 $\varepsilon=\dfrac{\sigma}{E}$，这就是胡克定律。此外，轴向的变形还将引起横向尺寸的变化，横向应变 $\varepsilon'$ 可表示为 $\varepsilon'=-\mu\varepsilon=-\mu\dfrac{\sigma}{E}$。在纯剪切情况下，实验结果表明，当切应力不超过剪切比例极限时，切应力和切应变之间的关系服从剪切胡克定律。即 $\tau=G\gamma$ 或 $\gamma=\dfrac{\tau}{G}$。

在最普遍的情况下描述一点的应力状态需要 9 个应力分量，如图 7-21 所示。在小变形条件下，考虑到正应力与切应力所引起的正应变和切应变，都是相互独立的，因此，就可以求出各应力分量各自对应的应变，然后再进行叠加。例如，$\sigma_x$ 单独作用时，在 $x$ 方向引起的线应变为$\dfrac{\sigma_x}{E}$，当 $\sigma_y$ 和 $\sigma_z$ 单独作用时，则在 $x$ 方向引起的线应变分别是$-\mu\dfrac{\sigma_y}{E}$和$-\mu\dfrac{\sigma_z}{E}$，叠加以上结果，得

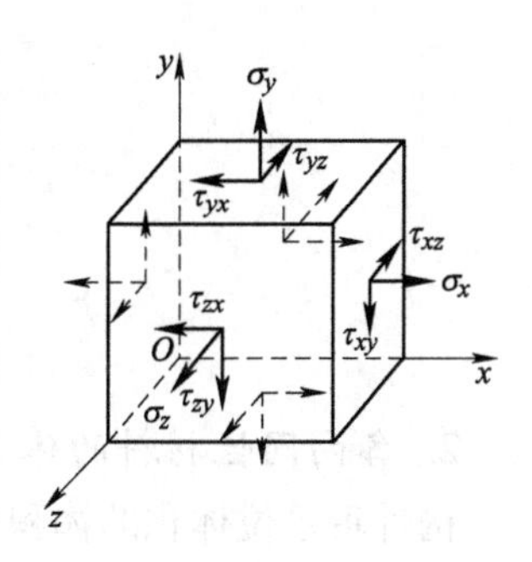


图 7-21 一点应力状态

$$\varepsilon_x=\frac{1}{E}[\sigma_x-\mu(\sigma_y+\sigma_z)]$$

同理，可以求出沿 $y$ 和 $z$ 方向的线应变。最后得到

$$\begin{cases}\varepsilon_x=\dfrac{1}{E}[\sigma_x-\mu(\sigma_y+\sigma_z)]\\ \varepsilon_y=\dfrac{1}{E}[\sigma_y-\mu(\sigma_z+\sigma_x)]\\ \varepsilon_z=\dfrac{1}{E}[\sigma_z-\mu(\sigma_y+\sigma_x)]\end{cases}\tag{7-12}$$

在 $x$-$y$、$y$-$z$、$z$-$x$ 三个面内的切应变为

$$\gamma_{xy}=\frac{\tau_{xy}}{G},\gamma_{yz}=\frac{\tau_{yz}}{G},\gamma_{zx}=\frac{\tau_{zx}}{G}\tag{7-13}$$

式（7-12）和式（7-13）称为广义胡克定律。

单元体的周围六个面皆为主平面时，使 $x$、$y$、$z$ 的方向分别与 $\sigma_1$、$\sigma_2$、$\sigma_3$ 的方向一致。这时，

$$\sigma_x=\sigma_1,\quad \sigma_y=\sigma_2,\quad \sigma_z=\sigma_3$$
$$\tau_{xy}=0,\quad \tau_{yz}=0,\quad \tau_{zx}=0$$

广义胡克定律化为

$$\begin{cases}\varepsilon_1=\dfrac{1}{E}[\sigma_1-\mu(\sigma_2+\sigma_3)]\\ \varepsilon_2=\dfrac{1}{E}[\sigma_2-\mu(\sigma_3+\sigma_1)]\\ \varepsilon_3=\dfrac{1}{E}[\sigma_3-\mu(\sigma_1+\sigma_2)]\\ \gamma_{xy}=0,\gamma_{yz}=0,\gamma_{zx}=0\end{cases} \tag{7-14}$$

式中，$\varepsilon_1$、$\varepsilon_2$、$\varepsilon_3$ 分别为沿主应力 $\sigma_1$、$\sigma_2$、$\sigma_3$ 方向的应变，称为主应变。

对于平面应力状态（假设 $\sigma_z=0$，$\tau_{xz}=0$，$\tau_{yz}=0$），广义胡克定律可简化为

$$\begin{cases}\varepsilon_x=\dfrac{1}{E}(\sigma_x-\mu\sigma_y)\\ \varepsilon_y=\dfrac{1}{E}(\sigma_y-\mu\sigma_x)\\ \varepsilon_z=-\dfrac{\mu}{E}(\sigma_y+\sigma_x)\\ \gamma_{xy}=\dfrac{\tau_{xy}}{G}\end{cases} \tag{7-15}$$

2. 各向同性材料的体积应变

构件每单位体积的体积变化，称为体积应变，用 $\theta$ 表示。

如图 7-22 所示的单元体，三个边长分别为 $a_1$、$a_2$、$a_3$，变形后的边长分别为

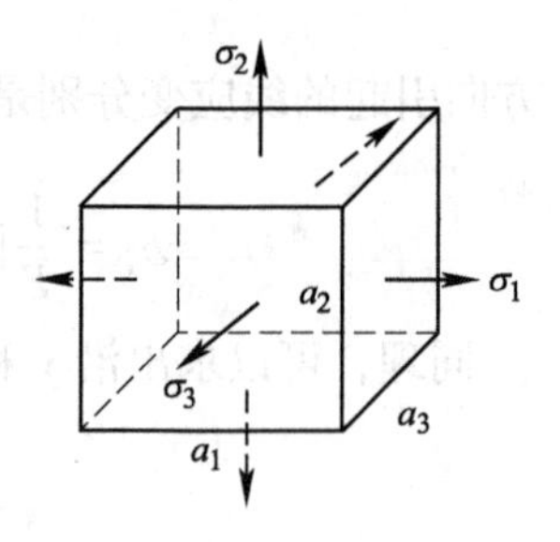

图 7-22 单元体

$$a_1(1+\varepsilon_1),a_2(1+\varepsilon_2),a_3(1+\varepsilon_3)$$

变形后单元体的体积为

$$V_1=a_1(1+\varepsilon_1)\cdot a_2(1+\varepsilon_2)\cdot a_3(1+\varepsilon_3)$$

体积应变为

$$\begin{aligned}\theta&=\frac{V_1-V}{V}\\&=\frac{a_1(1+\varepsilon_1)\cdot a_2(1+\varepsilon_2)\cdot a_3(1+\varepsilon_3)-a_1\cdot a_2\cdot a_3}{a_1\cdot a_2\cdot a_3}\\&\approx\frac{a_1\cdot a_2\cdot a_3(1+\varepsilon_1+\varepsilon_2+\varepsilon_3)-a_1\cdot a_2\cdot a_3}{a_1\cdot a_2\cdot a_3}\\&=\varepsilon_1+\varepsilon_2+\varepsilon_3\end{aligned}$$

把式（7-14）代入上式得到

$$\theta=\frac{1-2\mu}{E}(\sigma_1+\sigma_2+\sigma_3) \tag{7-16}$$

把式（7-16）写成

$$\theta=\frac{3(1-2\mu)}{E}\cdot\frac{\sigma_1+\sigma_2+\sigma_3}{3} \tag{7-17}$$

式中，

$$K=\frac{3\ (1-2\mu)}{E}$$

$$\sigma_{m}=\frac{\sigma_{1}+\sigma_{2}+\sigma_{3}}{3}$$

其中，$K$ 称为体积模量；$\sigma_{m}$ 是三个主应力的平均值。

对以上体积应变介绍下列两种特殊情况：

1）纯剪切应力状态下的体积应变

$$\sigma_{1}=-\sigma_{3}=\tau_{xy},\sigma_{2}=0$$

体积应变 $\theta=0$。即在小变形下，切应力不引起各向同性材料的体积改变。

2）三向等值应力单元体的体积应变

如图 7-23a 所示的单元体，三个主应力相等，其值为

$$\sigma_{m}=\frac{\sigma_{1}+\sigma_{2}+\sigma_{3}}{3}$$

单元体的体积应变

$$\theta=\frac{1-2\mu}{E}(\sigma_{m}+\sigma_{m}+\sigma_{m})$$

$$=\frac{1-2\mu}{E}\cdot 3\sigma_{m}$$

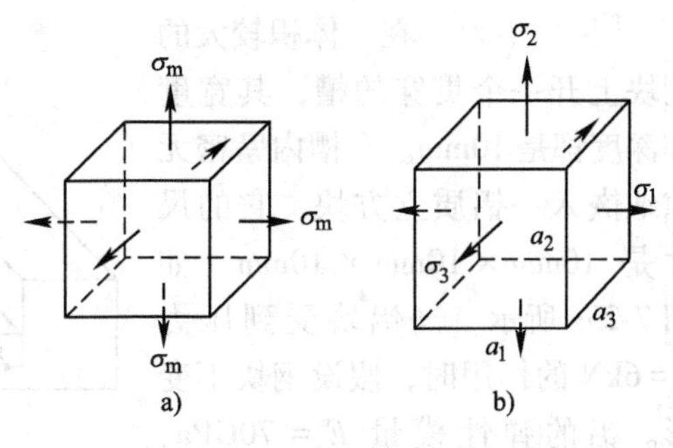

图 7-23 三向等值应力状态与非等值应力状态单元体

通过计算发现图 7-23a、b 所示两个单元体的体积应变是相等的。所以，无论是作用三个不相等的主应力，或是代以它们的平均应力 $\sigma_{m}$，单位体积的体积改变量仍然是相同的。式（7-17）还表明，体应应变 $\theta$ 与平均应力 $\sigma_{m}$ 成正比，此即体积胡克定律。

【例题 7-8】 已知应力状态如图 7-24a 所示（应力单位为 MPa），试求 45°方位的正应变。已知材料的弹性模量 $E=70\text{GPa}$，泊松比 $\mu=0.33$。

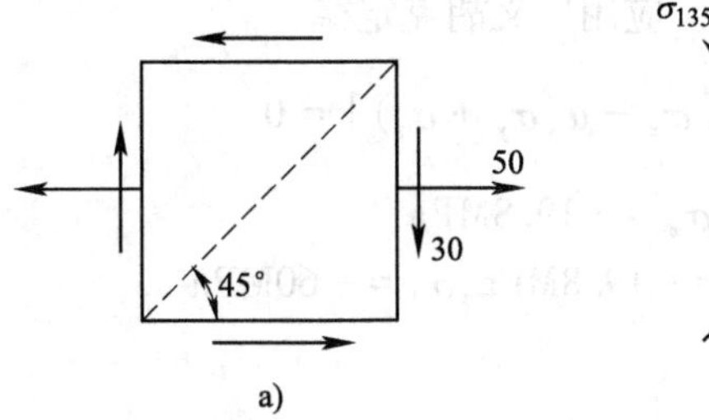


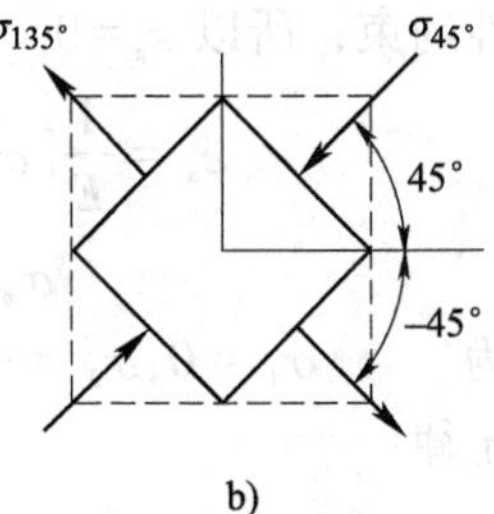


图 7-24 例题 7-8 图

解：由图可知，$x$ 与 $y$ 截面的应力为

$$\sigma_{x}=50\text{MPa},\sigma_{y}=0,\tau_{xy}=30\text{MPa}$$

代入式（7-3)，得 45°与 135°斜截面上的正应力（见图 7-24b）分别为

$$\sigma_{45^\circ}=\frac{\sigma_x+\sigma_y}{2}+\frac{\sigma_x-\sigma_y}{2}\cos2\alpha-\tau_{xy}\sin2\alpha$$

$$=\left(\frac{50+0}{2}+\frac{50-0}{2}\cos90^\circ-30\sin90^\circ\right)\text{MPa}=-5\text{MPa}$$

$$\sigma_{135^\circ}=\frac{\sigma_x+\sigma_y}{2}+\frac{\sigma_x-\sigma_y}{2}\cos2\alpha-\tau_{xy}\sin2\alpha$$

$$=\left(\frac{50+0}{2}+\frac{50-0}{2}\cos270^\circ-30\sin270^\circ\right)\text{MPa}=55\text{MPa}$$

根据式（7-15）可知45°方位的正应变为

$$\varepsilon_{45^\circ}=\frac{1}{E}(\sigma_{45^\circ}-\mu\sigma_{135^\circ})=\frac{1}{70\times10^9\text{Pa}}[-5\times10^5\text{Pa}-0.33\times(55\times10^6\text{Pa})]=-3.31\times10^{-4}$$

【例题7-9】 在一体积较大的钢块上开一个贯穿的槽，其宽度和深度都是10mm。在槽内紧密无隙地嵌入一铝质立方块，它的尺寸是10mm×10mm×10mm，如图7-25a所示。当铝块受到压力$F=6\text{kN}$的作用时，假设钢块不变形。铝的弹性模量$E=70\text{GPa}$，$\mu=0.33$。试求铝块的三个主应力及相应的变形。

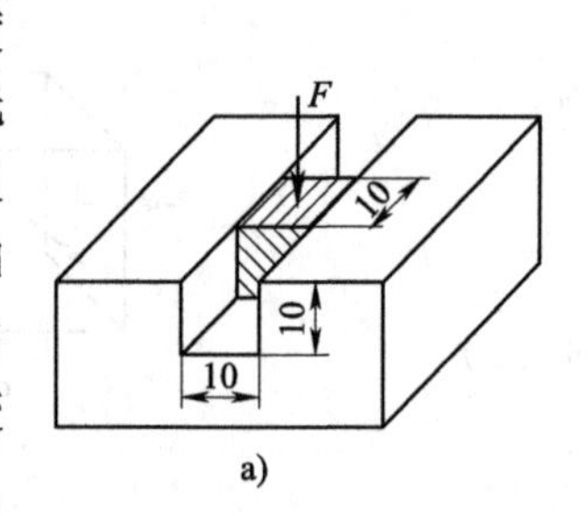


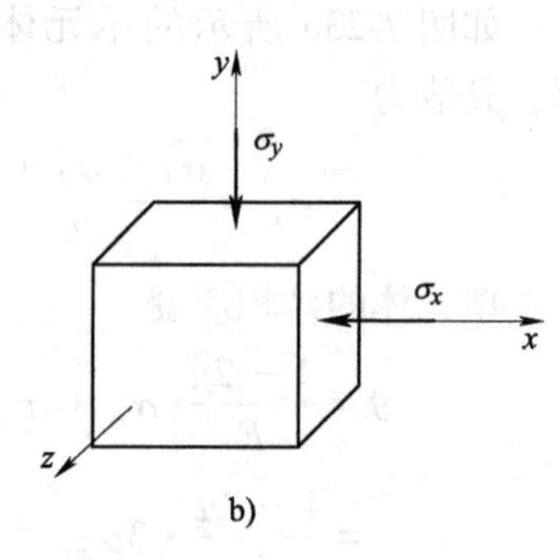


图7-25 例题7-9图

解：铝块横截面上的压应力

$$\sigma_y=-\frac{F}{A}=-\frac{6\times10^3}{(0.01)^2}\text{Pa}$$

$$=-60\text{MPa}$$

在$z$面为自由边界，所以

$$\sigma_z=0$$

又因$x$面受刚性约束，所以$\varepsilon_x=0$，应用广义胡克定律

$$\varepsilon_x=\frac{1}{E}[\sigma_x-\mu(\sigma_y+\sigma_z)]=0$$

解得

$$\sigma_x=-19.8\text{MPa}$$

铝块的主应力为 $\sigma_1=0,\sigma_2=-19.8\text{MPa},\sigma_3=-60\text{MPa}$

根据广义胡克定律

$$\varepsilon_1=\frac{1}{E}[\sigma_1-\mu(\sigma_2+\sigma_3)]=\frac{1}{70\times10^9}[0-0.33\times(-19.8-60)]\times10^6=3.76\times10^{-4}$$

$$\varepsilon_2=\varepsilon_x=0$$

$$\varepsilon_3=\frac{1}{E}[\sigma_3-\mu(\sigma_1+\sigma_2)]=\frac{1}{70\times10^9}[-60-0.33\times(0-19.8)]\times10^6=-7.64\times10^{-4}$$

相应的变形为

$$\Delta l_1 = \varepsilon_1 l_1 = 3.76 \times 10^{-3}\text{mm}$$
$$\Delta l_2 = 0$$
$$\Delta l_3 = \varepsilon_3 l_3 = -7.64 \times 10^{-3}\text{mm}$$

【例题 7-10】 一直径 $d=25\text{mm}$ 的实心圆轴，在轴的两端加外力偶矩 $M_e$。在轴的表面上某一点 $A$ 处用变形仪测出与轴线成 $-45°$ 方向的应变 $\varepsilon_{-45°}=5.0\times10^{-4}$，如图 7-26 所示。材料的弹性模量 $E=200\text{GPa}$，泊松比 $\mu=0.3$。试求外力偶矩 $M_e$ 的大小。

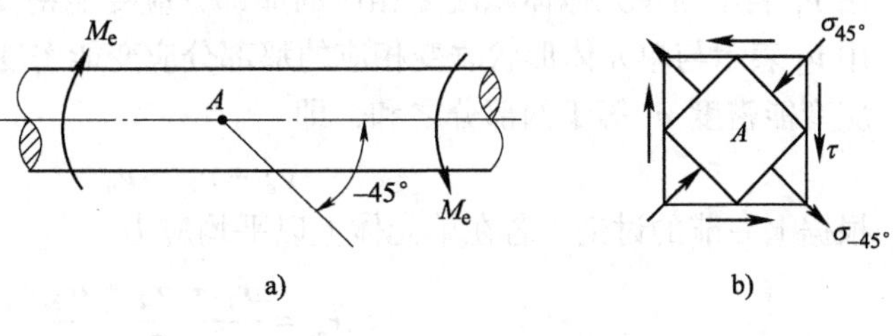


图 7-26　例题 7-10 图

解：在圆轴受扭转时，其轴表面 $A$ 点的应力状态为纯剪切应力状态，如图 7-26b 所示，与轴成-45°方向面上为拉应力，与轴成 45°方向面上为压应力，它们的大小分别为

$$\sigma_{45°} = -\tau, \sigma_{-45°} = \tau$$

应用广义胡克定律

$$\varepsilon_{-45°} = \frac{1}{E}[\sigma_{-45°} - \mu(\sigma_{45°} + 0)] = \frac{1+\mu}{E}\tau$$

$$\tau = \frac{E}{1+\mu}\varepsilon_{-45°}$$

圆轴扭转时，横截面边缘处最大切应力为

$$\tau = \frac{T}{W_t} = \frac{M_e}{W_t}$$

$$M_e = W_t\tau = \frac{\pi d^3}{16} \cdot \frac{E}{1+\mu}\varepsilon_{-45°}$$
$$= \frac{\pi \times 25^3 \times 10^{-9} \times 200 \times 10^9 \times 50 \times 10^{-5}}{16 \times (1+0.3)}\text{N} \cdot \text{m}$$
$$= 235.9\text{N} \cdot \text{m}$$

## 7.7　复杂应力状态的应变能密度

单向拉伸或压缩时如应力 $\sigma$ 和应变 $\varepsilon$ 的关系是线性的，则利用应变能和外力做功在数值上相等的关系，得到应变能密度的计算公式为

$$v_\varepsilon = \frac{1}{2}\sigma\varepsilon \tag{a}$$

在三向应力状态下，弹性体应变能与外力做功在数值上仍然相等。但它应该只取决于外力和变形的最终数值，而与加力的次序无关。为此，假定应力按比例同时从零增加到最终值，在线弹性的情况下，每一主应力与相应的主应变之间仍保持线性关系，因而与每一主应力相应的应变能密度仍可按式（a）计算。于是三向应力状态下的应变能密度是

$$v_\varepsilon = \frac{1}{2}(\sigma_1\varepsilon_1 + \sigma_2\varepsilon_2 + \sigma_3\varepsilon_3) \tag{7-18}$$

将广义胡克定律代入式（7-18），整理后得出

$$\nu_{\varepsilon}=\frac{1}{2E}[\sigma_1^2+\sigma_2^2+\sigma_3^2-2\mu(\sigma_1\sigma_2+\sigma_2\sigma_3+\sigma_3\sigma_1)] \tag{7-19}$$

用 $\nu_V$ 表示与单元体体积改变相应的那部分应变能密度，称为体积改变能密度。

用 $\nu_d$ 表示与单元体形状改变相应的那部分应变能密度，称为畸变能密度。

应变能密度 $\nu_{\varepsilon}$ 等于两部分之和，即

$$\nu_{\varepsilon}=\nu_V+\nu_d \tag{b}$$

根据上一节的讨论，若在单元体上以平均应力

$$\sigma_m=\frac{\sigma_1+\sigma_2+\sigma_3}{3} \tag{c}$$

代替三个主应力，单位体积的改变 $\theta$ 与 $\sigma_1$、$\sigma_2$、$\sigma_3$ 作用时仍相同。但以 $\sigma_m$ 代替原来的主应力后，由于三个棱边的变形相同，所以只有体积变化而形状不变。因而这种情况下的应变能密度也就是体积改变能密度 $\nu_V$。仿照求得式（7-18）的方法，有

$$\nu_V=\frac{1}{2}(\sigma_m\varepsilon_m+\sigma_m\varepsilon_m+\sigma_m\varepsilon_m)=\frac{3\sigma_m\varepsilon_m}{2} \tag{d}$$

由广义胡克定律

$$\varepsilon_m=\frac{\sigma_m}{E}-\mu\left(\frac{\sigma_m}{E}+\frac{\sigma_m}{E}\right)=\frac{1-2\mu}{E}\sigma_m$$

代入式（d）得

$$\begin{aligned}\nu_V&=\frac{3(1-2\mu)}{2E}\sigma_m^2\\&=\frac{1-2\mu}{6E}(\sigma_1+\sigma_2+\sigma_3)^2\end{aligned} \tag{e}$$

将式（e）和式（7-19）一并代入式（b），经过整理后得空间应力状态下单元体的畸变能密度

$$\begin{aligned}\nu_d&=\nu_{\varepsilon}-\nu_V\\&=\frac{1+\mu}{6E}[(\sigma_1-\sigma_2)^2+(\sigma_2-\sigma_3)^2+(\sigma_3-\sigma_1)^2]\end{aligned} \tag{7-20}$$

## 7.8 强度理论

视频讲解

### 7.8.1 材料强度失效形式

大量材料试验结果表明，材料在常温、静载作用下发生强度失效主要是下列两种形式：屈服和断裂。

1）弹塑性材料常发生屈服失效，材料破坏前发生显著的塑性变形，破坏截面粒子较光滑，且多发生在最大切应力面上，例如低碳钢拉、扭，铸铁压缩。

2）脆性材料常发生断裂失效，材料破坏前无明显的塑性变形即发生断裂，截面较粗糙，且多发生在最大正应力的截面上，如铸铁受拉、扭，低温脆断等。

人们在长期的生产活动中，综合分析材料的失效现象和资料，对强度失效提出各种假说。这类假说认为，材料之所以按某种方式（断裂或屈服）失效，是应力、应变或应变能密度等因素中某一因素引起的。按照这类假说，无论是简单或复杂应力状态，引起失效的因素是相同的。亦即，造成失效的原因与应力状态无关。这类假说称为强度理论。利用强度理论，便可由简单应力状态的实验结果，建立复杂应力状态的强度条件。

本节介绍四种常用的强度理论和莫尔强度理论，这些都是在常温静载荷下，适用于均匀、连续、各向同性材料的强度理论。

## 7.8.2　几种强度理论

### 1. 四种常用强度理论

前面已经提到，强度失效的主要形式有两种，即屈服与断裂。相应地，强度理论也分成两类：一类是解释断裂失效的，其中有最大拉应力理论和最大伸长线应变理论。另一类是解释屈服失效的，其中有最大切应力理论和畸变能密度理论。现依次介绍如下。

（1）最大拉应力理论（第一强度理论）　这一理论认为最大拉应力是引起断裂的主要因素。即认为无论是什么应力状态，只要最大拉应力达到与材料性质有关的某一极限值，则材料就发生断裂。既然最大拉应力的极限值与应力状态无关，于是就可用单向应力状态确定这一极限值。单向拉伸只有 $\sigma_1$（$\sigma_2=\sigma_3=0$），而当 $\sigma_1$ 达到强度极限 $\sigma_b$ 时，发生断裂。这样，根据这一理论，无论是什么应力状态，只要最大拉应力 $\sigma_1$ 达到 $\sigma_b$ 就导致断裂。于是得断裂准则

$$\sigma_1 = \sigma_b \tag{7-21}$$

将极限应力 $\sigma_b$除以安全因数得许用应力 $[\sigma]$，所以按第一强度理论建立的强度条件是

$$\sigma_1 \leqslant [\sigma] \tag{7-22}$$

铸铁等脆性材料在单向拉伸下，断裂发生于拉应力最大的横截面。脆性材料的扭转也是沿拉应力最大的斜面发生断裂。这些都与最大拉应力理论相符。这一理论没有考虑其他两个应力的影响，且对没有拉应力的状态（如单向压缩、三向压缩等）也无法应用。

（2）最大伸长线应变理论（第二强度理论）　这一理论认为最大伸长线应变是引起断裂的主要因素。即认为无论什么应力状态，只要最大伸长线应变 $\varepsilon_1$ 达到与材料性质有关的某一极限值，材料即发生断裂。$\varepsilon_1$ 的极限值既然与应力状态无关，就可由单向拉伸来确定。设单向拉伸直到断裂仍可用胡克定律计算应变，则拉断时伸长线应变的极限值应为 $\varepsilon_u=\dfrac{\sigma_b}{E}$。按照这一理论，任意应力状态下，只要 $\varepsilon_1$ 达到极限值 $\dfrac{\sigma_b}{E}$，材料就发生断裂。故得断裂准则为

$$\varepsilon_1 = \frac{\sigma_b}{E} \tag{a}$$

由广义胡克定律

$$\varepsilon_1 = \frac{1}{E}[\sigma_1 - \mu(\sigma_2 + \sigma_3)]$$

代入式（a）得断裂准则

$$\sigma_1 - \mu(\sigma_2 + \sigma_3) = \sigma_b \tag{7-23}$$

将 $\sigma_b$ 除以安全因数得许用应力 $[\sigma]$，于是按第二强度理论建立的强度条件是

$$\sigma_1 - \mu(\sigma_2 + \sigma_3) \leqslant [\sigma] \tag{7-24}$$

石料或混凝土等脆性材料受轴向压缩时，如在试验机与试块的接触面上添加润滑剂，以减小摩擦力的影响，试块将沿垂直于压力的方向裂开。裂开的方向也就是 $\varepsilon_1$ 的方向。铸铁在拉压二向应力，且压应力较大的情况下，试验结果也与这一理论接近。不过按照这一理论，如在受压试块的压力的垂直方向再加压力，使其成为二向受压，其强度应与单向受压不同。但混凝土、花岗石和砂岩的试验资料表明，两种情况的强度并无明显差别。与此相似，按照这一理论，铸铁在二向拉伸时应比单向拉伸安全，但试验结果并不能证实这一点。对于这种情况，还是第一强度理论接近试验结果。

（3）最大切应力理论（第三强度理论）　这一理论认为最大切应力是引起屈服的主要因素。即认为无论什么应力状态，只要最大切应力 $\tau_{max}$ 达到与材料性质有关的某一极限值，材料就发生屈服。单向拉伸下，当与轴线成 45°的斜截面上的 $\tau_{max}=\dfrac{\sigma_s}{2}$ 时（这时，横截面上的正应力为 $\sigma_s$），出现屈服。可见，$\dfrac{\sigma_s}{2}$ 就是导致屈服的最大切应力的极限值。因为这一极限值与应力状态无关，任意应力状态下，只要 $\tau_{max}$ 达到 $\dfrac{\sigma_s}{2}$，就引起材料的屈服。由式（7-11）可知，任意应力状态下，

$$\tau_{max} = \frac{\sigma_1 - \sigma_3}{2}$$

于是得屈服准则

$$\frac{\sigma_1 - \sigma_3}{2} = \frac{\sigma_s}{2} \tag{b}$$

或

$$\sigma_1 - \sigma_3 = \sigma_s \tag{7-25}$$

将 $\sigma_s$ 换为许用应力 $[\sigma]$，得到第三强度理论建立的强度条件

$$\sigma_1 - \sigma_3 \leqslant [\sigma] \tag{7-26}$$

最大切应力理论较为满意地解释了塑性材料的屈服现象。例如，低碳钢拉伸时，沿与轴线成 45°的方向出现滑移线，这是材料内部沿这一方向滑移的痕迹。沿这一方向的斜面上切应力也恰为最大值。二向应力状态下，几种塑性材料的薄壁圆筒试验结果表示于图 7-27 中。图中分别以 $\dfrac{\sigma_1}{\sigma_s}$ 和 $\dfrac{\sigma_2}{\sigma_s}$ 为横、纵坐标，把几种材料的试验数据绘于同一图中。可以看出，最大切应力屈服准则与试验结果比较吻合。代表试验数据的点落在六角形之外，说明这一理论偏于安全。

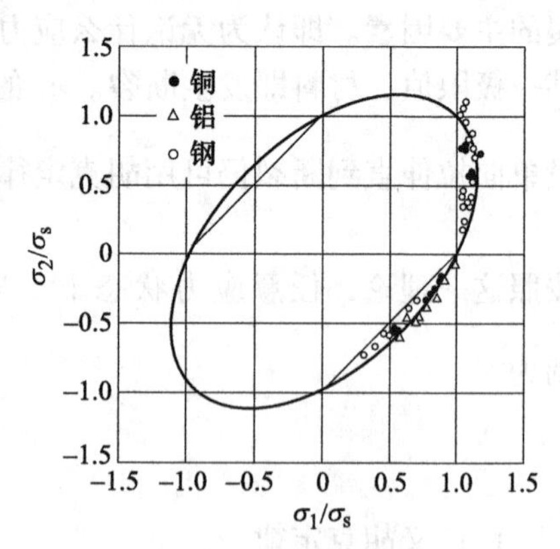


图 7-27　几种塑性材料的薄壁圆筒试验结果

（4）畸变能密度理论（第四强度理论）　这一理论认为畸变能密度是引起屈服的主要因素。即认为无

论什么应力状态，只要畸变能密度 $v_d$ 达到与材料性质有关的某一极限值，材料就发生屈服。单向拉伸下，屈服应力为 $\sigma_s$，相应的畸变能密度由式（7-20）求出为$\frac{1+\mu}{6E}$（$2\sigma_s^2$）。这就是导致屈服的畸变能密度的极限值。任意应力状态下，只要畸变能密度 $v_d$ 达到上述极限值，便引起材料的屈服。故畸变能密度屈服准则为

$$v_d = \frac{1+\mu}{6E}(2\sigma_s^2) \tag{c}$$

在任意应力状态下，由式（7-20）得

$$v_d = \frac{1+\mu}{6E}[(\sigma_1-\sigma_2)^2+(\sigma_2-\sigma_3)^2+(\sigma_3-\sigma_1)^2]$$

代入式（c），整理后得屈服准则为

$$\sqrt{\frac{1}{2}[(\sigma_1-\sigma_2)^2+(\sigma_2-\sigma_3)^2+(\sigma_3-\sigma_1)^2]} = \sigma_s \tag{7-27}$$

把 $\sigma_s$ 除以安全因数得许用应力［$\sigma$］，于是，按第四强度理论得到的强度条件是

$$\sqrt{\frac{1}{2}[(\sigma_1-\sigma_2)^2+(\sigma_2-\sigma_3)^2+(\sigma_3-\sigma_1)^2]} \leqslant [\sigma] \tag{7-28}$$

几种塑性材料钢、铜、铝的薄管试验资料表明，畸变能密度屈服准则与试验资料相当吻合，如图 7-27 所示，比第三强度理论更为符合试验结果。在纯剪切的情况下，由屈服准则式（7-27）得出的结果比屈服准则式（7-25）的结果大 15%，这是两者差异最大的情况。

2. 莫尔强度理论

不同于四个经典强度理论，莫尔强度理论不是去寻找引起材料失效的共同力学原因，而是尽可能地多占有不同应力状态下材料失效的试验资料，用宏观唯象的处理方法力图建立对该材料普遍适用（不同应力状态）的失效条件。莫尔强度理论是由综合试验结果建立的。

如图 7-28a 所示，在 $\sigma$-$\tau$ 平面内，单向拉伸试验时，极限应力为屈服极限 $\sigma_s$ 或强度极限 $\sigma_b$，作出其极限应力圆——拉伸应力圆。单向压缩试验时，极限应力为屈服极限 $\sigma_s$ 或 $\sigma_b$，作出其极限应力圆——压缩应力圆。同样作出纯剪切的极限应力圆——扭转应力圆。对于任意应力状态，按比例增加主应力，直至屈服或断裂，作出其最大的应力圆（由 $\sigma_1$ 和 $\sigma_3$ 确定的应力圆）。这样，在 $\sigma$-$\tau$ 平面内有一系列极限应力圆，作出这些极限应力圆的包络线。对于一个已知的应力状态，如由其 $\sigma_1$ 和 $\sigma_3$ 确定的应力圆在上述所作的包络线内，则这一应力状态不会引起失效。

但在实际计算中，常以单向拉伸和单向压缩的极限应力圆的公切线来代替上述的包络线，如图 7-28b 所示。经过一系列计算，可得到

$$\sigma_1 - \frac{[\sigma_t]}{[\sigma_c]}\sigma_3 = [\sigma_t] \tag{7-29}$$

对实际的应力状态，如由其 $\sigma_1$ 和 $\sigma_3$ 确定的应力圆在上述所作的公切线内，则这一应力状态不会引起失效。

故得莫尔强度理论建立的强度条件为

$$\sigma_1 - \frac{[\sigma_t]}{[\sigma_c]}\sigma_3 \leqslant [\sigma_t] \tag{7-30}$$

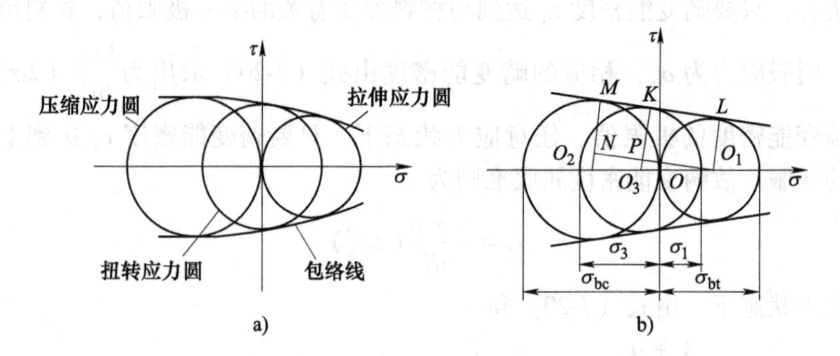


图 7-28 莫尔强度理论应力圆

综合式（7-22）、式（7-24）、式（7-26）、式（7-28）和式（7-30），可以把以上强度理论的强度条件写成以下统一的形式：

$$\sigma_{\mathrm{r}} \leqslant [\sigma] \tag{7-31}$$

式中，$\sigma_{\mathrm{r}}$ 称为复杂应力状态的相当应力。它由三个主应力按一定形式组合而成。显然，以上强度理论的相当应力分别为

$$\left\{\begin{aligned}
&\sigma_{\mathrm{r1}} = \sigma_1 \\
&\sigma_{\mathrm{r2}} = \sigma_1 - \mu(\sigma_2 + \sigma_3) \\
&\sigma_{\mathrm{r3}} = \sigma_1 - \sigma_3 \\
&\sigma_{\mathrm{r4}} = \sqrt{\frac{1}{2}\left[(\sigma_1 - \sigma_2)^2 + (\sigma_2 - \sigma_3)^2 + (\sigma_3 - \sigma_1)^2\right]} \\
&\sigma_{\mathrm{rM}} = \sigma_1 - \frac{[\sigma_{\mathrm{t}}]}{[\sigma_{\mathrm{c}}]}\sigma_3
\end{aligned}\right. \tag{7-32}$$

不同材料有不同的失效形式，但即使是同一种材料，在不同的应力状态下，也可能有不同的失效形式。如铸铁材料单向受拉时，失效形式为断裂，而处于三向受压时，也会表现出屈服现象。而低碳钢在单向拉伸下失效形式为屈服，但在三向受拉时，低碳钢材料也会发生断裂。一般情况下，铸铁、石料、混凝土和玻璃等脆性材料，通常以断裂的形式失效，宜采用第一和第二强度理论。碳钢、铜、铝等弹塑性材料，通常以屈服的形式失效，宜采用第三和第四强度理论。无论是塑性还是脆性材料，在三向拉应力状态下，将以断裂的形式失效，此时宜采用第一强度理论。而在三向压应力的状态下，都可引起塑性变形，此时宜采用第三或第四强度理论。当材料的抗拉和抗压强度不相等时，用莫尔强度理论。

强度理论应用的解题步骤：

（1）外力分析　确定所需的外力值；

（2）内力分析　画内力图，确定可能的危险面；

（3）应力分析　画危险面应力分布图，确定危险点并画出单元体，求主应力；

（4）强度分析　选择适当的强度理论，计算相当应力，然后进行强度计算。

【例题 7-11】　试用第四强度理论校核例题 7-1 中圆筒部分内壁的强度。$[\sigma]=160\mathrm{MPa}$。

$$\sigma_1 = \sigma'' = 180\mathrm{MPa}$$

$$\sigma_2 = \sigma' = 90\mathrm{MPa}$$

$$\sigma_3 = 0$$

用第四强度理论校核圆筒内壁的强度

$$\sigma_{r4} = \sqrt{\frac{1}{2}[(\sigma_1 - \sigma_2)^2 + (\sigma_2 - \sigma_3)^2 + (\sigma_3 - \sigma_1)^2]} = 155\text{MPa} < [\sigma]$$

所以圆筒内壁的强度合适。

【例题 7-12】　根据强度理论，可以从材料在单轴拉伸时的 $[\sigma]$ 可推知低碳钢类塑性材料在纯剪切应力状态下的 $[\tau]$。

纯剪切应力状态下：$\sigma_1=\tau$，$\sigma_2=0$，$\sigma_3=-\tau$

按第三强度理论得强度条件为 $\sigma_1 - \sigma_3 = \tau - (-\tau) = 2\tau \leqslant [\sigma]$

$$\tau \leqslant \frac{[\sigma]}{2}$$

另一方面，剪切的强度条件是　　　$\tau \leqslant [\tau]$

所以　　　　$[\tau] = 0.5[\sigma]$

按第四强度理论得强度条件为

$$\sqrt{\frac{1}{2}[(\tau - 0)^2 + (0 - \tau)^2 + (-\tau - \tau)^2]} = \sqrt{3}\tau \leqslant [\sigma]$$

$$\tau \leqslant \frac{[\sigma]}{\sqrt{3}}$$

材料在纯剪切应力状态下的许用切应力为 $[\tau]$。其表达式为

$$[\tau] = \frac{[\sigma]}{\sqrt{3}} = 0.577[\sigma] \approx 0.6[\sigma]$$

综上所述：

按第三强度理论得到 $[\tau] = 0.5[\sigma]$

按第四强度理论得到 $[\tau] \approx 0.6[\sigma]$

【例题 7-13】　某结构上危险点处的应力状态如图 7-29 所示，其中 $\sigma = 116.7\text{MPa}$，$\tau = 46.3\text{MPa}$。材料为钢，许用应力 $[\sigma] = 160\text{MPa}$。试校核此结构是否安全。

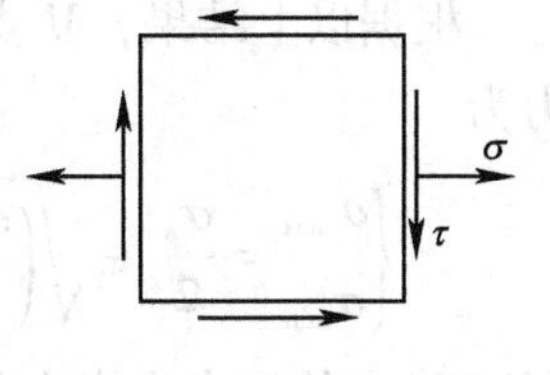

图 7-29　例题 7-13 图

解：对于这种平面应力状态，求得非零的主应力为

$$\left\{\begin{matrix}\sigma_{max} \\ \sigma_{min}\end{matrix}\right. = \frac{\sigma}{2} \pm \sqrt{\left(\frac{\sigma}{2}\right)^2 + 4\tau^2}$$

因为有一个主应力为零，故有

$$\sigma_1 = \frac{\sigma}{2} + \frac{1}{2}\sqrt{\sigma^2 + 4\tau^2}$$

$$\sigma_2 = 0$$

$$\sigma_3 = \frac{\sigma}{2} - \frac{1}{2}\sqrt{\sigma^2 + 4\tau^2}$$

钢材在这种应力状态下可能发生屈服，故可采用第三或第四强度理论进行强度计算。根据第三强度理论和第四强度理论，有

$$\sigma_1-\sigma_3=\sqrt{\sigma^2+4\tau^2}\leqslant[\sigma]$$

$$\sqrt{\frac{1}{2}[(\sigma_1-\sigma_2)^2+(\sigma_2-\sigma_3)^2+(\sigma_3-\sigma_1)^2]}=\sqrt{\sigma^2+3\tau^2}\leqslant[\sigma]$$

将已知的 $\sigma$ 和 $\tau$ 数值代入上述两式不等号的左侧，得

$$\sqrt{\sigma^2+4\tau^2}=\sqrt{116.7^2+4\times46.3^2}\text{MPa}=149.0\text{MPa}$$

$$\sqrt{\sigma^2+3\tau^2}=\sqrt{116.7^2+3\times46.3^2}\text{MPa}=141.6\text{MPa}$$

二者都小于 $[\sigma]=160\text{MPa}$。可见，采用最大切应力准则或畸变能密度准则进行强度校核，该机构都是安全的。

【例题 7-14】 铸铁梁的危险截面上的弯矩为 $M=-6\text{kN}\cdot\text{m}$，$F_S=-7.5\text{kN}$，如图 7-30a 所示。试用莫尔强度理论计算图中 $M$ 点的强度。设铸铁的抗拉强度为 $[\sigma_t]=30\text{MPa}$，抗压强度为 $[\sigma_c]=160\text{MPa}$。

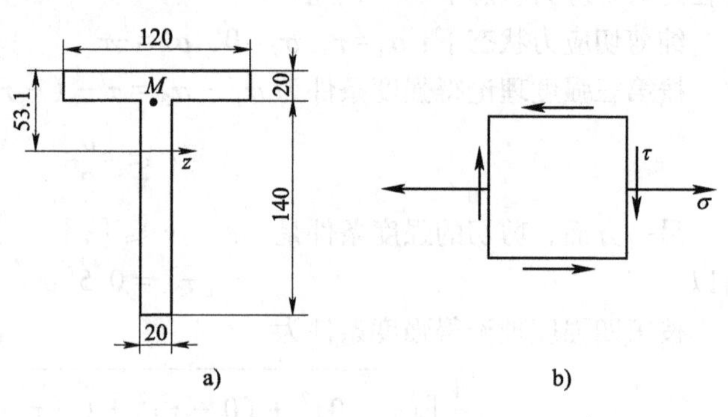


图 7-30 例题 7-14 图

解：计算图 7-30a 所示截面图形对轴的惯性矩 $I_z$ 和 $S_z^*$

$$I_z=1292.3\text{cm}^4,S_z^*=103.4\text{cm}^3$$

$$\sigma_x=\frac{M(x)}{I_z}y=\left[\frac{6\times10^3}{1292.3\times10^{-8}}\times(53.1-20)\times10^{-3}\right]\text{Pa}=15.3\text{MPa}$$

$$\tau_{xy}=\frac{F_S(x)S_z^*}{bI_z}=\frac{7.5\times10^3\times103.4\times10^{-6}}{20\times10^{-3}\times1292.3\times10^{-8}}\text{Pa}=3\text{MPa}$$

根据以上结果，$M$ 点的应力状态单元体如图 7-30b 所示，求 $M$ 点不为零的两个主应力为

$$\left.\begin{matrix}\sigma_{\max}\\\sigma_{\min}\end{matrix}\right\}=\frac{\sigma_x}{2}\pm\sqrt{\left(\frac{\sigma_x}{2}\right)^2+\tau_{xy}^2}=\frac{15.3}{2}\text{MPa}\pm\sqrt{\left(\frac{15.3}{2}\right)^2+3^2}\text{MPa}=\begin{cases}15.87\text{MPa}\\-0.57\text{MPa}\end{cases}$$

所以 $M$ 点的三个主应力分别为 $\sigma_1=15.87\text{MPa}$，$\sigma_2=0$，$\sigma_3=-0.57\text{MPa}$

根据莫尔强度理论，得

$$\sigma_{rM}=\sigma_1-\frac{[\sigma_t]}{[\sigma_c]}\sigma_3=15.87\text{MPa}+\frac{30}{160}\times0.57\text{MPa}=15.98\text{MPa}<[\sigma_t]=30\text{MPa}$$

所以 $M$ 点是安全的。

## 7.9 构件含裂纹时的断裂准则

传统的强度计算概括起来是：一方面按构件的情况，由危险点的应力状态，算出适用的强度理论的相当应力；另一方面用实验的方法，确定与材料性质有关的失效应力，从而求得

许用应力，最后建立由式（7-31）表达的强度条件。这里，认为构件不含裂纹等缺陷，相当应力是按无裂纹的构件计算的。失效应力也是用无裂纹的试样测定的。

近代工业中，高强度钢结构，焊接结构、大型锻件等使用越来越广泛。这些结构有时会突然发生脆性断裂（简称脆断）。如按传统的计算方法，脆断时的应力有时还远低于屈服极限 $\sigma_s$。例如，20 世纪 50 年代美国北极星导弹固体燃料发动机壳实验时突然爆炸就是这种情况。飞机、船舶、高压容器等的脆断现象也经常发生。对大量脆断事故的分析表明，在焊接、淬火、锻打等加工过程中，往往使构件形成宏观尺寸的裂纹。在一定条件下，裂纹急剧扩展（简称失稳扩展）就导致构件的脆断。因而最近几十年来，逐渐形成一门研究裂纹扩展规律，探索裂纹对构件强度影响的学科，即断裂力学。

图 7-31 所示为带有裂纹的受拉平板。穿透平板厚度的裂纹长为 $2a$。与裂纹的尺寸相比，平板的长与宽可认为是无限大的。如假设直到发生脆断，材料仍然是线弹性的，就可用弹性力学分析裂纹尖端区域内的应力和位移。分析结果表明，裂纹尖端附近各点应力的强弱程度与一个等于 $\sigma\sqrt{\pi a}$ 的量有关。即裂纹尖端附近各点的应力，不是随平板所受拉应力 $\sigma$ 成比例地增长或减少，而是随 $\sigma\sqrt{\pi a}$ 成比例地增长或减少。$\sigma\sqrt{\pi a}$ 称为应力强度因子，并记为 $K_I$，即

$$K_I = \sigma\sqrt{\pi a} \tag{7-33}$$

$K_I$ 的单位为 $MPa \cdot m^{\frac{1}{2}}$。

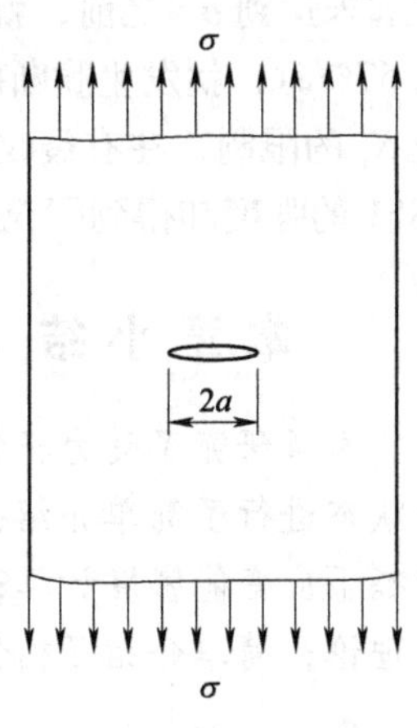


图 7-31 带裂纹的受拉平板

随着载荷的增加，应力强度因子 $K_I$ 也逐渐增加。实验结果表明，当它达到某一临界值 $K_{Ic}$ 时，裂纹将发生失稳扩展，导致试样断裂。$K_{Ic}$ 称为断裂韧性。如同材料的屈服极限、强度极限一样，$K_{Ic}$ 也是材料固有的力学性能。确定了断裂韧性 $K_{Ic}$ 后，只要构件的应力强度因子 $K_I$ 低于 $K_{Ic}$，构件就不会发生裂纹的失稳扩展。而出现裂纹失稳扩展的条件是

$$K_I = K_{Ic} \tag{7-34}$$

这就是构件含裂纹时的断裂准则。

这里只是以最简单的方式介绍了含裂纹构件脆断的概念。进一步的讨论已超出材料力学的范围，可参考有关断裂力学的著作。

【例题 7-15】 铝合金 2219-T851 的抗拉强度极限为 $\sigma_b = 454MPa$，断裂韧性 $K_{Ic} = 32MPa \cdot m^{\frac{1}{2}}$。合金钢 AISI4340 的 $\sigma_b = 1827MPa$，$K_{Ic} = 59MPa \cdot m^{\frac{1}{2}}$。若由两种材料制成的尺寸相同的平板都有 $2a = 2mm$ 的穿透裂纹，且设两种材料都可近似地作为线弹性材料，试求使裂纹失稳扩展的应力 $\sigma_u$。

解：根据式（7-33）和式（7-34），断裂准则可写成

$$K_I = \sigma_u\sqrt{\pi a} = K_{Ic}$$

$$\sigma_u = \frac{K_{Ic}}{\sqrt{\pi a}}$$

对于铝合金 2219-T851，

$$\sigma_u = \frac{32\text{MPa} \cdot \text{m}^{\frac{1}{2}}}{\sqrt{\pi(1 \times 10^{-3}\text{m})}} = 571\text{MPa}$$

对于合金钢 AISI4340，

$$\sigma_u = \frac{59\text{MPa} \cdot \text{m}^{\frac{1}{2}}}{\sqrt{\pi(1 \times 10^{-3}\text{m})}} = 1053\text{MPa}$$

从以上结构看出，在所给裂纹尺寸下，铝合金 2219-T851 发生脆断时的应力 $\sigma_u$ 略高于强度极限 $\sigma_b$。表明它在拉断之前不会因裂纹失稳扩展而脆断，$\sigma_b$ 仍然是失效应力。这与传统的强度概念并不矛盾。相反合金钢 AISI4340 脆断时的应力 $\sigma_u$ 仅为 $\sigma_b$ 的 57%。这表明它在远未达到 $\sigma_b$ 之前，就已因裂纹扩展而脆断。用传统的强度概念，无法解释拉应力仅为 $\sigma_b$ 的 57%时，就发生脆断的现象。还可看出，合金钢 AISI4340 虽然有很高的强度极限，但因受 $K_{Ic}$ 的限制，在有裂纹的情况下，高强度的特性并不能充分发挥。相比之下，铝合金 2219-T851 的强度却得到了充分利用，况且它的比重又轻，对飞机等结构就更为适宜。

## 本章小结

本章研究了受力杆件内任一点的应力状态，重点对平面应力状态进行了分析；对三向应力状态进行了简单介绍；重点讲解了最一般应力状态下的广义胡克定律及其应用，复杂应力状态下应变能密度计算；介绍了强度理论的概念及工程中经常采用的四种强度理论及莫尔强度理论；简单介绍了构件含裂纹的断裂准则。

## 习题

7-1 已知应力状态如图 7-32 所示（应力单位为 MPa），试用解析法（用解析公式）计算图中指定截面的正应力与切应力。

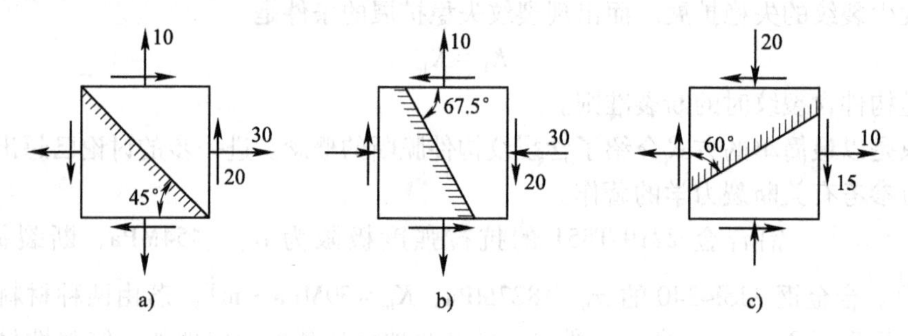


图 7-32 习题 7-1 图

7-2 试用图解法（用应力圆）解习题 7-1。

7-3 已知应力状态如图 7-33 所示（应力单位为 MPa），试利用解析法与图解法计算主应力的大小及所在截面的方位，并在微体中画出。

7-4 图 7-34 所示悬臂梁，承受载荷 $F=20\text{kN}$ 作用，试绘微体 $A$、$B$ 与 $C$ 的相应应力图，并确定主应力的大小及方位。

7-5 薄壁圆筒扭转-拉伸试验的示意图如图 7-35 所示。若 $F=20\text{kN}$，$T=600\text{N} \cdot \text{m}$，且 $d=50\text{mm}$，$\delta=2\text{mm}$，试求：

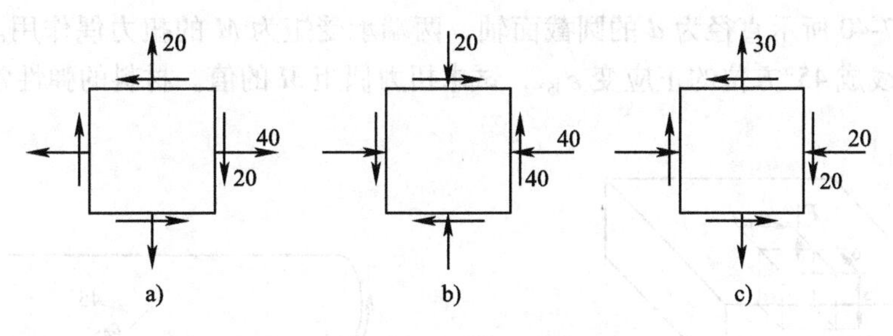


图7-33　习题7-3图

（1）$A$ 点在指定斜截面上的应力；

（2）$A$ 点的主应力的大小及方向（用单元体表示）。

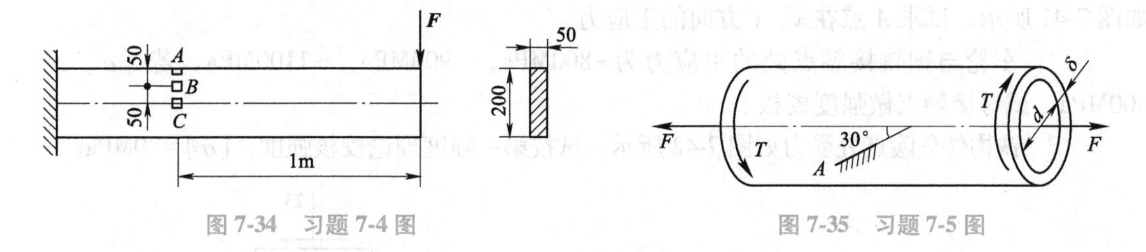


图7-34　习题7-4图　　　图7-35　习题7-5图

**7-6**　二向应力状态如图7-36所示，应力单位为MPa。试求主应力并作应力圆。

**7-7**　试求图7-37所示各应力状态的主应力及最大切应力（应力单位MPa）。

图7-36　习题7-6图　　　图7-37　习题7-7图

**7-8**　图7-38所示矩形截面杆，承受轴向载荷 $F$ 作用，试计算线段 $AB$ 的线应变。设截面尺寸 $b$ 和 $h$ 与材料的弹性常数 $E$ 和 $\mu$ 均为已知。

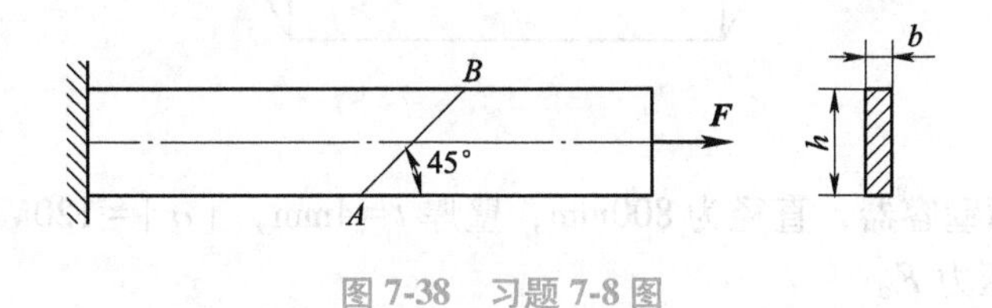


图7-38　习题7-8图

**7-9**　边长 $a=0.1\text{m}$ 的铜立方块，无间隙地放入体积较大、变形可略去不计的钢凹槽中，如图7-39所示。已知铜的弹性模量 $E=100\text{GPa}$，泊松比 $\mu=0.34$，当受到 $F=300\text{kN}$ 的均布压力作用时，试求该铜块的主应力、体积应变以及最大切应力。

7-10　图 7-40 所示直径为 $d$ 的圆截面轴，两端承受矩为 $M$ 的扭力偶作用。设由实验测得轴表面与轴线成 45°方位的正应变 $\varepsilon_{45°}$，试求扭力偶矩 $M$ 的值。材料的弹性常数 $E$ 与 $\mu$ 均为已知。

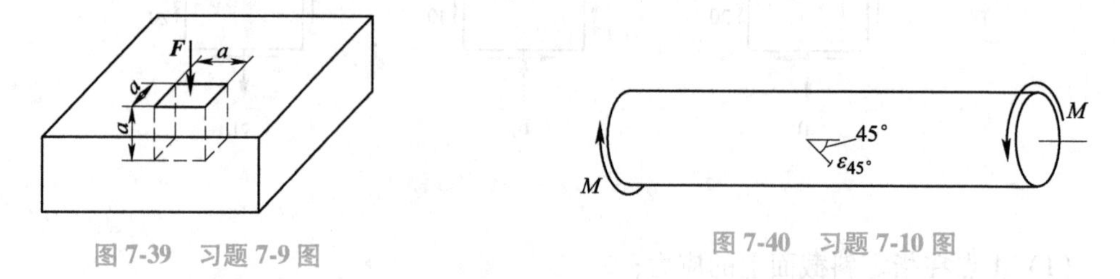

图 7-39　习题 7-9 图

图 7-40　习题 7-10 图

7-11　列车通过钢桥时，在钢桥横梁的 $A$ 点用变形仪量得 $\varepsilon_x=0.0004$，$\varepsilon_y=-0.00012$，如图 7-41 所示。试求 $A$ 点在 $x$、$y$ 方向的正应力。

7-12　车轮与钢轨接触点处的主应力为 −800MPa，−900MPa，−1100MPa。若 [$\sigma$] = 300MPa，试对接触点做强度校核。

7-13　铁构件危险点处受力如图 7-42 所示，试按第一强度理论校核强度，[$\sigma$] = 30MPa。

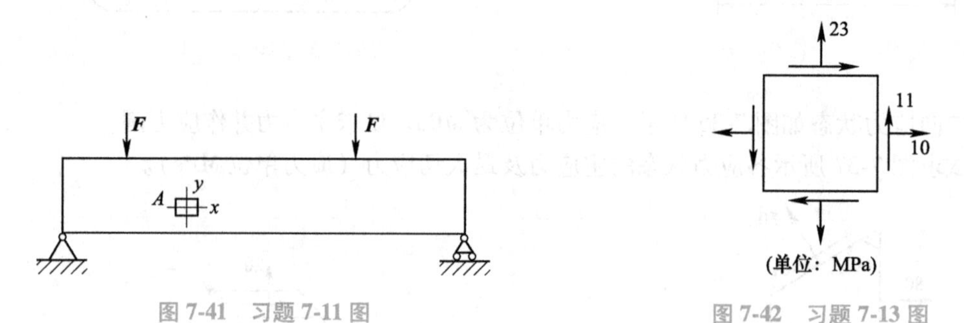

图 7-41　习题 7-11 图

图 7-42　习题 7-13 图

7-14　铸铁薄管如图 7-43 所示。管的外径为 200mm，壁厚 $\delta=15$mm，内压 $p=4$MPa，$F=200$kN。铸铁的抗拉及抗压许用应力分别为 [$\sigma_t$] = 30MPa，[$\sigma_c$] = 120MPa，$\mu=0.25$。试用第二强度理论及莫尔强度理论校核薄管的强度。

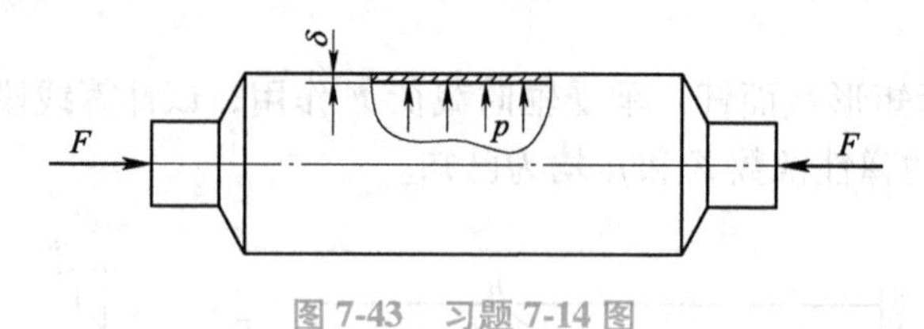

图 7-43　习题 7-14 图

7-15　圆柱形薄壁容器，直径为 800mm，壁厚 $t=4$mm，[$\sigma$] = 120MPa。试用强度理论确定可能承受的内压力 $F$。

## 测 试 题

7-1　矩形截面梁在横力弯曲下，梁的上下边缘各点处于________向应力状态，中性轴上各点处于________向应力状态。

7-2 二向应力状态的单元体的应力情况如图 7-44 所示，若已知该单元体的一个主应力为 5MPa，则另一个主应力的值为________。

7-3 二向应力状态（已知 $\sigma_x$、$\sigma_y$、$\tau_{xy}$）的应力圆圆心的横坐标值为________，圆的半径为________。

7-4 单向受拉杆，若横截面上的正应力为 $\sigma_0$，则杆内任一点的最大正应力为________，最大切应力为________。

7-5 与图 7-45 所示应力圆对应的单元体是________向应力状态。

图 7-44 测试题 7-2 图

图 7-45 测试题 7-5 图

7-6 材料的破坏形式分为________、________。

7-7 设火车轮缘与钢轨接触点处的主应力为-800MPa、-900MPa、-1100MPa，按第三强度理论，其相当应力为（ ）。

A. 100MPa B. 200MPa C. 300MPa D. 400MPa

7-8 微元体应力状态如图 7-46 所示，其所对应的应力圆有下列四种，正确的是（ ）。

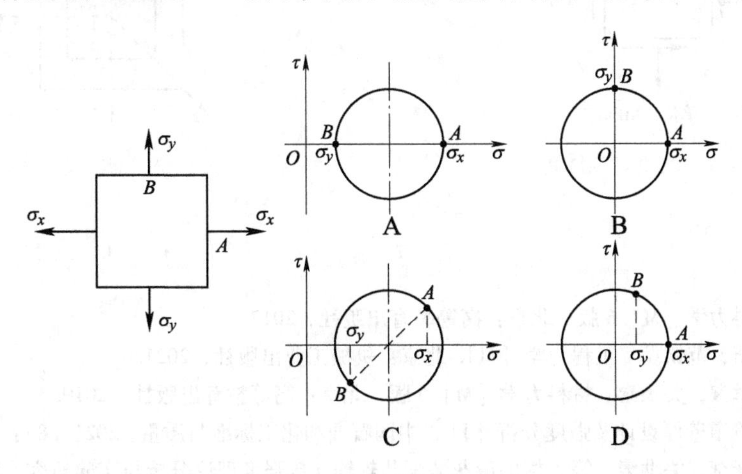


图 7-46 测试题 7-8 图

7-9 图 7-47 所示低碳钢圆轴，两端受力如图所示，关于圆轴的破坏截面有四种，其中表述正确的是（ ）。

A. 沿纵截面 2—2 破坏 B. 沿螺旋面 1—1 破坏

C. 沿横截面 4—4 破坏 D. 沿螺旋面 3—3 破坏

7-10 图 7-48 所示矩形截面杆，承受轴向载荷 $F$ 作用，试计算线段 $AB$ 的线应变。设截面尺寸 $b$ 和 $h$ 与材料的弹性常数 $E$ 和 $\mu$ 均为已知。

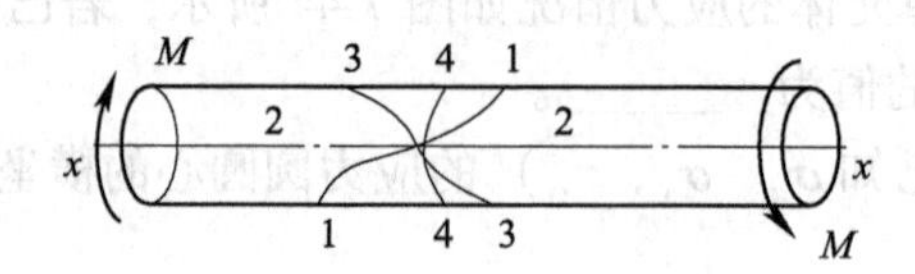


图 7-47 测试题 7-9 图

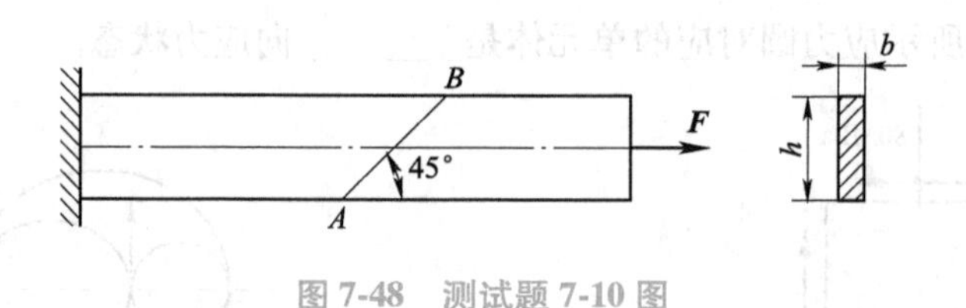


图 7-48 测试题 7-10 图

**7-11** 铸铁构件危险点处受力如图 7-49 所示，试按第一强度理论校核强度，$[\sigma]=30\text{MPa}$。

**7-12** 如图 7-50 所示，边长为 20mm 的钢立方体无间隙地置于钢模中，在顶面上受力 $F=14\text{kN}$ 作用，已知 $\mu=0.3$，假设钢模的变形以及立方体和钢模之间的摩擦力可略去不计，求立方体各个面上的正应力。

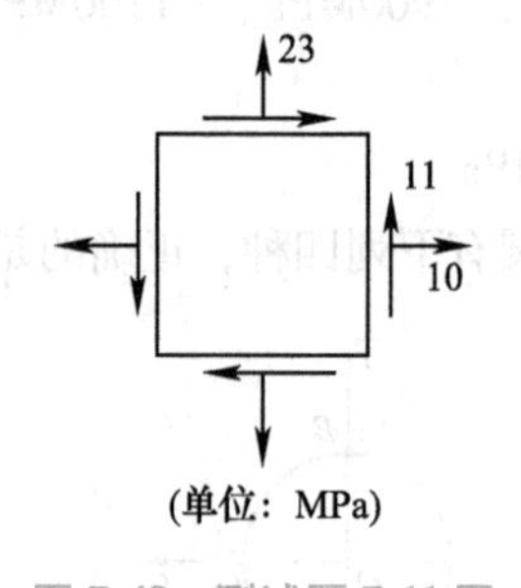


图 7-49 测试题 7-11 图

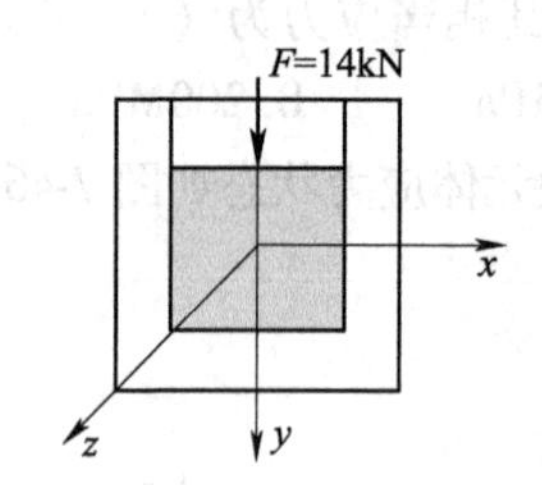


图 7-50 测试题 7-12 图

## 资源推荐


[1] 刘鸿文. 材料力学 [M]. 6 版. 北京：高等教育出版社，2017.

[2] 刘荣梅，蔡新，范钦珊. 工程力学 [M]. 北京：机械工业出版社，2021.

[3] 孙训方，方孝淑，关来泰. 材料力学 [M]. 6 版. 北京：高等教育出版社，2019.

[4] 陆淼. 油气管道壁厚设计及强度分析 [J]. 中国石油和化工标准与质量，2021 (8)：153-157.

[5] 刘俊利，焦豪奇，关洪涛，等. 横向滚花装配凸轮轴连接强度理论分析与实验研究 [J]. 河南理工大学学报 (自然科学版)，2021 (2)：98-104.

[6] 材料力学省级精品在线开放课程 [Z]. https：//www.icourse163.org/learn/AYIT-1003359018? tid=1468122457.

# 第8章 组合变形

## 学习要点

**学习重点：**

1. 准确理解组合变形的概念及处理组合变形的方法；
2. 拉（压）与弯曲组合的应力和强度计算；
3. 扭转与弯曲组合的应力和强度计算。

**学习难点：**

1. 扭转与弯曲组合的应力和强度计算；
2. 危险点应力状态的单元体；
3. 第三、四强度理论计算相当应力时公式的应用。

## 思维导图

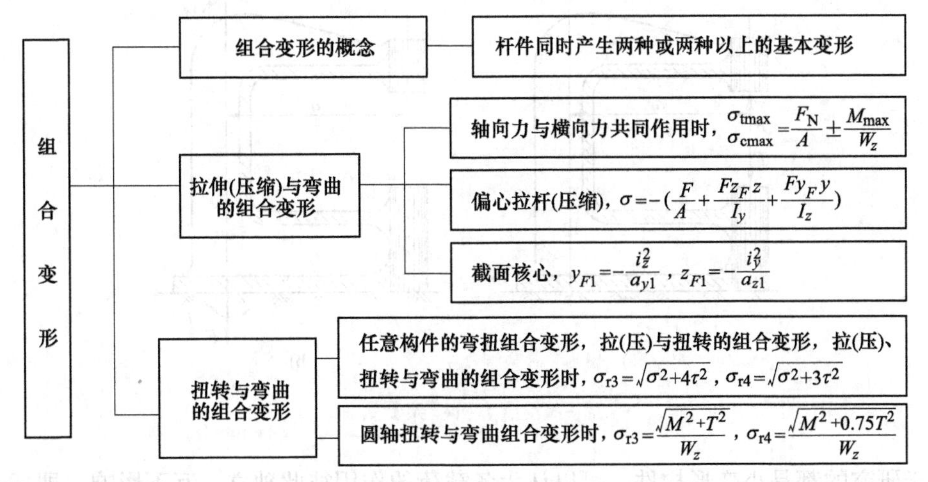

## 实例引导

以前各章分别讨论了杆件的拉伸（压缩）、剪切、扭转、弯曲等基本变形的强度计算。实际工程中有不少构件的受力情况较复杂，受力后其变形往往不单纯是某一种基本变形，而是两种或两种以上基本变形，如悬臂吊车梁、卷扬机轴，对于这种复杂情况下的变形强度该如何计算？

## 8.1 组合变形的概念

工程中有很多杆件在外力作用下，常常产生两种或两种以上的基本变形组合。例如图 8-1a 所示的烟囱，在自重和水平风力作用下，将产生压缩和弯曲变形；图 8-1b 所示的厂房柱子，在偏心外力作用下，将产生偏心压缩（压缩和弯曲）变形；图 8-1c 所示的传动轴，在带拉力作用下，将产生弯曲和扭转变形，还有图 8-2 所示小型压力机的框架。为分析框架立柱的变形，将外力向立柱的轴线简化，如图 8-2b 所示，便可看出，立柱承受了由 $F$ 引起的拉伸和由 $M=Fa$ 引起的弯曲。这种在外力作用下，杆件若同时产生两种或两种以上基本变形的情况，就称为组合变形。

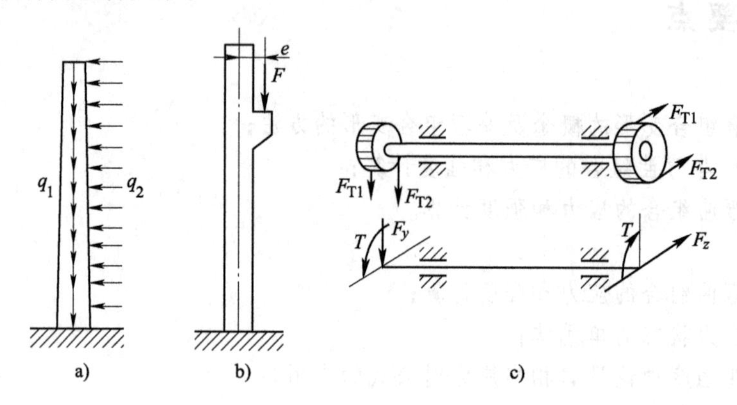


图 8-1 组合变形

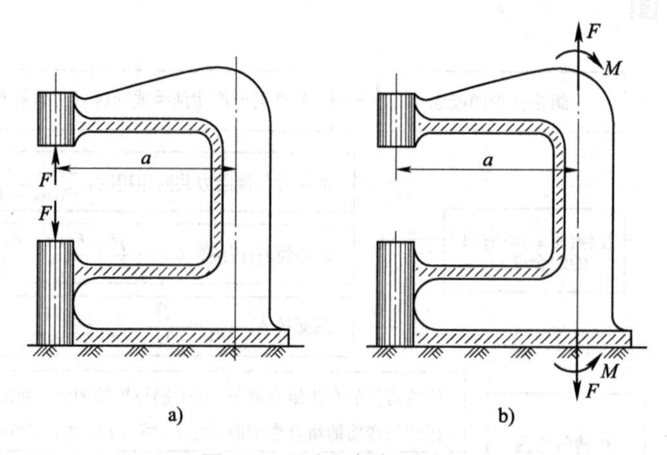


图 8-2 压力机框架受力图

由于研究的都是小变形构件，可以认为各载荷的作用彼此独立，互不影响，即任一载荷所引起的应力或变形不受其他载荷的影响。因此，对组合变形构件进行强度计算，可以应用叠加原理，采取先分解后综合的方法。其基本步骤如下：

1）将作用在构件上的载荷进行分解，得到与原载荷等效的几组载荷，使构件在每组载荷作用下，只产生一种基本变形。

2）分别计算构件在每种基本变形情况下的应力。

3）将各基本变形情况下的危险点应力叠加，然后进行强度计算。

当构件危险点处于单向应力状态时，可将上述应力进行代数相加；若处于复杂应力状态，则需求出其主应力，然后根据相应的强度理论进行强度计算。

思政点睛

【提示】 应用叠加原理时，需保证位移、应力、应变和内力等与外力呈线性关系。当不能保证上述线性关系时，叠加原理不能使用。

## 8.2 拉伸（压缩）与弯曲的组合变形

### 8.2.1 轴向力与横向力共同作用

在外力作用下，构件同时产生拉伸（或压缩）和弯曲变形的情况，称为拉伸（或压缩）与弯曲的组合变形。当杆受轴向力和横向力共同作用时，将产生拉伸（压缩）和弯曲组合变形。例如图 8-1a 所示的烟囱就是一个实例。可分别计算由轴向力引起的拉压正应力和由横向力引起的弯曲正应力，然后用叠加法，即可求得两种载荷共同作用引起的正应力。现以图 8-3a 所示的杆受轴向拉力及均布载荷的情况为例，说明拉伸（压缩）和弯曲组合变形下的正应力及强度计算方法。

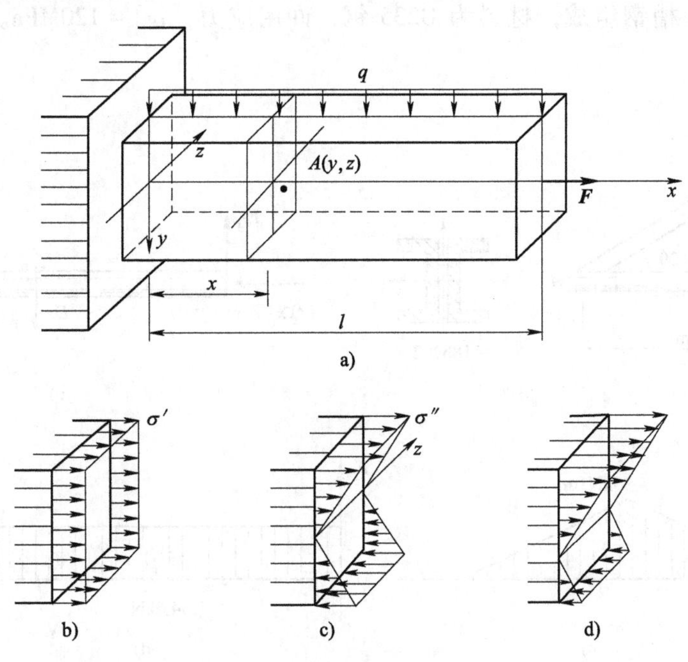


图 8-3 拉伸与弯曲组合变形杆

该杆受轴向力 $F$ 拉伸时，任一横截面上的正应力为

$$\sigma' = \frac{F_{\mathrm{N}}}{A}$$

【提示】 拉伸变形时，正应力在横截面上均匀分布。

杆受均布载荷作用时，距固定端为 $x$ 的任意横截面上的弯曲正应力为

$$\sigma'' = -\frac{M(x) \cdot y}{I_z}$$

【提示】 弯曲变形时，横截面上各个点正应力的大小与该点到中性轴的距离呈线性分布。

由叠加法，$x$ 截面上第一象限中一点 $A(y,\ z)$ 处的正应力为

$$\sigma=\sigma'+\sigma''=\frac{F_{\mathrm{N}}}{A}-\frac{M(x)\cdot y}{I_z} \tag{8-1}$$

显然，固定端截面为危险截面。该横截面上正应力 $\sigma'$ 和 $\sigma''$ 的分布如图 8-3b、c 所示。由应力分布图可见，该横截面的上、下边缘处各点可能是危险点。这些点处的正应力为

$$\left\{\begin{matrix}\sigma_{\mathrm{tmax}}\\ \sigma_{\mathrm{cmax}}\end{matrix}\right.=\frac{F_{\mathrm{N}}}{A}\pm\frac{M_{\max}}{W_z} \tag{8-2}$$

当 $\sigma''>\sigma'$ 时，该横截面上的正应力分布如图 8-3d 所示，上边缘的最大拉应力数值大于下边缘的最大压应力数值。当 $\sigma''<\sigma'$ 时，该横截面上只有拉应力，上边缘各点处的拉应力大。当轴力为压力时，计算公式也与式（8-1）、式（8-2）相同。

【例题 8-1】 图 8-4a 所示起重架的最大起吊重量（包括行走的小车等）为 $P=40\mathrm{kN}$，横梁 $AC$ 由两根 18b 槽钢组成，材料为 Q235 钢，许用应力 $[\sigma]=120\mathrm{MPa}$。试校核横梁的强度。

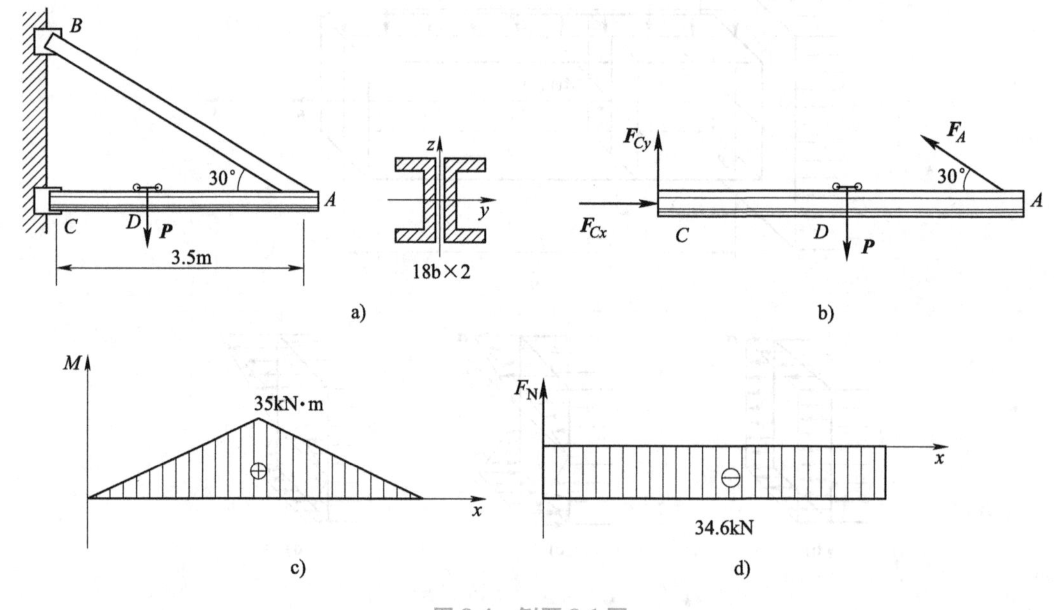


图 8-4 例题 8-1 图

解：（1）受力分析。横梁 $AC$ 的受力如图 8-4b 所示。由静力平衡方程得

$$\sum M_C(\boldsymbol{F}),F_A\sin 30°\times 3.5\mathrm{m}-P\times 1.75\mathrm{m}=0$$

$$\sum F_x=0,F_{Cx}-F_A\cos 30°=0$$

$$\sum M_A(\boldsymbol{F}),-F_{Cy}\times 3.5\mathrm{m}+P\times 1.75\mathrm{m}=0$$

联立求得 $F_A=40\mathrm{kN}$，$F_{Cx}=34.64\mathrm{kN}$，$F_{Cy}=20\mathrm{kN}$

由前述分析可知，梁 $AC$ 在外力作用下发生轴向压缩和弯曲组合变形。

（2）内力分析。梁的弯矩图和轴力图如图 8-4c、d 所示。由图可知，危险截面为梁的跨中截面 $D$，其上的轴力和弯矩分别为

$$F_{\mathrm{N}}=F_{Cx}=-34.64\mathrm{kN}$$

$$M_{\max} = \frac{Pl}{4} = \frac{40 \times 3.5}{4}\text{kN} \cdot \text{m} = 35\text{kN} \cdot \text{m}$$

（3）校核梁的强度。梁的最大正应力为压应力，发生在危险截面的上边缘各点处，其表达式为

$$\sigma_{\text{cmax}} = \left| -\frac{F_{\text{N}}}{2A} - \frac{M_{\max}}{2W_z} \right|$$

查型钢表得，18b 槽钢的横截面面积 $A = 29.29\text{cm}^2$，抗弯截面系数 $W_y = 152\text{cm}^3$ 代入上式得

$$\sigma_{\text{cmax}} = \left| -\frac{F_{\text{N}}}{2A} - \frac{M_{\max}}{2W_y} \right| = \left( \frac{34.64 \times 10^3}{2 \times 29.29 \times 10^{-4}} + \frac{35 \times 10^3}{2 \times 152 \times 10^{-6}} \right) \text{Pa} = 121\text{MPa} < [\sigma]$$

最大正应力为 121MPa，许用应力为 120MPa，超过 0.75%，故仍可使用。

【提示】　因弯曲变形引起的切应力较小，故一般不考虑。

【例题 8-2】　小型压力机的铸铁框架如图 8-5 所示。已知材料的许用拉应力 $[\sigma_t] = 30\text{MPa}$，许用压应力 $[\sigma_c] = 160\text{MPa}$。试按立柱的强度确定压力机的许可压力 $[F]$。立柱的截面尺寸如图 8-5b 所示。

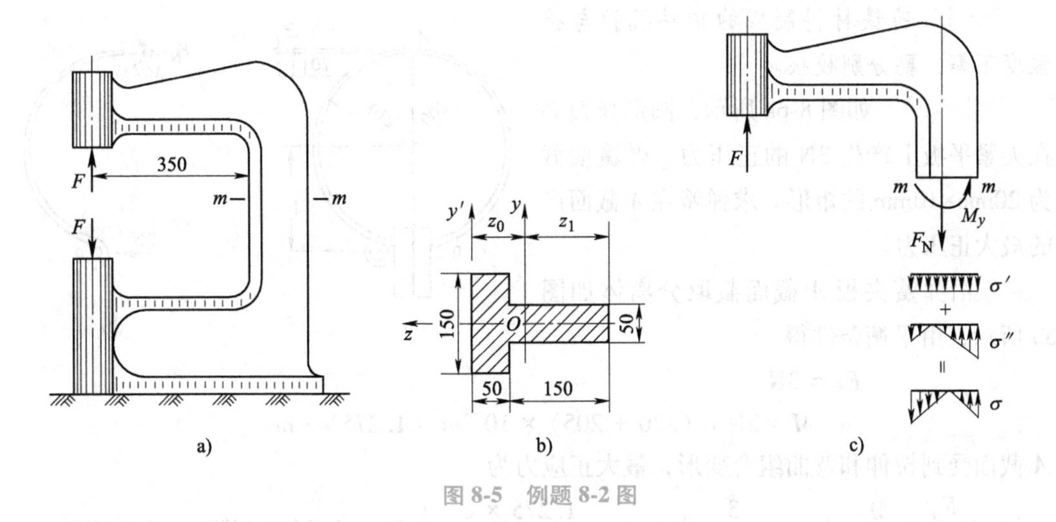


图 8-5　例题 8-2 图

解：首先，根据截面尺寸，计算横截面面积，确定截面形心位置，求出截面对形心主惯性轴 $y$ 的主惯性矩 $I_y$。计算结果为

$$A = 15 \times 10^{-3}\text{m}^2, z_0 = 7.5\text{cm}, z_1 = 12.5\text{cm}, I_y = 5312.5\text{cm}^4$$

其次，分析立柱的内力和应力。按照 8.1 节的分析，框架立柱产生拉伸和弯曲两种变形，所以实质上是拉伸与弯曲的组合。根据任意截面 $m$—$m$ 以上部分的平衡如图 8-5c 所示，容易求得截面 $m$—$m$ 上的轴力 $F_{\text{N}}$ 及弯矩 $M_y$ 分别为

$$F_{\text{N}} = F$$

$$M_y = [(35 + 7.5) \times 10^{-2}\text{m}]F = (42.5 \times 10^{-2}\text{m})F$$

其中 $F$ 的单位为 N，横截面上与轴力 $F_{\text{N}}$ 对应的应力是均布的拉应力，且

$$\sigma' = \frac{F_{\text{N}}}{A} = \frac{F}{15 \times 10^{-3}\text{m}^2}$$

由弯矩 $M_y$ 对应的正应力按线性分布，最大拉应力和压应力分别是

$$\sigma''_{tmax}=\frac{M_y Z_0}{I_y}=\frac{(42.5\times10^{-2}\text{m})F\times7.5\times10^{-2}\text{m}}{5312.5\times10^{-8}\text{m}^4}$$

$$\sigma''_{cmax}=\frac{M_y z_1}{I_y}=\frac{(42.5\times10^{-2}\text{m})F\times(12.5\times10^{-2}\text{m})}{5312.5\times10^{-8}\text{m}^4}$$

从图 8-5c 看出，叠加以上两种应力后，在截面内侧边缘上发生最大拉应力，且

$$\sigma_{tmax}=\sigma'+\sigma''_{tmax}$$

在截面的外侧边缘上发生最大压应力，且

$$|\sigma_{cmax}|=|\sigma'+\sigma''_{cmax}|$$

最后，由抗拉强度条件 $\sigma_{tmax}\leqslant[\sigma_t]$，得

$$F\leqslant45.0\text{kN}$$

由抗压强度条件 $\sigma_{cmax}\leqslant[\sigma_c]$，得

$$F\leqslant171.4\text{kN}$$

为使立柱同时满足抗拉和抗压强度条件，压力 $F$ 不应超过 45.0kN。

【提示】 铸铁材料制成的构件抗拉与抗压强度不等，要分别校核。

【例题 8-3】 如图 8-6a 所示，圆形弹簧夹板在夹紧平板上产生 3N 的正压力，弹簧横截面为 20mm×10mm 的矩形。求弹簧在 $A$ 截面产生的最大正压力。

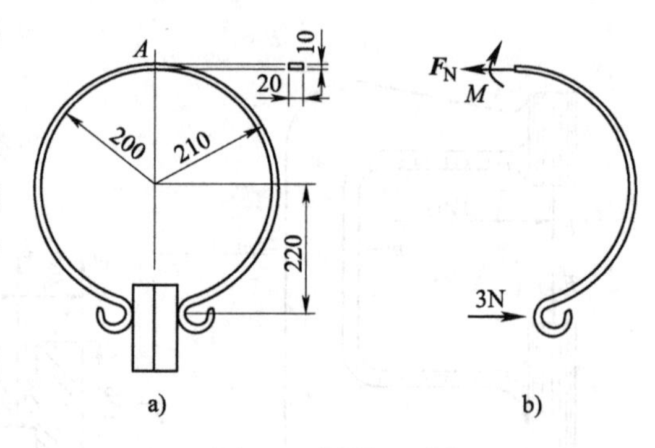


图 8-6 例题 8-3 图

解：沿弹簧夹板 $A$ 截面截取分离体如图 8-6b 所示，由平衡条件得

$$F_N=3\text{N}$$

$$M=3\text{N}\times(220+205)\times10^{-3}\text{m}=1.275\text{N}\cdot\text{m}$$

故 $A$ 截面受到拉伸和弯曲组合变形，最大正应力为

$$\sigma_{max}=\frac{F_N}{A}+\frac{M}{W_z}=\left(\frac{3}{10\times20\times10^{-6}}+\frac{1.275\times6}{10^2\times20\times10^{-9}}\right)\text{Pa}=3.84\times10^6\text{Pa}=3.84\text{MPa}$$

### 8.2.2 偏心拉伸（压缩）

在工程实际中的厂房的柱子、压力机等，都会受到与杆的轴线平行而不重合的载荷，将引起偏心拉伸或偏心压缩。此时横截面上的内力只有轴力和弯矩，实质上也是拉压与弯曲的一种组合。

图 8-7a 所示一下端固定的矩形截面杆，$x$-$y$ 平面和 $x$-$z$ 平面为两个形心主惯性平面。设在杆的上端截面的 $A(y_F,\ z_F)$ 点作用一平行于杆轴线的力 $F$。$A$ 点到截面形心 $C$ 的距离 $e$，称为偏心距。

将力 $F$ 向 $C$ 点简化，得到通过杆轴线的压力 $F$ 和力偶矩 $M=Fe$。再将力偶矩矢量沿 $y$ 轴和 $z$ 轴分解，可分别得到作用于 $x$-$z$ 平面内的力偶矩 $M_y=Fz_F$ 和作用于 $x$-$y$ 平面内的力偶矩

$M_z=Fy_F$。因此，和作用在 $A$ 点的力 $F$ 等效的力系为作用在杆端截面形心的力 $F$ 与力偶矩 $M_y$ 和 $M_z$，如图 8-7b 所示。由此可知，杆将产生轴向压缩和在平面 $x$-$z$ 及 $x$-$y$ 平面内的平面弯曲（纯弯曲）。杆的各横截面上的内力均为

$$F_N = F, M_y = Fz_F, M_z = Fy_F$$

根据叠加原理，任意横截面上第一象限中的任意点 $B(y, z)$ 处的应力为

$$\sigma = -\left(\frac{F}{A} + \frac{M_y z}{I_y} + \frac{M_z y}{I_z}\right)$$

即
$$\sigma = -\left(\frac{F}{A} + \frac{Fz_F z}{I_y} + \frac{Fy_F y}{I_z}\right) \tag{8-3}$$

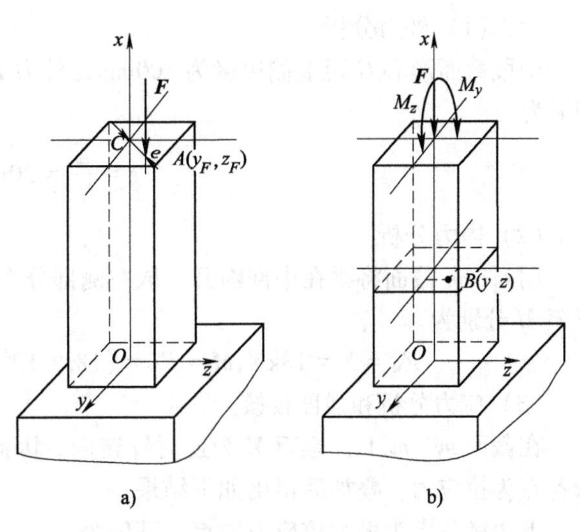


图 8-7 偏心压缩柱子

由于 $I_y=Ai_y^2$，$I_z=Ai_z^2$。代入式（8-3）可得

$$\sigma = -\frac{F}{A}\left(1 + \frac{z_F z}{i_y^2} + \frac{y_F y}{i_z^2}\right) \tag{8-4}$$

为了确定横截面上正应力的最大点，需确定中性轴的位置。设 $y_0$ 和 $z_0$ 为中性轴上任一点的坐标，将 $y_0$ 和 $z_0$ 代入式（8-4），可以得到中性轴在 $y$ 轴和 $z$ 轴上的截距

$$a_y = y_0\big|_{z_0=0} = -\frac{i_z^2}{y_F}, \quad a_z = z_0\big|_{y_0=0} = -\frac{i_y^2}{z_F} \tag{8-5}$$

【提示】 式（8-5）中负号表明，中性轴的位置和外力作用点的位置分别在横截面形心的两侧。

【例题 8-4】 图 8-8a 所示矩形截面木梁，截面尺寸 240mm×180mm，中段下侧开一槽深度 $a$=40mm，梁受拉力 $F$=18kN，许用拉应力 $[\sigma_t]$=2MPa，许用压应力 $[\sigma_c]$=6MPa，试校核该木梁的强度。

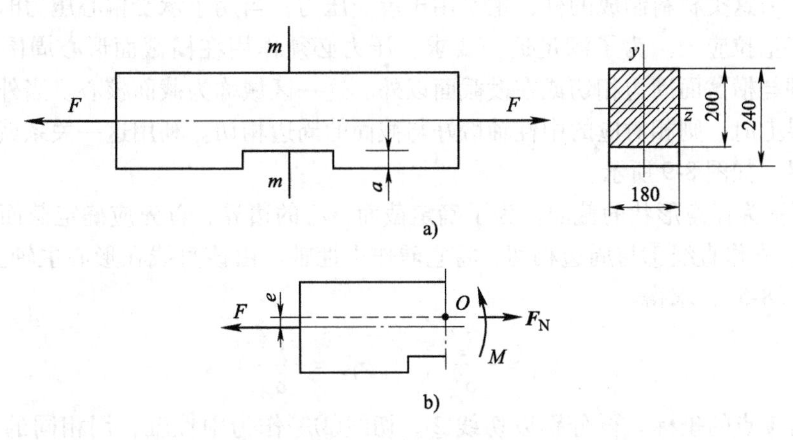


图 8-8 例题 8-4 图

解：(1) 外力分析。

中段截面形心 $O$ 距上侧边缘为100mm，外力 $F$ 的作用线距上侧边缘为120mm，则偏心矩 $e$ 为

$$e=\frac{a}{2}=20\text{mm}$$

(2) 内力分析。

用 $m—m$ 截面将梁在中部断开，取左侧部分为研究对象如图8-8b所示，其上轴力 $F_N$ 和弯矩 $M$ 分别为

$$F_N=F=18\text{kN}, M=Fe=(18\times10^3\times0.02)\text{N}\cdot\text{m}=360\text{N}\cdot\text{m}$$

(3) 应力分析和强度校核。

在截面 $m—m$ 上，弯矩 $M$ 为逆时针转向，因此上边缘各点弯曲正应力为压应力，下边缘各点为拉应力，叠加后得出如下结果：

下边缘各点为最大拉应力的点，其值为

$$\sigma=\frac{F_N}{A}+\frac{M}{W_z}=\frac{18\times10^3}{180\times200}\text{MPa}+\frac{360\times10^3}{180\times200^2/6}\text{MPa}=0.8\text{MPa}<[\sigma_t]=2\text{MPa}$$

上边缘各点可能为出现的最大压应力，其值为

$$\sigma=\frac{F_N}{A}-\frac{M}{W_z}=\frac{18\times10^3}{180\times200}\text{MPa}-\frac{360\times10^3}{180\times200^2/6}\text{MPa}=0.2\text{MPa}<[\sigma_c]=6\text{MPa}$$

故该木梁的强度足够。

### 8.2.3 截面核心

如前所述，当偏心力 $F$ 的偏心距较小时，杆的横截面上可能不出现拉应力。设压缩时中性轴在横截面的两个形心主轴上的截距分别为 $a_y$ 和 $a_z$，它们随着压力作用点的坐标 $y_F$ 和 $z_F$ 的变化而变化。压力作用点离横截面形心越近，中性轴离横截面形心越远；压力作用点离横截面形心越远，中性轴离横截面形心越近。随着压力作用点位置的变化，中性轴可能与横截面相交，或与横截面周边相切，或在横截面以外，在后两种情况下，横截面上就只产生压应力。工程上有些材料，例如混凝土、砖、石等，其抗拉强度很小，往往认为其抗拉强度为零。因此，由这类材料制成的杆，主要用于承受压力；当用于承受偏心压力时，要求杆的横截面上不产生拉应力。为了满足这一要求，压力必须作用在横截面形心周围的某一区域内，使中性轴与横截面周边相切或在横截面以外。这一区域称为截面核心。当外力作用在截面核心的边界上时，则相对应的中性轴恰好与截面的周边相切。利用这一关系就可以确定截面核心的边界，如图8-9所示。

图8-9所示为任意形状的截面。为了确定截面核心的边界，首先应确定截面的形心主轴 $y$ 和 $z$，然后，先作直线①与周边相切，将它看作中性轴。由该直线在形心主轴上的截距 $a_{y1}$ 和 $a_{z1}$，由式（8-5），求得

$$y_{F1}=-\frac{i_z^2}{a_{y1}}, \quad z_{F1}=-\frac{i_y^2}{a_{z1}} \tag{8-6}$$

由此可得1点的坐标。再分别以切线②、切线③等作为中性轴，用相同的方法可得到2、3等点的坐标。连接这些点，得到一条闭合曲线，它就是截面核心的边界。边界以内的

区域就是截面核心，如图 8-9 所示的阴影部分。

【例题 8-5】　试确定图 8-10 所示圆形截面的截面核心。

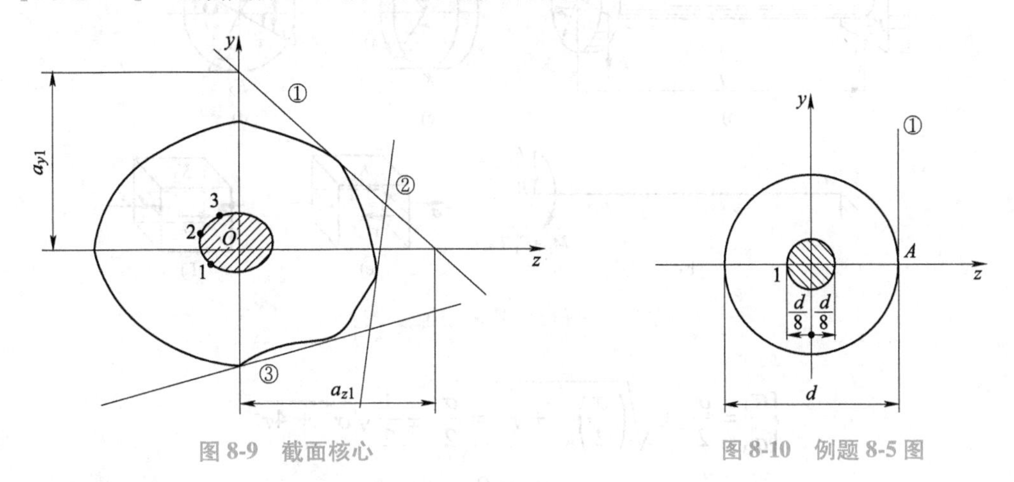


图 8-9　截面核心　　　　　图 8-10　例题 8-5 图

解：由于圆形截面对于圆心是对称的，所以截面核心的边界也是一个圆。只要确定了截面核心边界上的一个点，就可以确定截面核心。

设过 $A$ 点的切线是中性轴，它在 $y$、$z$ 轴上的截距为

$$a_y = \infty, a_z = \frac{d}{2}$$

圆截面的 $i_z = i_y = \frac{d}{4}$，由式（8-6），求得与之对应的外力作用点 1 的坐标为

$$y_F = 0, z_F = -\frac{d}{8}$$

由此可知，截面核心是直径为$\frac{d}{4}$的圆，如图 8-10 所示。

## 8.3　扭转与弯曲的组合变形

视频讲解

构件在载荷作用下，同时产生弯曲变形和扭转变形的情况，称为弯曲与扭转组合变形，又简称弯扭变形。机械中的转轴，大多在弯扭组合变形下工作。本节仅讨论圆轴弯扭组合变形的强度计算。

如图 8-11a 所示，$AB$ 为圆形截面悬臂梁，在其自由圆盘的外缘作用一铅垂向下的圆周力 $F$。将其向圆盘中心平移后，得到作用于梁自由端的外力 $F_1$ 和扭矩 $M_B$ 如图 8-11b 所示 。力 $F_1$ 使梁产生弯曲变形，扭矩 $M_B$ 使梁产生扭转变形。危险截面为固定端 $A$，它的弯矩和扭矩分别为

$$M_{Az} = M = F_1 l, \qquad M_{Ax} = M_B = F_1 R$$

在 $A$ 截面，既有由弯曲产生的正应力，又有由扭转产生的切应力如图 8-11c、d 所示。危险点为 A 截面上、下两点 $K_1$ 和 $K_2$，两点的单元体分别如图 8-11e、f 所示，因为 $K_1$ 点是二向应力状态，应按强度理论建立强度条件。先求得 $K_1$ 点的主应力

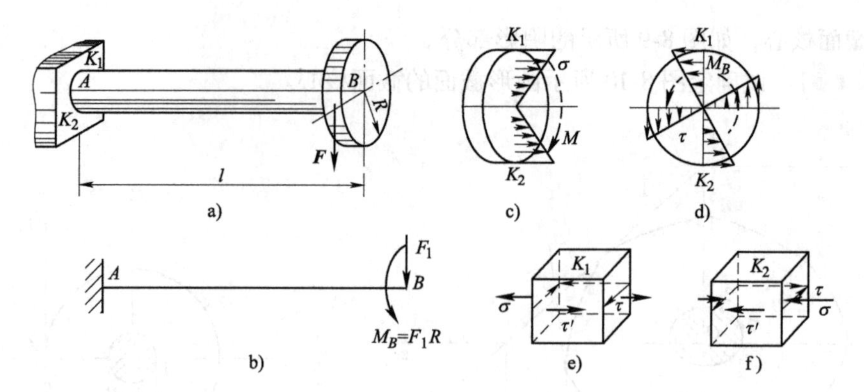


图 8-11 扭转与弯曲的组合变形

$$\begin{cases}\sigma_1\\ \sigma_3\end{cases}=\frac{\sigma}{2}\pm\sqrt{\left(\frac{\sigma}{2}\right)^2+\tau^2}=\frac{\sigma}{2}\pm\frac{1}{2}\sqrt{\sigma^2+4\tau^2}$$

$$\sigma_2=0$$

$K_1$ 点的正应力和切应力分别为

$$\sigma=\frac{M}{W_z},\quad \tau=\frac{M_B}{W_t}$$

该点属于复杂应力状态，在机械中，由于圆轴的材料绝大部分是弹塑性材料，故按第三强度理论和第四强度理论来建立强度条件

$$\sigma_{r3}=\sigma_1-\sigma_3=\sqrt{\sigma^2+4\tau^2}\leqslant[\sigma] \tag{a}$$

$$\sigma_{r4}=\sqrt{\sigma^2+3\tau^2}\leqslant[\sigma] \tag{b}$$

【提示】 对于圆形截面杆，$W_z=\dfrac{\pi d^4}{32}$，$W_t=\dfrac{\pi d^4}{16}$，则 $W_t=2W_z$。

对于圆形截面杆件，将 $\sigma=\dfrac{M}{W_z}$，$\tau=\dfrac{M_B}{W_t}=\dfrac{M_B}{2W_z}$ 分别代入式（a）和式（b）中，可得

$$\sigma_{r3}=\sqrt{\left(\frac{M}{W_z}\right)^2+4\left(\frac{T}{W_t}\right)^2}=\frac{\sqrt{M^2+T^2}}{W_z}\leqslant[\sigma] \tag{8-7}$$

$$\sigma_{r4}=\sqrt{\left(\frac{M}{W_z}\right)^2+3\left(\frac{T}{W_t}\right)^2}=\frac{\sqrt{M^2+0.75T^2}}{W_z}\leqslant[\sigma] \tag{8-8}$$

【提示】 式（a）、式（b）适用于弯扭组合变形、拉（压）与扭转的组合变形以及拉（压）、扭转与弯曲的组合变形。式（8-7）、式（8-8）只适用于弯扭组合变形下的圆截面杆。

式（8-7）和式（8-8）对弹塑性材料制成的圆截面和空心圆截面杆件，弯扭组合变形时的强度校核，其主要计算步骤如下：

1）外力分析。

2）内力分析。分别作出弯矩图和扭矩图，确定危险截面的位置及该截面上的弯矩 $M$ 和扭矩 $M_B$ 值。

3）应力分析。分析危险截面应力分布情况，确定危险点的位置。

4）按式（8-7）或式（8-8）进行强度计算。一般按第三强度理论设计结果偏安全，按

第四强度理论设计结果偏经济。下面举例说明。

【例题 8-6】 长 1.6m 的轴 $AB$ 用联轴器和电动机连接，如图 8-12a 所示，在 $AB$ 轴的中点 $C$ 装有一重 $P=5\text{kN}$，直径 $D=1.2\text{m}$ 的带轮，带轮两边的拉力各为 $F_T=3\text{kN}$ 和 $2F_T=6\text{kN}$。若轴的许用应力 $[\sigma]=50\text{MPa}$，试按第三强度理论设计此轴的直径。

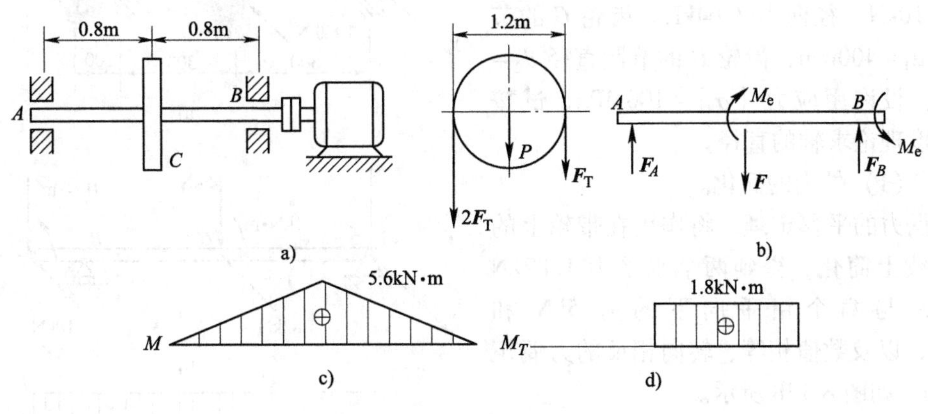


图 8-12 例题 8-6 图

解：（1）外力分析。

画出轴的计算简图如图 8-12b 所示。轮中点 $C$ 所受的力 $F$ 为轮重与带拉力之和，即

$$F = P + F_T + 2F_T = (5 + 3 + 6)\text{kN} = 14\text{kN}$$

轴中点 $C$ 还受带拉力向轴平移后产生的附加力偶作用，其力偶矩为

$$M_e = (6 \times 0.6 - 3 \times 0.6)\text{kN}\cdot\text{m} = 1.8\text{kN}\cdot\text{m}$$

$F$ 与 $AB$ 处的约束力 $F_A$、$F_B$ 使轴产生弯曲，$M_e$ 和由电动机输入的转矩 $M$ 使轴产生扭转，故轴 $AB$ 的变形为弯曲与扭转的组合变形。

（2）内力分析。

绘出轴 $AB$ 的内力图如图 8-12c、d 所示。根据内力图，轴中点 $C$ 截面的右侧 $C_+$ 为危险截面。最大弯矩和扭矩分别为

$$M_{\max} = \frac{Fl}{4} = \frac{14 \times 1.6}{4}\text{kN}\cdot\text{m} = 5.6\text{kN}\cdot\text{m}$$

$$M_T = M_e = 1.8\text{kN}\cdot\text{m}$$

（3）强度计算。

按第三强度理论计算轴的直径，由式（8-7）得

$$\sigma_{r3} = \sqrt{\left(\frac{M}{W_z}\right)^2 + 4\left(\frac{T}{W_t}\right)^2} = \frac{\sqrt{M^2 + T^2}}{W_z} \leqslant [\sigma]$$

即
$$W_z \geqslant \frac{\sqrt{M^2 + M_T^2}}{[\sigma]} = \frac{\sqrt{(5.6 \times 10^6)^2 + (1.8 \times 10^6)^2}}{50}\text{mm}^3 = 118 \times 10^3\text{mm}^3$$

因 $W_z = \frac{\pi}{32}d^3$，所以

$$d \geqslant \sqrt[3]{\frac{118 \times 10^3 \times 32}{\pi}}\text{mm} = 106\text{mm}$$

即 $d=106\text{mm}$。

【例题 8-7】 图 8-13 所示一钢制实心圆轴，轴上的齿轮 $C$ 上作用有铅垂切向力 5kN，径向力 1.82kN；齿轮 $D$ 上作用有水平切向力 10kN，径向力 3.64kN。齿轮 $C$ 的节圆直径 $d_1=400\text{mm}$，齿轮 $D$ 的节圆直径 $d_2=200\text{mm}$。设许用应力 $[\sigma]=100\text{MPa}$，试按第四强度理论求轴的直径。

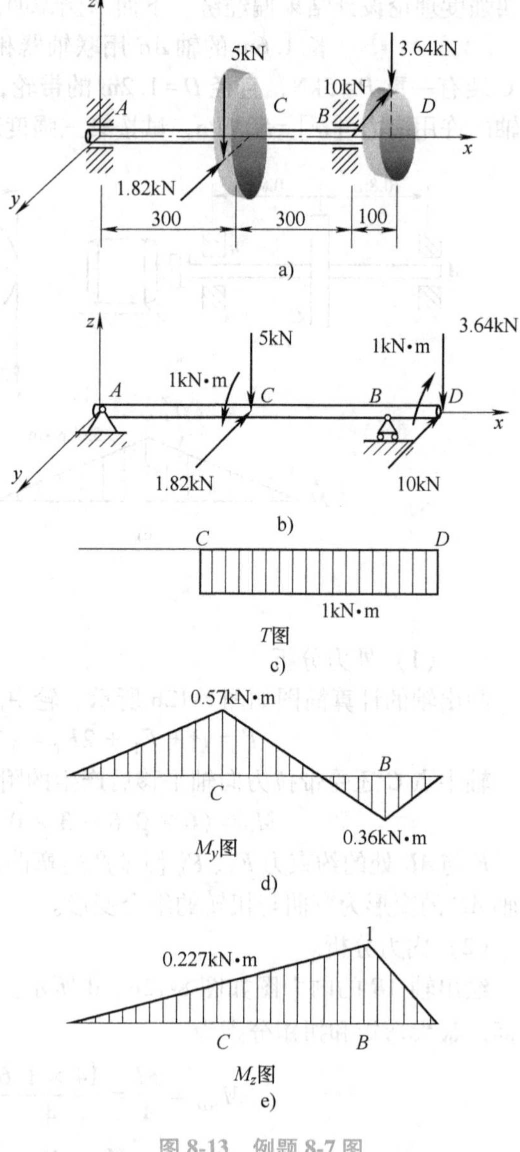


图 8-13 例题 8-7 图

解：（1）外力的简化。

根据力的平移定理，将作用在带轮上的力向轴线上简化，得到两个水平力 1.82kN 和 10kN 与两个铅垂向下的力 5kN 和 3.64kN，以及数值相等、转向相反的力偶矩 1kN · m。如图 8-13b 所示。

（2）轴的变形分析。

两个铅垂向下的力 5kN、3.64kN 使轴在 $x$-$z$ 纵对称面内产生弯曲。

两个水平力 1.82kN、10kN 使轴在 $x$-$y$ 纵对称面内产生弯曲。

力偶矩 1kN · m 使轴产生扭转。

（3）内力分析。

绘出轴的扭矩图如图 8-13c 所示。

$CBD$ 段的扭矩 $\qquad M_T=1\text{kN}\cdot\text{m}$

绘出轴的 $x$-$z$ 纵对称面内的弯矩图如图 8-13d 所示。

绘出轴的 $x$-$y$ 纵对称面内的弯矩图如图 8-13e 所示。

从内力图可以看出，圆杆发生的是斜弯曲与扭转的组合变形。由于通过圆轴轴线的任一平面都是纵向对称平面，故轴在 $x$-$z$ 和 $x$-$y$ 两平面内弯曲的合成结果仍为平面弯曲，从而可用总弯矩来计算该截面的正应力。

（4）危险截面上的内力计算。

从内力图可以看出轴的危险截面可能在 $C$ 处或 $D$ 处。

$$M_{yC}=0.57\text{kN}\cdot\text{m}$$

$$M_{yB}=0.36\text{kN}\cdot\text{m}$$

$$M_{zC}=0.227\text{kN}\cdot\text{m}$$

$$M_{zB}=1\text{kN}\cdot\text{m}$$

$B$、$C$ 截面的合成弯矩为

$$M_B = \sqrt{M_{yB}^2 + M_{zB}^2} = 1.063\text{kN} \cdot \text{m}$$

$$M_C = \sqrt{M_{yC}^2 + M_{zC}^2} = 0.6135\text{kN} \cdot \text{m}$$

由此可见，$B$ 截面是危险截面。

（5）强度计算。

由第四强度理论的强度条件得

$$\sigma_{r4} = \frac{\sqrt{M_B^2 + 0.75T_B^2}}{W_z} = \frac{1371}{W_z} \leqslant [\sigma]$$

$$W_z = \frac{\pi d^3}{32}$$

轴需要的直径为

$$d \geqslant \sqrt[3]{\frac{32 \times 1371}{\pi \times 100 \times 10^6}} = 51.8\text{mm}$$

【例题 8-8】　直径 $d=100\text{mm}$ 的圆杆承受扭矩 $T=10\text{kN} \cdot \text{m}$ 和偏心拉力 $F$ 作用，如图 8-14a 所示。在杆下表面和上表面，测得纵向线应变分别为 $\varepsilon_a=300\times10^{-6}\text{m}$ 和 $\varepsilon_b=-10\times10^{-6}\text{m}$，材料的 $E=200\text{GPa}$，$[\sigma]=120\text{MPa}$。

（1）试求拉力 $F$ 和偏心距 $e$；

（2）画出 $a$ 点的应力状态，并求 $a$ 点的主应力；

（3）按第四强度理论校核其强度。

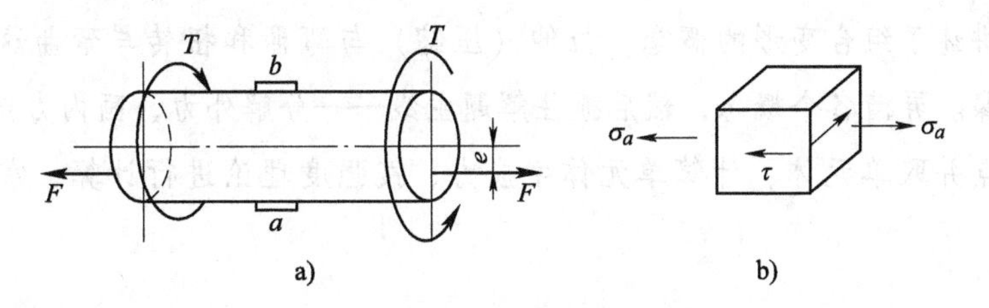


图 8-14　例题 8-8 图

解：（1）杆下表面轴向正应力

$$\sigma_a = E\varepsilon_a = (200 \times 10^9 \times 300 \times 10^{-6})\text{Pa} = 60\text{MPa}$$

杆上表面轴向压应力

$$\sigma_b = E\varepsilon_b = [200 \times 10^3 \times (-10) \times 10^{-6}]\text{MPa} = -2\text{MPa}$$

将偏心拉力向形心简化得轴力 $F$ 和弯矩 $Fe$，所以

$$\sigma_a = \frac{F}{A} + \frac{Fe}{W_z} = \frac{F}{\frac{1}{4}\pi d^2} + \frac{Fe}{\frac{1}{32}\pi d^3} = 60 \times 10^6\text{Pa}$$

$$\sigma_b = \frac{F}{A} - \frac{Fe}{W_z} = \frac{F}{\frac{1}{4}\pi d^2} - \frac{Fe}{\frac{1}{32}\pi d^3} = -2 \times 10^6\text{Pa}$$

解得 $F=455.3\text{kN}$，$e=6.68\text{mm}$

（2）扭转切应力

$$\tau=\frac{T}{W_t}=\frac{T}{\frac{1}{16}\pi d^3}=51\times10^6\text{Pa}=51\text{MPa}$$

$a$ 点应力状态单元体如图 8-14b 所示，$a$ 点主应力

$$\sigma_1=\frac{1}{2}\sigma_a+\frac{1}{2}\sqrt{\sigma_a^2+4\tau^2}=\left(\frac{60}{2}+\frac{1}{2}\sqrt{60^2+4\times51^2}\right)\text{MPa}=(30+59.2)\text{MPa}=89.2\text{MPa}$$

$$\sigma_2=0$$

$$\sigma_3=\frac{1}{2}\sigma_a-\frac{1}{2}\sqrt{\sigma_a^2+4\tau^2}=(30-59.2)\text{MPa}=-29.2\text{MPa}$$

（3）校核强度

由第四强度理论的强度条件得

$$\sigma_{r4}=\sqrt{\frac{1}{2}[(\sigma_1-\sigma_2)^2+(\sigma_2-\sigma_3)^2+(\sigma_3-\sigma_1)^2]}=106.8\text{MPa}<[\sigma]$$

该杆满足强度要求。

## 本章小结

本章主要讲述了组合变形的概念，拉伸（压缩）与弯曲和扭转与弯曲这两种组合变形分析方法和步骤。弄清各个概念，然后抓住解题主线——分解外力、画内力图、判断危险截面、找出危险点并取单元体、计算单元体主应力、按强度理论进行计算，掌握相应的计算公式。

## 习题

**8-1** 图 8-15 所示旋转式起重机由工字梁 $AB$ 及拉杆 $BC$ 组成，$A$、$B$、$C$ 三处均可以简化为铰链约束。起重载荷 $P=22\text{kN}$，$l=2\text{m}$。已知许用应力 $[\sigma]=100\text{MPa}$。试选择梁 $AB$ 的工字钢型号。

**8-2** 一简易起重机如图 8-16 所示，横梁 $AB$ 为 18a 工字钢，长 $l=3\text{m}$。滑车可沿梁 $AB$ 移动，滑车自重与起吊重物的重力合计为 $P=30\text{kN}$，梁 $AB$ 的材料的许用应力 $[\sigma]=140\text{MPa}$。当滑车移动到梁 $AB$ 的中点时，试校核梁的强度。

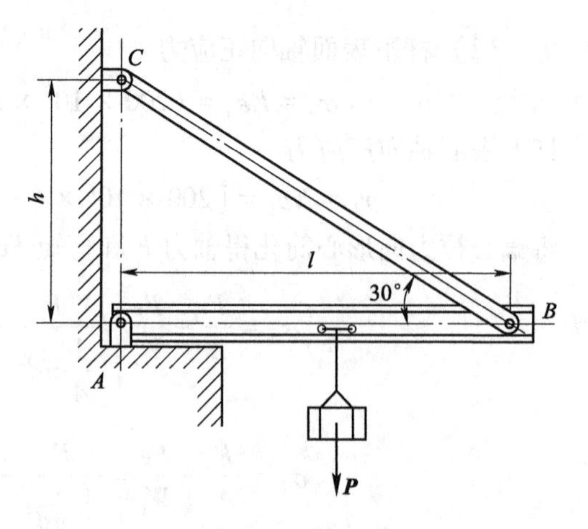


图 8-15　习题 8-1 图

8-3　材料为空心灰铸铁管，管的外径 $D=140\text{mm}$，内、外径之比 $d/D=0.75$。灰铸铁的许用拉应力为 $[\sigma_t]=35\text{MPa}$，许用压应力为 $[\sigma_c]=90\text{MPa}$。钻孔时钻头和工作台面的受力如图 8-17 所示，其中 $F=15\text{kN}$，偏心距 $e=400\text{mm}$，试校核框架立柱的强度。

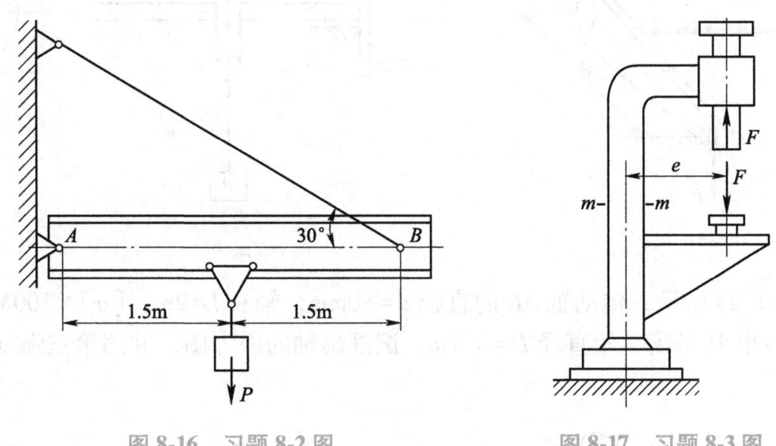


图 8-16　习题 8-2 图　　　图 8-17　习题 8-3 图

8-4　单臂液压机机架及其立柱的横截面尺寸如图 8-18 所示。$F=1800\text{kN}$，材料的许用应力 $[\sigma]=160\text{MPa}$。试校核机架立柱的强度。

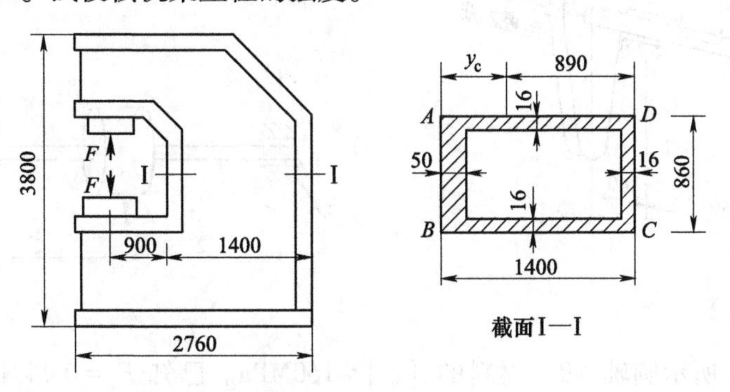


图 8-18　习题 8-4 图

8-5　矩形截面柱如图 8-19 所示，$F_1$ 的作用线与杆轴线重合，$F_2$ 作用在 $y$ 轴上。已知：$F_1=F_2=80\text{kN}$，$b=24\text{cm}$，$h=30\text{cm}$。如要使柱的 $m$—$m$ 截面只出现压应力，求 $F_2$ 的偏心距 $e$。

8-6　图 8-20 所示钢质拐轴，承受铅垂载荷 $F$ 作用，试按第三强度理论确定轴 $AB$ 的直径。已知载荷 $F=1\text{kN}$，许用应力 $[\sigma]=160\text{MPa}$。

8-7　手摇绞车如图 8-21 所示，轴的直径 $d=30\text{mm}$，材料为 Q235 钢，$[\sigma]=80\text{MPa}$。试按第三强度理论，求绞车的最大起吊重量 $P$。

8-8　图 8-22 所示为操纵装置水平杆，截面为空心圆形，内径 $d=24\text{mm}$，外径 $D=30\text{mm}$。材料为 Q235 钢，$[\sigma]=$

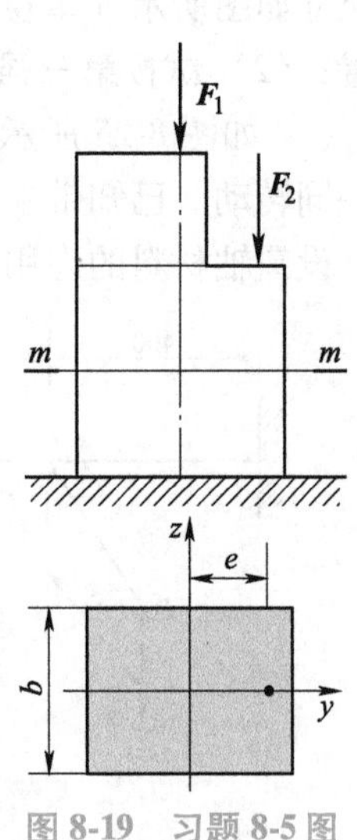


图 8-19　习题 8-5 图

100MPa。控制片受力 $F_1=600\text{N}$。试用第三强度理论校核杆的强度。

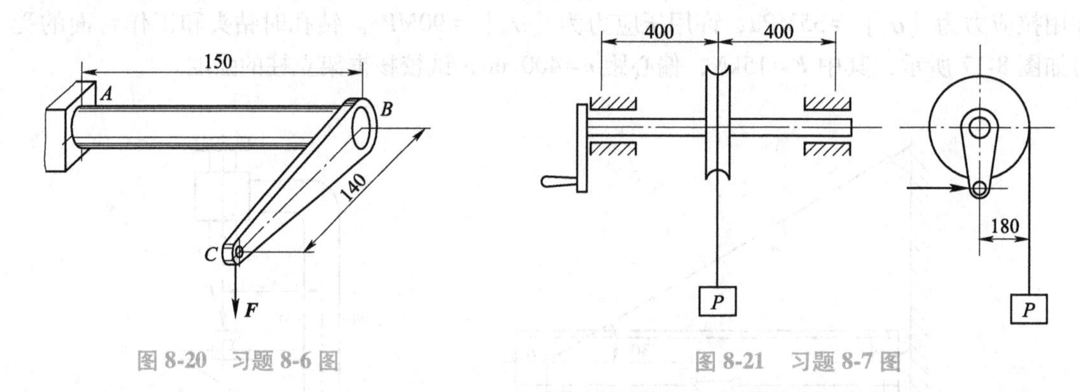


图 8-20　习题 8-6 图　　图 8-21　习题 8-7 图

**8-9**　如图 8-23 所示，传动轴 $AB$ 的直径 $d=80\text{mm}$，轴长 $l=2\text{m}$，$[\sigma]=100\text{MPa}$，轮缘挂重 $P=8\text{kN}$ 与转矩 $M$ 平衡，轮直径 $D=0.7\text{m}$。试画出轴的内力图，并用第三强度理论校核轴的强度。

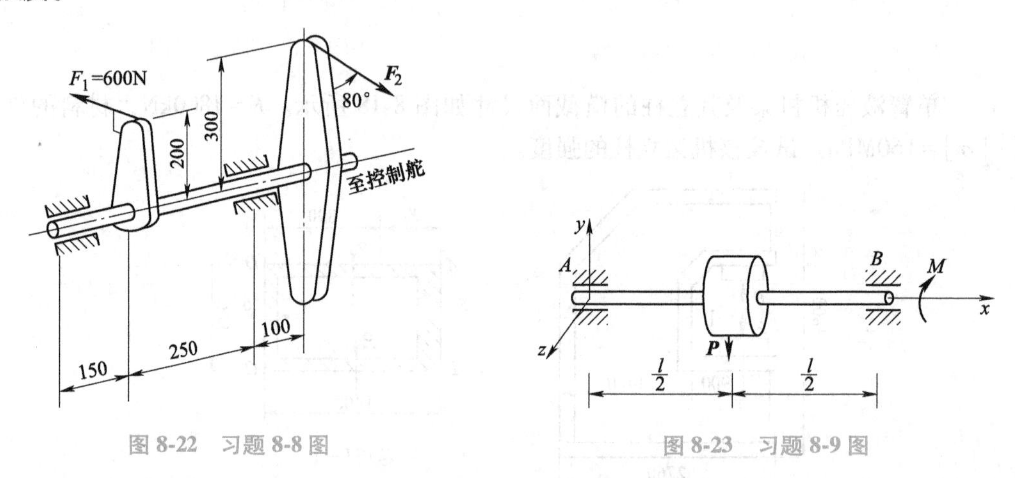


图 8-22　习题 8-8 图　　图 8-23　习题 8-9 图

**8-10**　图 8-24 所示圆轴 $AB$，材料的 $[\sigma]=160\text{MPa}$。已知 $F_1=0.5\text{kN}$，$F_2=1\text{kN}$，其他长度尺寸如图所示（单位：mm），外力的剪切作用忽略不计。（1）指出危险截面、危险点的位置；（2）试按第三强度理论设计轴的直径。

**8-11**　如图 8-25 所示，直径为 0.6m、重量为 2kN 的带轮，随着横截面直径为 50mm 的圆轴一同转动。已知带中的拉力为 8kN 和 1.5kN，试计算圆轴在轴承处的主拉应力和最大切应力。设圆轴材料的许用应力 $[\sigma]=160\text{MPa}$，试按第三强度理论进行强度校核。

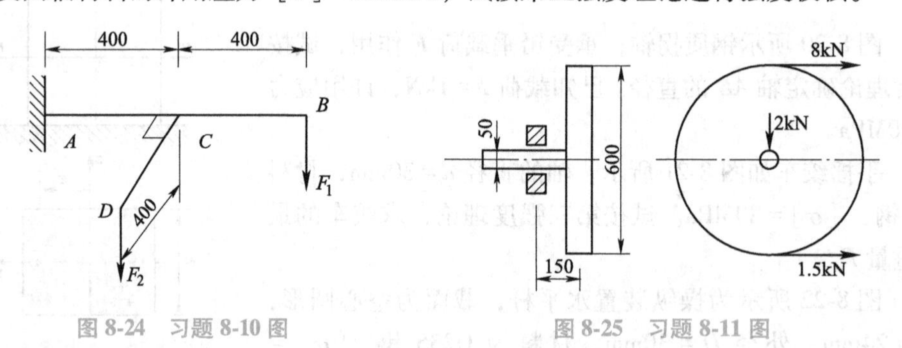


图 8-24　习题 8-10 图　　图 8-25　习题 8-11 图

## 测 试 题

8-1　偏心压缩实际上是______和______的组合变形问题。

8-2　图 8-26 所示承受弯曲与扭转组合变形的圆杆，绘出截面上 1、2 两点的应力状态单元体。

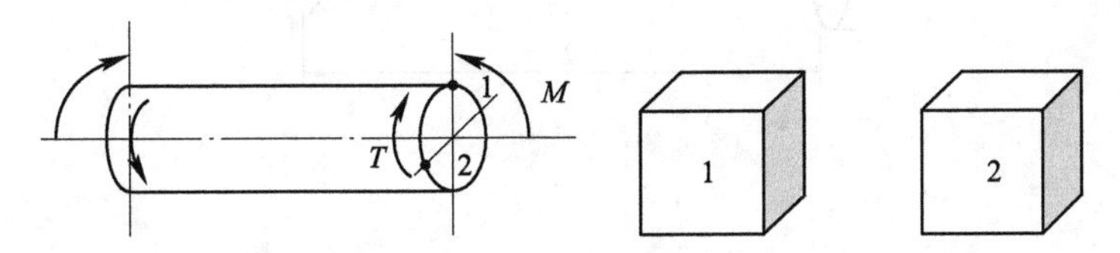


图 8-26　测试题 8-2 图

8-3　在组合变形中，当使用第三强度理论进行强度计算时，其强度条件可以写成三种公式，其中 $\sigma_{r3}=\sigma_1-\sigma_3\leqslant[\sigma]$ 适用于__________杆；$\sigma_{r3}=\sqrt{\sigma^2+4\tau^2}\leqslant[\sigma]$ 适用于__________杆；$\sigma_{r3}=\sqrt{M^2+T^2}/W\leqslant[\sigma]$ 适用于__________杆。

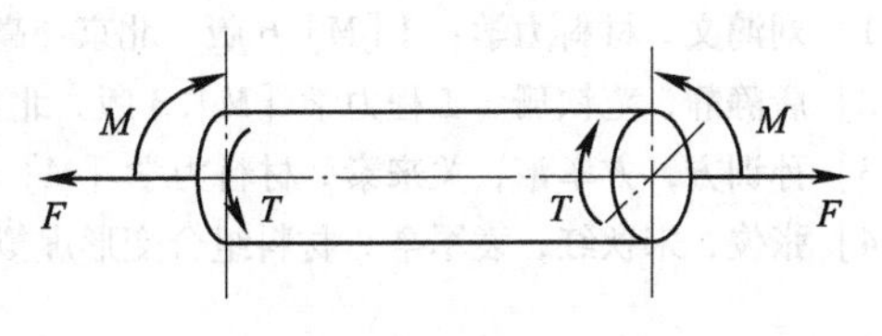


图 8-27　测试题 8-4 图

8-4　图 8-27 所示圆轴同时受到转矩 $T$、弯曲力偶 $M$ 和轴力 $F$ 的作用，下列强度条件中，(　　) 是正确的。

A. $\dfrac{F}{A}+\dfrac{1}{W}\sqrt{M^2+T^2}\leqslant[\sigma]$　　B. $\sqrt{\left(\dfrac{F}{A}\right)^2+\left(\dfrac{M}{W}\right)^2+\left(\dfrac{T}{2W}\right)^2}\leqslant[\sigma]$

C. $\sqrt{\left(\dfrac{F}{A}+\dfrac{M}{W}\right)^2+\left(\dfrac{T}{W}\right)^2}\leqslant[\sigma]$　　D. $\sqrt{\left(\dfrac{F}{A}+\dfrac{M}{W}\right)^2+4\left(\dfrac{T}{W}\right)^2}\leqslant[\sigma]$

8-5　图 8-28 所示矩形截面拉杆中间开一深度为 $h/2$ 的缺口，与不开口中的拉杆相比，开口处的最大应力的增大倍数为 (　　)。

A. 2 倍　　B. 4 倍　　C. 8 倍　　D. 16 倍

8-6　如图 8-29 所示，传动轴 $AB$ 的直径 $d=80\text{mm}$，轴长 $l=2\text{m}$，$[\sigma]=100\text{MPa}$，轮缘挂重 $P=8\text{kN}$ 与转矩 $M$ 平衡，轮直径 $D=0.7\text{m}$。试画出轴的内力图，并用第三强度理论校核轴的强度。

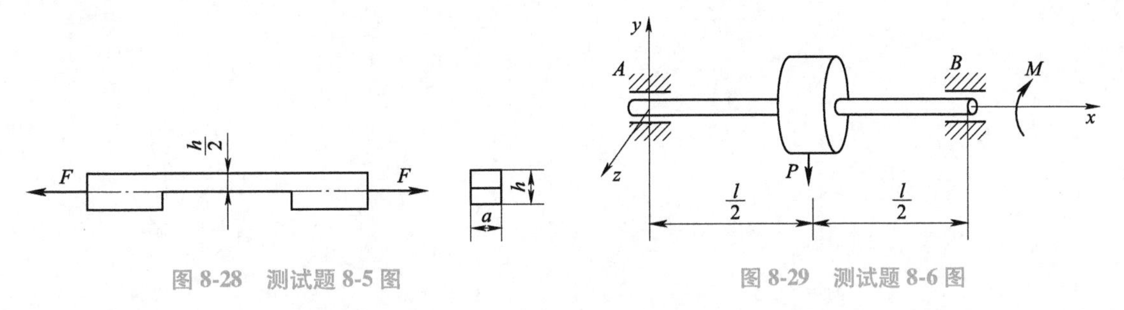


图 8-28　测试题 8-5 图　　图 8-29　测试题 8-6 图

8-7　图 8-30 所示圆轴 $AB$ 的直径 $d=80\text{mm}$，材料的 $[\sigma]=160\text{MPa}$。已知 $F=5\text{kN}$，$M=3\text{kN}\cdot\text{m}$，$l=1\text{m}$。力 $F$ 的剪切作用略去不计。（1）试指出危险截面、危险点的位置；

（2）试按第三强度理论校核轴的强度。

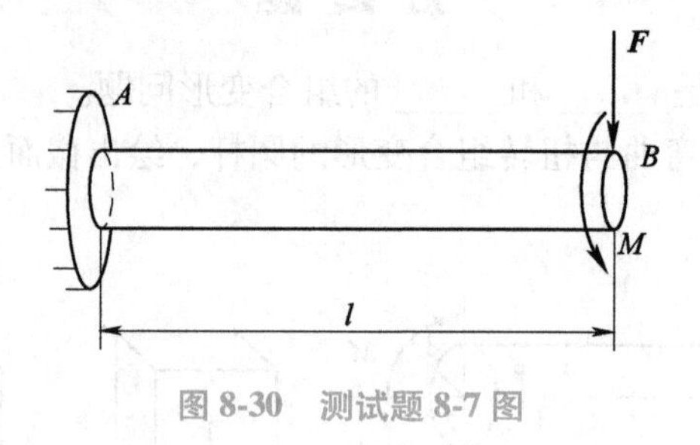


图 8-30　测试题 8-7 图

## 资源推荐

[1] 刘鸿文．材料力学：I [M]．6 版．北京：高等教育出版社，2017.

[2] 唐静静，范钦珊．工程力学 [M]．3 版．北京：高等教育出版社，2016.

[3] 孙训方，方孝淑，关来泰．材料力学 [M]．6 版．北京：高等教育出版社，2019.

[4] 张俊，宋秋红，袁军亭．材料组合变形虚拟仿真实验设计 [J]．系统仿真技术，2020（5）：130-134.

# 第 9 章

# 压杆稳定问题

## 学习要点

**学习重点：**

1. 压杆稳定性的概念；
2. 各种支座条件下细长压杆的临界压力的计算；
3. 欧拉公式的适用范围，经验公式；
4. 压杆的稳定性校核；
5. 提高压杆稳定性的措施。

**学习难点：**

1. 各种支座条件下细长压杆的临界压力的计算；
2. 欧拉公式的适用范围，经验公式；
3. 压杆的稳定性校核。

## 思维导图

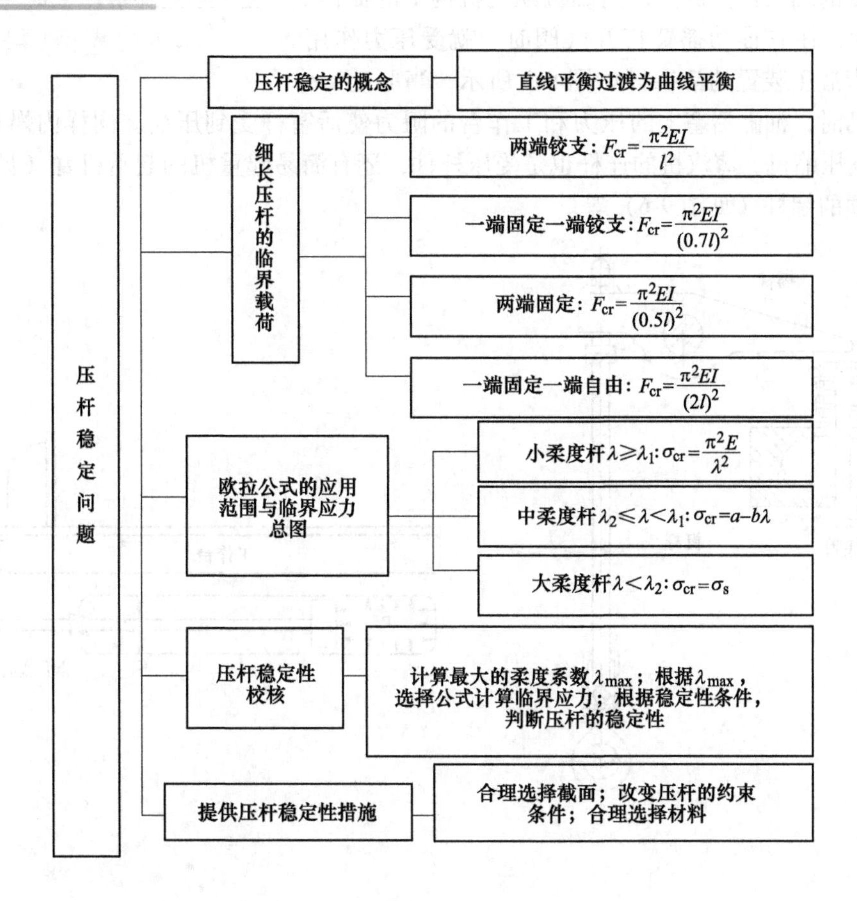

## 实 例 引 导

一根截面尺寸为30mm×5mm、高为10mm的松木短杆，对其施加轴向压力$F$，由前面讨论的受压杆的强度计算可知，$F=6\text{kN}$。但当受压的是一根截面尺寸相同而长为1m的细长松木杆，且轴向压力$F$不到40N时，此杆就会突然产生显著的弯曲变形而失去工作能力。为什么会有这种情况发生?

## 9.1　压杆稳定的概念

视频讲解　　思政点睛

当受拉杆件的应力达到屈服极限或强度极限时，将引起塑性变形或断裂。长度较小的受压短柱有类似的现象，例如，低碳钢短柱被压扁，铸铁短柱被压碎。这些都是由于强度不足引起的失效。

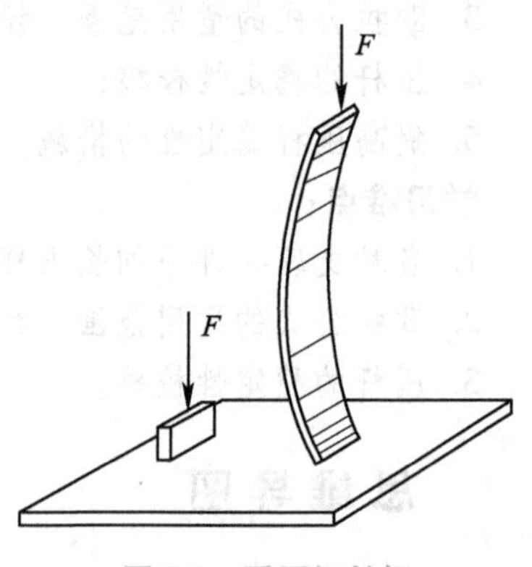


图9-1　受压细长杆

细长压杆受压时，却表现出与强度失效全然不同的性质。例如，取一根细长的竹片对其施加轴向压力$F$，开始时轴线为直线，接着必然是被压弯，发生颇大的弯曲变形，最后折断，如图9-1所示。与此类似，工程结构中也有很多受压的细长杆。例如，内燃机配气机构中的挺杆如图9-2所示，在它推动摇臂打开气阀时，就受压力作用。又如，磨床液压装置的活塞杆如图9-3所示，当驱动工作台向右移动时，油缸活塞上的压力和工作台的阻力使活塞杆受到压缩。同样内燃机（见图9-4)、空气压缩机、蒸汽机的连杆也是受压杆件，还有简易起重机的起重机臂（见图9-5)、螺旋千斤顶的螺杆（见图9-6）等。

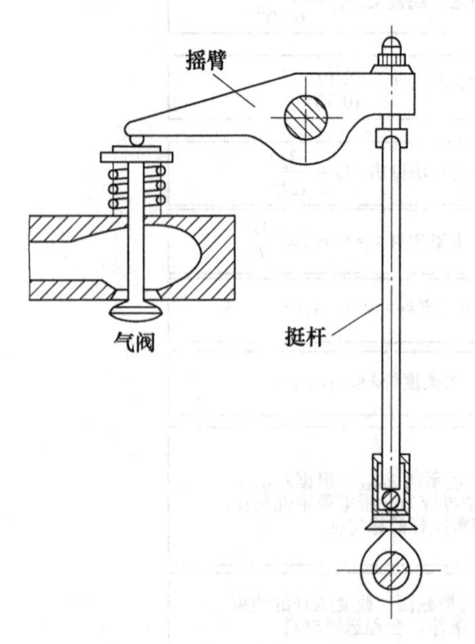


图9-2　内燃机中的挺杆

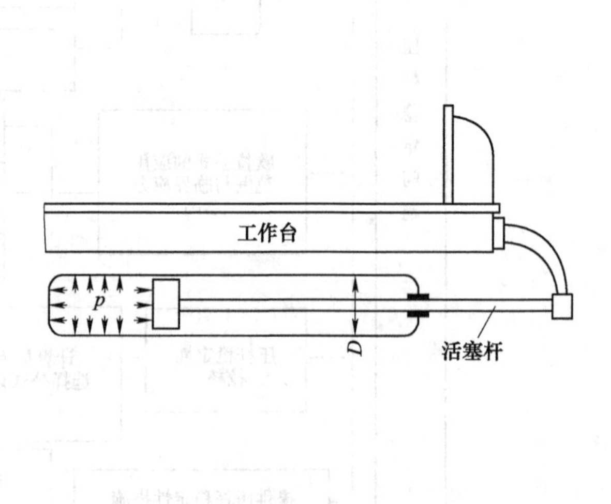


图9-3　活塞杆

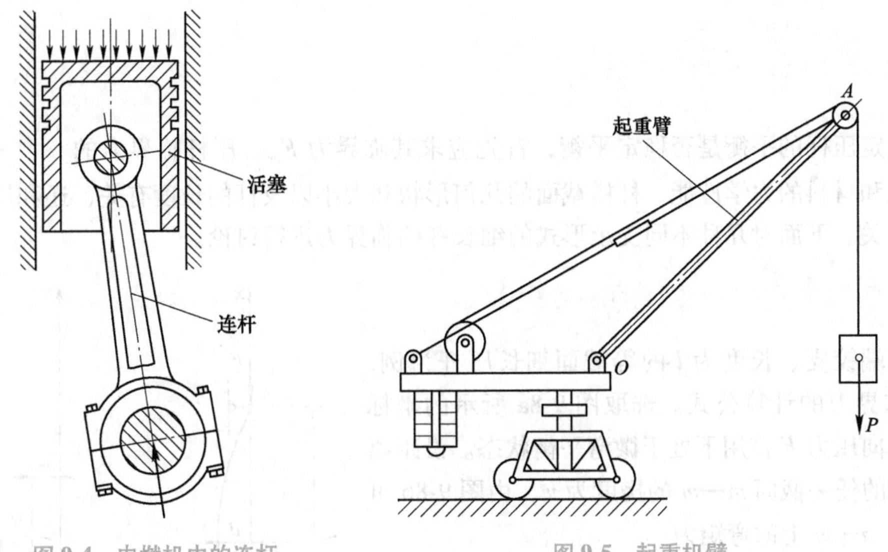


图 9-4 内燃机中的连杆

图 9-5 起重机臂

现以图 9-7 所示两端铰支的细长压杆来说明这类问题。设压力与杆件轴线重合，当压力逐渐增加，但小于某一极限值时，杆件一直保持直线形状的平衡，即使用微小的侧向干扰力使其暂时发生轻微弯曲，如图 9-7a 所示，干扰力解除后，它仍将恢复直线形状，如图 9-7b 所示。这表明压杆直线形状的平衡是稳定的。当压力逐渐增加到某一极限值时，压杆的直线平衡变为不稳定，将转变为曲线形状的平衡。这时如再用微小的侧向干扰力使其发生轻微弯曲，干扰力解除后，它将保持曲线形状的平衡，不能恢复原有的直线形状，如图 9-7c 所示，上述压力的极限值称为临界压力或临界力，记为 $F_{cr}$。压杆丧失其直线形状的平衡而过渡为曲线平衡，称为丧失稳定，简称失稳，也称为屈曲。

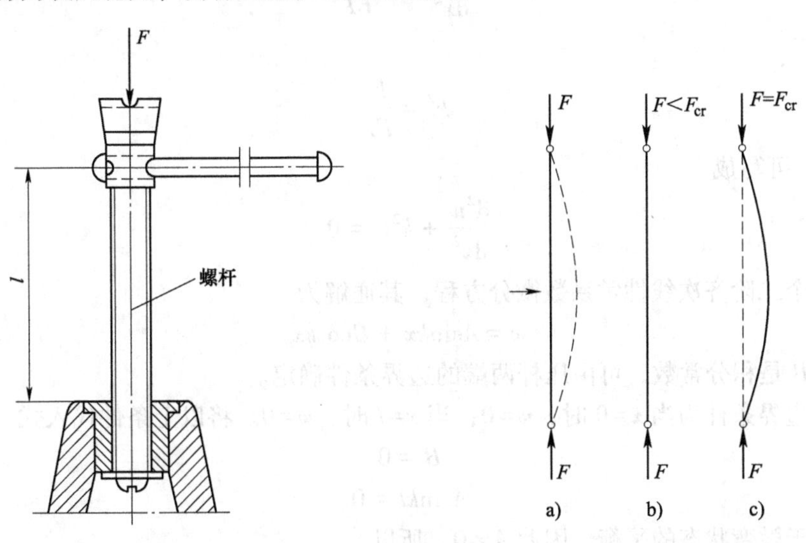


图 9-6 螺旋千斤顶的螺杆

图 9-7 压杆的平衡形态

杆件失稳后，压力的微小增加将引起弯曲变形的显著增大，杆件已丧失了承载能力。这是因失稳造成的失效可以导致整个机器或结构的损坏。但细长压杆失稳时，应力并不一定很高，有时甚至低于比例极限。可见这种形式的失效，并非强度不足，而是稳定性不够。

## 9.2 细长压杆的临界载荷

要确定压杆的平衡是否稳定平衡，首先应求其临界力 $F_{cr}$。压杆临界力的大小不但和材料的力学性能、杆横截面的几何形状和大小以及杆的长度有关，还和压杆两端的支承有关。下面对几种不同支承形式的细长杆的临界力进行讨论。

### 9.2.1 两端铰支细长压杆的临界载荷

以两端铰支、长度为 $l$ 的等截面细长压杆为例，推导其临界力的计算公式。选取图 9-8a 所示的坐标系，在轴向压力 $F$ 作用下处于微弯平衡状态。设距离原点为 $x$ 的任一截面 $m—m$ 的挠度为 $w$，由图 9-8b 可知，截面 $m—m$ 上的弯矩为

$$M = -Fw \tag{a}$$

式中，负号是因为计算时轴向压力 $F$ 取绝对值，弯矩 $M$ 与挠度 $w$ 的正负号相反。

对于微小的弯曲变形，挠曲线的近似微分方程为

$$\frac{d^2w}{dx^2} = \frac{M}{EI} \tag{b}$$

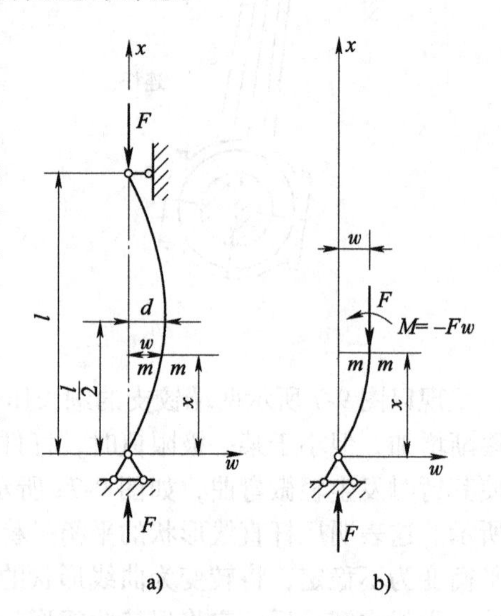


图 9-8 两端铰支细长压杆临界力计算

将式（a）代入式（b）得

$$\frac{d^2w}{dx^2} = -\frac{Fw}{EI} \tag{c}$$

令

$$k^2 = \frac{F}{EI} \tag{d}$$

于是式（c）可写成

$$\frac{d^2w}{dx^2} + k^2w = 0 \tag{e}$$

这是一个二阶齐次线性常系数微分方程，其通解为

$$w = A\sin kx + B\cos kx \tag{f}$$

式中，$A$ 和 $B$ 是积分常数，可由压杆两端的边界条件确定。

此杆的边界条件为当 $x=0$ 时，$w=0$；当 $x=l$ 时，$w=0$。将以上条件代入式（f）得

$$B = 0$$

$$A\sin kl = 0$$

由于压杆处于微弯状态的平衡，因此 $A\neq0$，所以

$$\sin kl = 0$$

由此得

$$kl = n\pi \quad (n = 0,1,2,\cdots)$$

所以

$$k^2 = \frac{n^2\pi^2}{l^2}$$

将上式代入式（d）得

$$F = \frac{n^2\pi^2 EI}{l^2} \quad (n = 0,1,2,\cdots)$$

由于临界力是使压杆失稳的最小压力，因此 $n$ 应取不为零的最小值，即取 $n=1$，所以，两端铰支细长压杆临界力 $F_{cr}$ 的计算公式为

$$F_{cr} = \frac{\pi^2 EI}{l^2} \tag{9-1}$$

式中，$E$ 为压杆材料的弹性模量；$I$ 为压杆两端为铰支时，压杆横截面的最小形心主惯性矩。

式（9-1）由瑞士科学家欧拉（Euler）于 1744 年首先导出，通常称该式为临界载荷的欧拉公式，该载荷又称为欧拉临界载荷。从公式可以看出，临界载荷 $F_{cr}$ 与杆的抗弯刚度 $EI$ 成正比，而与杆长的平方成反比，即杆越细长，其临界载荷越小，越容易失稳。

综合以上讨论，当取 $n=1$ 时，$k=\frac{\pi}{l}$，得到压杆失稳时的挠曲线方程为

$$w = A\sin\frac{\pi x}{l} \tag{9-2}$$

式中，$A$ 为杆件中点的挠度，它的数值取决于压杆微弯的程度。

此曲线为一“正弦曲线”。

### 9.2.2　其他支承条件下细长压杆的临界载荷

压杆两端的约束除了同为铰支外，还可能有其他支承的情形。对于其他支承条件下的压杆，其临界载荷仍可以仿照前面所述的方法推导出来，这里不再详细讨论。

表 9-1 给出了各种支承条件下等截面细长压杆临界载荷的计算公式。不同约束条件下细长压杆的临界载荷计算公式可以写成如下统一的形式：

$$F_{cr} = \frac{\pi^2 EI}{(\mu l)^2} \tag{9-3}$$

表 9-1　各种支承条件下等截面细长压杆的临界力

| 支承情况 | 两端铰支 | 一端固定一端铰支 | 两端固定 | 一端固定一端自由 |
|---|---|---|---|---|
| 失稳时挠曲线的形状 | $F_{cr}$, $l$ | $F_{cr}$, $l$, $0.7l$ | $F_{cr}$, $l$, $0.5l$ | $F_{cr}$, $l$, $2l$ |
| 临界力 | $F_{cr}=\frac{\pi^2 El}{l^2}$ | $F_{cr}=\frac{\pi^2 El}{(0.7l)^2}$ | $F_{cr}=\frac{\pi^2 El}{(0.5l)^2}$ | $F_{cr}=\frac{\pi^2 El}{(2l)^2}$ |
| 长度因数 | $\mu=1$ | $\mu=0.7$ | $\mu=0.5$ | $\mu=2$ |

式（9-3）称为欧拉公式的一般形式。系数 $\mu$ 称为长度因数，与压杆的杆端约束情况有关；$\mu l$ 称为相当长度，表示把长度为 $l$ 的压杆折算成两端铰支压杆后的长度。

【提示】 表 9-1 中列出的只是几种典型的情况，实际问题中的约束情况可能更复杂，计算时需要根据实际约束情况进行分析。例如实际构件中，还常常遇到一种所谓柱状铰（见图 9-9）。可以看出：在垂直于轴销的平面（$x$-$z$ 平面）内，轴销对杆的约束相当于铰支；而在轴销平面（$x$-$y$ 平面）内，轴销对杆的约束接近于固定端。应分别计算杆在不同方向失稳时的临界压力，$I$ 为其相应中性轴的惯性矩。

【例题 9-1】 如图 9-10 所示，矩形截面压杆，上端自由，下端固定。已知 $b=3\text{cm}$，$h=5\text{cm}$，杆长 1.5m，材料的弹性模量为 200GPa，试计算压杆的临界压力。

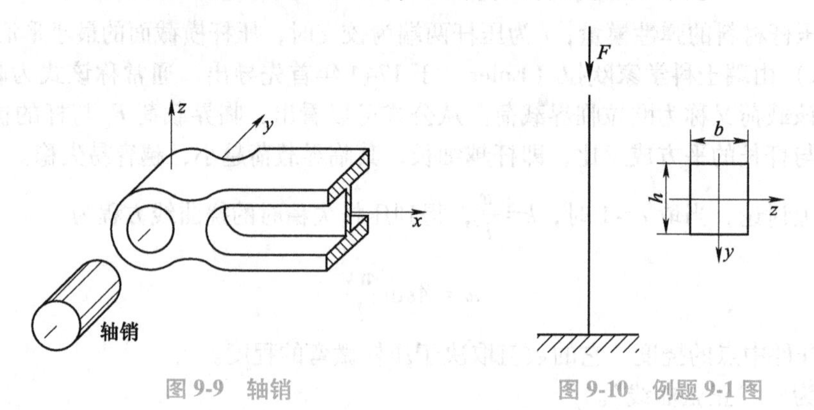


图 9-9 轴销　　　图 9-10 例题 9-1 图

解：根据此压杆两端的约束条件，$\mu=2$

$$I_y=\frac{hb^3}{12}<I_z=\frac{bh^3}{12}$$

所以压杆在 $xOz$ 平面内失稳。

$$I_y=\frac{hb^3}{12}=\frac{5\times10^{-2}\times(3\times10^{-2})^3}{12}\text{m}^4=11.25\times10^{-8}\text{m}^4$$

由压杆临界压力的计算公式，得

$$F_{cr}=\frac{\pi^2EI_y}{(\mu l)^2}=\frac{\pi^2\times200\times10^9\times11.25\times10^{-8}}{(2\times1.5)^2}\text{N}=24674\text{N}=24.674\text{kN}$$

## 9.3 欧拉公式的应用范围与临界应力总图

视频讲解

### 9.3.1 欧拉公式的应用范围

前面已经导出了计算临界压力的公式（9-3），用压杆的横截面面积 $A$ 除 $F_{cr}$，得到与临界压力对应的应力为

$$\sigma_{cr}=\frac{F_{cr}}{A}=\frac{\pi^2EI}{(\mu l)^2A} \tag{a}$$

若将压杆的惯性矩 $I$ 写成 $I=i^2A$ 或 $i=\sqrt{\frac{I}{A}}$，式中 $i$ 为压杆横截面对中性轴的惯性半径。

这样式（a）可以写成

$$\sigma_{cr}=\frac{\pi^2 E}{\left(\frac{\mu l}{i}\right)^2} \tag{b}$$

引用记号

$$\lambda=\frac{\mu l}{i} \tag{9-4}$$

$\lambda$ 是一个量纲一的量，称为柔度或长细比。它集中地反映了压杆的长度、约束条件、截面尺寸和形状等因素对临界应力 $\sigma_{cr}$的影响。由于引用了柔度 $\lambda$，计算临界应力的公式（b）可以写成

$$\sigma_{cr}=\frac{\pi^2 E}{\lambda^2} \tag{9-5}$$

从式（9-5）可以看出 $\lambda$ 越大，相应的 $\sigma_{cr}$越小，压杆越容易失稳。

【提示】 若压杆在不同平面内失稳时的支承约束条件不同，应分别计算在各平面内失稳时的柔度 $\lambda$，并按较大者计算压杆的临界应力 $\sigma_{cr}$。

式（9-5）是欧拉公式（9-3）的另一种表达形式，两者并无实质性的差别。欧拉公式是由弯曲变形的微分方程$\frac{d^2w}{dx^2}=\frac{M}{EI}$导出的，而材料服从胡克定律又是上述微分方程的基础，所以，只有临界应力小于比例极限 $\sigma_p$ 时，式（9-3）或式（9-5）才是正确的。令式（9-5）中的 $\sigma_{cr}$小于 $\sigma_p$，得

$$\sigma_{cr}=\frac{\pi^2 E}{\lambda^2}\leqslant\sigma_p \quad 或 \quad \lambda\geqslant\sqrt{\frac{\pi^2 E}{\sigma_p}} \tag{c}$$

可见，当压杆的柔度 $\lambda$ 大于或等于极限值$\sqrt{\frac{\pi^2 E}{\sigma_p}}$时，欧拉公式才是正确的。

用 $\lambda_1$ 代表这一极限值，即

$$\lambda_1=\sqrt{\frac{\pi^2 E}{\sigma_p}} \tag{9-6}$$

则条件（c）可以写成

$$\lambda\geqslant\lambda_1 \tag{9-7}$$

这就是欧拉公式（9-3）或式（9-5）适用的范围。不在这个范围之内的压杆不能适用欧拉公式。

$\lambda_1$的大小取决于压杆材料的力学性能。例如，对于 Q235 钢，可取 $E=206\text{GPa}$，$\sigma_p=200\text{MPa}$，得

$$\lambda_1=\pi\sqrt{\frac{E}{\sigma_p}}=\pi\sqrt{\frac{206\times10^9}{200\times10^6}}\approx100$$

所以，用 Q235 钢制成的压杆，只有当 $\lambda\geqslant100$ 时，才可以使用欧拉公式。又如，对于 $E=70\text{GPa}$，$\sigma_p=175\text{MPa}$ 的铝合金来说，由式（9-6）求得 $\lambda_1=62.8$，表示由这类铝合金制成的压杆，只有当 $\lambda\geqslant62.8$ 时，才能使用欧拉公式。满足条件 $\lambda\geqslant\lambda_1$ 的压杆，称为大柔度压杆。前面经常提到的“细长”压杆就是指大柔度压杆。

### 9.3.2 临界应力的经验公式

在工程实际中，常见压杆的柔度 $\lambda$ 小于 $\lambda_1$，则临界应力 $\sigma_{cr}$ 大于材料的比例极限 $\sigma_p$，这时欧拉公式已不能使用，属于超过比例极限的压杆稳定问题。如内燃机连杆、千斤顶螺杆等。对超过比例极限后的压杆问题也有理论分析的结果。但工程中对这类压杆的计算，一般使用以试验结果为依据的经验公式。下面介绍两种常用的经验公式：直线公式和抛物线公式。

**1. 直线公式**

直线公式把临界应力 $\sigma_{cr}$ 与柔度 $\lambda$ 表示为以下的直线公式：

$$\sigma_{cr} = a - b\lambda \tag{9-8}$$

式中，$a$ 与 $b$ 是与材料性质有关的常数。例如，对 Q235 钢制成的压杆，$a = 304\text{MPa}$，$b = 1.12\text{MPa}$。表 9-2 中列入了一些材料的 $a$ 和 $b$ 的数值。

表 9-2 直线公式的系数 $a$ 和 $b$

| 材料（$\sigma_b$，$\sigma_s$ 的单位为 MPa） | $a$/MPa | $b$/MPa |
|---|---|---|
| Q235 钢（$\sigma_b \geqslant 372$，$\sigma_s = 235$） | 304 | 1.12 |
| 优质碳钢（$\sigma_b \geqslant 471$，$\sigma_s = 235$） | 461 | 2.568 |
| 硅钢（$\sigma_b \geqslant 510$，$\sigma_s = 353$） | 578 | 3.744 |
| 铬钼钢 | 9807 | 5.296 |
| 铸铁 | 332.2 | 1.454 |
| 强铝 | 373 | 2.15 |
| 松木 | 28.7 | 0.19 |

柔度很小的短柱，如压缩试验用的金属短柱或水泥块，受压时不可能像大柔度杆那样出现弯曲变形，主要因应力达到屈服极限（塑性材料）或强度极限（脆性材料）而失效，这是一个强度问题。所以，对塑性材料，按式（9-8）算出的应力最高只能等于 $\sigma_s$，若相应的柔度为 $\lambda_2$，则

$$\lambda_2 = \frac{a - \sigma_s}{b} \tag{9-9}$$

这是直线公式的最小柔度。如果 $\lambda<\lambda_2$，就应按压缩的强度计算，要求

$$\sigma_{cr} = \frac{F}{A} \leqslant \sigma_s \tag{d}$$

对脆性材料，只需要把以上诸式中的 $\sigma_s$ 改为 $\sigma_b$。

**2. 抛物线公式**

对于由结构钢与低合金结构钢等材料制作的非细长压杆，可采用抛物线公式计算临界应力，该公式的一般表达式为

$$\sigma_{cr} = a_1 - b_1\lambda^2 \tag{9-10}$$

式中，$a_1$ 和 $b_1$ 是与材料力学性能有关的常数。

### 9.3.3　压杆的临界应力总图

综上所述，对于由合金钢、铝合金、铸铁与松木等制作的压杆，根据其柔度可将压杆分为三类，并分别按不同方式处理。$\lambda \geqslant \lambda_1$ 的压杆属于细长杆或大柔度杆，按欧拉公式（9-5）计算其临界应力；$\lambda_2 \leqslant \lambda < \lambda_1$ 的压杆，称为中柔度杆，可按式（9-8）等经验公式计算其临界应力；$\lambda < \lambda_2$ 的压杆属于短粗杆，称为小柔度杆，应按强度问题处理。在上述三种情况下，临界应力（或极限应力）$\sigma_{cr}$ 随柔度 $\lambda$ 变化的曲线称为临界应力总图，如图 9-11 所示。

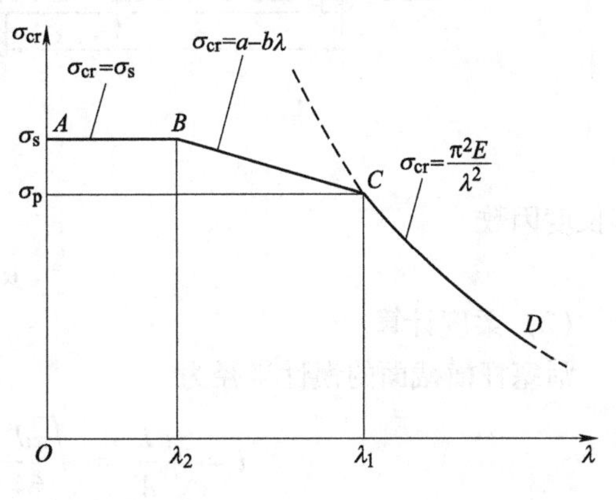


图 9-11　临界应力总图

【例题 9-2】　压杆截面如图 9-12 所示。两端为柱形铰链约束，若绕 $y$ 轴失稳可视为两端固定，若绕 $z$ 轴失稳可视为两端铰支。已知杆长 $l=1\text{m}$，材料的弹性模量 $E=200\text{GPa}$，$\sigma_p=200\text{MPa}$。求压杆的临界应力。

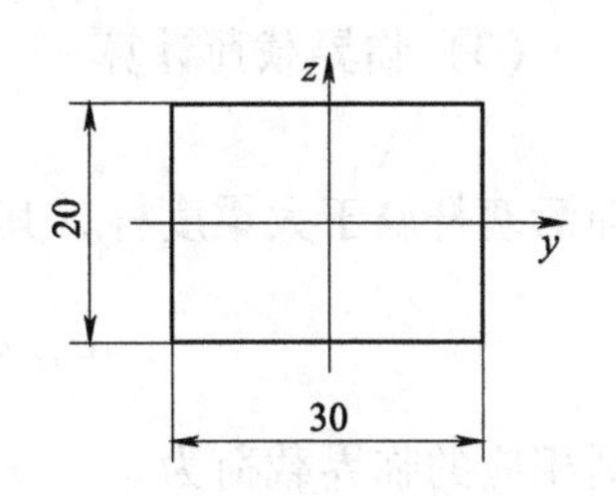


图 9-12　例题 9-2 图

解：（1）柔度计算，判断失稳形式。

柔度
$$\lambda_1 = \pi\sqrt{\frac{E}{\sigma_p}} = 99$$

绕 $y$ 轴失稳和 $z$ 轴失稳的惯性半径分别为

$$i_y = \sqrt{\frac{I_y}{A}} = \sqrt{\frac{\frac{1}{12}(0.03 \times 0.02^3)}{0.03 \times 0.02}}\text{m}$$

$$= 0.0058\text{m}, i_z = \sqrt{\frac{I_z}{A}} = 0.0087\text{m}$$

绕 $y$ 轴失稳两端视为固定，$\mu_y = 0.5$，$\lambda_y = \frac{\mu_y l}{i_y} = 86$

绕 $z$ 轴失稳两端视为铰支，$\mu_z = 1$，$\lambda_z = \frac{\mu_z l}{i_z} = 115$

因为 $\lambda_z > \lambda_y$，所以压杆绕 $z$ 轴先失稳。

（2）临界载荷的计算。

因为 $\lambda_z = 115 > \lambda_1$，所以用欧拉公式计算临界力

$$F_{cr} = A\sigma_{cr} = A \cdot \frac{\pi^2 E}{\lambda_z^2} = 89.5\text{kN}$$

【例题 9-3】　图 9-13 所示活塞杆，用硅钢制成，杆径 $d=40\text{mm}$，外伸部分的最大长度 $l=1\text{m}$，弹性模量 $E=210\text{GPa}$，$\lambda_1=100$，试确定活塞杆的临界载荷。

解：（1）活塞杆的计算简图。

由图可知，当活塞靠近缸体顶盖时，活塞杆的外伸部分最长，稳定性最差。此外，根据缸体的固定方式及其对活塞的约束情况，活塞杆可近似看作一端自由、另一端固定的压杆，

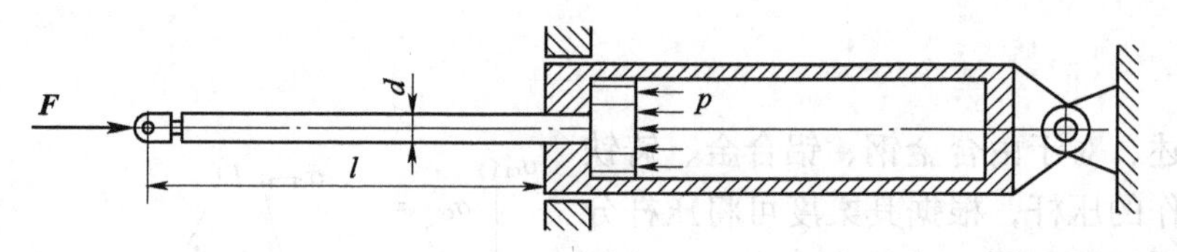


图 9-13　例题 9-3 图

其长度因数

$$\mu = 2$$

（2）柔度计算。

活塞杆横截面的惯性半径为

$$i = \sqrt{\frac{I}{A}} = \sqrt{\frac{\pi d^4}{64}\frac{4}{\pi d^2}} = \frac{1}{4}d = 0.01\text{m}$$

活塞杆的柔度 $\lambda$ 为

$$\lambda = \frac{\mu l}{i} = \frac{2 \times 1\text{m}}{0.01\text{m}} = 200$$

（3）临界载荷计算

$$\lambda > \lambda_1 = 100$$

即活塞杆属于大柔度杆，其临界应力应按欧拉公式进行计算，即

$$\sigma_{cr} = \frac{\pi^2 E}{\lambda^2} = \frac{\pi^2(210 \times 10^9\text{Pa})}{200^2} = 5.18 \times 10^7\text{Pa}$$

则相应的临界载荷为

$$F_{cr} = A\sigma_{cr} = \frac{(5.18 \times 10^7\text{Pa})\pi(40 \times 10^{-3}\text{m})^2}{4} = 6.51 \times 10^4\text{N}$$

## 9.4　压杆的稳定性校核

视频讲解

以前的讨论表明，对各种柔度的压杆，总可用欧拉公式或经验公式求出相应的临界应力，乘以横截面面积 $A$ 便为临界压力 $F_{cr}$。$F_{cr}$与工作压力 $F$ 之比即为压杆的工作安全因数 $n$，它应大于规定的稳定安全因数 $n_{st}$，故有

$$n = \frac{F_{cr}}{F} \geqslant n_{st} \tag{9-11}$$

稳定安全因数 $n_{st}$一般要高于强度安全因数。这是因为一些难以避免的因素，如杆件的初弯曲、压力偏心、材料不均匀和支座缺陷等，都严重地影响压杆的稳定，降低了临界压力。而同样这些因素，对杆件强度的影响就不像对稳定那么严重。关于稳定安全因数 $n_{st}$一般可于设计手册或规范中查到。

【例题 9-4】　图 9-14a、b 所示的压杆，其直径均为 $d$，材料都是 Q235 钢，但二者长度和约束条件各不相同。试：（1）分析哪一根杆的临界载荷较大；（2）计算 $d = 160\text{mm}$，$E = 206\text{GPa}$ 时，两杆的临界载荷。

解：（1）计算长细比，判断哪一根杆的临界载荷大。

因为 $\lambda=\frac{\mu l}{i}$，其中 $i=\sqrt{\frac{I}{A}}$，而二者均为圆截面且直径相同，故有

$$i=\sqrt{\frac{I}{A}}=\sqrt{\frac{\pi d^4}{64}\frac{4}{\pi d^2}}=\frac{1}{4}d$$

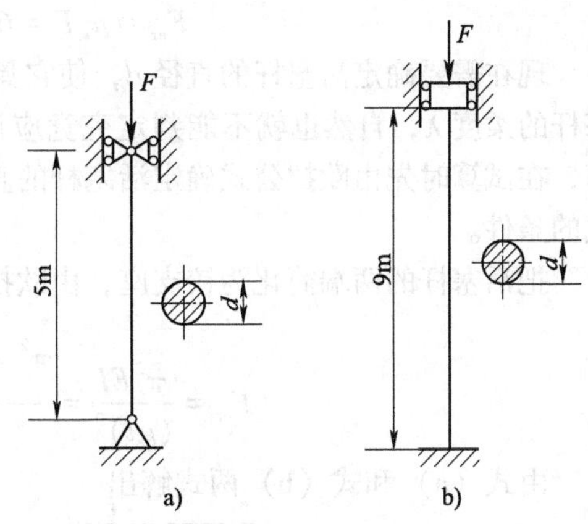

图 9-14　例题 9-4 图

因二者约束条件和杆长都不相同，所以 $\lambda$ 也不一定相同。

对于两端铰支的压杆如图 9-14a 所示，$\mu=1$，$l=5\text{m}$，有

$$\lambda=\frac{\mu l}{i}=\frac{1\times5\text{m}}{\frac{d}{4}}=\frac{20\text{m}}{d}$$

对于两端固定的压杆如图 9-14b 所示，$\mu=0.5$，$l=9\text{m}$，有

$$\lambda=\frac{\mu l}{i}=\frac{0.5\times9\text{m}}{\frac{d}{4}}=\frac{18\text{m}}{d}$$

可见本例中两端铰支压杆的临界载荷小于两端固定压杆的临界载荷。

（2）计算各杆的临界载荷

对于两端铰支的压杆，

$$\lambda=\frac{\mu l}{i}=\frac{1\times5\text{m}}{\frac{d}{4}}=\frac{20\text{m}}{0.16\text{m}}=125>\lambda_1=100$$

属于细长杆，利用欧拉公式计算临界载荷

$$F_{\text{cr}}=\sigma_{\text{cr}}A=\frac{\pi^2E}{\lambda^2}\times\frac{\pi d^2}{4}=\frac{\pi^2\times206\times10^9\text{Pa}}{125^2}\times\frac{\pi\times(160\times10^{-3}\text{m})^2}{4}=2.6\times10^3\text{kN}$$

对于两端固定的压杆，有

$$\lambda=\frac{\mu l}{i}=\frac{0.5\times9\text{m}}{\frac{d}{4}}=\frac{18\text{m}}{0.16\text{m}}=112.5>\lambda_1=100$$

也属于细长杆，故临界载荷

$$F_{\text{cr}}=\sigma_{\text{cr}}A=\frac{\pi^2E}{\lambda^2}\times\frac{\pi d^2}{4}=\frac{\pi^2\times206\times10^9\text{Pa}}{112.5^2}\times\frac{\pi\times(160\times10^{-3}\text{m})^2}{4}=3.23\times10^3\text{kN}$$

【例题 9-5】　某型号平面磨床的工作台液压驱动装置如图 9-3 所示。油缸活塞直径 $D=65\text{mm}$，油压 $p=1.2\text{MPa}$。活塞杆长度 $l=1250\text{mm}$，材料为 35 钢，$\sigma_s=220\text{MPa}$，$E=210\text{GPa}$，$[n_{\text{st}}]=6$。试确定活塞杆的直径。

**解：** 活塞杆承受的轴向压力应为

$$F=\frac{\pi D^2}{4}p=\frac{\pi}{4}(65\times10^{-3}\text{m})^2\times(1.2\times10^6\text{Pa})=3982\text{N}$$

如果在稳定条件［式（9-11）］中取等号，则活塞杆的临界压力应该为

$$F_{cr} = n_{st}F = 6 \times 3982\text{N} = 23892\text{N} \tag{a}$$

现在需要确定活塞杆的直径 $d$，使它具有此临界压力。由于直径尚待确定，无法求出活塞杆的柔度 $\lambda$，自然也就不能判定究竟应该用欧拉公式还是用经验公式计算。为此可先试算，在试算时先由欧拉公式确定活塞杆的直径。待直径确定后，再检查是否满足应用欧拉公式的条件。

把活塞杆的两端简化为铰支座，由欧拉公式求得临界压力为

$$F_{cr} = \frac{\pi^2 EI}{(\mu l)^2} = \frac{\pi^2 \times (210 \times 10^9\text{Pa}) \times \dfrac{\pi}{64}d^4}{(1 \times 1.25\text{m})^2} \tag{b}$$

由式（a）和式（b）两式解出

$$d = \sqrt[4]{\frac{64F_{cr}(\mu l)^2}{\pi^3 E}} = 0.0246\text{m} = 24.6\text{mm}, \text{取 } d = 25\text{mm}$$

用所确定的直径 $d$ 计算活塞杆的柔度

$$\lambda = \frac{\mu l}{i} = \frac{1 \times 1250\text{mm}}{25\text{mm}/4} = 200$$

对所用材料 35 钢来说，

$$\lambda_1 = \pi\sqrt{\frac{E}{\sigma_p}} = \pi\sqrt{\frac{210 \times 10^9\text{Pa}}{220 \times 10^6\text{Pa}}} = 97.1$$

由于 $\lambda > \lambda_1$，所以满足应用欧拉公式的条件，前面的试算是正确的。

【例题 9-6】 图 9-15a 所示支撑杆 $AB$ 的直径 $d = 40\text{mm}$，长 $l = 800\text{mm}$，两端可视为铰支。材料为 Q235 钢，弹性模量 $E = 200\text{GPa}$。比例极限 $\sigma_p = 200\text{MPa}$，屈服极限 $\sigma_s = 240\text{MPa}$，由 $AB$ 杆的稳定条件求 $[F]$。（若用直线公式，$a = 304\text{MPa}$，$b = 1.12\text{MPa}$）

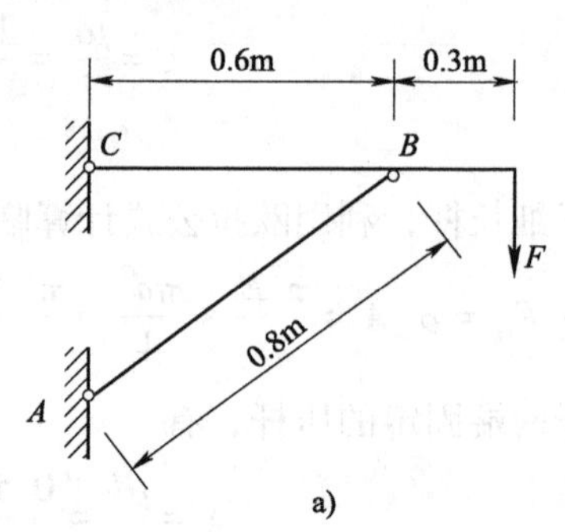


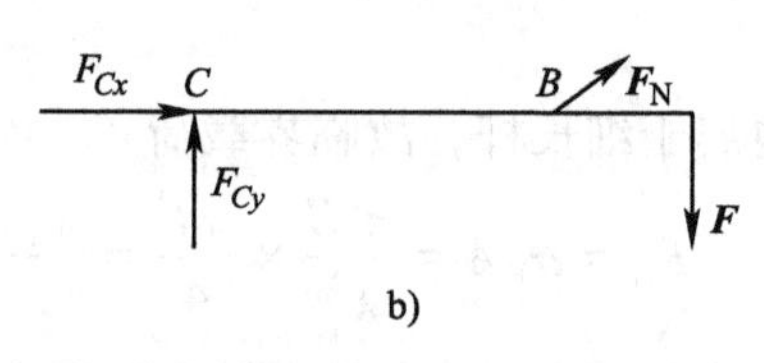


图 9-15 例题 9-6 图

解：（1）取 $BC$ 部分进行研究，受力分析如图 9-15b 所示，列平衡方程得

$$\sum M_C = 0, F \times 0.9\text{m} - F_N \sin\alpha \times 0.6\text{m} = 0$$

因为 $$\sin\alpha = \frac{\sqrt{0.8^2 - 0.6^2}}{0.8}$$

故求得 $$F_N = 2.27F$$

（2）由式（9-6）求出

$$\lambda_1 = \pi\sqrt{\frac{E}{\sigma_p}} = 99$$

对于 $AB$ 圆截面杆，$i = \sqrt{\dfrac{I}{A}} = \dfrac{d}{4} = 0.01\text{m}$

$AB$ 两端简化为铰支，则 $\mu = 1$，于是

$$\lambda = \frac{\mu l}{i} = 80 < \lambda_1$$

因此，不能用欧拉公式。且

$$\lambda_2=\frac{a-\sigma_s}{b}=57$$

（3）因 $\lambda_2<\lambda<\lambda_1$，故采用直线公式进行求解得

$$\sigma_{cr}=a-b\lambda=214\text{MPa}$$

$$F_{cr}=A\sigma_{cr}=268\text{kN}=[F_N]$$

$$F_N=2.27F$$

$$[F]=118\text{kN}$$

## 9.5 提高压杆稳定性的措施

压杆的稳定性取决于临界载荷的大小。由临界应力公式（9-3）可知，影响压杆稳定的因素有：压杆的截面形状、长度和约束条件、材料的性质等。因而可以从这几个方面入手，讨论如何提高压杆的稳定性。

1. 选择合理的截面形状

从欧拉公式看出，截面的惯性矩 $I$ 越大，临界压力 $F_{cr}$ 越大。从经验公式又可看到，柔度 $\lambda$ 越小，临界应力越高。由于 $\lambda=\frac{\mu l}{i}$，所以提高惯性半径 $i$ 的数值就能减小 $\lambda$ 的数值。可见，如不增加截面面积，尽可能地把材料放在离截面形心较远处，以取得较大的 $I$ 和 $i$，就等于提高了临界压力。例如，环形空心圆截面就比实心圆截面合理，如图 9-16 所示，因为若两者截面面积相同，环形截面的 $I$ 和 $i$ 都比实心圆截面的大得多。同理，由四根角钢组成的起重臂如图 9-17a 所示，其四根角钢分散放置在截面的四角如图 9-17b 所示，而不是集中地放置在截面形心的附近如图 9-17c 所示。由型钢组成的桥梁桁架中的压杆或建筑物中的柱，也都是把型钢分开安放，如图 9-18 所示。

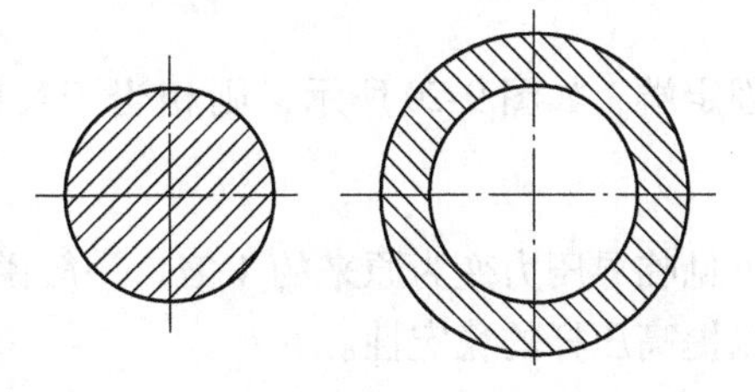

图 9-16 实心圆截面与环形空心圆截面

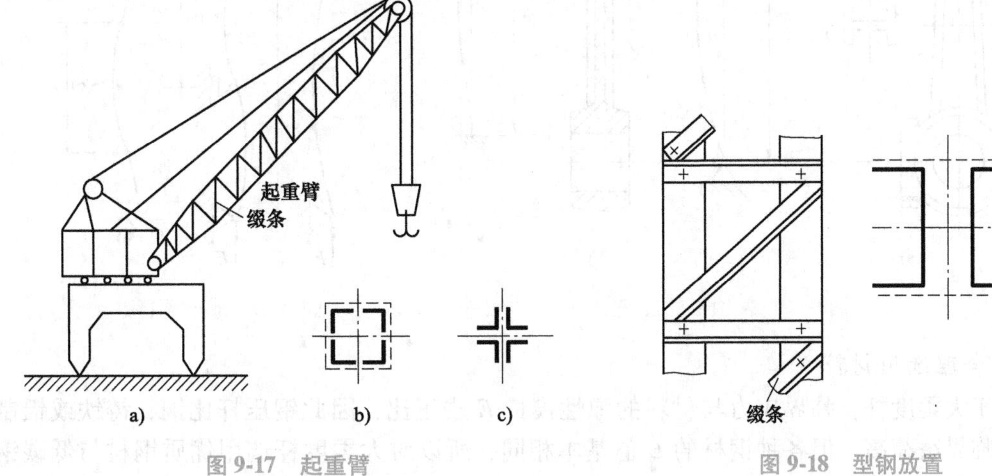


图 9-17 起重臂

图 9-18 型钢放置

当然，也不能为了取得较大的 $I$ 和 $i$ 就无限制地增加环形截面的直径并减小其壁厚，这将使其因变成薄壁圆管而有引起局部失稳，发生局部折皱的危险。对由型钢组成的组合压杆，也要用足够强的缀条或缀板把分开放置的型钢连成一个整体，如图 9-17 和图 9-18 所示。否则，各条型钢将变为分散单独的受压杆件，达不到预期的稳定性。

如压杆在各个纵向平面内的相当长度 $\mu l$ 相同，应使截面对任一形心轴的 $i$ 相等，或接近相等，这样，压杆在任一纵向平面内的柔度 $\lambda$ 都相等或接近相等，于是在任一纵向平面内有相等或接近相等的稳定性。例如，圆形、环形或图 9-17b 所示的截面，都能满足这一要求。相反，某些压杆在不同的纵向平面内，$\mu l$ 并不相同。例如，发动机的连杆，在摆动平面内，两端可简化为铰支座，如图 9-19a 所示，$\mu_1=1$；而在垂直于摆动平面的平面内，两端可简化为固定端，如图 9-19b 所示，$\mu_2=0.5$。这就要求连杆截面对两个形心主惯性轴 $x$ 和 $y$ 有不同的 $i_x$ 和 $i_y$，使得在两个主惯性平面内的柔度 $\lambda_1=\dfrac{\mu_1 l_1}{i_x}$ 和 $\lambda_2=\dfrac{\mu_2 l_2}{i_y}$ 接近相等。这样，连杆在两个主惯性平面内仍然可以有接近相等的稳定性。

2. 改变压杆的约束条件

从 9.2 节的讨论看出，改变压杆的支座条件直接影响临界力的大小。例如，长为 $l$、两端铰支的压杆，$\mu=1$，$F_{cr}=\dfrac{\pi^2 EI}{l^2}$。若在这一压杆的中点增加一个中间支座。或者把两端改为固定端，如图 9-20 所示，则相当于长度变为 $\mu l=\dfrac{l}{2}$，则临界压力变为 $F_{cr}=\dfrac{\pi^2 EI}{\left(\dfrac{l}{2}\right)^2}=\dfrac{4\pi^2 EI}{l^2}$，可见临界压力变为原来的 4 倍。一般说增加压杆的约束，使其更不容易发生弯曲变形，都可以提高压杆的稳定性。

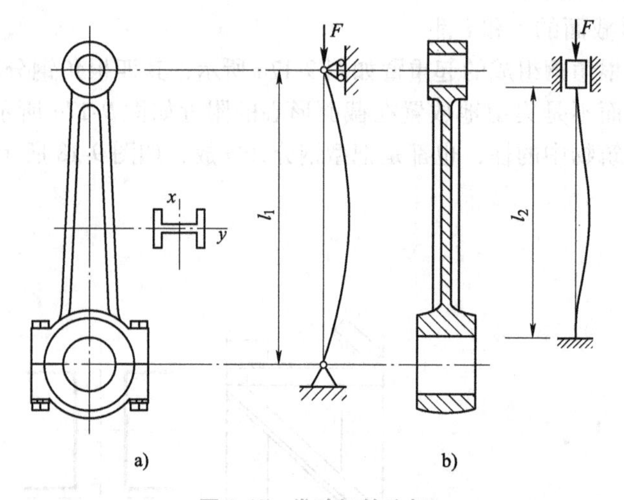

图 9-19　发动机的连杆

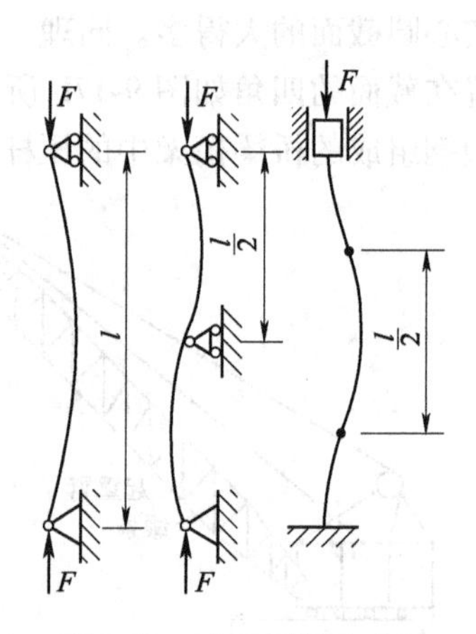

图 9-20　改变压杆的支承

3. 合理选用材料

对于大柔度杆，临界应力与材料的弹性模量 $E$ 成正比，因此钢压杆比铜、铸铁或铝制压杆的临界载荷高。但各种钢材的 $E$ 值基本相同，所以对大柔度杆选用优质钢材与低碳钢并无多大差别，对中柔度杆，材料的屈服极限 $\sigma_s$ 和比例极限 $\sigma_p$ 越高，则临界应力就越大，这时选用优质钢材会提高压杆的承载能力，至于小柔度杆，稳定性问题成为强度问题，优质钢材的强度高，其承载能力的提高是显然的。

最后尚需指出，对于压杆，除了可以采取上述几方面的措施提高其承载能力外，在可能的条件下，还可以从结构方面采取相应的措施。例如，将结构中的压杆转换成拉杆，这样，就可以从根本上避免失稳问题，以图9-21所示的托架为例，在不影响结构使用的条件下若把图9-21a所示的结构改换成图9-21b所示的结构，则$AB$杆就由承受压力变为承受拉力，从而避免了压杆失稳的问题。

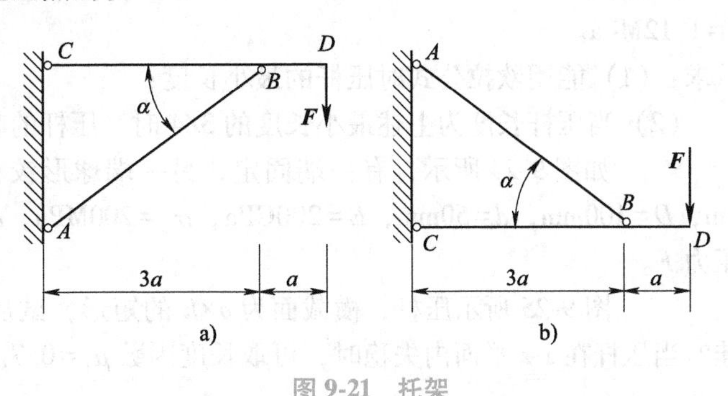


图9-21 托架

## 本章小结

本章主要讲述了压杆稳定的概念、四种不同的杆端约束情况下临界压力的欧拉公式、欧拉公式的应用范围、经验公式及压杆的稳定性计算。注重理解柔度的意义，它综合反映了杆长、杆端支承形式和截面等因素对稳定性的影响，压杆总是在柔度大的平面内先失稳。学会应用稳定性条件校核压杆、确定许可载荷和设计截面等三类问题。

## 习 题

9-1 活塞杆由45钢制成，$\sigma_s=350\text{MPa}$，$\sigma_p=280\text{MPa}$，$E=210\text{GPa}$。长度$l=703\text{mm}$，直径$d=45\text{mm}$。最大压力$F_{max}=41.6\text{kN}$。规定稳定安全因数为$n_{st}=8\sim10$。试校核其稳定性。

9-2 图9-22所示两圆截面压杆的长度、直径和材料均相同，已知$l=1\text{m}$，$d=40\text{mm}$。材料的弹性模量$E=200\text{GPa}$，比例极限$\sigma_p=200\text{MPa}$，屈服极限$\sigma_s=240\text{MPa}$。临界应力的经验公式为$\sigma_{cr}=304\text{MPa}-(1.12\text{MPa})\lambda$，试计算它们的临界载荷，并进行比较。

9-3 一木柱两端铰支，其横截面为120mm×200mm的矩形，长度为3m。木材的$E=10\text{GPa}$，$\sigma_p=20\text{MPa}$。试求木柱的临界应力。计算临界应力的公式有：

（1）欧拉公式；

（2）直线公式$\sigma_{cr}=28.7-0.19\lambda$。

9-4 求图9-23所示铬钼钢连杆$F_{cr}$。$A=70\text{mm}^2$，$I_z=6.5\times10^4\text{mm}^4$，$I_y=3.8\times10^4\text{mm}^4$，中柔度压杆的临界应力为$\sigma_{cr}=980\text{MPa}-(5.29\text{MPa})\lambda\ (0<\lambda<55)$。

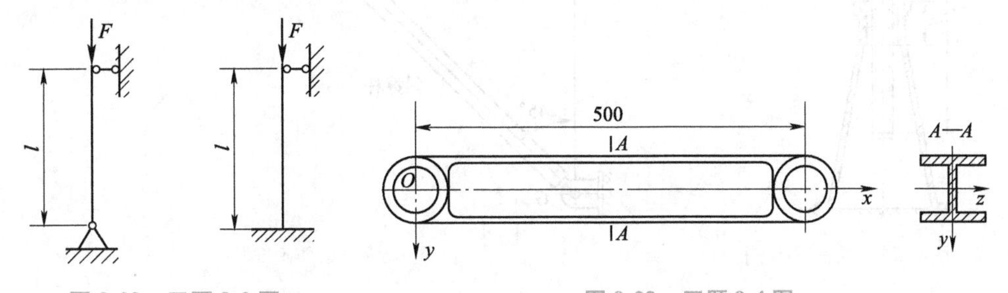


图9-22 习题9-2图

图9-23 习题9-4图

**9-5** 外径 $D=50\text{mm}$，内径 $d=40\text{mm}$ 的钢管，两端铰支，材料为Q235钢，承受轴向压力 $F$。已知：$E=200\text{GPa}$，$\sigma_p=200\text{MPa}$，$\sigma_s=240\text{MPa}$，用直线公式时，$a=304\text{MPa}$，$b=1.12\text{MPa}$。

试求：(1) 能用欧拉公式时压杆的最小长度；

(2) 当压杆长度为上述最小长度的3/4时，压杆的临界力。

**9-6** 如图9-24所示，有一端固定，另一端球形铰支的空心圆截面钢压杆。已知：$l=5\text{m}$，$D=100\text{mm}$，$d=50\text{mm}$，$E=200\text{GPa}$，$\sigma_p=200\text{MPa}$，$\sigma_s=240\text{MPa}$，$n_{st}=2.5$。求许用轴向压力 $F$。

**9-7** 图9-25所示压杆，横截面为 $b\times h$ 的矩形，试从稳定性方面考虑，$h/b$ 为何值时最佳？当压杆在 $x$-$z$ 平面内失稳时，可取长度因数 $\mu_y=0.7$。

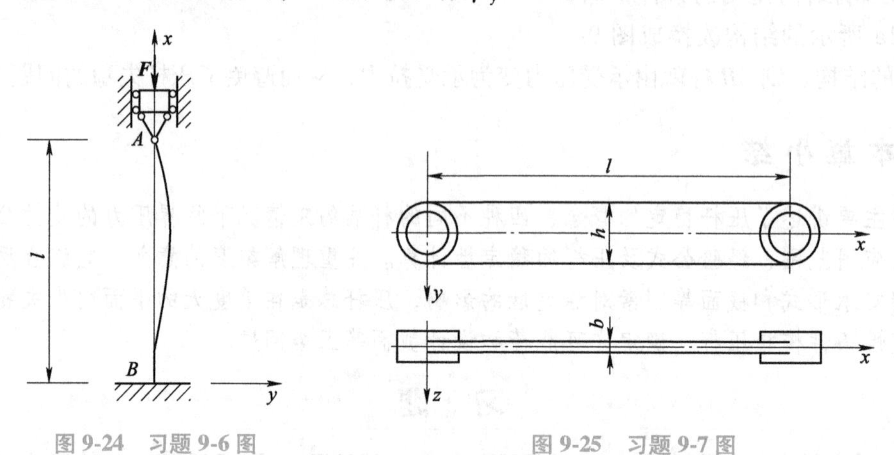


图9-24 习题9-6图　　图9-25 习题9-7图

**9-8** 试检查图9-26所示千斤顶丝杠的稳定性。若千斤顶的最大起重量 $F=120\text{kN}$，丝杠内径 $d=52\text{mm}$，丝杠总长 $l=600\text{mm}$，衬套高度 $h=100\text{mm}$，丝杠用Q235钢制成，稳定安全因数 $n_{st}=4$。中柔度杆的临界应力公式为 $\sigma_{cr}=235\text{MPa}-(0.00669\text{MPa})\lambda^2(\lambda<123)$。

**9-9** 校核图9-27所示斜撑杆的稳定性。已知 $F=12\text{kN}$，杆外径 $D=45\text{mm}$，内径 $d=36\text{mm}$，$n_{st}=2.5$，材料为Q235钢，$\lambda_1=100$，$\sigma_{cr}=235\text{MPa}-(0.00669\text{MPa})\lambda^2$。

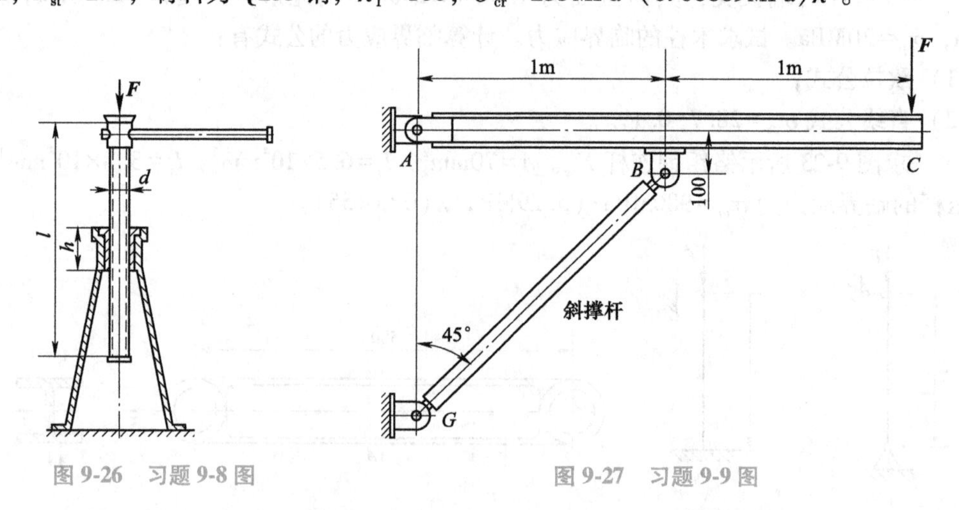


图9-26 习题9-8图　　图9-27 习题9-9图

**9-10** 图9-28所示结构，由横梁 $AC$ 与立柱 $BD$ 组成，试问当载荷集度 $q=20\text{N/m}$ 与 $q=$

26N/m 时，截面 $B$ 的挠度分别为何值？横梁与立柱均用低碳钢制成，弹性模量 $E=200\text{GPa}$，比例极限 $\sigma_p=200\text{MPa}$。

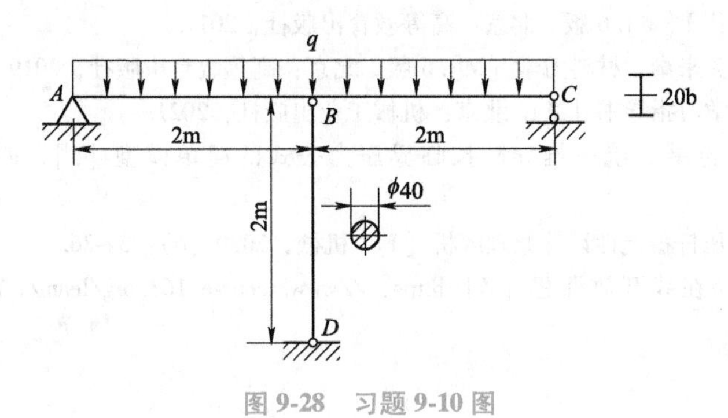


图 9-28　习题 9-10 图

## 测 试 题

9-1　按临界应力总图，$\lambda \geqslant \lambda_1$ 的压杆称为________，其临界应力计算公式为__________；$\lambda_2 \leqslant \lambda < \lambda_1$ 的压杆称为________，其临界应力计算公式为____________；$\lambda < \lambda_2$ 的压杆称为________，其临界应力计算公式为__________。

9-2　对于不同柔度的塑性材料压杆，其最大临界应力将不超过材料的__________。

9-3　对由一定材料制成的压杆来说，临界应力取决于杆的柔度，柔度值越大，临界应力值越______，压杆就越易失稳。

9-4　两端铰支的圆截面压杆，长 1m，直径 50mm。其柔度为（　　）。

A. 60　　B. 66.7　　C. 80　　D. 50

9-5　在稳定性计算中，若用欧拉公式算得压杆的临界压力为 $F_{cr}$，而实际压杆属于中柔度杆，则（　　）。

A. 并不影响压杆的临界压力值

B. 实际的临界压力大于 $F_{cr}$，是偏于安全的

C. 实际的临界压力大于 $F_{cr}$，是偏于不安全的

D. 实际的临界压力小于 $F_{cr}$，是偏于不安全的

9-6　在横截面面积等其他条件均相同的条件下，压杆采用图 9-29（　　）所示的截面形状，其稳定性最好。

9-7　图 9-30 所示边长为 $a=2\sqrt{3}\times 10\text{mm}$ 的正方形截面大柔度杆，承受轴向压力 $F=4\pi^2\text{kN}$，弹性模量 $E=100\text{GPa}$，则该杆的工作安全因数为（　　）。

A. $n_{st}=1$　　B. $n_{st}=2$　　C. $n_{st}=3$　　D. $n_{st}=4$

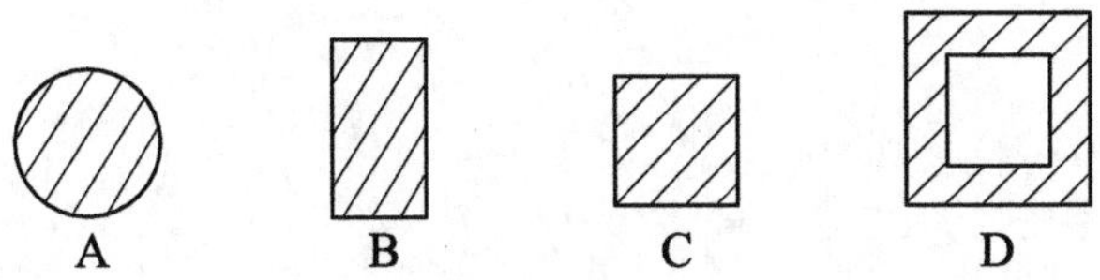

A　B　C　D

图 9-29　测试题 9-6 图

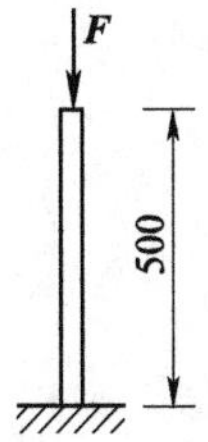

F
500

图 9-30　测试题 9-7 图

## 资源推荐

[1] 刘鸿文. 材料力学: I [M]. 6版. 北京: 高等教育出版社, 2017.

[2] 孙训方, 方孝淑, 关来泰. 材料力学 [M]. 6版. 北京: 高等教育出版社, 2019.

[3] 张晓晴. 材料力学学习指导书 [M]. 北京: 机械工业出版社, 2021.

[4] 袁泉, 黄孟阳, 黄吉星. 统一推导欧拉临界压力公式的简单模型 [J]. 四川建材, 2021 (1): 242-243.

[5] 赵九峰. 游乐设施压杆稳定性计算原理解析 [J]. 机械, 2020 (6): 32-36.

[6] 材料力学省级精品在线开放课程 [Z]. https://www.icourse 163.org/leam/AYIT-1003359018? tid = 1468122457.

# 第 10 章

# 动载荷与交变应力

## 学习要点

**学习重点：**

1. 构件做等加速直线运动及匀速旋转时动应力的分析与计算；
2. 受轴向与横向冲击时动荷系数与动荷应力的分析与计算；
3. 交变应力和疲劳极限的概念；
4. 对称循环时构件疲劳强度的计算方法。

**学习难点：**

1. 受轴向与横向冲击时动荷系数与动荷应力的分析与计算；
2. 对称循环时构件疲劳强度的计算，钢构件及连接部分疲劳强度的计算。

## 思维导图

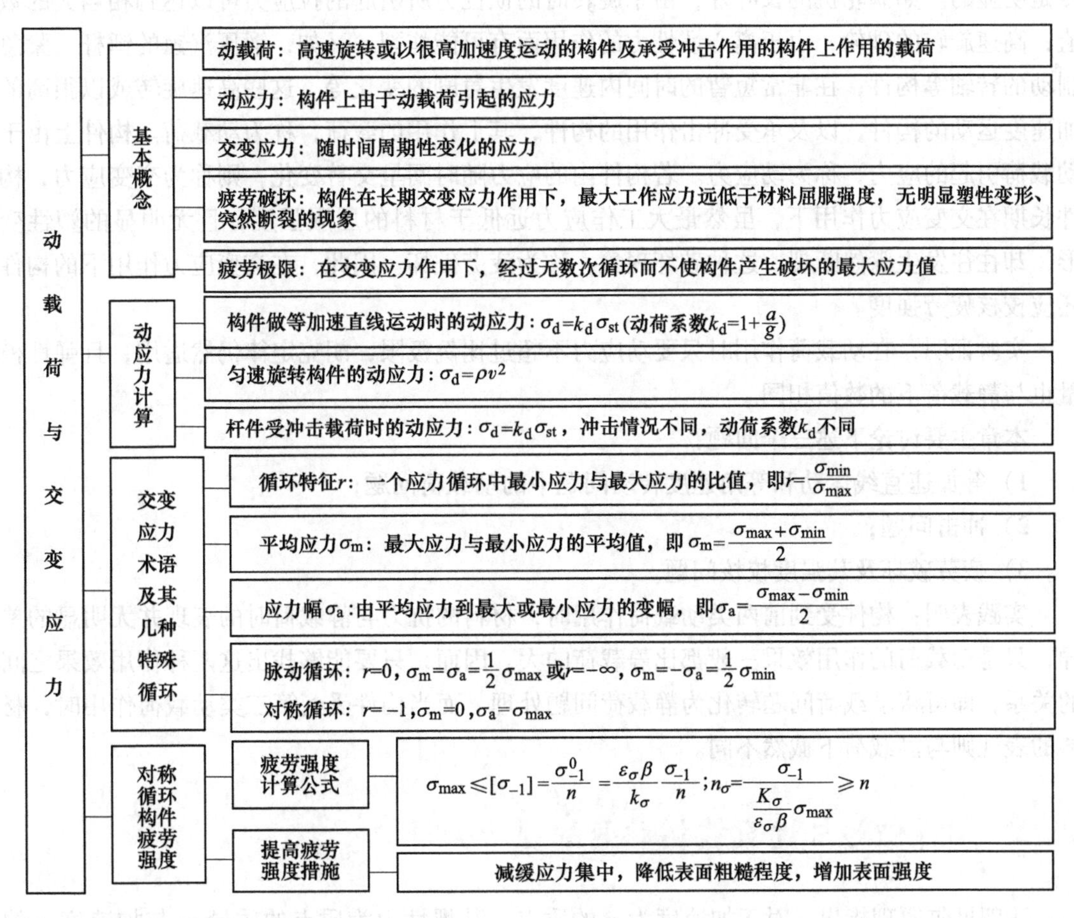

## 实例引导

我们在日常生活中发现，一条绳索，当匀速吊起重物时是安全的，但若以很大的加速度吊起重物，绳索可能会破坏；一根铁丝，用力拉断是很困难的，但是，若反复折几次，铁丝很快就被折断。这是为什么呢？这就是动载荷和交变应力问题。在工程实际问题中，有些高速旋转的部件或加速提升的构件，如锻造汽锤的锤杆、紧急制动的转轴，其质点的加速度是明显的；而有些零件工作时，承受的载荷随时间做周期性的变化，如内燃机中的连杆、齿轮的轮齿、火车轮轴等，以上这些情况都属于动载荷和交变应力问题。本章将研究动载荷和交变应力作用下构架的强度计算。

## 10.1 概述

前面章节所讨论的都是构件在静载荷作用下产生的变形和应力的计算，静载荷是指载荷从零开始缓慢增加，在加载过程中，杆件各点的加速度很小，可忽略不计。由静载荷产生的应力称为静应力。在工程实际中，有些高速旋转的部件或加速提升的构件等，其质点的加速度是明显的。如涡轮机的长叶片，由于旋转时的惯性力所引起的拉应力可以达到相当大的数值；高速旋转的砂轮，由于离心惯性力的作用而有可能炸裂；又如，锻压汽锤的锤杆、紧急制动的转轴等构件，在非常短暂的时间内速度发生急剧的变化等。这些高速旋转或以很高的加速度运动的构件，以及承受冲击作用的构件，其上作用的载荷，称为动载荷。构件上由于动载荷引起的应力，称为动应力。若构件内的应力随时间呈交替变化，则称为交变应力，构件长期在交变应力作用下，虽然最大工作应力远低于材料的屈服强度，且无明显的塑性变形，却往往发生骤然断裂。这种破坏现象，称为疲劳破坏。因此，在交变应力作用下的构件还应校核疲劳强度。

实验证明，在动载荷作用时只要动应力不超过比例极限，胡克定律仍然适用，且弹性模量也与静载荷下的数值相同。

本章主要讨论下述三个问题：

1）等加速直线运动和等角速度转动问题中的动载荷问题；

2）冲击问题；

3）疲劳破坏及其强度校核问题。

实践表明：构件受到前两类动载荷作用时，材料的抗力与静载荷时的表现并无明显的差异，只是动载荷的作用效果一般都比静载荷的大。因而，只要能够找出这两种作用效果之间的关系，即可将动载荷问题转化为静载荷问题处理。而当构件受到第三类动载荷作用时，材料的表现则与静载荷下截然不同。

## 10.2 构件做等加速直线运动时的动应力计算

达朗贝尔原理指出，对于加速度为 $a$ 的质点，其惯性力为质点的质量 $m$ 与加速度 $a$ 的乘积，方向与 $a$ 相反。质点上的原力系与惯性力组成平衡力系。这样，就可以把动力学问题在形式上当作静力学问题来处理，这就是动静法。

如图 10-1 所示，一个正在起重的起重机，当起重机以匀速吊起重物时，绳索所受的力就是重物的重量 $P$，即把吊重作为静载荷作用在绳索上。设绳索的横截面面积为 $A$，则绳索横截面中的静应力为

$$\sigma_{st} = \frac{P}{A} \tag{a}$$

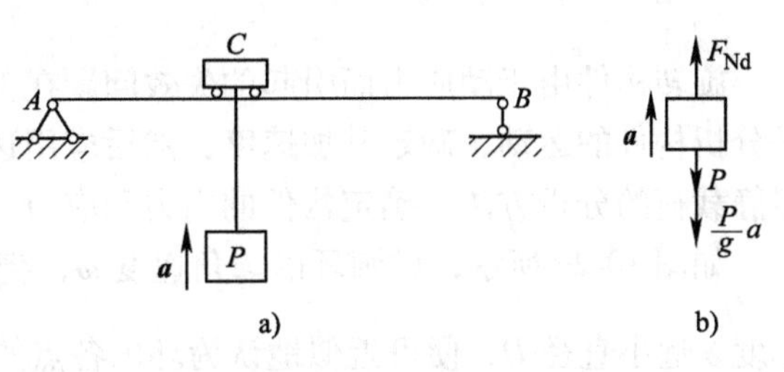


图 10-1　起重机起吊重物示意图

现在计算当起重机以加速度 $a$ 吊起重物时绳中的应力。取重物为研究对象，则其受力为：自身重量 $P$，绳索的拉力 $F_{Nd}$，另外，还有因向上的加速度引起的向下的惯性力，其大小为$\frac{P}{g}a$（$g$ 为重力加速度），则在竖直方向的平衡方程为

$$F_{Nd} - P - \frac{P}{g}a = 0$$

解得

$$F_{Nd} = P\left(1 + \frac{a}{g}\right)$$

于是，绳索横截面中的正应力为

$$\sigma_d = \frac{F_{Nd}}{A} = \frac{P}{A}\left(1 + \frac{a}{g}\right)$$

将式（a）代入上式，得

$$\sigma_d = \left(1 + \frac{a}{g}\right)\sigma_{st} \tag{b}$$

令

$$k_d = 1 + \frac{a}{g} \tag{c}$$

则式（b）可写成

$$\sigma_d = k_d \sigma_{st} \tag{10-1}$$

式（10-1）表明，动应力可用相应的静应力乘以一个大于 1 的系数 $k_d$ 得到，$k_d$ 称为动荷系数。动荷系数反映了动载荷与相应静载荷大小的比值。

强度条件可以写成

$$\sigma_d = k_d \sigma_{st} \leqslant [\sigma] \tag{10-2}$$

由于动荷系数中已包含了动载荷的影响，所以 $[\sigma]$ 即为静载荷下的许用应力。

【提示】　动荷系数的概念在结构的动力计算中是非常有用的，因为通过它可将动力计算问题转化为静力计算问题，即只需要将由静力计算的结果乘上一个动荷系数就是所需要的结果。但应注意，对不同类型的动力问题，其动荷系数 $k_d$ 是不相同的。

## 10.3 旋转构件的受力分析与动应力计算

旋转构件由于动应力而引起的失效问题在工程中也是很常见的。处理这类问题时，首先是分析构件的运动，确定其加速度，然后应用达朗贝尔原理，在构件上施加惯性力，最后按照静载荷的分析方法，确定构件的内力和应力。

如图 10-2a 所示，设圆环以匀角速度 $\omega$，绕通过圆心且垂直于纸面的轴旋转。若圆环的厚度 $\delta$ 远小直径 $D$，便可近似地认为环内各点的向心加速度大小相等，均为 $a_n = \dfrac{D}{2}\omega^2$。设圆环横截面面积为 $A$，圆环单位体积的重量为 $\rho$，则作用在环中心线单位长度的惯性力为

$$q_d = \frac{A\rho}{g}a_n = \frac{A\rho D}{2g}\omega^2$$

其方向与向心加速度方向相反，且沿圆环中心线上各点大小相等，如图 10-2b 所示。

为计算圆环的应力，将圆环沿任意直径切开，并设切开后截面上的拉力为 $F_{Nd}$，如图 10-2c 所示，则由上半部分平衡方程 $\sum F_y = 0$，得

$$2F_{Nd} = \int_0^{\pi} q_d \sin\varphi \frac{1}{2}D\mathrm{d}\varphi = q_d D$$

即

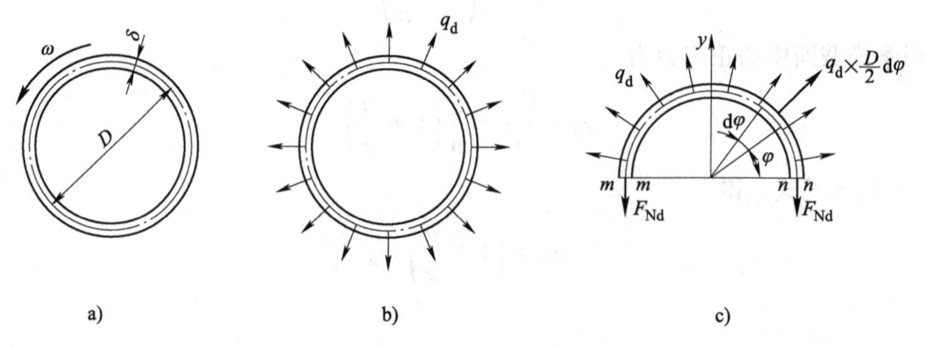


图 10-2 圆环等速转动时承受的动载荷

$$F_{Nd} = \frac{q_d D}{2} = \frac{A\rho D^2}{4g}\omega^2$$

于是圆环横截面上的应力为

$$\sigma_d = \frac{F_{Nd}}{A} = \frac{\rho D^2}{4g}\omega^2 = \frac{\rho}{g}v^2 \tag{10-3}$$

式中，$v = \dfrac{D\omega}{2}$为圆环中心线上各点处的切向线速度。强度条件是

$$\sigma_d = \frac{\rho}{g}v^2 \leqslant [\sigma] \tag{10-4}$$

以上两式表明，圆环中应力仅与材料单位体积重量 $\rho$ 和线速度 $v$ 有关。这意味着增大圆环横截面面积并不能改善圆环强度。

【例题 10-1】 在 $AB$ 轴的 $B$ 端有一个质量很大的飞轮，如图 10-3 所示。与飞轮相比，轴的质量可以忽略不计。轴的另一端 $A$ 装有制动离合器。飞轮的转速为 $n=100\text{r/min}$，转动惯量为 $I_x=0.5\text{kN}\cdot\text{m}\cdot\text{s}^2$。轴的直径 $d=100\text{mm}$。制动时，使轴在 10s 内均匀减速停止转动。求轴内最大动应力。

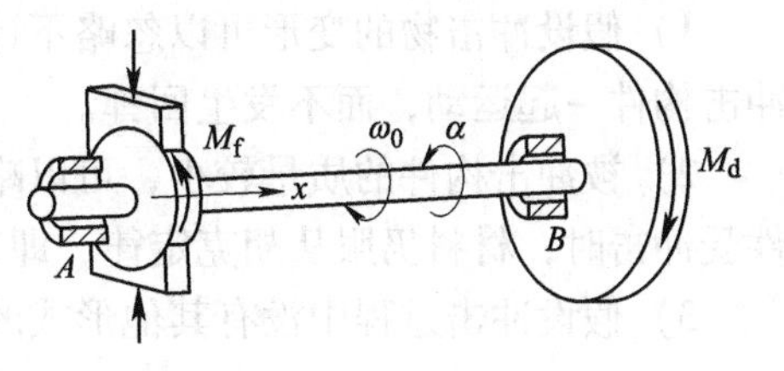


图 10-3　例题 10-1 图

解：飞轮与轴的转动角速度为

$$\omega_0=\frac{n\pi}{30}=\frac{\pi\times 100}{30}\text{rad/s}=\frac{10\pi}{3}(\text{rad/s})$$

当飞轮与轴同时做均匀减速时，其角加速度为

$$\varepsilon=\frac{\omega_1-\omega_0}{t}=\frac{0-\dfrac{10\pi}{3}}{10}\text{rad/s}^2=-\frac{\pi}{3}\text{rad/s}^2$$

等号右边的负号只是表示 $\varepsilon$ 与 $\omega_0$ 的方向相反（见图 10-3）。按动静法，在飞轮上加上方向与 $\varepsilon$ 相反的惯性力偶矩 $M_\text{d}$，且

$$M_\text{d}=-I_x\varepsilon=\left[-0.5\left(-\frac{\pi}{3}\right)\right]\text{kN}\cdot\text{m}=\frac{0.5\pi}{3}\text{kN}\cdot\text{m}$$

设作用于轴上的摩擦力矩为 $M_\text{f}$，由平衡方程 $\sum M_x=0$，求出

$$M_\text{f}=M_\text{d}=\frac{0.5\pi}{3}\text{kN}\cdot\text{m}$$

$AB$ 轴由于摩擦力矩 $M_\text{f}$ 和惯性力偶矩 $M_\text{d}$ 引起扭转变形，横截面上的扭矩为

$$T=M_\text{d}=\frac{0.5\pi}{3}\text{kN}\cdot\text{m}$$

横截面上的最大扭转切应力为

$$\tau_{\max}=\frac{T}{W}=\frac{\dfrac{0.5\pi}{3}\times 10^3}{\dfrac{\pi}{16}(100\times 10^{-3})^3}\text{Pa}=2.67\times 10^6\text{Pa}=2.67\text{MPa}$$

## 10.4　构件受冲击时的应力与变形

思政点睛

### 10.4.1　计算冲击载荷所用的基本假设

当具有一定速度的物体作用于静止的构件上时，物体的速度在极短时间内发生急剧的变化。由于物体的惯性，使构件受到很大的作用力，这种现象称为冲击。我们把运动物体称为冲击物，静止物体称为被冲击物。在工程实际中，冲击载荷是经常遇到的，如汽锤锻造、落锤打桩、金属的冲压加工等。

由于冲击过程总是在很短的时间内完成，冲击物的加速度难以确定，因此无法引用惯性力来计算构件的动应力。工程上一般采用近似的能量法进行计算，并对冲击问题常做如下假设：

1）假设冲击物的变形可以忽略不计；从开始冲击到冲击产生最大位移时，冲击物与被冲击构件一起运动，而不发生回弹。

2）被冲击构件的质量较小，可以略去不计，即不考虑冲击过程中被冲击物的动能；构件受冲击时，材料仍服从胡克定律，即其力学性能是线弹性的。

3）假设冲击过程中没有其他形式的能量转换，机械能守恒定律仍成立。

### 10.4.2 机械能守恒定律的应用

现在以图10-4所示的简支梁为例，说明应用机械能守恒定律计算冲击载荷的简化方法。重为$P$的物体从高度为$h$的位置自由落下，在重物触到被冲击物的瞬间，重物$P$的势能$Ph$转化为动能，这时其加速度最大。当它与被冲击物接触后，对梁产生一个冲击载荷，使梁发生变形。当冲击物速度减为0时，梁所受的冲击载荷最大，梁的变形也达到最大。设冲击载荷的最大值为$F_d$，对应的梁的变形为$\Delta_d$。此时，重物势能的减少量为$P(h+\Delta_d)$。

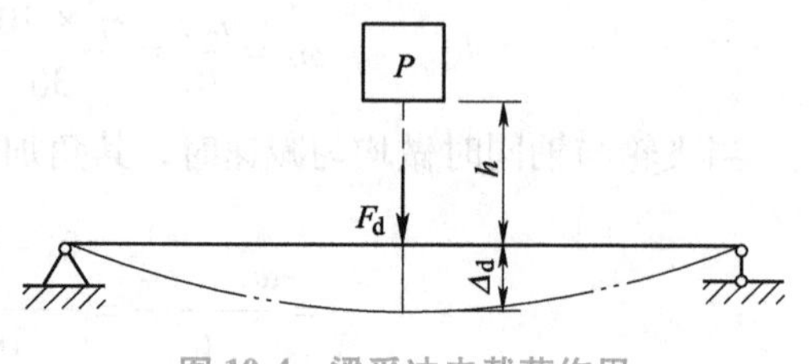


图10-4 梁受冲击载荷作用

根据上述假设，可以认为冲击物减少的能量完全转化为被冲击物的应变能，即

$$\Delta E=\Delta V_{\varepsilon} \tag{10-5}$$

式中，$\Delta E$表示冲击物冲击前后能量的变化量，通常包括动能变化量$\Delta E_k$和势能变量$\Delta E_p$，即$\Delta E=\Delta E_k+\Delta E_p$；$\Delta V_{\varepsilon}$表示被冲击物应变能的变化量。式（10-5）称为冲击问题的能量守恒方程，是分析冲击问题的基本方程。

根据前面的分析，当梁的变形最大时，重物能量改变量为

$$\Delta E=\Delta E_k+\Delta E_p=0+P(h+\Delta_d)$$

而梁的应变能从0变为

$$V_{\varepsilon}=\frac{1}{2}F_d\Delta_d$$

于是，由式（10-5）得

$$P(h+\Delta_d)=\frac{1}{2}F_d\Delta_d$$

$$F_d\Delta_d-2P\Delta_d-2Ph=0 \tag{a}$$

设重物$P$静置在该梁上和被冲击点同一位置时，梁在冲击方向上的静位移为$\Delta_{st}$，梁中应力为$\sigma_{st}$，则根据前面的分析，对小变形、线弹性体而言，动载荷$F_d$、$\Delta_d$以及动应力$\sigma_d$分别与静载荷$P$、$\Delta_{st}$、静应力$\sigma_{st}$成固定的比例关系，即

$$\frac{F_d}{P}=\frac{\Delta_d}{\Delta_{st}}=\frac{\sigma_d}{\sigma_{st}}=k_d \tag{b}$$

式中，$k_d$为动荷系数。将式（b）代入式（a），得

$$\Delta_{st}k_d^2-2\Delta_{st}k_d-2h=0$$

解得

$$k_d = 1 \pm \sqrt{1 + \frac{2h}{\Delta_{st}}}$$

取其中大于1的解，得

$$k_d = 1 + \sqrt{1 + \frac{2h}{\Delta_{st}}} \tag{10-6}$$

式（10-6）即为自由落体冲击问题动荷系数计算公式。式中，$h$为冲击物距被冲击构件的高度；$\Delta_{st}$为冲击物作为静载荷作用在冲击方向时，引起的被冲击构件在冲击点处沿冲击方向的位移。计算出$k_d$后，可由式（b）计算其他所需的量。

【提示】　值得指出的是，不同的冲击形式，动荷系数$k_d$的计算公式也不相同，不可盲目地套用式（10-6）。重要的是从能量守恒方程（10-5）出发，具体问题具体分析。

下面就几种工程中常见的冲击形式，讨论动荷系数的计算公式。

1. 突加载荷情况

当$h=0$时，由式（10-6）得

$$k_d = 1 + \sqrt{1 + 0} = 2$$

可见，突加载荷情况下，构件的变形和应力是静载荷作用时的两倍。

2. 水平冲击问题

重为$P$的物体以水平速度$v$冲击构件，如图10-5所示。在构件受冲击变形最大时，冲击物的初始动能完全转化为构件的应变能，于是由能量守恒方程（10-5）和式（b）得到

$$k_d = \sqrt{\frac{v^2}{g\Delta_{st}}} \tag{10-7}$$

式中，$\Delta_{st}$为大小等于$P$的水平力作用在构件的被冲击点时，引起的水平方向（即冲击方向）的静位移。

3. 突然制动问题

如图10-6所示的重物$P$，在匀速下降过程中突然制动。设重物$P$静止悬挂在绳索上时，绳索的变形为$\Delta_{st}$，突然制动后，绳索中最大拉力为$F_d$、最大变形为$\Delta_d$，则重物制动前后能量减小为$\Delta E=\Delta E_k+\Delta E_p=\frac{1}{2}\frac{P}{g}v^2+P(\Delta_d-\Delta_{st})$，绳索应变能增加量为$\Delta V_\varepsilon=\frac{1}{2}F_d\Delta_d-\frac{1}{2}P\Delta_{st}$。代入式（10-5），可解得

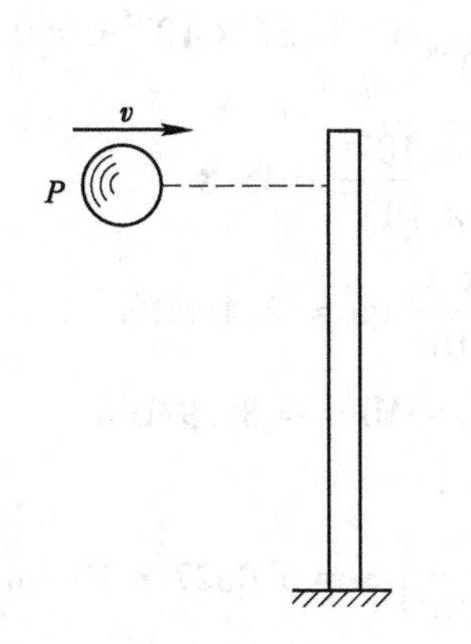

图10-5　物体受水平冲击载荷

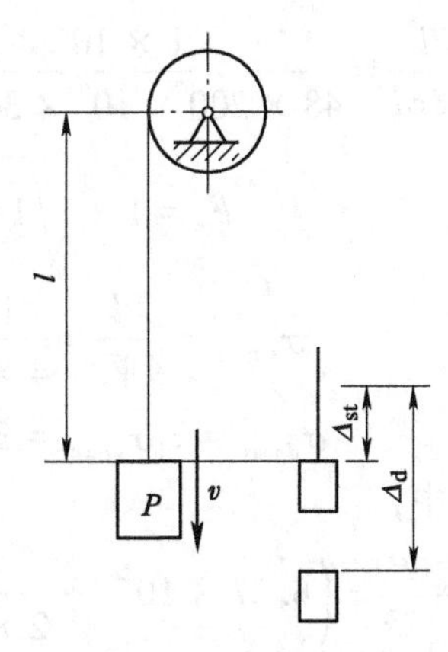

图10-6　物体突然制动

$$k_{\mathrm{d}} = 1 + \sqrt{\frac{v^2}{g\Delta_{\mathrm{st}}}} \tag{10-8}$$

【提示】 上述计算方法，忽略了其他各种能量的损失。事实上，冲击物所减少的动能和势能不可能全部转化为受冲击构件的应变能。所以按上述方法计算出的受冲击构件的应变能的数值偏高，用这种方法求得的结果偏于安全。

从动荷系数的计算公式（10-6）可知，被冲击构件的静位移$\Delta_{\mathrm{st}}$越大，动荷系数越小。这是因为产生较大静位移的构件，其刚度较小，能吸收较多的冲击能量，从而增大构件的缓冲能力。所以，减小构件刚度可以达到降低冲击动应力的目的。但是，如果采用缩减截面尺寸的方法来减小构件刚度，则又会使应力增大，其结果未必能达到降低冲击动应力的目的。因此，工程上往往是在受冲击构件上增设缓冲装置，如缓冲弹簧、橡胶垫、弹性支座等。这样既能减小整体刚度，又不增大构件中的应力。

【例题 10-2】 图 10-7 所示两个相同的钢梁受相同的自由落体冲击，一个支于刚性支座上，另一个支于弹簧常数 $k=100\mathrm{N/mm}$ 的弹簧上，已知 $l=3\mathrm{m}$，$h=50\mathrm{mm}$，$P=1\mathrm{kN}$，钢梁的 $I=34\times10^6\mathrm{mm}^4$，$W_z=309\times10^3\mathrm{mm}^3$，$E=200\mathrm{GPa}$，试比较二者的动应力。

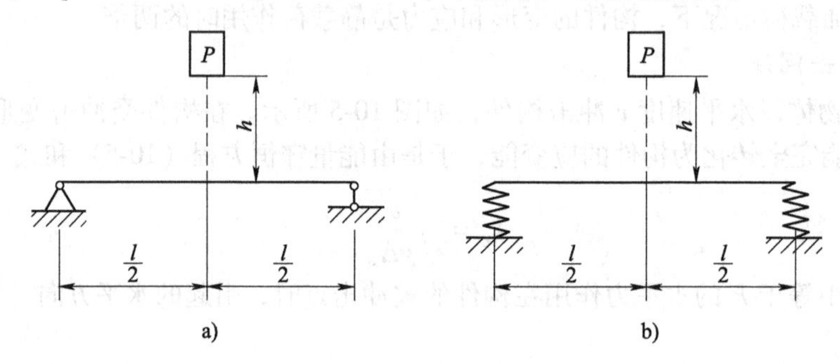


图 10-7 例题 10-2 图

解：该冲击属自由落体冲击，动荷系数为

$$k_{\mathrm{d}} = 1 + \sqrt{1 + \frac{2h}{\Delta_{\mathrm{st}}}}$$

在图 10-7a 中，

$$\Delta_{\mathrm{st}} = \frac{Pl^3}{48EI} = \frac{1\times10^3\times3^3}{48\times200\times10^9\times3400\times10^{-8}}\mathrm{m} = 8.27\times10^{-5}\mathrm{m} = 0.0827\mathrm{mm}$$

$$k_{\mathrm{d}} = 1 + \sqrt{1 + \frac{2\times5\times10^{-2}}{8.27\times10^{-5}}} = 35.8$$

$$\sigma_{\mathrm{s\,tmax}} = \frac{Pl}{4W_z} = \frac{1\times10^3\times3}{4\times309\times10^{-6}}\mathrm{Pa} \approx 2.43\mathrm{MPa}$$

于是得

$$\sigma_{d\max} = k_{\mathrm{d}}\sigma_{s\,t\max} = 35.8\times2.43\mathrm{MPa} \approx 86.9\mathrm{MPa}$$

在图 10-7b 中，

$$\Delta_{\mathrm{d}} = \frac{Pl^3}{48EI} + \frac{P}{2k} = \left(8.27\times10^{-5} + \frac{1\times10^3}{2\times100\times10^3}\right)\mathrm{m} = 5.0827\times10^{-3}\mathrm{m} = 5.0827\mathrm{mm}$$

$$k_{\mathrm{d}}=1+\sqrt{1+\frac{2\times5\times10^{-2}}{5.0827\times10^{-3}}}=5.55$$

$$\sigma_{\mathrm{d\,max}}=k_{\mathrm{d}}\sigma_{\mathrm{st\,max}}=5.55\times2.43\mathrm{MPa}=13.5\mathrm{MPa}$$

【提示】 由于图 10-7b 所示钢梁采用了弹簧支座，减小了系统的刚度，因而使动荷系数减小，这是降低冲击应力的有效方法。

【例题 10-3】 一下端固定、长度为 $l$ 的铅直圆截面杆 $AB$，在 $C$ 点处被一物体 $G$ 沿水平方向冲击，如图 10-8a 所示。已知 $C$ 点到杆下端的距离为 $a$，物体 $G$ 的重量为 $P$，物体 $G$ 在与杆接触时的速度为 $v$。试求杆在危险点处的冲击应力。

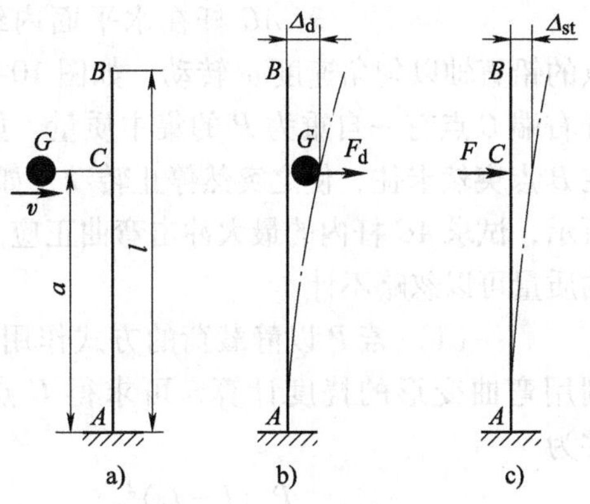


图 10-8　例题 10-3 图

解：在冲击过程中，物体 $G$ 的速度由 $v$ 减小为 0，所以动能的减少为

$$E_{\mathrm{k}}=\frac{Fv^2}{2g}=\frac{Pv^2}{2g}(C\text{ 处所受的水平力 }F\text{ 等于冲击物重量 }P)$$

又因冲击是沿水平方向的，所以物体的势能没有改变，即 $E_{\mathrm{p}}=0$。杆内应变能为 $V_{\varepsilon\mathrm{d}}=\dfrac{1}{2}F_{\mathrm{d}}\Delta_{\mathrm{d}}$。由于杆受水平方向的冲击后将发生弯曲，其中 $\Delta_{\mathrm{d}}$ 为杆在被冲击点 $C$ 处的冲击挠度，如图 10-8b 所示

$\Delta_{\mathrm{d}}$ 与 $F_{\mathrm{d}}$ 间的关系为 $\Delta_{\mathrm{d}}=\dfrac{F_{\mathrm{d}}a^3}{3EI}$，由此得 $F_{\mathrm{d}}=\dfrac{3EI}{a^3}\Delta_{\mathrm{d}}$。于是，可得杆内的应变能为

$$V_{\varepsilon\mathrm{d}}=\frac{1}{2}\left(\frac{3EI}{a^3}\right)\Delta_{\mathrm{d}}^2$$

由机械能守恒定律可得

$$\frac{Pv^2}{2g}=\frac{1}{2}\left(\frac{3EI}{a^3}\right)\Delta_{\mathrm{d}}^2$$

由此解得 $\Delta_{\mathrm{d}}$ 为

$$\Delta_{\mathrm{d}}=\sqrt{\frac{v^2}{g}\left(\frac{Pa^3}{3EI}\right)}=\sqrt{\frac{v^2}{g}\Delta_{\mathrm{st}}}=\Delta_{\mathrm{st}}\sqrt{\frac{v^2}{g\Delta_{\mathrm{st}}}}$$

式中，$\Delta_{\mathrm{st}}=\dfrac{Pa^3}{3EI}$，是杆在 $C$ 处受到一个数值等于冲击物重量 $P$ 的水平力 $F$（即 $F=P$）作用时，该点的静挠度，如图 10-8c 所示。由上式即得在水平冲击情况下的动荷系数 $k_{\mathrm{d}}$ 为

$$k_{\mathrm{d}}=\frac{\Delta_{\mathrm{d}}}{\Delta_{\mathrm{st}}}=\sqrt{\frac{v^2}{g\Delta_{\mathrm{st}}}}$$

当杆在 $C$ 点处受水平力 $F$ 作用时，杆的固定端横截面最外边缘（即危险点）处的静应力为

$$\sigma_{\mathrm{st}}=\frac{M_{\max}}{W}=\frac{Fa}{W}=\frac{Pa}{W}$$

于是，杆在危险点处的冲击应力 $\sigma_d$ 为

$$\sigma_d = k_d\sigma_{st} = \sqrt{\frac{v^2}{g\Delta_{st}}} \cdot \frac{Pa}{W}$$

【例题 10-4】 若 $AC$ 杆在水平面内绕通过 $A$ 点的铅直轴以匀角速度 $\omega$ 转动，如图 10-9a 所示，杆右端 $C$ 点有一自重为 $P$ 的集中质量。如因故障在 $B$ 点突然卡住，使之突然停止转动，如图 10-9b 所示，试求 $AC$ 杆内的最大冲击弯曲正应力。设杆的质量可以忽略不计。

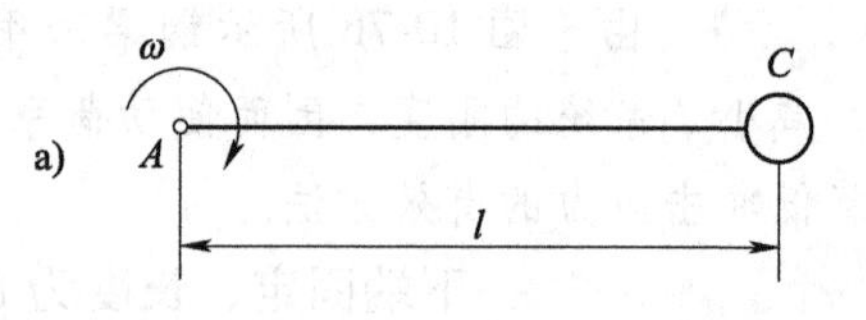


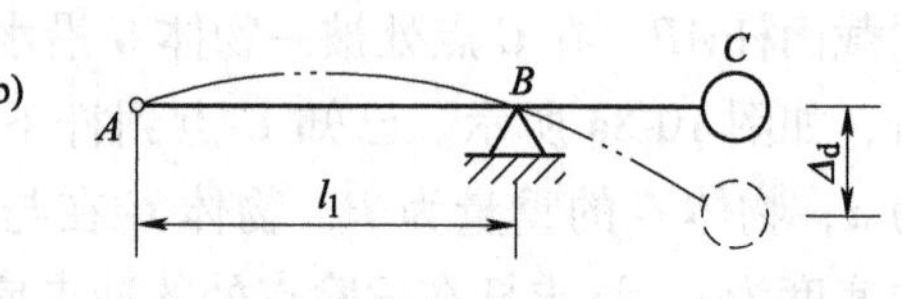


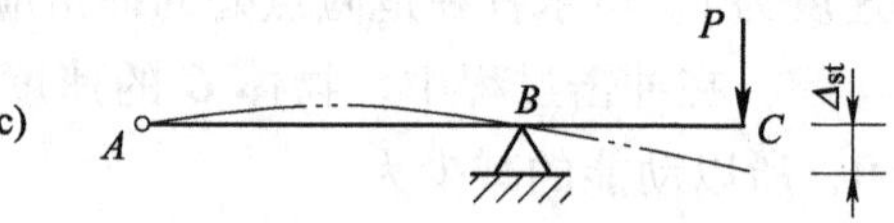


图 10-9 例题 10-4 图

解：(1) 若 $P$ 以静载荷的方式作用于 $C$ 端，利用弯曲变形的挠度计算，可求得 $C$ 点的静位移为

$$\Delta_{st} = \frac{Pl(l-l_1)^2}{3EI}$$

截面 $B$ 上弯矩最大，最大弯曲静应力为

$$\sigma_{st\,max} = \frac{M_{max}}{W} = \frac{P(l-l_1)}{W}$$

(2) 按冲击计算动荷系数 $k_d$

$C$ 端集中质量的初速度为 $v=l\omega$，在冲击过程中，速度最终变为零。损失的动能为

$$\Delta E_k = \frac{1}{2}\frac{P}{g}(\omega l)^2$$

因为在水平面内运动，集中质量的势能没有变化，即

$$\Delta E_p = 0$$

杆的应变能 $V_\varepsilon$ 为

$$V_\varepsilon = \frac{1}{2}\frac{\Delta_d^2}{\Delta_{st}}P$$

根据能量守恒公式，将 $\Delta E_k$、$\Delta E_p$、$V_\varepsilon$ 代入式（10-5），整理可得

$$k_d = \frac{\Delta_d}{\Delta_{st}} = \sqrt{\frac{\omega^2 l^2}{g\Delta_{st}}}$$

则最大冲击弯曲应力为

$$\sigma_{d\,max} = k_d\sigma_{st\,max} = \frac{\omega}{W}\sqrt{\frac{3EIlP}{g}}$$

【例题 10-5】 如图 10-10 所示，重量为 $P$ 的重物自高度 $H$ 下落冲击于梁的 $C$ 点。设梁的 $E$、$I$ 及抗弯截面系数 $W$ 皆为已知量。试求梁内最大应力点及梁的跨度中点的挠度。

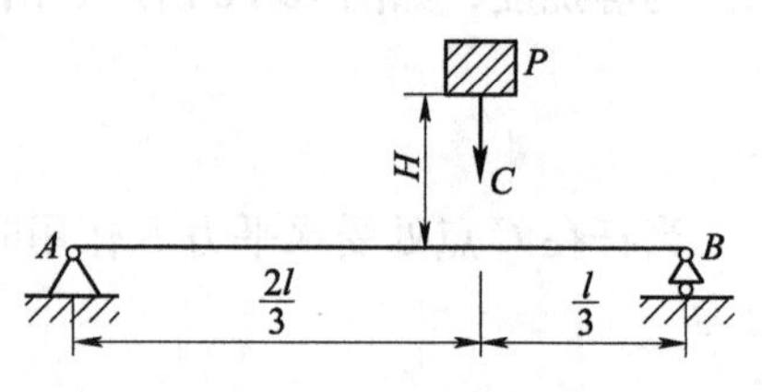


图 10-10 例题 10-5 图

解：当重物静止置于梁的 $C$ 点时，查表 6-1 可得 $C$ 点的静位移为

$$\Delta_{st}=\frac{P\frac{l}{3}\frac{2l}{3}}{6EIl}\left(l^2-\frac{4l^2}{9}-\frac{l^2}{9}\right)=\frac{Pl}{27EI}\times\frac{4}{9}l^2=\frac{4Pl^3}{243EI}$$

代入自由落体时的动荷系数公式得

$$k_d=1+\sqrt{1+\frac{2H}{\Delta_{st}}}=1+\sqrt{1+\frac{243EIH}{2Pl^3}}$$

梁内最大弯矩在 $C$ 截面，最大静应力为

$$\sigma_{st}=\frac{M}{W}=\frac{1}{W}\frac{1}{3}P\times\frac{2}{3}l=\frac{2Pl}{9W}$$

于是

$$\sigma_{d\max}=k_d\sigma_{st}=\frac{2Pl}{9W}\left(1+\sqrt{1+\frac{243EIH}{2Pl^3}}\right)$$

由表6-1可知，跨度中点的静挠度为

$$w_{l/2}=\frac{P}{48EI}\frac{l}{3}\left(3l^2-\frac{4l^2}{9}\right)=\frac{23Pl^3}{1296EI}$$

跨度中点的动挠度为

$$w_d=k_dw_{l/2}=\frac{23Pl^3}{1296EI}\left(1+\sqrt{1+\frac{243EIH}{2Pl^3}}\right)$$

【例题10-6】　图10-11所示钢杆的下端有一固定圆盘，盘上放置弹簧。弹簧在1kN的静载荷作用下缩短0.0625cm。钢杆的直径 $d=4$cm、l=4m，许用应力 $[\sigma]=120$MPa，$E=200$GPa。若有重为15kN的重物自由落下，求其许可的高度 $h$。又若没有弹簧，则许可高度 $h$ 将等于多大？

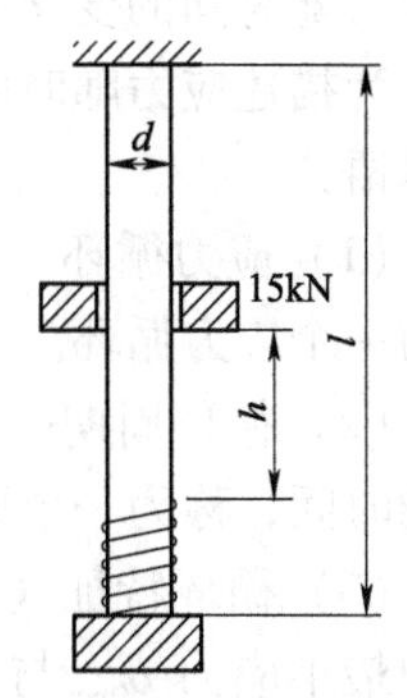


图10-11　例题10-6图

解：杆内静应力和冲击点静位移分别为

$$\sigma_{st}=\frac{P}{A}=\frac{4P}{\pi d^2}=\frac{4\times15\times10^3}{\pi\times0.04^2}\text{Pa}=11.9\times10^6\text{Pa}=11.9\text{MPa}$$

$$\Delta_{st}=\frac{Pl}{EA}+cP=\left(\frac{15\times10^3\times4\times4}{200\times10^9\times\pi\times0.04^2}+0.0625\times10^{-2}\times15\right)\text{m}$$

$$=(2.39\times10^{-4}+9.38\times10^{-3})\text{m}=9.62\times10^{-3}\text{m}$$

动荷系数 $k_d=1+\sqrt{1+\frac{2h}{\Delta_{st}}}$

又 $k_d\Delta_{st}=\sigma_d\leqslant[\sigma]$，所以有

$$k_d\leqslant\frac{[\sigma]}{\sigma_{st}}=\frac{120}{11.9}=10.08=1+\sqrt{1+\frac{2h}{\Delta_{st}}}$$

解得

$$h\leqslant3.91\times10^{-3}\text{m}=391\text{mm}$$

如无弹簧，则静位移为

$$\Delta_{st}=\frac{Pl}{EA}=2.39\times10^{-4}\text{m}$$

同理，解得

$$h \leqslant 9.7 \times 10^{-3}\text{m} = 9.7\text{mm}$$

## 10.5　交变应力与疲劳失效

### 10.5.1　交变应力的名词术语

某些构件（如泥浆泵主轴、齿轮等）工作时承受的载荷常随着时间做周期性改变，相应地构件内所产生的应力也做周期性变化，这种应力称为交变应力。

绝大多数机器零件都是在交变载荷下工作，疲劳失效是这些零部件主要的破坏形式。例如转轴有50%~90%都是疲劳破坏。其他如连杆、齿轮的轮齿、涡轮机的叶片、轧钢机的机架、曲轴、连接螺栓、弹簧压力容器、焊接结构等许多机器零部件，疲劳破坏也占绝大部分。因此，抗疲劳设计广泛应用于各种专业机械设计中，特别是在航空、航天、原子能、汽车、拖拉机、动力机械、化工机械、重型机械等行业中，抗疲劳设计更为重要。

构件内产生交变应力的原因可分两种：一是构件在交变载荷下工作，因而构件内产生交变应力，如内燃机中的连杆、齿轮的轮齿等；另一种是载荷不变，由于构件本身转动引起构件内部应力发生交替变化。火车轮轴即属于后一种情况。

图10-12所示为某构件横截面上一点的正应力随时间的变化曲线。

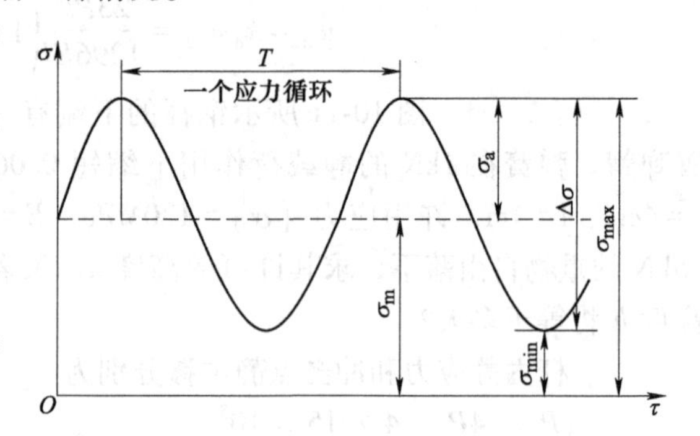


图10-12　某构件上一点的正应力随时间的变化曲线

为描述应力随时间的变化情况，定义下列术语：

（1）应力循环　应力每重复变化一次，称为一个应力循环。

（2）循环周期　完成一个应力循环所需要的时间，称为一个周期。

（3）循环特征（应力比）　一个应力循环中最小应力 $\sigma_{min}$ 与最大应力 $\sigma_{max}$ 的比值，称为循环特征，用 $r$ 表示，即

$$r = \frac{\sigma_{min}}{\sigma_{max}} \tag{10-9}$$

（4）平均应力　最大应力与最小应力的平均值，用 $\sigma_m$ 表示，即

$$\sigma_m = \frac{\sigma_{max} + \sigma_{min}}{2} \tag{10-10}$$

（5）应力幅　由平均应力到最大或最小应力的变幅，用 $\sigma_s$ 表示，即

$$\sigma_a = \frac{\sigma_{max} - \sigma_{min}}{2} \tag{10-11}$$

应力的变动幅度还可用应力范围来描述，用 $\Delta\sigma$ 表示为

$$\Delta\sigma = 2\sigma_a$$

（6）对称循环　如果 $\sigma_{max}$ 与 $\sigma_{min}$ 大小相等、符号相反，此时的应力循环称为对称循环。

对称循环有如下特点：

$$r=-1,\ \sigma_{m}=0,\ \sigma_{a}=\sigma_{max}$$

各应力循环中，除对称循环外，其余情况统称为不对称循环。由式（10-10）和式（10-11）可知

$$\sigma_{max}=\sigma_{m}+\sigma_{a},\sigma_{min}=\sigma_{m}-\sigma_{a}$$

可见，任一不对称循环都可看成是在平均应力 $\sigma_{m}$ 上叠加一个应力幅为 $\sigma_{a}$ 的对称循环。

（7）脉动循环　若应力循环中 $\sigma_{min}=0$（或 $\sigma_{max}=0$），表示交变应力变动于某一应力与零之间，这种情况称为脉动循环，这时有

$$r=0,\sigma_{a}=\sigma_{m}=\frac{1}{2}\sigma_{max}$$

或

$$r=-\infty,\ -\sigma_{a}=\sigma_{m}=\frac{1}{2}\sigma_{min}$$

（8）静应力：作为交变应力的一种特例，应力不随时间而变化。这时，

$$r=1,\sigma_{a}=0,\sigma_{max}=\sigma_{min}=\sigma_{m}$$

构件在交变切应力作用下工作时，上述各式中只需将正应力“$\sigma$”换成切应力“$\tau$”即可。

### 10.5.2　疲劳失效特征

1. 金属疲劳破坏的特征

大量的试验结果以及实际零件的破坏现象表明，金属材料发生疲劳破坏，一般有以下4个主要的特征。

1）交变应力的最大值 $\sigma_{max}$ 远小于材料的强度极限 $\sigma_{b}$，甚至比屈服极限 $\sigma_{s}$ 也小得多。

2）构件在一定量的交变应力作用下发生破坏有一个过程，即需要经过一定数量的应力循环。

3）构件在破坏前没有明显的塑性变形，所有的疲劳破坏均表现为脆性断裂（即使塑性很好的材料也是如此）。

4）同一疲劳破坏断口，一般都有明显的光滑区及粗糙区，如图10-13所示。

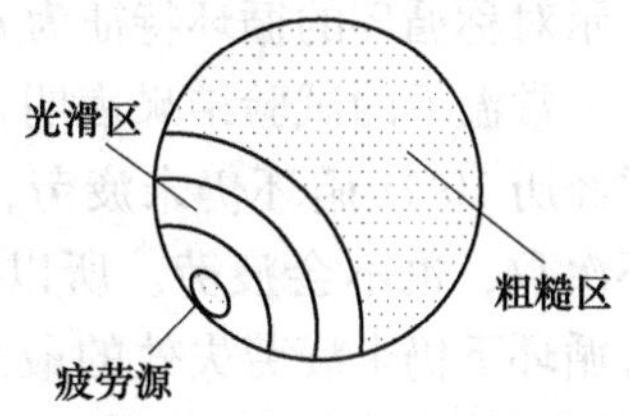

图10-13　构件疲劳破坏断口图

2. 疲劳破坏的过程

经大量的实验及金相分析证明，在足够大的交变应力作用下，破坏原因有以下几个：

1）金属中位置最不利或者较弱的晶体沿最大切应力作用面形成滑移带开裂形成微观裂纹。

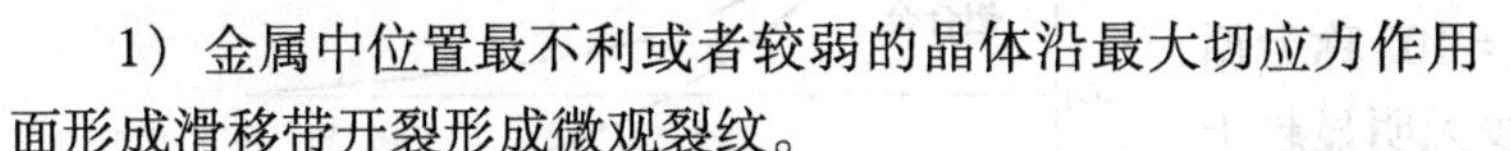

2）在物件外形突变（圆角、切口、沟槽等）或者表面刻痕或材料内部缺陷等部位都可能因较大的应力集中引起微观裂纹。

3）在交变应力作用下，分散的微观裂纹经过集结沟通形成宏观裂纹，即为裂纹的形成过程；已形成的宏观裂纹在交变应力下逐渐扩展，扩展缓慢且不连续，因应力水平的高低时而持续时而停滞，即为裂纹的扩展过程；随着裂纹的扩展，构件截面逐步削弱，削弱到一定极限时，构件便突然断裂。

4）断面分析。光滑区是由于裂纹扩展的过程中，由于应力反复交变，裂纹时张时闭，闭合交替进行，类似研磨过程而形成。粗糙区是骤然脆性断裂而形成。

### 10.5.3 金属材料的 *S-N* 曲线和疲劳极限

在交变应力作用下，应力低于屈服极限时金属就可能发生疲劳，因此静载荷下测定的屈服极限或强度极限已不能作为强度指标。金属疲劳的强度指标应重新测定。

材料的 *S-N* 曲线，是由标准光滑试样测得的 $\sigma_{max}$-$N$（或 $\tau_{max}$-$N$）曲线。$S$ 为广义应力记号，泛指正应力和切应力。若为拉、压交变或反复弯曲交变，$S$ 为正应力 $\sigma$ 值；若为反复扭转交变，则 $S$ 为切应力 $\tau$ 值。$N$ 为在应力循环的应力比 $r$、最大应力 $\sigma_{max}$ 不变的情况下，试样破坏前所经历的应力循环次数，又称为疲劳寿命。

材料的 *S-N* 曲线或疲劳极限除了与材料本身的材质有关外，还与变形形式、应力比有关，需要通过试验测定。试验选择的变形形式要尽量与构件的变形形式相符。应力比通常选择对称循环，这主要是因为对称循环下的疲劳极限最低，且对称循环加载容易实现，故最为常见。测定时将金属加工成 $d=7\sim10$mm，表面光滑的试样（光滑小试样），每组试样约为10根左右。把试样装在疲劳试验机上，使它承受纯弯曲变形。保持载荷的大小和方向不变，以电动机带动试样旋转。每旋转一周，截面上的点便经历一次对称应力循环。

试验时，第一根试样的最大应力 $\sigma_{max1}$ 较高，约为强度极限的70%。经历 $N_1$ 次循环后，试样疲劳。$N_1$ 称为应力为 $\sigma_{max1}$ 时的疲劳寿命。然后，使第二根试样的应力 $\sigma_{max2}$ 略低于第一根，疲劳时的循环次数为 $N_2$。一般来说，随着应力水平的降低，循环次数（寿命）迅速增加。逐步降低应力水平，得出各试样疲劳时的相应寿命。以应力 $\sigma$ 为纵坐标，寿命 $N$ 为横坐标，由试验结果描成的曲线，称为应力-寿命曲线或 *S-N* 曲线（见图10-14）。钢试样的疲劳试验表明，当应力降到某一极限值时，*S-N* 曲线趋近水平线。这表明只要应力不超过这一极限值，$N$ 可以无限增大，即试样可以经历无限次循环而不发生疲劳。交变应力的这一极限值称为疲劳极限。

标准试样在交变应力作用下，经历无限次应力循环而不发生破坏的最大应力值，称为材料的疲劳极限，用 $\sigma_r$ 表示，下标 r 表示应力比。对称循环的疲劳极限记为 $\sigma_{-1}$，下标"$-1$"表示对称循环的循环特征为 $r=-1$。

常温下的试验结果表明，如低碳钢试样经历 $10^7$ 次循环仍未疲劳，则再增加循环次数，也不会疲劳。所以，就把在 $10^7$ 次循环下仍未疲劳失效的最大应力，规定为钢材的疲劳极限，而把 $N_0=10^7$ 称为循环基数。有色金属的 *S-N* 曲线无明显趋于水平的直线部分。通常规定一个循环基数，例如 $N_0=10^8$，把与它对应的最大应力作为这类材料的"条件"疲劳极限。

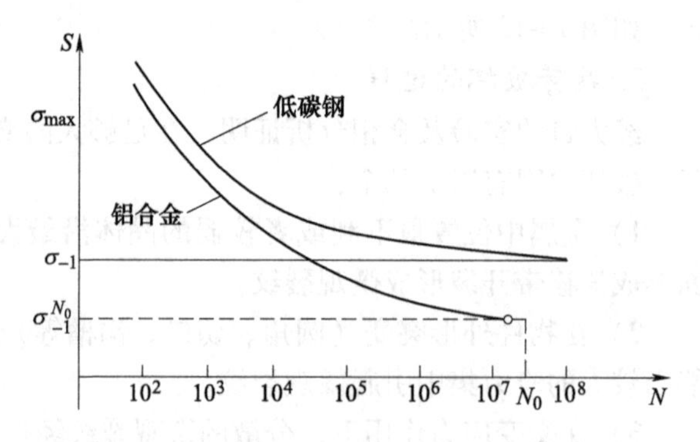


图 10-14 低碳钢和铝合金在对称循环弯曲交变应力下的 *S-N* 曲线示意图

图10-14所示为低碳钢和铝合金在对称循环弯曲交变应力下的 *S-N* 曲线示意图。

## 10.6　影响疲劳极限的因素

对称循环的疲劳极限 $\sigma_{-1}$ 一般是在常温下用光滑小试样测定的，但光滑小试样的疲劳极限并不是真实零件的疲劳极限。零件的疲劳极限则与零件状态和工作条件有关。零件状态包括零件的外形、尺寸、表面加工质量和表面强化处理等因素；工作条件包括载荷特性、介质和温度等因素。因此必须将光滑小试样的疲劳极限 $\sigma_{-1}$ 加以修正，获得构件的疲劳极限 $\sigma_{-1}^{0}$ 才能用于构件的设计。下面介绍影响疲劳极限的几种主要因素。

### 10.6.1　构件外形的影响——有效应力集中因数

思政点睛

在构件或零件截面和尺寸突变处（如阶梯轴轴肩圆角、开孔、切槽等），局部应力远远大于理论应力值，这种现象称为应力集中。显然应力集中的存在不仅有利于形成初始的疲劳裂纹，而且有利于裂纹的扩展，从而降低疲劳强度。在对称循环下，若以 $\sigma_{-1}$ 或 $\tau_{-1}$ 表示无应力集中的光滑试样的疲劳极限；极限 $(\sigma_{-1})_K$ 或 $(\tau_{-1})_K$ 表示有应力集中因素，且尺寸与光滑试样相同的试样的疲劳极限，则比值

$$K_\sigma = \frac{\sigma_{-1}}{(\sigma_{-1})_K} \text{ 或 } \quad K_\tau = \frac{\tau_{-1}}{(\tau_{-1})_K} \tag{10-12}$$

称为有效应力集中因数。其中，$K_\sigma$ 和 $K_\tau$ 都大于 1。

### 10.6.2　构件尺寸的影响——尺寸因数

疲劳极限一般是用直径为 7～10mm 的小试样测定的。试验表明，随着试样横截面尺寸的增大，疲劳极限却相应地降低，而且对于钢材，强度越高，疲劳极限下降越明显。因此，当构件尺寸大于标准试样尺寸时，必须考虑尺寸的影响。

尺寸引起疲劳极限降低的原因主要有以下几种：一是毛坯质量因尺寸而异，大尺寸毛坯所包含的缩孔、裂纹、夹杂物等要比小尺寸毛坯多；二是大尺寸零件表面积和表层体积都比较大，而裂纹源一般都在表面或表面层下，故形成疲劳源的概率也比较大；三是应力梯度的影响。若大、小零件的最大应力均相同，在相同的表层厚度内，大尺寸构件的材料所承受的平均应力要高于小尺寸构件，这些有利于初始裂纹的形成和扩展，因而使疲劳极限降低。

在对称循环下，若光滑小试样的疲劳极限为 $\sigma_{-1}$，光滑大试样的疲劳极限为 $(\sigma_{-1})_d$，则比值

$$\varepsilon_\sigma = \frac{(\sigma_{-1})_d}{\sigma_{-1}} \tag{10-13}$$

称为尺寸因数，其值小于 1。对于切应力循环的情形，则为

$$\varepsilon_\tau = \frac{(\tau_{-1})_d}{\tau_{-1}} \tag{10-14}$$

### 10.6.3　表面加工质量的影响——表面质量因数

一般情况下，构件的最大应力发生于表层，疲劳裂纹也多生成于表层。表面加工造成的刀痕、擦伤也会引起应力集中，降低疲劳极限。构件淬火、渗碳、氮化等热处理或化学处理

可使表层强化；滚压、喷丸等机械处理，可使表层形成预压应力，减弱引起裂纹的拉应力，这些处理能明显提高构件的疲劳极限。所以表面加工质量对疲劳极限有明显影响。若表面磨光的试样的疲劳极限为 $\sigma_{-1}$，而表面为其他加工情况下构件的疲劳极限为 $(\sigma_{-1})_{\beta}$，则比值

$$\beta=\frac{(\sigma_{-1})_{\beta}}{\sigma_{-1}} \tag{10-15}$$

称为表面质量因数。

综合以上三种因素都将影响疲劳极限的数值。因此必须将光滑小试样的疲劳极限 $\sigma_{-1}$ 加以修正，获得构件的疲劳极限 $\sigma_{-1}^{0}$ 才能用于构件的设计。在对称循环下，构件的疲劳极限应为

$$\sigma_{-1}^{0}=\frac{\varepsilon_{\sigma}\beta}{K_{\sigma}}\sigma_{-1} \tag{10-16}$$

式中，$K_{\sigma}$ 为有效应力集中因数；$\varepsilon_{\sigma}$ 为尺寸因数；$\beta$ 为表面质量因数。

式（10-16）是对正应力而言的，如为扭转可写成

$$\tau_{-1}^{0}=\frac{\varepsilon_{\tau}\beta}{K_{\tau}}\tau_{-1} \tag{10-17}$$

其中，$K_{\sigma}$、$K_{\tau}$、$\varepsilon_{\sigma}$、$\varepsilon_{\tau}$、$\beta$ 等均可从有关手册中查得。

除以上三种因素外，构件工作环境的影响如强度、介质等也会影响疲劳极限，也可用修正因数来表示，这里不再赘述。

【例题 10-7】 图 10-15a 所示悬梁臂上，装有重量为 $W=2.4\text{kN}$ 的电动机，因电动机转子的不平衡，使梁产生振幅为 $a=2\text{mm}$ 的受迫振动。梁为 16 工字钢，长 $l=2\text{m}$，$E=200\text{GPa}$。试分析危险截面上危险点 $K$ 和 $K'$ 处的应力交变情况，计算其 $\sigma_{\max}$、$\sigma_{\min}$、$\sigma_{a}$、$\sigma_{m}$ 和 $r$，并作出应力-时间曲线。

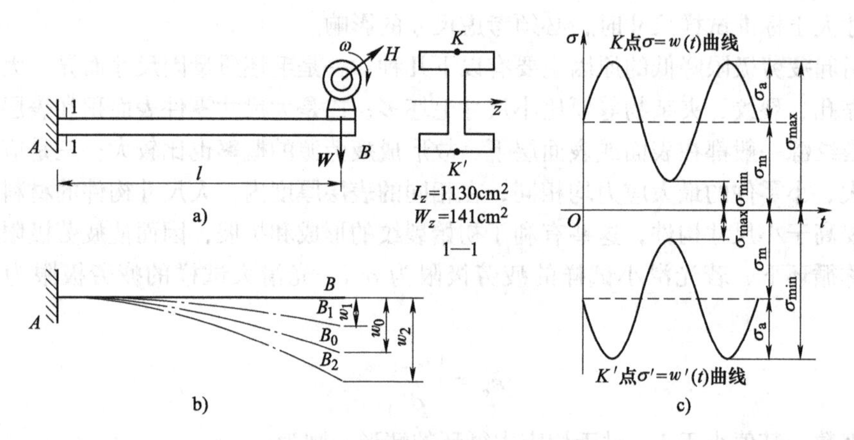


图 10-15 例题 10-7 图

解：题中已知振幅，在 $W$ 一定条件下，可叠加求得最大与最小位移，从而确定给定点的应力状态、应力幅及循环特征等。设 $AB_0$ 为梁在 $W$ 作用下的平衡位置（见图 10-15b），此时 $B$ 点的挠度为

$$w_0=\frac{Wl^3}{3EI_z}=\frac{2.4\times10^3\times2^3}{3\times200\times10^9\times1130\times10^{-8}}\text{m}=2.83\times10^{-3}=2.83\text{mm}$$

所以 $B$ 点的最小挠度 $w_{min}$ 和最大挠度 $w_{max}$ 分别为

$$w_{min} = w_1 = w_0 - a = (2.83 - 2)\text{mm} = 0.83\text{mm}$$
$$w_{max} = w_2 = w_0 + a = (2.83 + 2)\text{mm} = 4.83\text{mm}$$

在梁的振动过程中，危险点 $K$ 承受交变拉应力，而点 $K'$ 承受交变压应力。

以 $\sigma_0$ 表示梁处于平衡位置 $AB_0$ 时危险点的应力数值，则 $\sigma_0$ 为

$$\sigma_0 = \frac{M_{max}}{W_z} = \frac{2.4 \times 10^3 \times 2}{141 \times 10^{-6}}\text{Pa} = 34.0 \times 10^6\text{Pa} = 34.04\text{MPa}$$

在小变形和应力小于比例极限条件下，应力与变形之间呈线性关系，因而在振动过程中，危险点处最大应力和最小应力的数值，可由下式计算：

$$\sigma_{max} = \sigma_0 \frac{w_2}{w_0} = 34.04 \times \frac{4.83}{2.83}\text{MPa} = 58.10\text{MPa}$$

$$\sigma_{min} = \sigma_0 \frac{w_1}{w_0} = 34.04 \times \frac{0.83}{2.83}\text{MPa} = 9.98\text{MPa}$$

而

$$\sigma_a = \frac{\sigma_{max} - \sigma_{min}}{2} = \frac{58.10 - 9.98}{2}\text{MPa} = 24.06\text{MPa}$$

$$\sigma_m = \frac{\sigma_{max} + \sigma_{min}}{2} = \frac{58.10 + 9.98}{2}\text{MPa} = 34.04\text{MPa}$$

$$r = \frac{\sigma_{min}}{\sigma_{max}} = \frac{9.98}{58.10} = 0.17$$

表示 $K'$ 点交变应力情况的应力值为

$$\sigma'_{max} = -9.98\text{MPa}$$
$$\sigma'_{min} = -58.10\text{MPa}$$

$$\sigma'_a = \frac{\sigma'_{max} - \sigma'_{min}}{2} = \frac{-9.98 - (-58.10)}{2}\text{MPa} = 24.06\text{MPa}$$

$$\sigma'_m = \frac{\sigma'_{max} + \sigma'_{min}}{2} = \frac{-9.98 + (-58.10)}{2}\text{MPa} = -34.04\text{MPa}$$

$$r' = \frac{\sigma'_{min}}{\sigma'_{max}} = \frac{-58.10}{-9.98} = 5.82$$

应力时间曲线如图 10-15c 所示。

## 10.7 对称循环下构件的疲劳强度计算

### 10.7.1 对称循环下构件的疲劳强度计算

对称循环下，构件的疲劳极限由式（10-16）来计算。将 $\sigma_{-1}^0$ 除以安全因数 $n$ 得许用应力为

$$[\sigma_{-1}] = \frac{\sigma_{-1}^0}{n} \tag{a}$$

构件的强度条件为

$$\sigma_{max} \leqslant [\sigma_{-1}]$$

或
$$\sigma_{max} \leqslant \frac{\sigma_{-1}^{0}}{n} \tag{b}$$

式中，$\sigma_{max}$是构件危险点的最大工作应力；$[\sigma_{-1}]$ 是对应的在对称循环下的疲劳极限。

也可把强度条件写成由安全因数表达的形式。由式（b）知

$$\frac{\sigma_{-1}^{0}}{\sigma_{max}} \geqslant n \tag{c}$$

式（c）左边代表构件工作时的安全储备，称为构件的工作安全因数，用 $n_\sigma$ 来表示，即

$$n_\sigma = \frac{\sigma_{-1}^{0}}{\sigma_{max}} \tag{d}$$

于是强度条件（c）可以写成

$$n_\sigma \geqslant n \tag{10-18}$$

即构件的工作安全因数应大于或等于规定的安全因数。

将式（10-16）代入式（d），便可把工作安全因数和强度条件表示为

$$n_\sigma = \frac{\sigma_{-1}^{0}}{\sigma_{max}} = \frac{\varepsilon_\sigma \beta}{K_\sigma}\frac{\sigma_{-1}}{\sigma_{max}} = \frac{\sigma_{-1}}{\dfrac{K_\sigma}{\varepsilon_\sigma \beta}\sigma_{max}}$$

$$n_\sigma = \frac{\sigma_{-1}}{\dfrac{K_\sigma}{\varepsilon_\sigma \beta}\sigma_{max}} \geqslant n \tag{10-19}$$

如果为扭转交变应力，式（10-19）应改写成

$$n_\tau = \frac{\tau_{-1}}{\dfrac{K_\tau}{\varepsilon_\tau \beta}\tau_{max}} \geqslant n \tag{10-20}$$

### 10.7.2 提高构件疲劳强度的措施

疲劳裂纹主要形成于构件表面和应力集中部位。故提高疲劳强度应从以下方面着手：

（1）减缓应力集中　设计构件外形时，避免方形或带有尖角的孔和槽；在截面突变处采用足够大的过渡圆角，若因结构上的原因，难以加大过渡圆角的半径，可以在轴的较粗部分上开减荷槽或退刀槽等。

（2）降低表面粗糙度　构件表面加工质量对疲劳强度的影响很大，对于疲劳强度要求较高的构件，应有较低的表面粗糙度。因此在使用中应避免使构件表面受到机械损伤或化学损伤（如腐蚀等）。

（3）增加表层强度　为了强化构件的表层，可采用高频淬火等热处理，渗碳、氮化等化学处理和机械方法（如喷丸等）强化表层，以提高疲劳强度。

## 10.8 钢结构构件及其连接部位的疲劳计算

焊接是制造钢构件的主要工艺，而焊缝是构件疲劳破坏的主要部位。这是因为焊缝处存

在着很高的残余拉应力和烧伤、夹渣及初始裂纹等缺陷。由于这些因素在小试样中不可能充分再现，使得小试样的疲劳试验结果与实际出入较大。因此，人们不得不花费昂贵的代价做构件的疲劳试验。中美等国家进行了一定数量的构件疲劳试验。这些成果，为制定钢结构规范提供了依据。

### 10.8.1　影响构件焊接部位疲劳寿命的因素

焊接钢梁的常幅疲劳试验结果表明了如下因素的影响情况。

（1）应力范围　应力范围 $\Delta\sigma$ 是影响钢梁焊接部位疲劳寿命的重要因素，而名义最大应力 $\sigma_{max}$(或平均应力 $\sigma_m$）的影响很小。这是因为焊缝处很大的残余拉应力使得这里实际的最大应力 $\sigma'_{max}$恒为屈服极限 $\sigma_s$。按照卸载规律，应力循环中实际的最小应力 $\sigma'_{min}=\sigma_s-\Delta\sigma$。可见，在交变应力各特征值中，对焊接部位的疲劳强度起控制作用的是应力范围 $\Delta\sigma$，它被用来作为疲劳强度的应力指标。

（2）焊接工艺　焊接工艺和质量对焊接部位的疲劳强度有显著影响，是规范中对构造部位分类的主要依据。

### 10.8.2　*S-N* 曲线

用常温、无腐蚀环境下的常幅高频疲劳试验结果：($\sigma_i$，$N_i$)，$i=1$，2，…，$n$，在坐标系 $\Delta\sigma_i$-$N_i$ 中绘制的是一条曲线，在双对数坐标系 $\lg\Delta\sigma_i$-$\lg N_i$ 中绘制的是一条直线（见图 10-16），其表达式为

$$\lg\Delta\sigma=\frac{1}{\beta}(\lg a-\lg N) \tag{10-21a}$$

或

$$\Delta\sigma=\left(\frac{a}{N}\right)^{\frac{1}{\beta}} \tag{10-21b}$$

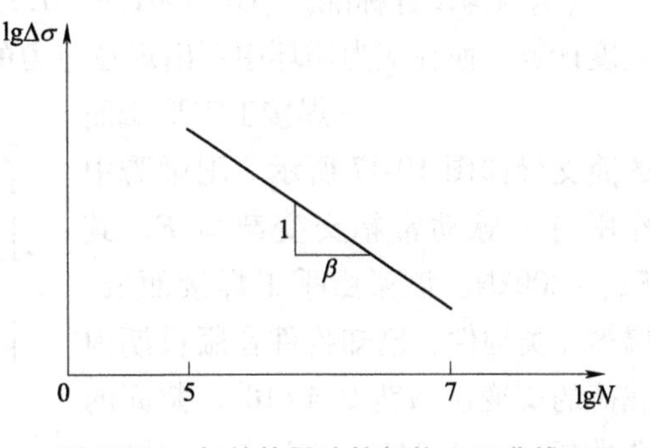

图 10-16　钢结构及连接部位 *S-N* 曲线

式中，$a$ 和 $\beta$ 是由试验结果统计得到的常数；$-\frac{1}{\beta}$为上述直线的斜率；$\frac{\lg a}{\beta}$为直线在 $\Delta\sigma$ 轴上的截距。

### 10.8.3　钢结构构件及其连接部位的疲劳计算

1. 常幅应力循环下的疲劳计算

（1）许用疲劳强度曲线　由构件及其连接部位在常温、无腐蚀环境下的常幅高频疲劳 $\Delta\sigma_i$-$N_i$ 曲线，即式（10-21b），引进安全因数，可得到许用疲劳强度曲线，即许用应力范围-寿命曲线（$[\Delta\sigma]$-$N$ 曲线），图形依然如图 10-16 所示，其表达式为

$$[\Delta\sigma]=\left(\frac{C}{N}\right)^{\frac{1}{\beta}} \tag{10-22}$$

式中，参数 $C$ 和 $\beta$ 的值从表 10-1 中查取（表 10-1 摘自 GB 50017—2017《钢结构设计标准》）。

表 10-1　参数 $C$、$\beta$ 的值

| 构件和连接类别 | Z1 | Z2 | Z3 | Z4 | Z5 | Z6 | Z7 | Z8 | Z9 | Z10 |
|---|---|---|---|---|---|---|---|---|---|---|
| $C$ | $1920\times10^{12}$ | $861\times10^{12}$ | $3.91\times10^{12}$ | $2.81\times10^{12}$ | $2.0\times10^{12}$ | $1.46\times10^{12}$ | $1.02\times10^{12}$ | $0.72\times10^{12}$ | $0.5\times10^{12}$ | $0.35\times10^{12}$ |
| $\beta$ | 4 | 4 | 3 | 3 | 3 | 3 | 3 | 3 | 3 | 3 |

（2）疲劳强度条件　常幅疲劳强度条件为

$$\Delta\sigma \leqslant [\Delta\sigma] \tag{10-23a}$$

式中，$\Delta\sigma$ 为危险点处应力循环中的应力范围，对于焊接部位有

$$\Delta\sigma = \sigma_{max} - \sigma_{min}$$

对于非焊接部位，因无残余拉应力，考虑到其实际平均应力较低，《钢结构设计标准》（GB 50017—2017）推荐取为

$$\Delta\sigma = \sigma_{max} - 0.7\sigma_{min} \tag{10-23b}$$

式中，$\sigma_{max}$、$\sigma_{min}$应按弹性连续体计算而得到。

《钢结构设计标准》（GB 50017—2017）要求，当应力循环次数 $N \geqslant 10^5$ 时，应进行疲劳强度计算，而在应力循环中不出现拉应力的部位，则可不必验算疲劳强度。

【例题 10-8】　一焊接工字形截面的简支梁如图 10-17 所示。副梁跨中作用有一脉动常幅交变载荷 $F$，其 $F_{max}=800\text{kN}$。该梁由手工焊接而成，属第 4 类构件，已知构件在服役期内载荷的交变次数为 $2.4\times10^6$，截面的惯性矩 $I_z = 2.041\times10^{-3}\ \text{m}^4$，材料为 Q235 钢。试校核梁 $AB$ 的疲劳强度。

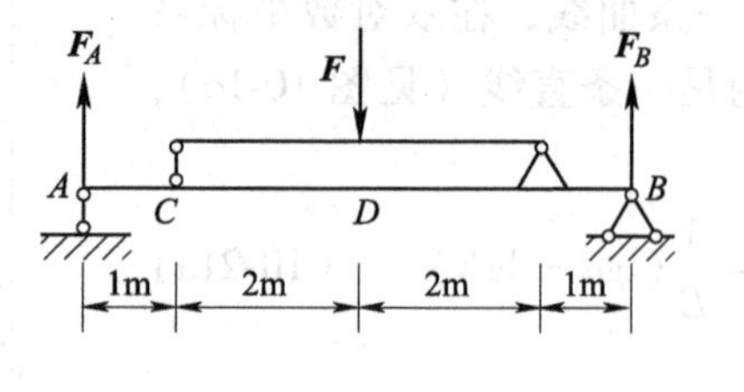


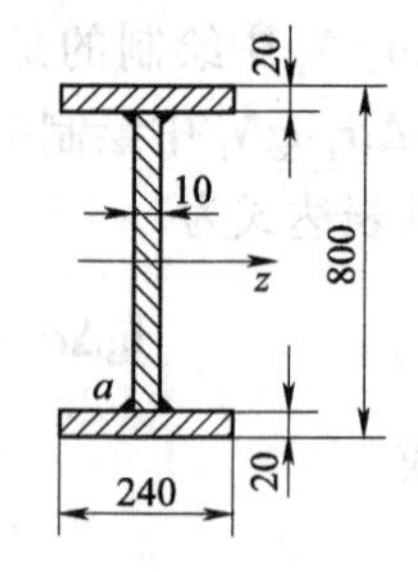


图 10-17　例题 10-8 图

解：（1）求危险点的应力范围。

疲劳强度的危险截面为跨中截面 $D$，该截面上有

$$M_{max} = 400\text{kN}\cdot\text{m}, M_{min} = 0$$

疲劳强度危险点位于截面 $D$ 上焊缝 $a$ 处，有

$$\sigma_{max} = \frac{M_{max}y_{max}}{I_z} = \frac{400\times10^3\times0.38}{2.041\times10^{-3}}\text{Pa} = 74.47\text{MPa}$$

$$\sigma_{min} = 0$$

$$\Delta\sigma = \sigma_{max} - \sigma_{min} = 74.47\text{MPa}$$

（2）求许用应力范围。

该梁焊缝为第 4 类连接，从表 10-1 中查得

$$C = 2.81\times10^{12}, \beta = 3$$

则许用应力范围为

$$[\Delta\sigma]=\left(\frac{C}{N}\right)^{\frac{1}{\beta}}=\left(\frac{2.81\times10^{12}}{2.4\times10^{6}}\right)^{\frac{1}{3}}\text{MPa}=105.40\text{MPa}$$

最大弯曲正应力发生在截面 $D$ 下边缘上。

(3) 校核疲劳强度。

$$\Delta\sigma\leqslant[\Delta\sigma]$$

由此可见，该梁在服役期内能满足疲劳强度要求。

2. 变幅应力循环下的疲劳计算

设变幅应力循环由 $k$ 级常幅循环构成，如图 10-18 所示，其中 $\Delta\sigma_i$、$n_i$ 为第 $i$ 级常幅应力循环的应力范围和循环数，$i=1$，2，…，$k$。

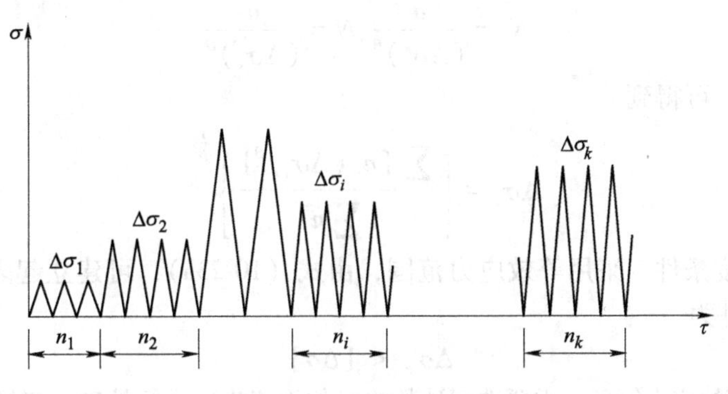


图 10-18　变幅应力循环

(1) 迈因纳（Miner）法则　在交变应力作用下，疲劳破坏是一渐进的过程，是损伤逐渐累积的结果。计算累积损伤的法则已有多种，但以迈因纳的线性累积损伤理论应用最为广泛。

1）常幅应力循环时的线性累积损伤计算法则。假设每一次应力循环对构件造成的损伤都相同，若寿命为 $N$，则每次应力循环的损伤度（率）为 $1/N$，$n$ 次循环累积损伤度则为

$$D=\frac{n}{N} \tag{10-24}$$

当 $n=N$，即 $D=1$ 时，构件发生疲劳破坏。

因为累积损伤度与循环次数 $n$ 呈线性关系，故这种计算累积损伤的法则称为线性累积损伤法则。

2）变幅应力循环时的线性累积损伤计算。在多级常幅应力循环交变应力（见图 10-18）作用下，构件的损伤度为

$$D=\sum\frac{n_i}{N_i} \tag{10-25}$$

式中，$N_i$ 是仅在应力范围为 $\Delta\sigma_i$ 的常幅应力循环下构件的疲劳寿命。当 $D=1$ 时，发生疲劳破坏。

(2) 等效应力范围　上述的多级常幅交变应力的总循环次数为 $n=\sum n_i$，造成的累积损伤为

$$D=\sum\frac{n_i}{N_i} \tag{a}$$

设构件在应力范围为 $\Delta\sigma_c$ 的常幅循环应力下疲劳寿命为 $N$，当循环次数等于多级常幅交变应力的总循环次数 $n$ 时，造成的损伤度也等于多级常幅交变应力造成的累积损伤度，即

$$\frac{\sum n_i}{N} = D \tag{b}$$

这时称 $\Delta\sigma_c$ 为等效应力范围。

由式（a）和式（b）得

$$\frac{\sum n_i}{N} = \sum \frac{n_i}{N_i} \tag{c}$$

由式（10-21b）可求出

$$N_i = \frac{a}{(\Delta\sigma_i)^\beta}, N = \frac{a}{(\Delta\sigma_c)^\beta}$$

代入式（c），可得到

$$\Delta\sigma_c = \left\{\frac{\sum [n_i(\Delta\sigma_i)^\beta]}{\sum n_i}\right\}^{\frac{1}{\beta}} \tag{10-26}$$

（3）疲劳强度条件　采用等效应力范围，由式（10-23a），可建立起多级常幅循环应力下的疲劳强度条件为

$$\Delta\sigma_c < [\Delta\sigma] \tag{10-27}$$

对于一般的变幅应力循环，需要选用计数法（如雨流法）进行处理，变换成图 10-18 所示的多级常幅应力循环问题，再用上述方法进行疲劳强度计算。详细的介绍请参见有关的专著。

## 本章小结

本章讲述了动载荷、动应力、交变应力、疲劳强度的概念，等加速直线运动、等角速度转动及冲击问题中的动应力的计算，疲劳破坏，对称循环时构件的强度校核问题。了解动荷系数的意义、疲劳破坏的特点及破坏原因。应注重理解材料在交变应力作用下的强度指标——疲劳极限。重点掌握构件做等加速直线运动时的动应力计算、旋转构件的受力分析与动应力计算、自由落体冲击问题动荷系数计算、对称循环下构件的疲劳强度计算。了解影响构件焊接部位疲劳寿命的因素及疲劳计算。

## 习　题

10-1　钢锁起吊 $P=60\text{kN}$ 的重物，并在第一秒内以等加速度上升 2.5m，如图 10-19 所示。试求钢索横截面上的轴力 $F_{\text{Nd}}$（不计钢索的质量）。

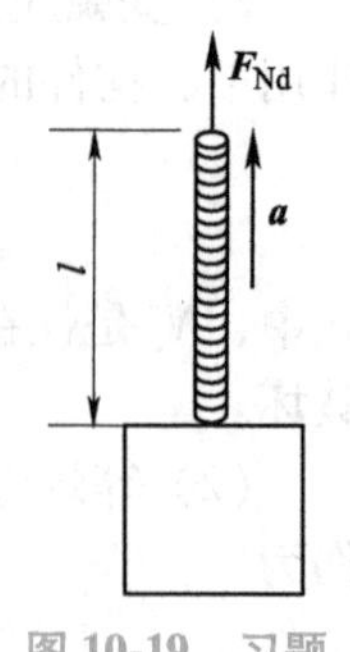

图 10-19　习题 10-1 图

10-2　图 10-20 图所示起重机，重 $P_1=5\text{kN}$，装在两根跨度 $l=4\text{m}$ 的 20a 工字钢上，用钢索起吊 $P_2=5\text{kN}$ 的重物。该重物在前 3s 内按等加速上升 10m。已知 $[\sigma]=170\text{MPa}$，试校核该梁的强度（不计梁和钢索的自重）。

10-3　用绳索起吊钢筋混凝土管如图 10-21 所示。如管子的重量 $P=10\text{kN}$，绳索的直径 $d=40\text{mm}$，许用应力 $[\sigma]=10\text{MPa}$，试校核突然起吊瞬间时绳索的强度。

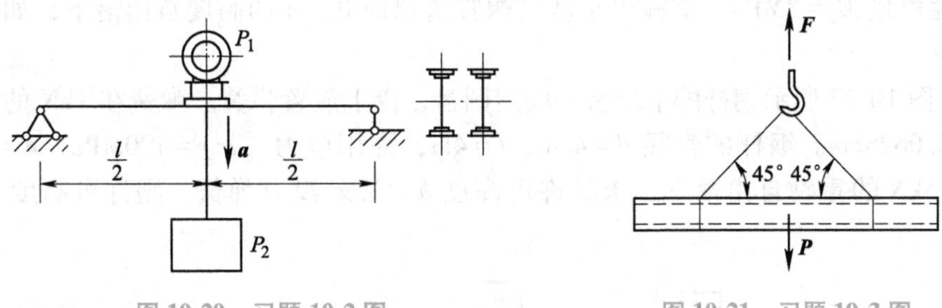


图 10-20　习题 10-2 图　　　　图 10-21　习题 10-3 图

**10-4**　在直径 $d=100\text{mm}$ 的轴上，装有转动惯量 $I_0=0.5\text{kN}\cdot\text{m}\cdot\text{s}^2$ 的飞轮，轴以 300r/min 的转速匀速旋转，如图 10-22 所示。现用制动器使飞轮在 4s 内停止转动，试求轴内的最大切应力（不计轴的质量和轴承内的摩擦力）。

**10-5**　重量为 $P=5\text{kN}$ 的重物自高度 $h=10\text{mm}$ 处自由落下，冲击到 20b 工字钢梁上的 $B$ 点处，如图 10-23 所示。已知钢的弹性模量 $E=210\text{GPa}$。试求梁内最大冲击正应力（不计梁的自重）。

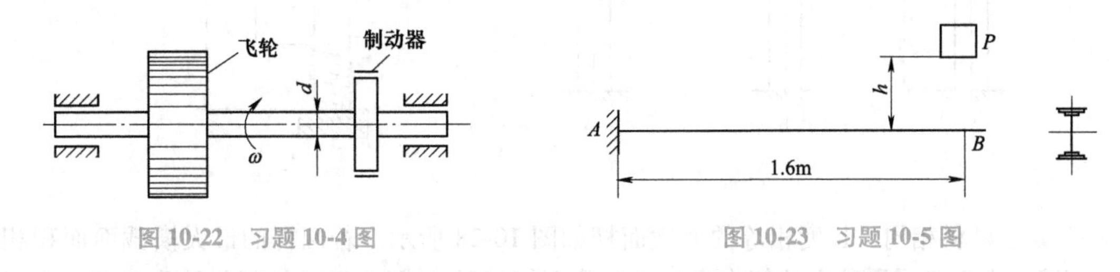


图 10-22　习题 10-4 图　　　　图 10-23　习题 10-5 图

**10-6**　机车车轮的转速为 $n=300\text{r/min}$，连杆 $AB$ 的横截面为矩形，$h=56\text{mm}$，$b=28\text{mm}$，长度 $l=2\text{m}$。车轮半径为 $r=250\text{mm}$，如图 10-24 所示。连杆材料的密度为 $\rho=7.95\text{kg/m}^3$。试求连杆的最大弯曲正应力。

**10-7**　图 10-25 所示 16 工字钢左端铰支，右端置于螺旋弹簧上。弹簧共有 10 圈，其平均直径 $D=10\text{cm}$，簧丝的直径 $d=20\text{mm}$。梁的许用应力 $[\sigma]=160\text{MPa}$，弹性模量 $E=200\text{GPa}$；弹簧的许用切应力 $[\tau]=200\text{MPa}$，切变模量 $G=80\text{MPa}$。今有重量 $P=2\text{kN}$ 的重物从梁的跨度中点上方自由落下，试求其许可高度 $h$。

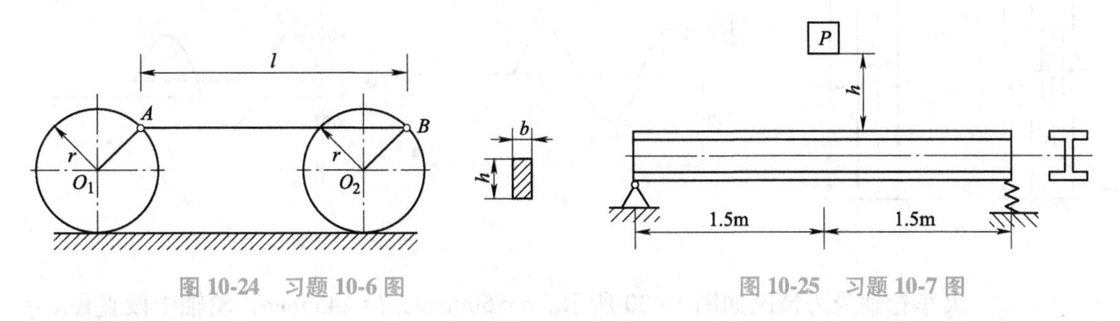


图 10-24　习题 10-6 图　　　　图 10-25　习题 10-7 图

**10-8**　如图 10-26 所示，直径 $d=30\text{cm}$、长为 $l=6\text{cm}$ 的圆木柱，下端固定，上端承受重量为 $P=2\text{kN}$ 的重锤作用。木材的 $E_1=10\text{GPa}$。求下列三种情况下，木桩内的最大正应力：（1）重锤以静载荷的方式作用于木桩上，如图 10-26a 所示；（2）重锤从离桩顶 0.5m 的高度自由落下，如图 10-27b 所示；（3）在桩顶放置直径为 15mm、厚为 40mm 的橡胶垫，

橡胶的弹性模量 $E_2=8\text{MPa}$。重锤也是从离橡胶垫顶面 0.5m 的高度自由落下，如图 10-26c 所示。

10-9　图 10-27 所示钢杆的下端有一固定圆盘，盘上放置弹簧。弹簧在 1kN 的静载荷作用下缩短 0.0625cm。钢杆的直径 $d=4\text{cm}$、$l=4\text{m}$，许用应力 $[\sigma]=120\text{MPa}$，$E=200\text{GPa}$。若有重为 15kN 的重物自由落下，求其许可高度 $h$。又若没有弹簧，则许可高度 $h$ 将等于多大？

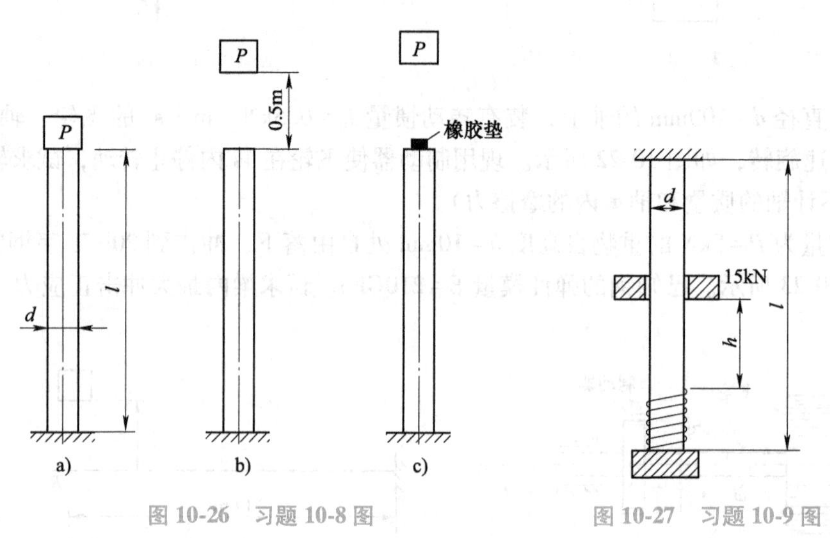


图 10-26　习题 10-8 图　　图 10-27　习题 10-9 图

10-10　材料相同、长度相等的变截面杆如图 10-28 所示。若两杆的最大横截面面积相同，问哪一根杆件承受冲击的能力强？设变截面杆直径为 $d(d<D)$ 的部分长为 $2l/5$。为了便于比较，假设 $h$ 较大，可以近似地把动荷系数取为 $K_d=1+\sqrt{1+\dfrac{2h}{\Delta_{st}}}\approx\sqrt{\dfrac{2h}{\Delta_{st}}}$。

10-11　试求图 10-29 所示交变应力的平均应力、应力幅及循环特征。

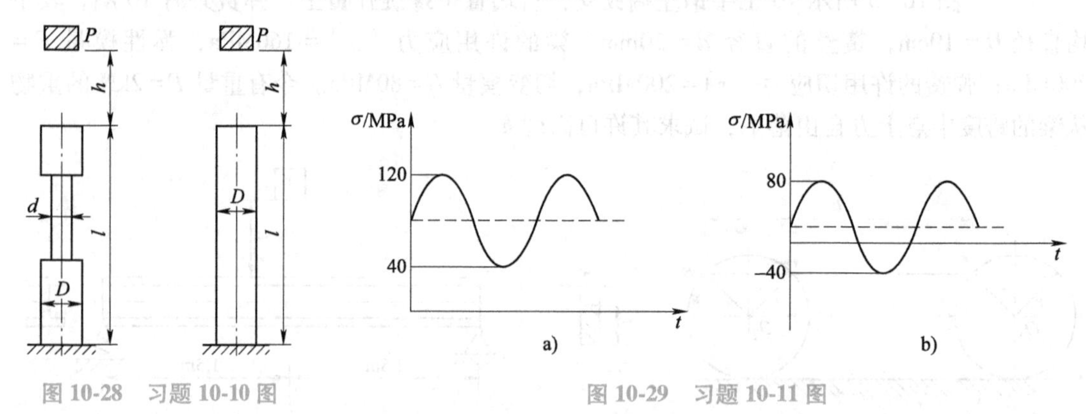


图 10-28　习题 10-10 图　　图 10-29　习题 10-11 图

10-12　火车轮轴受力情况如图 10-30 所示。$a=500\text{mm}$，$l=1435\text{mm}$，轮轴中段直径 $d=150\text{mm}$。若 $F=50\text{kN}$，试求轮轴中段表面上任一点的最大应力 $\sigma_{max}$、最小应力 $\sigma_{min}$、循环特征 $r$。

10-13　柴油发动机连杆大头螺钉在工作时受到最大拉力 $F_{max}=58.3\text{kN}$，最小拉力 $F_{min}=55.8\text{kN}$ 作用。螺纹处内径 $d=11.5\text{mm}$，试求其平均应力 $\sigma_m$、应力幅 $\sigma_a$、循环特征 $r$。

**10-14**　某装配车间的吊车梁由 22a 工字钢制成，并在其中段焊上两块截面为 120mm×10mm、长度为 2.5m 的加强钢板，如图 10-31 所示。起重机每次起吊 50kN 的重物，在略去起重机及钢梁的自重时，该吊车梁所承受的交变载荷可简化为 $F_{max}=50kN$，$F_{min}=0$。已知焊接段横截面对中性轴 $z$ 的惯性矩 $I_z=6574\times10^{-8}m^4$，焊接段采用手工焊接，属于第 3 类构件。欲使吊车梁能承受 $2\times10^6$ 次交变载荷的作用，试校核梁的疲劳强度。

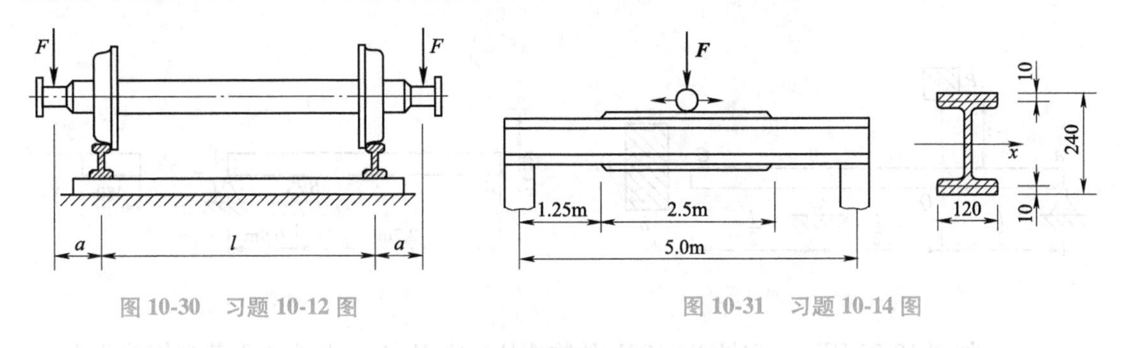


图 10-30　习题 10-12 图　　　　图 10-31　习题 10-14 图

## 测试题

**10-1**　等截面杆件 $AB$ 以角速度 $\omega$ 在水平面内绕其中点 $O$ 旋转，如图 10-32 所示。已知材料的弹性模量为 $E$，单位体积重量为 $\gamma$，试求杆件的动应力分布和杆件的总伸长。

**10-2**　一重量为 $P$ 的物体，以速度 $v$ 水平冲击刚架的 $C$ 点，如图 10-33 所示，试求刚架的最大冲击应力。已知刚架的各个部分均由圆杆组成，直径均为 $d$，材料的弹性模量均为 $E$。

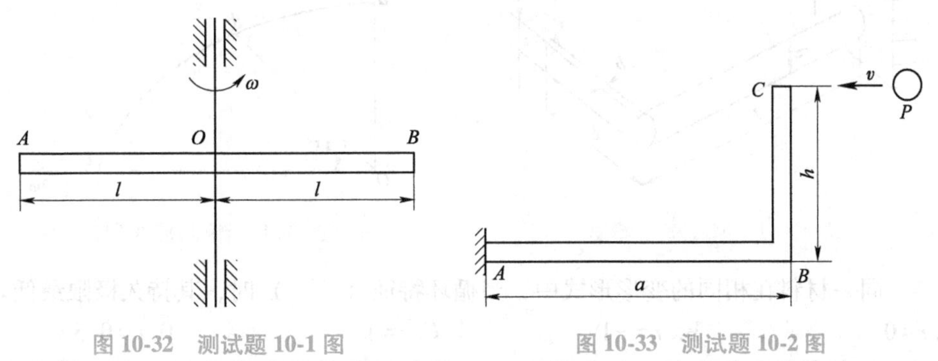


图 10-32　测试题 10-1 图　　　　图 10-33　测试题 10-2 图

**10-3**　图 10-34a、b 所示的两个梁长度和抗弯刚度相同，支承条件不同。已知弹簧的刚度系数均为 $k$，一重物 $P$ 自高度 $h$ 自由下落冲击。试求两个梁的冲击应力，并比较结果。

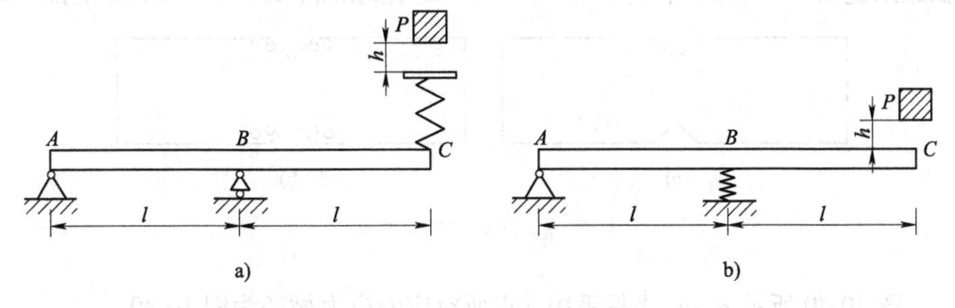


图 10-34　测试题 10-3 图

**10-4** 冲击物体重量为 $P$，由距离梁的顶面高 $h$ 处自由下落冲击梁的 $D$ 点，如图 10-35 所示。已知梁的横截面为矩形，材料的弹性模量为 $E$，试求梁的最大挠度。

**10-5** 重 700N 的运动员从 0.6m 高处落在跳板 $A$ 端，如图 10-36 所示，跳板的横截面为 480mm×65mm 的矩形，木材的弹性模量为 $E=12\text{GPa}$。假设运动员腿不弯曲，试求：（1）跳板中的最大弯曲应力；（2）$A$ 点的最大位移。

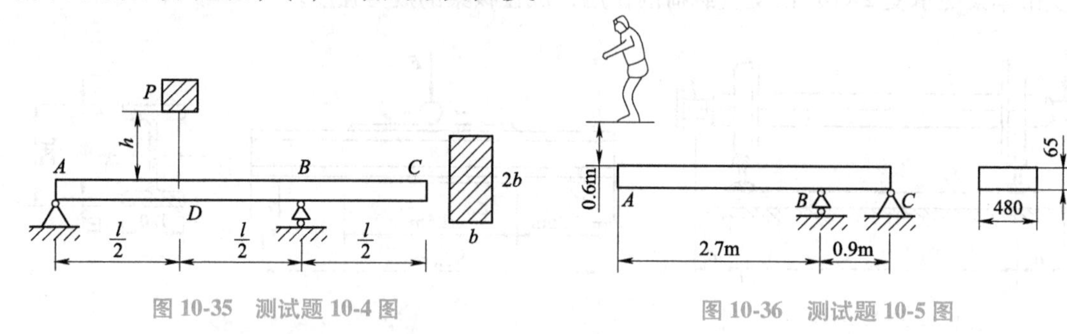


图 10-35　测试题 10-4 图　　　　图 10-36　测试题 10-5 图

**10-6** 如图 10-37 所示，重量 $P=100\text{N}$ 的物体从高度 $H=5\text{cm}$ 处自由下落到钢质曲拐上，如果静载强度理论适用，试校核曲拐动载强度。已知 $a=0.4\text{m}$，$l=1\text{m}$，$d=4\text{cm}$，$b=1.5\text{cm}$，$h=2\text{cm}$，$E=200\text{GPa}$，$G=0.4\text{E}$，$[\sigma]=120\text{MPa}$，拐弯处为直角。

**10-7** 材料持久极限图 10-38 所示曲线上的 $a$、$b$、$c$ 点，分别对应着材料的极限值（　　）。

A. $\sigma_{-1}$、$\sigma_0$、$\sigma_s$　　B. $\sigma_{-1}$、$\sigma_0$、$\sigma_b$　　C. $\sigma_b$、$\sigma_0$，$\sigma_{-1}$　　D. $\sigma_{-1}$、$\sigma_0$、$\sigma_a$

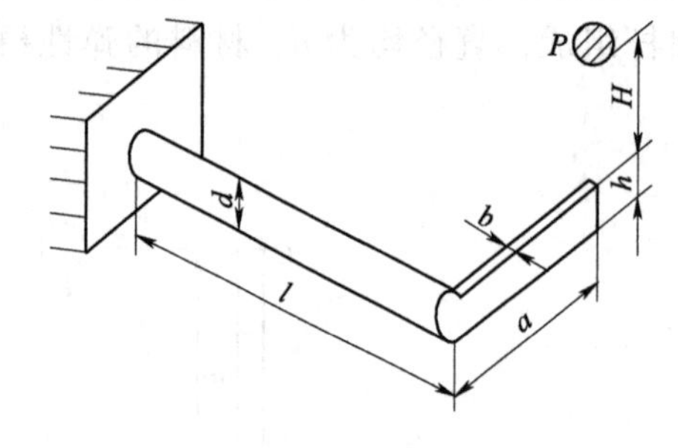


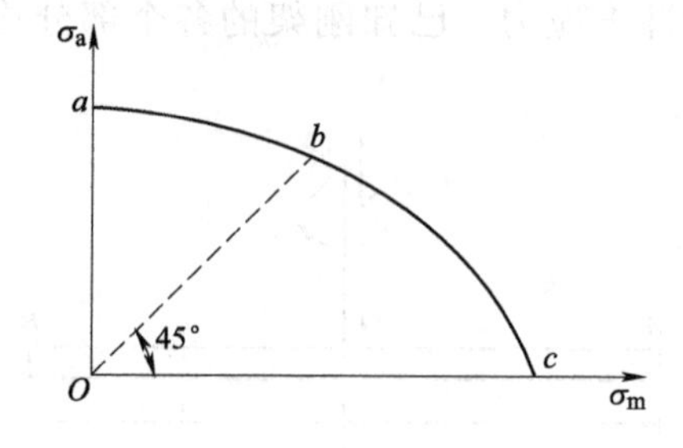


图 10-37　测试题 10-6 图　　　　图 10-38　测试题 10-7 图

**10-8** 同一材料在相同的变形形式中，当循环特征（　　）时，其持久极限最低。

A. $r=0$　　B. $r=-1$　　C. $r=1$　　D. $r=0.5$

**10-9** 在交变载荷作用下，如在图 10-39a 所示板条的切口附近钻上大小不同的小洞，如图 10-39b 所示，则其持久极限（　　）。

A. 比原来提高　　B. 不变　　C. 比原来降低　　D. 以上都不对

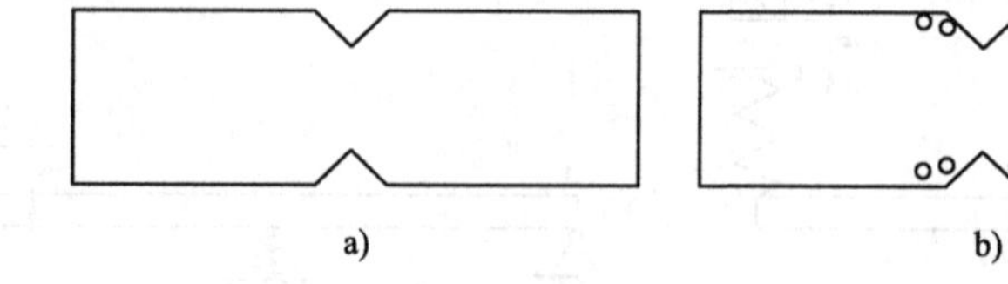


图 10-39　测试题 10-9 图

**10-10** 图 10-40 所示 $\sigma_a$-$\sigma_m$ 坐标系中 $c$ 点所对应的应力循环为图 10-40 ________所示。

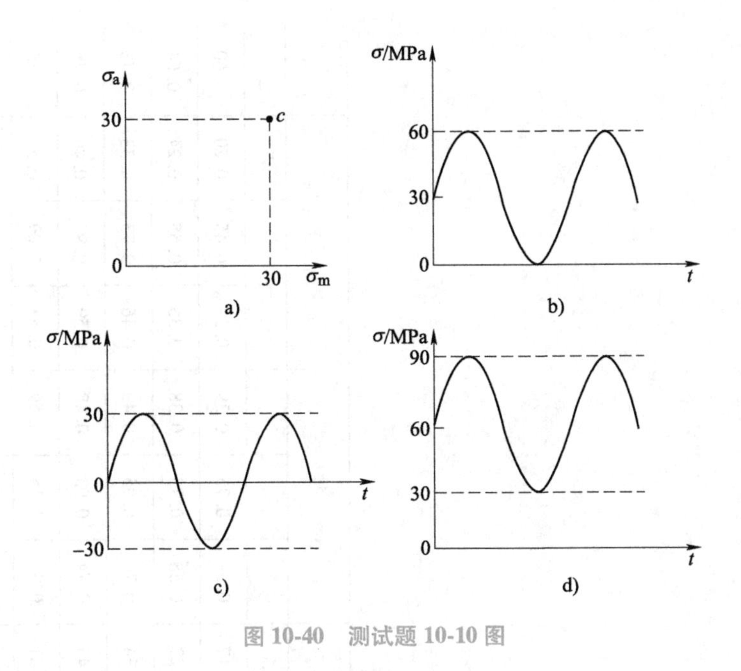


图 10-40　测试题 10-10 图

**10-11**　图 10-41 所示梁受力如下：$F_1$ 为静载荷，$F_1=0.8F$，$F_2$ 在 0 与 $F$ 之间变化，求 $F$ 的许可值。若梁的规定工作安全因数 $n=1.8$，有效应力集中系数 $K_\sigma=1.5$，尺寸因数 $\varepsilon_\sigma=1$，材料的 $\sigma_b=500\text{MPa}$，$\sigma_s=280\text{MPa}$，$\sigma_{-1}=200\text{MPa}$，$\psi_\sigma=0.1$。

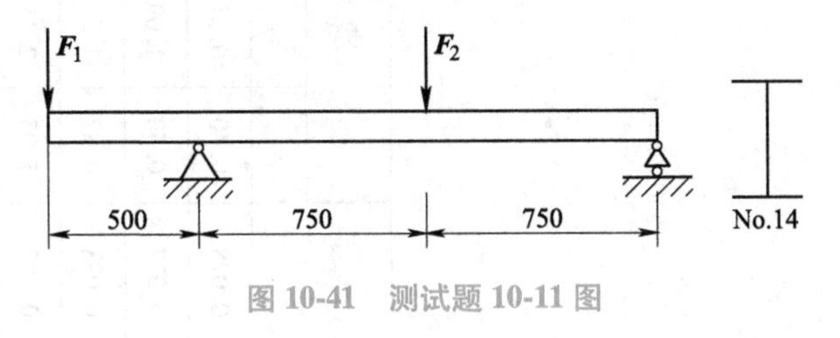


图 10-41　测试题 10-11 图

## 资源推荐


[1] 刘鸿文. 材料力学：Ⅰ[M]. 6 版. 北京：高等教育出版社，2017.

[2] 孙训方. 材料力学：Ⅰ[M]. 6 版. 北京：高等教育出版社，2019.

[3] 荀文选. 材料力学：Ⅰ[M]. 3 版. 北京：科学出版社，2017.

[4] 俞茂宏. 材料力学 [M]. 2 版. 北京：高等教育出版社，2015.

[5] 王永廉，马景槐. 工程力学：静力学与材料力学 [M]. 北京：机械工业出版社，2014.

[6] 郭维林，刘东星. 材料力学（Ⅰ）同步辅导及习题全解 [M]. 北京：中国水利水电出版社，2010.

[7] 陈乃立，陈倩. 材料力学学习指导书 [M]. 北京：高等教育出版社，2004.

[8] 荀文选. 材料力学教与学 [M]. 北京：高等教育出版社，2007.

# 附录　型钢表

附表 1　热轧等边角钢（GB/T 706—2008）

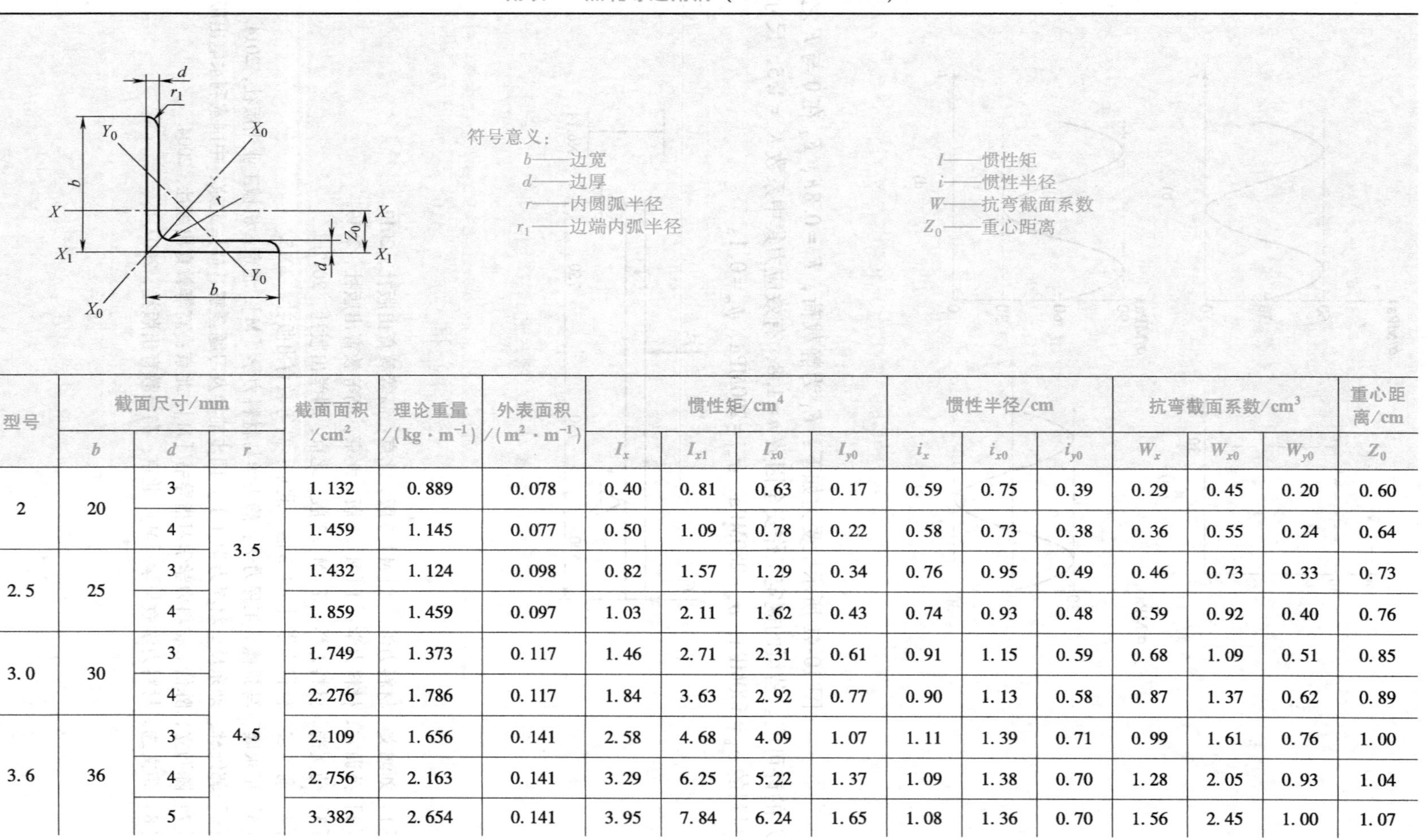


符号意义：

$b$——边宽
$d$——边厚
$r$——内圆弧半径
$r_1$——边端内弧半径
$I$——惯性矩
$i$——惯性半径
$W$——抗弯截面系数
$Z_0$——重心距离

| 型号 | 截面尺寸/mm | | | 截面面积/cm² | 理论重量/(kg·m⁻¹) | 外表面积/(m²·m⁻¹) | 惯性矩/cm⁴ | | | | 惯性半径/cm | | | 抗弯截面系数/cm³ | | | 重心距离/cm |
|---|---|---|---|---|---|---|---|---|---|---|---|---|---|---|---|---|---|
| | $b$ | $d$ | $r$ | | | | $I_x$ | $I_{x1}$ | $I_{x0}$ | $I_{y0}$ | $i_x$ | $i_{x0}$ | $i_{y0}$ | $W_x$ | $W_{x0}$ | $W_{y0}$ | $Z_0$ |
| 2 | 20 | 3 | 3.5 | 1.132 | 0.889 | 0.078 | 0.40 | 0.81 | 0.63 | 0.17 | 0.59 | 0.75 | 0.39 | 0.29 | 0.45 | 0.20 | 0.60 |
| | | 4 | | 1.459 | 1.145 | 0.077 | 0.50 | 1.09 | 0.78 | 0.22 | 0.58 | 0.73 | 0.38 | 0.36 | 0.55 | 0.24 | 0.64 |
| 2.5 | 25 | 3 | | 1.432 | 1.124 | 0.098 | 0.82 | 1.57 | 1.29 | 0.34 | 0.76 | 0.95 | 0.49 | 0.46 | 0.73 | 0.33 | 0.73 |
| | | 4 | | 1.859 | 1.459 | 0.097 | 1.03 | 2.11 | 1.62 | 0.43 | 0.74 | 0.93 | 0.48 | 0.59 | 0.92 | 0.40 | 0.76 |
| 3.0 | 30 | 3 | 4.5 | 1.749 | 1.373 | 0.117 | 1.46 | 2.71 | 2.31 | 0.61 | 0.91 | 1.15 | 0.59 | 0.68 | 1.09 | 0.51 | 0.85 |
| | | 4 | | 2.276 | 1.786 | 0.117 | 1.84 | 3.63 | 2.92 | 0.77 | 0.90 | 1.13 | 0.58 | 0.87 | 1.37 | 0.62 | 0.89 |
| 3.6 | 36 | 3 | | 2.109 | 1.656 | 0.141 | 2.58 | 4.68 | 4.09 | 1.07 | 1.11 | 1.39 | 0.71 | 0.99 | 1.61 | 0.76 | 1.00 |
| | | 4 | | 2.756 | 2.163 | 0.141 | 3.29 | 6.25 | 5.22 | 1.37 | 1.09 | 1.38 | 0.70 | 1.28 | 2.05 | 0.93 | 1.04 |
| | | 5 | | 3.382 | 2.654 | 0.141 | 3.95 | 7.84 | 6.24 | 1.65 | 1.08 | 1.36 | 0.70 | 1.56 | 2.45 | 1.00 | 1.07 |

| | | | | | | | | | | | | | | | | | |
|---|---|---|---|---|---|---|---|---|---|---|---|---|---|---|---|---|---|
| 4 | 40 | 3 | 5 | 2.359 | 1.852 | 0.157 | 3.59 | 6.41 | 5.69 | 1.49 | 1.23 | 1.55 | 0.79 | 1.23 | 2.01 | 0.96 | 1.09 |
| | | 4 | | 3.086 | 2.422 | 0.157 | 4.60 | 8.56 | 7.29 | 1.91 | 1.22 | 1.54 | 0.79 | 1.60 | 2.58 | 1.19 | 1.13 |
| | | 5 | | 3.791 | 2.976 | 0.156 | 5.53 | 10.74 | 8.76 | 2.30 | 1.21 | 1.52 | 0.78 | 1.96 | 3.10 | 1.39 | 1.17 |
| 4.5 | 45 | 3 | | 2.659 | 2.088 | 0.177 | 5.17 | 9.12 | 8.20 | 2.14 | 1.40 | 1.76 | 0.89 | 1.58 | 2.58 | 1.24 | 1.22 |
| | | 4 | | 3.486 | 2.736 | 0.177 | 6.65 | 12.18 | 10.56 | 2.75 | 1.38 | 1.74 | 0.89 | 2.05 | 3.32 | 1.54 | 1.26 |
| | | 5 | | 4.292 | 3.369 | 0.176 | 8.04 | 15.2 | 12.74 | 3.33 | 1.37 | 1.72 | 0.88 | 2.51 | 4.00 | 1.81 | 1.30 |
| | | 6 | | 5.076 | 3.985 | 0.176 | 9.33 | 18.36 | 14.76 | 3.89 | 1.36 | 1.70 | 0.8 | 2.95 | 4.64 | 2.06 | 1.33 |
| 5 | 50 | 3 | 5.5 | 2.971 | 2.332 | 0.197 | 7.18 | 12.5 | 11.37 | 2.98 | 1.55 | 1.96 | 1.00 | 1.96 | 3.22 | 1.57 | 1.34 |
| | | 4 | | 3.897 | 3.059 | 0.197 | 9.26 | 16.69 | 14.70 | 3.82 | 1.54 | 1.94 | 0.99 | 2.56 | 4.16 | 1.96 | 1.38 |
| | | 5 | | 4.803 | 3.770 | 0.196 | 11.21 | 20.90 | 17.79 | 4.64 | 1.53 | 1.92 | 0.98 | 3.13 | 5.03 | 2.31 | 1.42 |
| | | 6 | | 5.688 | 4.465 | 0.196 | 13.05 | 25.14 | 20.68 | 5.42 | 1.52 | 1.91 | 0.98 | 3.68 | 5.85 | 2.63 | 1.46 |
| 5.6 | 56 | 3 | 6 | 3.343 | 2.624 | 0.221 | 10.19 | 17.56 | 16.14 | 4.24 | 1.75 | 2.20 | 1.13 | 2.48 | 4.08 | 2.02 | 1.48 |
| | | 4 | | 4.390 | 3.446 | 0.220 | 13.18 | 23.43 | 20.92 | 5.46 | 1.73 | 2.18 | 1.11 | 3.24 | 5.28 | 2.52 | 1.53 |
| | | 5 | | 5.415 | 4.251 | 0.220 | 16.02 | 29.33 | 25.42 | 6.61 | 1.72 | 2.17 | 1.10 | 3.97 | 6.42 | 2.98 | 1.57 |
| | | 6 | | 6.420 | 5.040 | 0.220 | 18.69 | 35.26 | 29.66 | 7.73 | 1.71 | 2.15 | 1.10 | 4.68 | 7.49 | 3.40 | 1.61 |
| | | 7 | | 7.404 | 5.812 | 0.219 | 21.23 | 41.23 | 33.63 | 8.82 | 1.69 | 2.13 | 1.09 | 5.36 | 8.49 | 3.80 | 1.64 |
| | | 8 | | 8.367 | 6.568 | 0.219 | 23.63 | 47.24 | 37.37 | 9.89 | 1.68 | 2.11 | 1.09 | 6.03 | 9.44 | 4.16 | 1.68 |
| 6 | 60 | 5 | 6.5 | 5.829 | 4.576 | 0.236 | 19.89 | 36.05 | 31.57 | 8.21 | 1.85 | 2.33 | 1.19 | 4.59 | 7.44 | 3.48 | 1.67 |
| | | 6 | | 6.914 | 5.427 | 0.235 | 23.25 | 43.33 | 36.89 | 9.60 | 1.83 | 2.31 | 1.18 | 5.41 | 8.70 | 3.98 | 1.70 |
| | | 7 | | 7.977 | 6.262 | 0.235 | 26.44 | 50.65 | 41.92 | 10.96 | 1.82 | 2.29 | 1.17 | 6.21 | 9.88 | 4.45 | 1.74 |
| | | 8 | | 9.020 | 7.081 | 0.235 | 29.47 | 58.02 | 46.66 | 12.28 | 1.81 | 2.27 | 1.17 | 6.98 | 11.00 | 4.88 | 1.78 |

（续）

| 型号 | 截面尺寸/mm | | | 截面面积/$cm^2$ | 理论重量/$(kg \cdot m^{-1})$ | 外表面积/$(m^2 \cdot m^{-1})$ | 惯性矩/$cm^4$ | | | | 惯性半径/cm | | | 抗弯截面系数/$cm^3$ | | | 重心距离/cm |
|---|---|---|---|---|---|---|---|---|---|---|---|---|---|---|---|---|---|
| | $b$ | $d$ | $r$ | | | | $I_x$ | $I_{x1}$ | $I_{x0}$ | $I_{y0}$ | $i_x$ | $i_{x0}$ | $i_{y0}$ | $W_x$ | $W_{x0}$ | $W_{y0}$ | $Z_0$ |
| 6.3 | 63 | 4 | 7 | 4.978 | 3.907 | 0.248 | 19.03 | 33.35 | 30.17 | 7.89 | 1.96 | 2.46 | 1.26 | 4.13 | 6.78 | 3.29 | 1.70 |
| | | 5 | | 6.143 | 4.822 | 0.248 | 23.17 | 41.73 | 36.77 | 9.57 | 1.94 | 2.45 | 1.25 | 5.08 | 8.25 | 3.90 | 1.74 |
| | | 6 | | 7.288 | 5.721 | 0.247 | 27.12 | 50.14 | 43.03 | 11.20 | 1.93 | 2.43 | 1.24 | 6.00 | 9.66 | 4.46 | 1.78 |
| | | 7 | | 8.412 | 6.603 | 0.247 | 30.87 | 58.60 | 48.96 | 12.79 | 1.92 | 2.41 | 1.23 | 6.88 | 10.99 | 4.98 | 1.82 |
| | | 8 | | 9.515 | 7.469 | 0.247 | 34.46 | 67.11 | 54.56 | 14.33 | 1.90 | 2.40 | 1.23 | 7.75 | 12.25 | 5.47 | 1.85 |
| | | 10 | | 11.657 | 9.151 | 0.246 | 41.09 | 84.31 | 64.85 | 17.33 | 1.88 | 2.36 | 1.22 | 9.39 | 14.56 | 6.36 | 1.93 |
| 7 | 70 | 4 | 8 | 5.570 | 4.372 | 0.275 | 26.39 | 45.74 | 41.80 | 10.99 | 2.18 | 2.74 | 1.40 | 5.14 | 8.44 | 4.17 | 1.86 |
| | | 5 | | 6.875 | 5.397 | 0.275 | 32.21 | 57.21 | 51.08 | 13.31 | 2.16 | 2.73 | 1.39 | 6.32 | 10.32 | 4.95 | 1.91 |
| | | 6 | | 8.160 | 6.406 | 0.275 | 37.77 | 68.73 | 59.93 | 15.61 | 2.15 | 2.71 | 1.38 | 7.48 | 12.11 | 5.67 | 1.95 |
| | | 7 | | 9.424 | 7.398 | 0.275 | 43.09 | 80.29 | 68.35 | 17.82 | 2.14 | 2.69 | 1.38 | 8.59 | 13.81 | 6.34 | 1.99 |
| | | 8 | | 10.667 | 8.373 | 0.274 | 48.17 | 91.92 | 76.37 | 19.98 | 2.12 | 2.68 | 1.37 | 9.68 | 15.43 | 6.98 | 2.03 |
| 7.5 | 75 | 5 | 9 | 7.412 | 5.818 | 0.295 | 39.97 | 70.56 | 63.30 | 16.63 | 2.33 | 2.92 | 1.50 | 7.32 | 11.94 | 5.77 | 2.04 |
| | | 6 | | 8.797 | 6.905 | 0.294 | 46.95 | 84.55 | 74.38 | 19.51 | 2.31 | 2.90 | 1.49 | 8.64 | 14.02 | 6.67 | 2.07 |
| | | 7 | | 10.160 | 7.976 | 0.294 | 53.57 | 98.71 | 84.96 | 22.18 | 2.30 | 2.89 | 1.48 | 9.93 | 16.02 | 7.44 | 2.11 |
| | | 8 | | 11.503 | 9.030 | 0.294 | 59.96 | 112.97 | 95.07 | 24.86 | 2.28 | 2.88 | 1.47 | 11.20 | 17.93 | 8.19 | 2.15 |
| | | 9 | | 12.825 | 10.068 | 0.294 | 66.10 | 127.30 | 104.71 | 27.48 | 2.27 | 2.86 | 1.46 | 12.43 | 19.75 | 8.89 | 2.18 |
| | | 10 | | 14.126 | 11.089 | 0.293 | 71.98 | 141.71 | 113.92 | 30.05 | 2.26 | 2.84 | 1.46 | 13.64 | 21.48 | 9.56 | 2.22 |
| 8 | 80 | 5 | | 7.912 | 6.211 | 0.315 | 48.79 | 85.36 | 77.33 | 20.25 | 2.48 | 3.13 | 1.60 | 8.34 | 13.67 | 6.66 | 2.15 |
| | | 6 | | 9.397 | 7.376 | 0.314 | 57.35 | 102.50 | 90.98 | 23.72 | 2.47 | 3.11 | 1.59 | 9.87 | 16.08 | 7.65 | 2.19 |
| | | 7 | | 10.860 | 8.525 | 0.314 | 65.58 | 119.70 | 104.07 | 27.09 | 2.46 | 3.10 | 1.58 | 11.37 | 18.40 | 8.58 | 2.23 |
| | | 8 | | 12.303 | 9.658 | 0.314 | 73.49 | 136.97 | 116.60 | 30.39 | 2.44 | 3.08 | 1.57 | 12.83 | 20.61 | 9.46 | 2.27 |
| | | 9 | | 13.725 | 10.774 | 0.314 | 81.11 | 154.31 | 128.60 | 33.61 | 2.43 | 3.06 | 1.56 | 14.25 | 22.73 | 10.29 | 2.31 |
| | | 10 | | 15.126 | 11.874 | 0.313 | 88.43 | 171.74 | 140.09 | 36.77 | 2.42 | 3.04 | 1.56 | 15.64 | 24.76 | 11.08 | 2.35 |

| | | | | | | | | | | | | | | | | | |
|---|---|---|---|---|---|---|---|---|---|---|---|---|---|---|---|---|---|
| 9 | 90 | 6 | 10 | 10.637 | 8.350 | 0.354 | 82.77 | 145.87 | 131.26 | 34.28 | 2.79 | 3.51 | 1.80 | 12.61 | 20.63 | 9.95 | 2.44 |
| | | 7 | | 12.301 | 9.656 | 0.354 | 94.83 | 170.30 | 150.47 | 39.18 | 2.78 | 3.50 | 1.78 | 14.54 | 23.64 | 11.19 | 2.48 |
| | | 8 | | 13.944 | 10.946 | 0.353 | 106.47 | 194.80 | 168.97 | 43.97 | 2.76 | 3.48 | 1.78 | 16.42 | 26.55 | 12.35 | 2.52 |
| | | 9 | | 15.566 | 12.219 | 0.353 | 117.72 | 219.39 | 186.77 | 48.66 | 2.75 | 3.46 | 1.77 | 18.27 | 29.35 | 13.46 | 2.56 |
| | | 10 | | 17.167 | 13.476 | 0.353 | 128.58 | 244.07 | 203.90 | 53.26 | 2.74 | 3.45 | 1.76 | 20.07 | 32.04 | 14.52 | 2.59 |
| | | 12 | | 20.306 | 15.940 | 0.352 | 149.22 | 293.76 | 236.21 | 62.22 | 2.71 | 3.41 | 1.75 | 23.57 | 37.12 | 16.49 | 2.67 |
| 10 | 100 | 6 | 12 | 11.932 | 9.366 | 0.393 | 114.95 | 200.07 | 181.98 | 47.92 | 3.10 | 3.90 | 2.00 | 15.68 | 25.74 | 12.69 | 2.67 |
| | | 7 | | 13.796 | 10.830 | 0.393 | 131.86 | 233.54 | 208.97 | 54.74 | 3.09 | 3.89 | 1.99 | 18.10 | 29.55 | 14.26 | 2.71 |
| | | 8 | | 15.638 | 12.276 | 0.393 | 148.24 | 267.09 | 235.07 | 61.41 | 3.08 | 3.88 | 1.98 | 20.47 | 33.24 | 15.75 | 2.76 |
| | | 9 | | 17.462 | 13.708 | 0.392 | 164.12 | 300.73 | 260.30 | 67.95 | 3.07 | 3.86 | 1.97 | 22.79 | 36.81 | 17.18 | 2.80 |
| | | 10 | | 19.261 | 15.120 | 0.392 | 179.51 | 334.48 | 284.68 | 74.35 | 3.05 | 3.84 | 1.96 | 25.06 | 40.26 | 18.54 | 2.84 |
| | | 12 | | 22.800 | 17.898 | 0.391 | 208.90 | 402.34 | 330.95 | 86.84 | 3.03 | 3.81 | 1.95 | 29.48 | 46.80 | 21.08 | 2.91 |
| | | 14 | | 26.256 | 20.611 | 0.391 | 236.53 | 470.75 | 374.06 | 99.00 | 3.00 | 3.77 | 1.94 | 33.73 | 52.90 | 23.44 | 2.99 |
| | | 16 | | 29.627 | 23.257 | 0.390 | 262.53 | 539.80 | 414.16 | 110.89 | 2.98 | 3.74 | 1.94 | 37.82 | 58.57 | 25.63 | 3.06 |
| 11 | 110 | 7 | | 15.196 | 11.928 | 0.433 | 177.16 | 310.64 | 280.94 | 73.38 | 3.41 | 4.30 | 2.20 | 22.05 | 36.12 | 17.51 | 2.96 |
| | | 8 | | 17.238 | 13.535 | 0.433 | 199.46 | 355.20 | 316.49 | 82.42 | 3.40 | 4.28 | 2.19 | 24.95 | 40.69 | 19.39 | 3.01 |
| | | 10 | | 21.261 | 16.690 | 0.432 | 242.19 | 444.65 | 384.39 | 99.98 | 3.38 | 4.25 | 2.17 | 30.68 | 49.42 | 22.91 | 3.09 |
| | | 12 | | 25.200 | 19.782 | 0.431 | 282.55 | 534.60 | 448.17 | 116.93 | 3.35 | 4.22 | 2.15 | 36.05 | 57.62 | 26.15 | 3.16 |
| | | 14 | | 29.056 | 22.809 | 0.431 | 320.71 | 625.16 | 508.01 | 133.40 | 3.32 | 4.18 | 2.14 | 41.31 | 65.31 | 29.14 | 3.24 |
| 12.5 | 125 | 8 | 14 | 19.750 | 15.504 | 0.492 | 297.03 | 521.01 | 470.89 | 123.16 | 3.88 | 4.88 | 2.50 | 32.52 | 53.28 | 25.86 | 3.37 |
| | | 10 | | 24.373 | 19.133 | 0.491 | 361.67 | 651.93 | 573.89 | 149.46 | 3.85 | 4.85 | 2.48 | 39.97 | 64.93 | 30.62 | 3.45 |
| | | 12 | | 28.912 | 22.696 | 0.491 | 423.16 | 783.42 | 671.44 | 174.88 | 3.83 | 4.82 | 2.46 | 41.17 | 75.96 | 35.03 | 3.53 |
| | | 14 | | 33.367 | 26.193 | 0.490 | 481.65 | 915.61 | 763.73 | 199.57 | 3.80 | 4.78 | 2.45 | 54.16 | 86.41 | 39.13 | 3.61 |
| | | 16 | | 37.739 | 29.625 | 0.489 | 537.31 | 1048.62 | 850.98 | 223.65 | 3.77 | 4.75 | 2.43 | 60.93 | 96.28 | 42.96 | 3.68 |

（续）

| 型号 | 截面尺寸/mm | | | 截面面积/cm² | 理论重量/(kg·m⁻¹) | 外表面积/(m²·m⁻¹) | 惯性矩/cm⁴ | | | | 惯性半径/cm | | | 抗弯截面系数/cm³ | | | 重心距离/cm |
|---|---|---|---|---|---|---|---|---|---|---|---|---|---|---|---|---|---|
| | $b$ | $d$ | $r$ | | | | $I_x$ | $I_{x1}$ | $I_{x0}$ | $I_{y0}$ | $i_x$ | $i_{x0}$ | $i_{y0}$ | $W_x$ | $W_{x0}$ | $W_{y0}$ | $Z_0$ |
| 14 | 140 | 10 | 14 | 27. 373 | 21. 488 | 0. 551 | 514. 65 | 915. 11 | 817. 27 | 212. 04 | 4. 34 | 5. 46 | 2. 78 | 50. 58 | 82. 56 | 39. 20 | 3. 82 |
| | | 12 | | 32. 512 | 25. 522 | 0. 551 | 603. 68 | 1099. 28 | 958. 79 | 248. 57 | 4. 31 | 5. 43 | 2. 76 | 59. 80 | 96. 85 | 45. 02 | 3. 90 |
| | | 14 | | 37. 567 | 29. 490 | 0. 550 | 688. 81 | 1284. 22 | 1093. 56 | 284. 06 | 4. 28 | 5. 40 | 2. 75 | 68. 75 | 110. 47 | 50. 45 | 3. 98 |
| | | 16 | | 42. 539 | 33. 393 | 0. 549 | 770. 24 | 1470. 07 | 1221. 81 | 318. 67 | 4. 26 | 5. 36 | 2. 74 | 77. 46 | 123. 42 | 55. 55 | 4. 06 |
| 15 | 150 | 8 | | 23. 750 | 18. 644 | 0. 592 | 521. 37 | 899. 55 | 827. 49 | 215. 25 | 4. 69 | 5. 90 | 3. 01 | 47. 36 | 78. 02 | 38. 14 | 3. 99 |
| | | 10 | | 29. 373 | 23. 058 | 0. 591 | 637. 50 | 1125. 09 | 1012. 79 | 262. 21 | 4. 66 | 5. 87 | 2. 99 | 58. 35 | 95. 49 | 45. 51 | 4. 08 |
| | | 12 | | 34. 912 | 27. 406 | 0. 591 | 748. 85 | 1351. 26 | 1189. 97 | 307. 73 | 4. 63 | 5. 84 | 2. 97 | 69. 04 | 112. 19 | 52. 38 | 4. 15 |
| | | 14 | | 40. 367 | 31. 688 | 0. 590 | 855. 64 | 1578. 25 | 1359. 30 | 351. 98 | 4. 60 | 5. 80 | 2. 95 | 79. 45 | 128. 16 | 58. 83 | 4. 23 |
| | | 15 | | 43. 063 | 33. 804 | 0. 590 | 907. 39 | 1692. 10 | 1441. 09 | 373. 69 | 4. 59 | 5. 78 | 2. 95 | 84. 56 | 135. 87 | 61. 90 | 4. 27 |
| | | 16 | | 45. 739 | 35. 905 | 0. 589 | 958. 08 | 1806. 21 | 1521. 02 | 395. 14 | 4. 58 | 5. 77 | 2. 94 | 89. 59 | 143. 40 | 64. 89 | 4. 31 |
| 16 | 160 | 10 | 16 | 31. 502 | 24. 729 | 0. 630 | 779. 53 | 1365. 33 | 1237. 30 | 321. 76 | 4. 98 | 6. 27 | 3. 20 | 66. 70 | 109. 36 | 52. 76 | 4. 31 |
| | | 12 | | 37. 441 | 29. 391 | 0. 630 | 916. 58 | 1639. 57 | 1455. 68 | 377. 49 | 4. 95 | 6. 24 | 3. 18 | 78. 98 | 128. 67 | 60. 74 | 4. 39 |
| | | 14 | | 43. 296 | 33. 987 | 0. 629 | 1048. 36 | 1914. 68 | 1665. 02 | 431. 70 | 4. 92 | 6. 20 | 3. 16 | 90. 95 | 147. 17 | 68. 24 | 4. 47 |
| | | 16 | | 49. 067 | 38. 518 | 0. 629 | 1175. 08 | 2190. 82 | 1865. 57 | 484. 59 | 4. 89 | 6. 17 | 3. 14 | 102. 63 | 164. 89 | 75. 31 | 4. 55 |
| 18 | 180 | 12 | | 42. 241 | 33. 159 | 0. 710 | 1321. 35 | 2332. 80 | 2100. 10 | 542. 61 | 5. 59 | 7. 05 | 3. 58 | 100. 82 | 165. 00 | 78. 41 | 4. 89 |
| | | 14 | | 48. 896 | 38. 383 | 0. 709 | 1514. 48 | 2723. 48 | 2407. 42 | 621. 53 | 5. 56 | 7. 02 | 3. 56 | 116. 25 | 189. 14 | 88. 38 | 4. 97 |
| | | 16 | | 55. 467 | 43. 542 | 0. 709 | 1700. 99 | 3115. 29 | 2703. 37 | 698. 60 | 5. 54 | 6. 98 | 3. 55 | 131. 13 | 212. 40 | 97. 83 | 5. 05 |
| | | 18 | | 61. 055 | 48. 634 | 0. 708 | 1875. 12 | 3502. 43 | 2988. 24 | 762. 01 | 5. 50 | 6. 94 | 3. 51 | 145. 64 | 234. 78 | 105. 14 | 5. 13 |

| | | | | | | | | | | | | | | | | |
|---|---|---|---|---|---|---|---|---|---|---|---|---|---|---|---|---|
| 20 | 200 | 14 | 18 | 54.642 | 42.894 | 0.788 | 2103.55 | 3734.10 | 3343.26 | 863.83 | 6.20 | 7.82 | 3.98 | 144.70 | 236.40 | 111.82 | 5.46 |
| | | 16 | | 62.013 | 48.680 | 0.788 | 2366.15 | 4270.39 | 3760.89 | 971.41 | 6.18 | 7.79 | 3.96 | 163.65 | 265.93 | 123.96 | 5.54 |
| | | 18 | | 69.301 | 54.401 | 0.787 | 2620.64 | 4808.13 | 4164.54 | 1076.74 | 6.15 | 7.75 | 3.94 | 182.22 | 294.48 | 135.52 | 5.62 |
| | | 20 | | 76.505 | 60.056 | 0.787 | 2867.30 | 5347.51 | 4554.55 | 1180.04 | 6.12 | 7.72 | 3.93 | 200.42 | 322.06 | 146.55 | 5.69 |
| | | 24 | | 90.661 | 71.168 | 0.785 | 3338.25 | 6457.16 | 5294.97 | 1381.53 | 6.07 | 7.64 | 3.90 | 236.17 | 374.41 | 166.65 | 5.87 |
| 22 | 220 | 16 | 21 | 68.664 | 53.901 | 0.866 | 3187.36 | 5681.62 | 5063.73 | 1310.99 | 6.81 | 8.59 | 4.37 | 199.55 | 325.51 | 153.81 | 6.03 |
| | | 18 | | 76.752 | 60.250 | 0.866 | 3534.30 | 6395.93 | 5615.32 | 1453.27 | 6.79 | 8.55 | 4.35 | 222.37 | 360.97 | 168.29 | 6.11 |
| | | 20 | | 84.756 | 66.533 | 0.865 | 3871.49 | 7112.04 | 6150.08 | 1592.90 | 6.76 | 8.52 | 4.34 | 244.77 | 395.34 | 182.16 | 6.18 |
| | | 22 | | 92.676 | 72.751 | 0.865 | 4199.23 | 7830.19 | 6668.37 | 1730.10 | 6.78 | 8.48 | 4.32 | 266.78 | 428.66 | 195.45 | 6.26 |
| | | 24 | | 100.512 | 78.902 | 0.864 | 4517.83 | 8550.57 | 7170.55 | 1865.11 | 6.70 | 8.45 | 4.31 | 288.39 | 460.94 | 208.21 | 6.33 |
| | | 26 | | 108.264 | 84.987 | 0.864 | 4827.58 | 9273.39 | 7656.98 | 1998.17 | 6.68 | 8.41 | 4.30 | 309.62 | 492.21 | 220.49 | 6.41 |
| 25 | 250 | 18 | 24 | 87.842 | 68.956 | 0.985 | 5268.22 | 9379.11 | 8369.04 | 2167.41 | 7.74 | 9.76 | 4.97 | 290.12 | 473.42 | 224.03 | 6.84 |
| | | 20 | | 97.045 | 76.180 | 0.984 | 5779.34 | 10426.97 | 9181.94 | 2376.74 | 7.72 | 9.73 | 4.95 | 319.66 | 519.41 | 242.85 | 6.92 |
| | | 24 | | 115.201 | 90.433 | 0.983 | 6763.93 | 12529.74 | 10742.67 | 2785.19 | 7.66 | 9.66 | 4.92 | 377.34 | 607.70 | 278.38 | 7.07 |
| | | 26 | | 124.154 | 97.461 | 0.982 | 7238.08 | 13585.18 | 11491.33 | 2984.84 | 7.63 | 9.62 | 4.90 | 405.50 | 650.05 | 295.19 | 7.15 |
| | | 28 | | 133.022 | 104.422 | 0.982 | 7709.60 | 14643.62 | 12219.39 | 3181.81 | 7.61 | 9.58 | 4.89 | 433.22 | 691.23 | 311.42 | 7.22 |
| | | 30 | | 141.807 | 111.318 | 0.981 | 8151.80 | 15705.30 | 12927.26 | 3376.34 | 7.58 | 9.55 | 4.88 | 460.51 | 731.28 | 327.12 | 7.30 |
| | | 32 | | 150.508 | 118.149 | 0.981 | 8592.01 | 16770.41 | 13615.32 | 3568.71 | 7.56 | 9.51 | 4.87 | 487.39 | 770.20 | 342.33 | 7.37 |
| | | 35 | | 163.402 | 128.271 | 0.980 | 9232.44 | 18374.95 | 14611.16 | 3853.72 | 7.52 | 9.46 | 4.86 | 526.97 | 826.53 | 364.30 | 7.48 |

注：截面图中的 $r_1=1/3d$ 及表中 $r$ 的数据用于孔型设计，不做交货条件。

附表 2　热轧不等边角钢（GB/T 706—2008）

符号意义：

$B$——长边宽度
$b$——短边宽度
$d$——边厚
$r$——内圆弧半径
$r_1$——边端内弧半径
$I$——惯性矩
$i$——惯性半径
$W$——抗弯截面系数
$X_0$——重心距离
$Y_0$——重心距离

| 型号 | 截面尺寸/mm | | | | 截面面积/cm² | 理论重量/(kg·m⁻¹) | 外表面积/(m²·m⁻¹) | 惯性矩/cm⁴ | | | | | 惯性半径/cm | | | 抗弯截面系数/cm³ | | | tanα | 重心距离/cm | |
|---|---|---|---|---|---|---|---|---|---|---|---|---|---|---|---|---|---|---|---|---|---|
| | $B$ | $b$ | $d$ | $r$ | | | | $I_x$ | $I_{x1}$ | $I_y$ | $I_{y1}$ | $I_u$ | $i_x$ | $i_y$ | $i_u$ | $W_x$ | $W_y$ | $W_u$ | | $X_0$ | $Y_0$ |
| 2.5/1.6 | 25 | 16 | 3 | 3.5 | 1.162 | 0.912 | 0.080 | 0.70 | 1.56 | 0.22 | 0.43 | 0.14 | 0.78 | 0.44 | 0.34 | 0.43 | 0.19 | 0.16 | 0.392 | 0.42 | 0.86 |
| | | | 4 | | 1.499 | 1.176 | 0.079 | 0.88 | 2.09 | 0.27 | 0.59 | 0.17 | 0.77 | 0.43 | 0.34 | 0.55 | 0.24 | 0.20 | 0.381 | 0.46 | 1.86 |
| 3.2/2 | 32 | 20 | 3 | | 1.492 | 1.171 | 0.102 | 1.53 | 3.27 | 0.46 | 0.82 | 0.28 | 1.01 | 0.55 | 0.43 | 0.72 | 0.30 | 0.25 | 0.382 | 0.49 | 0.90 |
| | | | 4 | | 1.939 | 1.522 | 0.101 | 1.93 | 4.37 | 0.57 | 1.12 | 0.35 | 1.00 | 0.54 | 0.42 | 0.93 | 0.39 | 0.32 | 0.374 | 0.53 | 1.08 |
| 4/2.5 | 40 | 25 | 3 | 4 | 1.890 | 1.484 | 0.127 | 3.08 | 5.39 | 0.93 | 1.59 | 0.56 | 1.28 | 0.70 | 0.54 | 1.15 | 0.49 | 0.40 | 0.385 | 0.59 | 1.12 |
| | | | 4 | | 2.467 | 1.936 | 0.127 | 3.93 | 8.53 | 1.18 | 2.14 | 0.71 | 1.36 | 0.69 | 0.54 | 1.49 | 0.63 | 0.52 | 0.381 | 0.63 | 1.32 |
| 4.5/2.8 | 45 | 28 | 3 | 5 | 2.149 | 1.687 | 0.143 | 4.45 | 9.10 | 1.34 | 2.23 | 0.80 | 1.44 | 0.79 | 0.61 | 1.47 | 0.62 | 0.51 | 0.383 | 0.64 | 1.37 |
| | | | 4 | | 2.806 | 2.203 | 0.143 | 5.69 | 12.13 | 1.70 | 3.00 | 1.02 | 1.42 | 0.78 | 0.60 | 1.91 | 0.80 | 0.66 | 0.380 | 0.68 | 1.47 |
| 5/3.2 | 50 | 32 | 3 | 5.5 | 2.431 | 1.908 | 0.161 | 6.24 | 12.49 | 2.02 | 3.31 | 1.20 | 1.60 | 0.91 | 0.70 | 1.84 | 0.82 | 0.68 | 0.404 | 0.73 | 1.51 |
| | | | 4 | | 3.177 | 2.494 | 0.160 | 8.02 | 16.65 | 2.58 | 4.45 | 1.53 | 1.59 | 0.90 | 0.69 | 2.39 | 1.06 | 0.87 | 0.402 | 0.77 | 1.60 |
| 5.6/3.6 | 56 | 36 | 3 | 6 | 2.743 | 2.153 | 0.181 | 8.88 | 17.54 | 2.92 | 4.70 | 1.73 | 1.80 | 1.03 | 0.79 | 2.32 | 1.05 | 0.87 | 0.408 | 0.80 | 1.65 |
| | | | 4 | | 3.590 | 2.818 | 0.180 | 11.45 | 23.39 | 3.76 | 6.33 | 2.23 | 1.79 | 1.02 | 0.79 | 3.03 | 1.37 | 1.13 | 0.408 | 0.85 | 1.78 |
| | | | 5 | | 4.415 | 3.466 | 0.180 | 13.86 | 29.25 | 4.49 | 7.94 | 2.67 | 1.77 | 1.01 | 0.78 | 3.71 | 1.65 | 1.36 | 0.404 | 0.88 | 1.82 |

| | | | | | | | | | | | | | | | | | | | |
|---|---|---|---|---|---|---|---|---|---|---|---|---|---|---|---|---|---|---|---|
| 6. 3/4 | 63 | 40 | 4 | 7 | 4. 058 | 3. 185 | 0. 202 | 16. 49 | 33. 30 | 5. 23 | 8. 63 | 3. 12 | 2. 20 | 1. 14 | 0. 88 | 3. 87 | 1. 70 | 1. 40 | 0. 398 | 0. 92 | 1. 87 |
| | | | 5 | | 4. 993 | 3. 920 | 0. 202 | 20. 02 | 41. 63 | 6. 31 | 10. 86 | 3. 76 | 2. 00 | 1. 12 | 0. 87 | 4. 74 | 2. 07 | 1. 71 | 0. 396 | 0. 95 | 2. 04 |
| | | | 6 | | 5. 908 | 4. 638 | 0. 201 | 23. 36 | 49. 98 | 7. 29 | 13. 12 | 4. 34 | 1. 96 | 1. 11 | 0. 86 | 5. 59 | 2. 43 | 1. 99 | 0. 393 | 0. 99 | 2. 08 |
| | | | 7 | | 6. 802 | 5. 339 | 0. 201 | 26. 53 | 58. 07 | 8. 24 | 15. 47 | 4. 97 | 1. 98 | 1. 10 | 0. 86 | 6. 40 | 2. 78 | 2. 29 | 0. 389 | 1. 03 | 2. 12 |
| 7/4. 5 | 70 | 45 | 4 | 7. 5 | 4. 547 | 3. 570 | 0. 226 | 23. 17 | 45. 92 | 7. 55 | 12. 26 | 4. 40 | 2. 26 | 1. 29 | 0. 98 | 4. 86 | 2. 17 | 1. 77 | 0. 410 | 1. 02 | 2. 15 |
| | | | 5 | | 5. 609 | 4. 403 | 0. 225 | 27. 95 | 57. 10 | 9. 13 | 15. 39 | 5. 40 | 2. 23 | 1. 28 | 0. 98 | 5. 92 | 2. 65 | 2. 19 | 0. 407 | 1. 06 | 2. 24 |
| | | | 6 | | 6. 647 | 5. 218 | 0. 225 | 32. 54 | 68. 35 | 10. 62 | 18. 58 | 6. 35 | 2. 21 | 1. 26 | 0. 98 | 6. 95 | 3. 12 | 2. 59 | 0. 404 | 1. 09 | 2. 28 |
| | | | 7 | | 7. 657 | 6. 011 | 0. 225 | 37. 22 | 79. 99 | 12. 01 | 21. 84 | 7. 16 | 2. 20 | 1. 25 | 0. 97 | 8. 03 | 3. 57 | 2. 94 | 0. 402 | 1. 13 | 2. 32 |
| 7. 5/5 | 75 | 50 | 5 | 8 | 6. 125 | 4. 808 | 0. 245 | 34. 86 | 70. 00 | 12. 61 | 21. 04 | 7. 41 | 2. 39 | 1. 44 | 1. 10 | 6. 83 | 3. 30 | 2. 74 | 0. 435 | 1. 17 | 2. 36 |
| | | | 6 | | 7. 260 | 5. 699 | 0. 245 | 41. 12 | 84. 30 | 14. 70 | 25. 87 | 8. 54 | 2. 38 | 1. 42 | 1. 08 | 8. 12 | 3. 88 | 3. 19 | 0. 435 | 1. 21 | 2. 40 |
| | | | 8 | | 9. 467 | 7. 431 | 0. 244 | 52. 39 | 112. 50 | 18. 53 | 34. 23 | 10. 87 | 2. 35 | 1. 40 | 1. 07 | 10. 52 | 4. 99 | 4. 10 | 0. 429 | 1. 29 | 2. 44 |
| | | | 10 | | 11. 590 | 9. 098 | 0. 244 | 62. 71 | 140. 80 | 21. 96 | 43. 43 | 13. 10 | 2. 33 | 1. 38 | 1. 06 | 12. 79 | 6. 04 | 4. 99 | 0. 423 | 1. 36 | 2. 52 |
| 8/5 | 80 | 50 | 5 | | 6. 375 | 5. 005 | 0. 255 | 41. 96 | 85. 21 | 12. 82 | 21. 06 | 7. 66 | 2. 56 | 1. 42 | 1. 10 | 7. 78 | 3. 32 | 2. 74 | 0. 388 | 1. 14 | 2. 60 |
| | | | 6 | | 7. 560 | 5. 935 | 0. 255 | 49. 49 | 102. 53 | 14. 95 | 25. 41 | 8. 85 | 2. 56 | 1. 41 | 1. 08 | 9. 25 | 3. 91 | 3. 20 | 0. 387 | 1. 18 | 2. 65 |
| | | | 7 | | 8. 724 | 6. 848 | 0. 255 | 56. 46 | 119. 33 | 46. 96 | 29. 82 | 10. 18 | 2. 54 | 1. 39 | 1. 08 | 10. 58 | 4. 48 | 3. 70 | 0. 384 | 1. 21 | 2. 69 |
| | | | 8 | | 9. 867 | 7. 745 | 0. 254 | 62. 83 | 136. 41 | 18. 85 | 34. 32 | 11. 38 | 2. 52 | 1. 38 | 1. 07 | 11. 92 | 5. 03 | 4. 16 | 0. 381 | 1. 25 | 2. 73 |
| 9/5. 6 | 90 | 56 | 5 | 9 | 7. 212 | 5. 661 | 0. 287 | 60. 45 | 121. 32 | 18. 32 | 29. 53 | 10. 98 | 2. 90 | 1. 59 | 1. 23 | 9. 92 | 4. 21 | 3. 49 | 0. 385 | 1. 25 | 2. 91 |
| | | | 6 | | 8. 557 | 6. 717 | 0. 286 | 71. 03 | 145. 59 | 21. 42 | 35. 58 | 12. 90 | 2. 88 | 1. 58 | 1. 23 | 11. 74 | 4. 96 | 4. 13 | 0. 384 | 1. 29 | 2. 95 |
| | | | 7 | | 9. 880 | 7. 756 | 0. 286 | 81. 01 | 169. 60 | 24. 36 | 41. 71 | 14. 67 | 2. 86 | 1. 57 | 1. 22 | 13. 49 | 5. 70 | 4. 72 | 0. 382 | 1. 33 | 3. 00 |
| | | | 8 | | 11. 183 | 8. 779 | 0. 286 | 91. 03 | 194. 14 | 27. 15 | 47. 98 | 16. 34 | 2. 85 | 1. 56 | 1. 21 | 15. 27 | 6. 41 | 5. 29 | 0. 380 | 1. 36 | 3. 04 |

（续）

| 型号 | 截面尺寸/mm | | | | 截面面积/cm² | 理论重量/(kg·m⁻¹) | 外表面积/(m²·m⁻¹) | 惯性矩/cm⁴ | | | | | 惯性半径/cm | | | 抗弯截面系数/cm³ | | | tanα | 重心距离/cm | |
|---|---|---|---|---|---|---|---|---|---|---|---|---|---|---|---|---|---|---|---|---|---|
| | $B$ | $b$ | $d$ | $r$ | | | | $I_x$ | $I_{x1}$ | $I_y$ | $I_{y1}$ | $I_u$ | $i_x$ | $i_y$ | $i_u$ | $W_x$ | $W_y$ | $W_u$ | | $X_0$ | $Y_0$ |
| 10/6.3 | 100 | 63 | 6 | 10 | 9.617 | 7.550 | 0.320 | 99.06 | 199.71 | 30.94 | 50.50 | 18.42 | 3.21 | 1.79 | 1.38 | 14.64 | 6.35 | 5.25 | 0.394 | 1.43 | 3.24 |
| | | | 7 | | 11.111 | 8.722 | 0.320 | 113.45 | 233.00 | 35.26 | 59.14 | 21.00 | 3.20 | 1.78 | 1.38 | 16.88 | 7.29 | 6.02 | 0.394 | 1.47 | 3.28 |
| | | | 8 | | 12.534 | 9.878 | 0.319 | 127.37 | 266.32 | 39.39 | 67.88 | 23.50 | 3.18 | 1.77 | 1.37 | 19.08 | 8.21 | 6.78 | 0.391 | 1.50 | 3.32 |
| | | | 10 | | 15.467 | 12.142 | 0.319 | 153.81 | 333.06 | 47.12 | 85.73 | 28.33 | 3.15 | 1.74 | 1.35 | 23.32 | 9.98 | 8.24 | 0.387 | 1.58 | 3.40 |
| 10/8 | 100 | 80 | 6 | | 10.637 | 8.350 | 0.354 | 107.04 | 199.83 | 61.24 | 102.68 | 31.65 | 3.17 | 2.40 | 1.72 | 15.19 | 10.16 | 8.37 | 0.627 | 1.97 | 2.95 |
| | | | 7 | | 12.301 | 9.656 | 0.354 | 122.73 | 233.20 | 70.08 | 119.98 | 36.17 | 3.16 | 2.39 | 1.72 | 17.52 | 11.71 | 9.60 | 0.626 | 2.01 | 3.0 |
| | | | 8 | | 13.944 | 10.946 | 0.353 | 137.92 | 266.61 | 78.58 | 137.37 | 40.58 | 3.14 | 2.37 | 1.71 | 19.81 | 13.21 | 10.80 | 0.625 | 2.05 | 3.04 |
| | | | 10 | | 17.167 | 13.476 | 0.353 | 166.87 | 333.63 | 94.65 | 172.48 | 49.10 | 3.12 | 2.35 | 1.69 | 24.24 | 16.12 | 13.12 | 0.622 | 2.13 | 3.12 |
| 11/7 | 110 | 70 | 6 | | 10.637 | 8.350 | 0.354 | 133.37 | 265.78 | 42.92 | 69.08 | 25.36 | 3.54 | 2.01 | 1.54 | 17.85 | 7.90 | 6.53 | 0.403 | 1.57 | 3.53 |
| | | | 7 | | 12.301 | 9.656 | 0.354 | 153.00 | 310.07 | 49.01 | 80.82 | 28.95 | 3.53 | 2.00 | 1.53 | 20.60 | 9.09 | 7.50 | 0.402 | 1.61 | 3.57 |
| | | | 8 | | 13.944 | 10.946 | 0.353 | 172.04 | 354.39 | 54.87 | 92.70 | 32.45 | 3.51 | 1.98 | 1.53 | 23.30 | 10.25 | 8.45 | 0.401 | 1.65 | 3.62 |
| | | | 10 | | 17.167 | 13.476 | 0.353 | 208.39 | 443.13 | 65.88 | 116.83 | 39.20 | 3.48 | 1.96 | 1.51 | 28.54 | 12.48 | 10.29 | 0.397 | 1.72 | 3.70 |
| 12.5/8 | 125 | 80 | 7 | 11 | 14.096 | 11.066 | 0.403 | 227.98 | 454.99 | 74.42 | 120.32 | 43.81 | 4.02 | 2.30 | 1.76 | 26.86 | 12.01 | 9.92 | 0.408 | 1.80 | 4.01 |
| | | | 8 | | 15.989 | 12.551 | 0.403 | 256.77 | 519.99 | 83.49 | 137.85 | 49.15 | 4.01 | 2.28 | 1.75 | 30.41 | 13.56 | 11.18 | 0.407 | 1.84 | 4.06 |
| | | | 10 | | 19.712 | 15.474 | 0.402 | 312.04 | 650.09 | 100.67 | 173.40 | 59.45 | 3.98 | 2.26 | 1.47 | 37.33 | 16.56 | 13.64 | 0.404 | 1.92 | 4.14 |
| | | | 12 | | 23.351 | 18.330 | 0.402 | 364.41 | 780.39 | 116.67 | 209.67 | 69.35 | 3.95 | 2.24 | 1.72 | 44.01 | 19.43 | 16.01 | 0.400 | 2.00 | 4.22 |
| 14/9 | 140 | 90 | 8 | 12 | 18.038 | 14.160 | 0.453 | 365.64 | 730.53 | 120.69 | 195.79 | 70.83 | 4.50 | 2.59 | 1.98 | 38.48 | 17.34 | 14.31 | 0.411 | 2.04 | 4.50 |
| | | | 10 | | 22.261 | 17.475 | 0.452 | 445.50 | 913.20 | 140.03 | 245.92 | 85.82 | 4.47 | 2.56 | 1.96 | 47.31 | 21.22 | 17.48 | 0.409 | 2.12 | 4.58 |
| | | | 12 | | 26.400 | 20.724 | 0.451 | 521.59 | 1096.09 | 169.79 | 296.89 | 100.21 | 4.44 | 2.54 | 1.95 | 55.87 | 24.95 | 20.54 | 0.406 | 2.19 | 4.66 |
| | | | 14 | | 30.456 | 23.908 | 0.451 | 594.10 | 1279.26 | 192.10 | 348.82 | 114.13 | 4.42 | 2.51 | 1.94 | 64.18 | 28.54 | 23.52 | 0.403 | 2.27 | 4.74 |

| | | | | | | | | | | | | | | | | | | | | |
|---|---|---|---|---|---|---|---|---|---|---|---|---|---|---|---|---|---|---|---|---|
| 15/9 | 150 | 90 | 8 | 12 | 18.839 | 14.788 | 0.473 | 442.05 | 898.35 | 122.80 | 195.96 | 74.14 | 4.84 | 2.55 | 1.98 | 43.86 | 17.47 | 14.48 | 0.364 | 1.97 | 4.92 |
| | | | 10 | | 23.261 | 18.260 | 0.472 | 539.24 | 1122.85 | 148.62 | 246.26 | 89.86 | 4.81 | 2.53 | 1.97 | 53.97 | 21.38 | 17.69 | 0.362 | 2.05 | 5.01 |
| | | | 12 | | 27.600 | 21.666 | 0.471 | 632.08 | 1347.50 | 172.85 | 297.46 | 104.95 | 4.79 | 2.50 | 1.95 | 63.79 | 25.14 | 20.80 | 0.359 | 2.12 | 5.09 |
| | | | 14 | | 31.856 | 25.007 | 0.471 | 720.77 | 1572.38 | 195.62 | 349.74 | 119.53 | 4.76 | 2.48 | 1.94 | 73.33 | 28.77 | 23.84 | 0.356 | 2.20 | 5.17 |
| | | | 15 | | 33.952 | 26.652 | 0.471 | 763.62 | 1684.93 | 206.50 | 376.33 | 126.67 | 4.74 | 2.47 | 1.93 | 77.99 | 30.53 | 25.33 | 0.354 | 2.24 | 5.21 |
| | | | 16 | | 36.027 | 28.281 | 0.470 | 805.51 | 1797.55 | 217.07 | 403.24 | 133.72 | 4.73 | 2.45 | 1.93 | 82.60 | 32.27 | 26.82 | 0.352 | 2.27 | 5.25 |
| 16/10 | 160 | 100 | 10 | 13 | 23.315 | 19.872 | 0.512 | 668.69 | 1362.89 | 205.03 | 336.59 | 121.74 | 5.14 | 2.85 | 2.19 | 62.13 | 26.56 | 21.92 | 0.390 | 2.28 | 5.24 |
| | | | 12 | | 30.054 | 23.592 | 0.511 | 784.91 | 1635.56 | 239.06 | 405.94 | 142.33 | 5.11 | 2.82 | 2.17 | 73.49 | 31.28 | 25.79 | 0.388 | 2.36 | 5.32 |
| | | | 14 | | 34.709 | 27.247 | 0.510 | 896.30 | 1908.50 | 271.20 | 476.42 | 162.23 | 5.08 | 2.80 | 2.16 | 84.56 | 35.83 | 29.56 | 0.385 | 0.43 | 5.40 |
| | | | 16 | | 29.281 | 30.835 | 0.510 | 1003.04 | 2181.79 | 301.60 | 548.22 | 182.57 | 5.05 | 2.77 | 2.16 | 95.33 | 40.24 | 33.44 | 0.382 | 2.51 | 5.48 |
| 18/11 | 180 | 110 | 10 | 14 | 28.373 | 22.273 | 0.571 | 956.25 | 1940.40 | 278.11 | 447.22 | 166.50 | 5.80 | 3.13 | 2.42 | 78.96 | 32.49 | 26.88 | 0.376 | 2.44 | 5.89 |
| | | | 12 | | 33.712 | 26.440 | 0.571 | 1124.72 | 2328.38 | 325.03 | 538.94 | 194.87 | 5.78 | 3.10 | 2.40 | 93.53 | 38.32 | 31.66 | 0.374 | 2.52 | 5.98 |
| | | | 14 | | 38.967 | 30.589 | 0.570 | 1286.91 | 2716.60 | 369.55 | 631.95 | 222.30 | 5.75 | 3.08 | 2.39 | 107.76 | 43.97 | 36.32 | 0.372 | 2.59 | 6.06 |
| | | | 16 | | 44.139 | 34.649 | 0.569 | 1443.06 | 3105.15 | 411.85 | 726.46 | 248.94 | 5.72 | 3.06 | 2.38 | 121.64 | 49.44 | 40.87 | 0.369 | 2.67 | 6.14 |
| 20/12.5 | 200 | 125 | 12 | | 37.912 | 29.761 | 0.641 | 1570.90 | 3193.85 | 483.16 | 787.74 | 285.79 | 6.44 | 3.57 | 2.74 | 116.73 | 49.99 | 41.23 | 0.392 | 2.83 | 6.54 |
| | | | 14 | | 43.687 | 34.436 | 0.640 | 1800.97 | 3726.17 | 550.83 | 922.47 | 326.58 | 6.41 | 3.54 | 2.73 | 134.65 | 57.44 | 47.34 | 0.390 | 2.91 | 6.62 |
| | | | 16 | | 49.739 | 39.045 | 0.639 | 2023.35 | 4258.88 | 615.44 | 1058.86 | 366.21 | 6.38 | 3.52 | 2.71 | 152.18 | 64.89 | 53.32 | 0.388 | 2.99 | 6.70 |
| | | | 18 | | 55.526 | 43.588 | 0.639 | 2238.30 | 4792.00 | 677.19 | 1197.13 | 404.83 | 6.35 | 3.49 | 2.70 | 169.33 | 71.74 | 59.18 | 0.385 | 3.06 | 6.78 |

注：截面图中的 $r_1=1/3d$ 及表中 $r$ 的数据用于孔型设计，不做交货条件。

附表 3　热轧普通槽钢（GB/T 706—2008）

符号意义：

$h$——高度
$b$——腿宽
$d$——腰厚
$t$——平均腿厚
$r$——内圆弧半径
$r_1$——腿端圆弧半径
$I$——惯性矩
$W$——抗弯截面系数
$i$——惯性半径
$Z_0$——$Y$-$Y$ 与 $Y_1$-$Y_1$ 轴线间距离

斜度1:10

| 型号 | 截面尺寸 /mm | | | | | | 截面面积 /cm² | 理论重量 /(kg·m⁻¹) | 惯性矩 /cm⁴ | | | 惯性半径 /cm | | 抗弯截面系数 /cm³ | | 重心距离 /cm |
|---|---|---|---|---|---|---|---|---|---|---|---|---|---|---|---|---|
| | $h$ | $b$ | $d$ | $t$ | $r$ | $r_1$ | | | $I_x$ | $I_y$ | $I_{y1}$ | $i_x$ | $i_y$ | $W_x$ | $W_y$ | $Z_0$ |
| 5 | 50 | 37 | 4.5 | 7.0 | 7.0 | 3.5 | 6.928 | 5.438 | 26.0 | 8.30 | 20.9 | 1.94 | 1.10 | 10.4 | 3.55 | 1.35 |
| 6.3 | 63 | 40 | 4.8 | 7.5 | 7.5 | 3.8 | 8.451 | 6.634 | 50.8 | 11.9 | 28.4 | 2.45 | 1.19 | 16.1 | 4.50 | 1.36 |
| 6.5 | 65 | 40 | 4.3 | 7.5 | 7.5 | 3.8 | 8.547 | 6.709 | 55.2 | 12.0 | 28.3 | 2.54 | 1.19 | 17.0 | 4.59 | 1.38 |
| 8 | 80 | 43 | 5.0 | 8.0 | 8.0 | 4.0 | 10.248 | 8.045 | 101 | 16.6 | 37.4 | 3.15 | 1.27 | 25.3 | 5.79 | 1.43 |
| 10 | 100 | 48 | 5.3 | 8.5 | 8.5 | 4.2 | 12.748 | 10.007 | 198 | 25.6 | 54.9 | 3.95 | 1.41 | 39.7 | 7.80 | 1.52 |
| 12 | 120 | 53 | 5.5 | 9.0 | 9.0 | 4.5 | 15.362 | 12.059 | 346 | 37.4 | 77.7 | 4.75 | 1.56 | 57.7 | 10.2 | 1.62 |
| 12.6 | 126 | 53 | 5.5 | 9.0 | 9.0 | 4.5 | 15.692 | 12.318 | 391 | 38.0 | 77.1 | 4.95 | 1.57 | 62.1 | 10.2 | 1.59 |
| 14a | 140 | 58 | 6.0 | 9.5 | 9.5 | 4.8 | 18.516 | 14.535 | 564 | 53.2 | 107 | 5.52 | 1.70 | 80.5 | 13.0 | 1.71 |
| 14b | | 60 | 8.0 | | | | 21.316 | 16.733 | 609 | 61.1 | 121 | 5.35 | 1.69 | 87.1 | 14.1 | 1.67 |
| 16a | 160 | 63 | 6.5 | 10.0 | 10.0 | 5.0 | 21.962 | 17.24 | 866 | 73.3 | 144 | 6.28 | 1.83 | 108 | 16.3 | 1.80 |
| 16b | | 65 | 8.5 | | | | 25.162 | 19.752 | 935 | 83.4 | 161 | 6.10 | 1.82 | 117 | 17.6 | 1.75 |
| 18a | 180 | 68 | 7.0 | 10.5 | 10.5 | 5.2 | 25.699 | 20.174 | 1270 | 98.6 | 190 | 7.04 | 1.96 | 141 | 20.0 | 1.88 |
| 18b | | 70 | 9.0 | | | | 29.299 | 23.000 | 1370 | 111 | 210 | 6.84 | 1.95 | 152 | 21.5 | 1.84 |

| | | | | | | | | | | | | | | | |
|---|---|---|---|---|---|---|---|---|---|---|---|---|---|---|---|
| 20a | 200 | 73 | 7.0 | 11.0 | 11.0 | 5.5 | 28.837 | 22.637 | 1780 | 128 | 244 | 7.86 | 2.11 | 178 | 24.2 | 2.01 |
| 20b | | 75 | 9.0 | | | | 32.837 | 25.777 | 1910 | 144 | 268 | 7.64 | 2.09 | 191 | 25.9 | 1.95 |
| 22a | 220 | 77 | 7.0 | 11.5 | 11.5 | 5.8 | 31.846 | 24.999 | 2390 | 158 | 298 | 8.67 | 2.23 | 218 | 28.2 | 2.10 |
| 22b | | 79 | 9.0 | | | | 36.246 | 28.453 | 2570 | 176 | 326 | 8.42 | 2.21 | 234 | 30.1 | 2.03 |
| 24a | 240 | 78 | 7.0 | 12.0 | 12.0 | 6.0 | 34.217 | 26.860 | 3050 | 174 | 325 | 9.45 | 2.25 | 254 | 30.5 | 2.10 |
| 24b | | 80 | 9.0 | | | | 39.017 | 30.628 | 3280 | 194 | 355 | 9.17 | 2.23 | 274 | 32.5 | 2.03 |
| 24c | | 82 | 11.0 | | | | 43.817 | 34.396 | 3510 | 213 | 388 | 8.96 | 2.21 | 293 | 34.4 | 2.00 |
| 25a | 250 | 78 | 7.0 | | | | 34.917 | 27.410 | 3370 | 176 | 322 | 9.82 | 2.24 | 270 | 30.6 | 2.07 |
| 25b | | 80 | 9.0 | | | | 39.917 | 31.335 | 3530 | 196 | 353 | 9.41 | 2.22 | 282 | 32.7 | 1.98 |
| 25c | | 82 | 11.0 | | | | 44.917 | 35.260 | 3690 | 218 | 384 | 9.07 | 2.21 | 295 | 35.9 | 1.92 |
| 27a | 270 | 82 | 7.5 | 12.5 | 12.5 | 6.2 | 39.284 | 30.838 | 4360 | 216 | 393 | 10.5 | 2.34 | 323 | 35.5 | 2.13 |
| 27b | | 84 | 9.5 | | | | 44.684 | 35.077 | 4690 | 239 | 428 | 10.3 | 2.31 | 347 | 37.7 | 2.06 |
| 27c | | 86 | 11.5 | | | | 50.084 | 39.316 | 5020 | 261 | 467 | 10.1 | 2.28 | 372 | 39.8 | 2.03 |
| 28a | 280 | 82 | 7.5 | | | | 40.034 | 31.427 | 4760 | 218 | 388 | 10.9 | 2.33 | 340 | 35.7 | 2.10 |
| 28b | | 84 | 9.5 | | | | 45.634 | 35.823 | 5130 | 242 | 428 | 10.6 | 2.30 | 366 | 37.9 | 2.02 |
| 28c | | 86 | 11.5 | | | | 51.234 | 40.219 | 5500 | 268 | 463 | 10.4 | 2.29 | 393 | 40.3 | 1.95 |
| 30a | 300 | 85 | 7.5 | 13.5 | 13.5 | 6.8 | 43.902 | 34.463 | 6050 | 260 | 467 | 11.7 | 2.43 | 403 | 41.1 | 2.17 |
| 30b | | 87 | 9.5 | | | | 49.902 | 39.173 | 6500 | 289 | 515 | 11.4 | 2.41 | 433 | 44.0 | 2.13 |
| 30c | | 89 | 11.5 | | | | 55.902 | 43.883 | 6950 | 316 | 560 | 11.2 | 2.38 | 463 | 46.4 | 2.09 |
| 32a | 320 | 88 | 8.0 | 14.0 | 14.0 | 7.0 | 48.513 | 38.083 | 7600 | 305 | 552 | 12.5 | 2.50 | 475 | 46.5 | 2.24 |
| 32b | | 90 | 10.0 | | | | 54.913 | 43.107 | 8140 | 336 | 593 | 12.2 | 2.47 | 509 | 49.2 | 2.16 |
| 32c | | 92 | 12.0 | | | | 61.313 | 48.131 | 8690 | 374 | 643 | 11.9 | 2.47 | 543 | 52.6 | 2.09 |

（续）

| 型号 | 截面尺寸 /mm | | | | | | 截面面积 /cm² | 理论重量 /(kg·m⁻¹) | 惯性矩 /cm⁴ | | | 惯性半径 /cm | | 抗弯截面系数 /cm³ | | 重心距离 /cm |
|---|---|---|---|---|---|---|---|---|---|---|---|---|---|---|---|---|
| | $h$ | $b$ | $d$ | $t$ | $r$ | $r_1$ | | | $I_x$ | $I_y$ | $I_{y1}$ | $i_x$ | $i_y$ | $W_x$ | $W_y$ | $Z_0$ |
| 36a | 360 | 96 | 9.0 | 16.0 | 16.0 | 8.0 | 60.910 | 47.814 | 11900 | 455 | 818 | 14.0 | 2.73 | 660 | 63.5 | 2.44 |
| 36b | | 98 | 11.0 | | | | 68.110 | 53.466 | 12700 | 497 | 880 | 13.6 | 2.70 | 703 | 66.9 | 2.37 |
| 36c | | 100 | 13.0 | | | | 75.310 | 59.118 | 13400 | 536 | 948 | 13.4 | 2.67 | 746 | 70.0 | 2.34 |
| 40a | 400 | 100 | 10.5 | 18.0 | 18.0 | 9.0 | 75.068 | 58.928 | 17600 | 592 | 1070 | 15.3 | 2.81 | 879 | 78.8 | 2.49 |
| 40b | | 102 | 12.5 | | | | 83.068 | 65.208 | 18600 | 640 | 114 | 15.0 | 2.78 | 932 | 82.5 | 2.44 |
| 40c | | 104 | 14.5 | | | | 91.068 | 71.488 | 19700 | 688 | 1220 | 14.7 | 2.75 | 986 | 86.2 | 2.42 |

注：表中 $r$、$r_1$ 的数据用于孔型设计，不做交货条件。

## 附表 4　热轧工字钢（GB 707—1988）

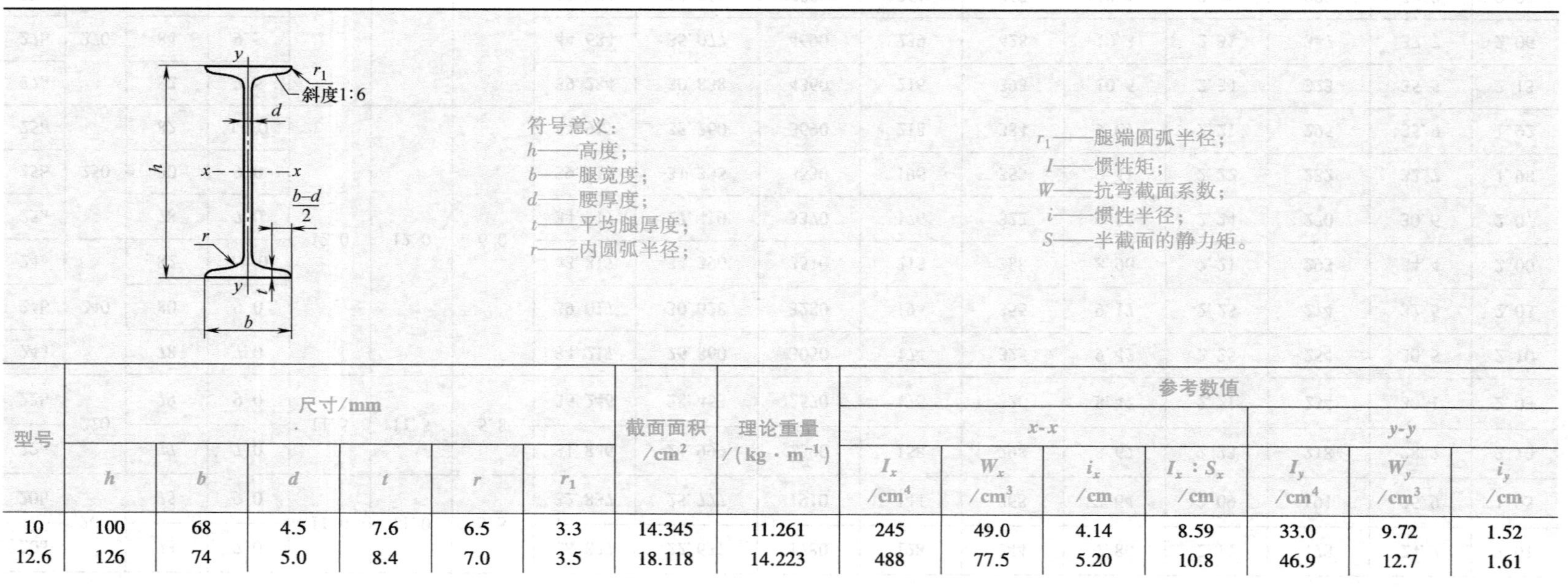


符号意义：
$h$——高度；
$b$——腿宽度；
$d$——腰厚度；
$t$——平均腿厚度；
$r$——内圆弧半径；
$r_1$——腿端圆弧半径；
$I$——惯性矩；
$W$——抗弯截面系数；
$i$——惯性半径；
$S$——半截面的静力矩。

| 型号 | 尺寸/mm | | | | | | 截面面积 /cm² | 理论重量 /(kg·m⁻¹) | 参考数值 | | | | | | |
|---|---|---|---|---|---|---|---|---|---|---|---|---|---|---|---|
| | | | | | | | | | $x$-$x$ | | | | $y$-$y$ | | |
| | $h$ | $b$ | $d$ | $t$ | $r$ | $r_1$ | | | $I_x$ /cm⁴ | $W_x$ /cm³ | $i_x$ /cm | $I_x:S_x$ /cm | $I_y$ /cm⁴ | $W_y$ /cm³ | $i_y$ /cm |
| 10 | 100 | 68 | 4.5 | 7.6 | 6.5 | 3.3 | 14.345 | 11.261 | 245 | 49.0 | 4.14 | 8.59 | 33.0 | 9.72 | 1.52 |
| 12.6 | 126 | 74 | 5.0 | 8.4 | 7.0 | 3.5 | 18.118 | 14.223 | 488 | 77.5 | 5.20 | 10.8 | 46.9 | 12.7 | 1.61 |

| | | | | | | | | | | | | | | | |
|---|---|---|---|---|---|---|---|---|---|---|---|---|---|---|---|
| 14 | 140 | 80 | 5.5 | 9.1 | 7.5 | 3.8 | 21.516 | 16.890 | 712 | 102 | 5.76 | 12.0 | 64.4 | 16.1 | 1.73 |
| 16 | 160 | 88 | 6.0 | 9.9 | 8.0 | 4.0 | 26.131 | 20. 513 | 1130 | 141 | 6.58 | 13.8 | 93.1 | 21.2 | 1.89 |
| 18 | 180 | 94 | 6.5 | 10.7 | 8.5 | 4.3 | 30.756 | 24.143 | 1660 | 185 | 7.36 | 15.4 | 122 | 26.0 | 2.00 |
| 20a | 200 | 100 | 7.0 | 11.4 | 9.0 | 4.5 | 35.578 | 27.929 | 2370 | 237 | 8.15 | 17.2 | 158 | 31.5 | 2.12 |
| 20b | 200 | 102 | 9.0 | 11.4 | 9.0 | 4.5 | 39.578 | 31.069 | 2500 | 250 | 7.96 | 16.9 | 169 | 33.1 | 2.06 |
| 22a | 220 | 110 | 7.5 | 12.3 | 9.5 | 4.8 | 42.128 | 33.070 | 3400 | 309 | 8.99 | 18.9 | 225 | 40.9 | 2.31 |
| 22b | 220 | 112 | 9.5 | 12.3 | 9.5 | 4.8 | 46.528 | 36.524 | 3570 | 325 | 8.78 | 18.7 | 239 | 42.7 | 2.27 |
| 25a | 250 | 116 | 8.0 | 13.0 | 10.0 | 5.0 | 48.541 | 38.105 | 5020 | 402 | 10.2 | 21.6 | 280 | 48.3 | 2.40 |
| 25b | 250 | 118 | 10.0 | 13.0 | 10.0 | 5.0 | 53.541 | 42.030 | 5280 | 423 | 9.94 | 21.3 | 309 | 52.4 | 2.40 |
| 28a | 280 | 122 | 8.5 | 13.7 | 10.5 | 5.3 | 55.404 | 43.492 | 7110 | 508 | 11.3 | 24.6 | 345 | 56.6 | 2.50 |
| 28b | 280 | 124 | 10.5 | 13.7 | 10.5 | 5.3 | 61.004 | 47.888 | 7480 | 534 | 11.1 | 24.2 | 379 | 61.2 | 2.49 |
| 32a | 320 | 130 | 9.5 | 15.0 | 11.5 | 5.8 | 67.156 | 52.717 | 11100 | 692 | 12.8 | 27.5 | 460 | 70.8 | 2.62 |
| 32b | 320 | 132 | 11.5 | 15.0 | 11.5 | 5.8 | 73.556 | 57.741 | 11600 | 726 | 12.6 | 27.1 | 502 | 76.0 | 2.61 |
| 32c | 320 | 134 | 13.5 | 15.0 | 11.5 | 5.8 | 79.956 | 62.765 | 12200 | 760 | 12.3 | 26.3 | 544 | 81.2 | 2.61 |
| 36a | 360 | 136 | 10.0 | 15.8 | 12.0 | 6.0 | 76.480 | 60.037 | 15800 | 875 | 14.4 | 30.7 | 552 | 81.2 | 2.69 |
| 36b | 360 | 138 | 12.0 | 15.8 | 12.0 | 6.0 | 83.680 | 65.689 | 16500 | 919 | 14.1 | 30.3 | 582 | 84.3 | 2.64 |
| 36c | 360 | 140 | 14.0 | 15.8 | 12.0 | 6.0 | 90.880 | 71.341 | 17300 | 962 | 13.8 | 29.9 | 612 | 87.4 | 2.60 |
| 40a | 400 | 142 | 10.5 | 16.5 | 12.5 | 6.3 | 86.112 | 67.598 | 21700 | 1090 | 15.9 | 34.1 | 660 | 93.2 | 2.77 |
| 40b | 400 | 144 | 12.5 | 16.5 | 12.5 | 6.3 | 94.112 | 73.878 | 22800 | 1140 | 16.5 | 33.6 | 692 | 96.2 | 2.71 |
| 40c | 400 | 146 | 14.5 | 16.5 | 12.5 | 6.3 | 102.112 | 80.158 | 23900 | 1190 | 15.2 | 33.2 | 727 | 99.6 | 2.65 |
| 45a | 450 | 150 | 11.5 | 18.0 | 13.5 | 6.8 | 102.446 | 80.420 | 32200 | 1430 | 17.7 | 38.6 | 855 | 114 | 2.89 |
| 45b | 450 | 152 | 13.5 | 18.0 | 13.5 | 6.8 | 111.446 | 87.485 | 33800 | 1500 | 17.4 | 38.0 | 894 | 118 | 2.84 |
| 45c | 450 | 154 | 15.5 | 18.0 | 13.5 | 6.8 | 120.446 | 94.550 | 35300 | 1570 | 17.1 | 37.6 | 938 | 122 | 2.79 |
| 50a | 500 | 158 | 12.0 | 20.0 | 14.0 | 7.0 | 119.304 | 93.654 | 46500 | 1860 | 19.7 | 42.8 | 1120 | 142 | 3.07 |
| 50b | 500 | 160 | 14.0 | 20.0 | 14.0 | 7.0 | 129.304 | 101.504 | 48600 | 1940 | 19.4 | 42.4 | 1170 | 146 | 3.01 |
| 50c | 500 | 162 | 16.0 | 20.0 | 14.0 | 7.0 | 139.304 | 109.354 | 50600 | 2080 | 19.0 | 41.8 | 1220 | 151 | 2.96 |
| 56a | 560 | 166 | 12.5 | 21.0 | 14.5 | 7.3 | 135.435 | 106.316 | 65600 | 2340 | 22.0 | 47.7 | 1370 | 165 | 3.18 |
| 56b | 560 | 168 | 14.5 | 21.0 | 14.5 | 7.3 | 146.635 | 115.108 | 68500 | 2450 | 21.6 | 47.2 | 1490 | 174 | 3.16 |
| 56c | 560 | 170 | 16.5 | 21.0 | 14.5 | 7.3 | 157.835 | 123.900 | 71400 | 2550 | 21.3 | 46.7 | 1560 | 183 | 3.16 |
| 63a | 630 | 176 | 13.0 | 22.0 | 15.0 | 7.5 | 154.658 | 121.407 | 93900 | 2980 | 24.5 | 54.2 | 1700 | 193 | 3.31 |
| 63b | 630 | 178 | 15.0 | 22.0 | 15.0 | 7.5 | 167.258 | 131.298 | 98100 | 3160 | 24.2 | 53.5 | 1810 | 204 | 3.29 |
| 63c | 630 | 180 | 17.0 | 22.0 | 15.0 | 7.5 | 179.858 | 141.189 | 102000 | 3300 | 23.8 | 52.9 | 1920 | 214 | 3.27 |

注：截面图和表中标注的圆弧半径 $r$ 和 $r_1$ 值，用于孔型设计，不作为交货条件。

## 配套资源二维码

| 序号 | 素材名称 | 小程序码 | 序号 | 素材名称 | 小程序码 |
|---|---|---|---|---|---|
| 1 | 强度（拉钩） | | 8 | 拉伸图 | |
| 2 | 强度（拉杆） | | 9 | 圆形截面杆的扭转 | |
| 3 | 强度（横梁） | | 10 | 非圆截面杆的扭转 | |
| 4 | 刚度（齿轮轴） | | 11 | 纯弯曲 | |
| 5 | 刚度（桥式吊梁） | | 12 | 弯曲变形（钻床横梁） | |
| 6 | 稳定性（支撑杆） | | 13 | 弯曲变形（齿轮轴） | |
| 7 | 拉伸变形 | | 14 | 弯曲变形（桥式吊梁） | |

（续）

| 序号 | 素材名称 | 小程序码 | 序号 | 素材名称 | 小程序码 |
|---|---|---|---|---|---|
| 15 | 低碳钢拉伸实验 | | 18 | 铸铁扭转实验 | |
| 16 | 低碳钢扭转实验 | | 19 | 参考答案 | |
| 17 | 铸铁拉伸实验 | | | | |